普通高等教育"十一五"国家级规划教材
普通高等教育农业农村部"十四五"规划教材
全国高等农林院校教材经典系列

果品蔬菜贮藏运销学

第四版

寇莉萍　刘兴华　主编

U0283109

中国农业出版社

北　京

图书在版编目（CIP）数据

果品蔬菜贮藏运销学／寇莉萍，刘兴华主编 . —4
版 . —北京：中国农业出版社，2021.4（2024.7 重印）
　普通高等教育"十一五"国家级规划教材　普通高等
教育农业农村部"十三五"规划教材　全国高等农林院校
教材经典系列
　ISBN 978 - 7 - 109 - 27850 - 9

　Ⅰ. ①果… 　Ⅱ. ①寇… ②刘… 　Ⅲ. ①水果－贮运－
高等学校－教材②蔬菜－贮运－高等学校－教材
Ⅳ. ①S660.9②S630.9

　中国版本图书馆 CIP 数据核字（2021）第 019967 号

中国农业出版社出版
地址：北京市朝阳区麦子店街 18 号楼
邮编：100125
责任编辑：甘敏敏　张柳茵　　文字编辑：刘　佳
版式设计：王　晨　　责任校对：沙凯霖
印刷：三河市国英印务有限公司
版次：2002 年 3 月第 1 版　　2021 年 4 月第 4 版
印次：2024 年 7 月第 4 版河北第 3 次印刷
发行：新华书店北京发行所
开本：889mm×1194mm　1/16
印张：17.25
字数：465 千字
定价：45.50 元

第四版编审人员

主　编　寇莉萍　刘兴华

副主编　吴振先　王如福　关文强

编　者　（按姓氏拼音排序）

陈发河（集美大学）

程顺昌（沈阳农业大学）

关文强（天津商业大学）

胡青霞（河南农业大学）

金　鹏（南京农业大学）

寇莉萍（西北农林科技大学）

刘兴华（西北农林科技大学）

刘亚平（山西农业大学）

罗安伟（西北农林科技大学）

罗自生（浙江大学）

庞　杰（福建农林大学）

王　锋（湖南农业大学）

王如福（山西农业大学）

吴振先（华南农业大学）

阎瑞香（天津科技大学）

审　稿　陈维信（华南农业大学）

饶景萍（西北农林科技大学）

第四版前言

《果品蔬菜贮藏运销学》第三版自2014年发行以来，国内多所院校的食品科学与工程、食品质量与安全、园艺等专业使用了本教材。使用者对教材的水平和质量给予了充分肯定，同时也指出了不足和存在的问题，并提出了修改建议。尤其是本教材的多位编者，他们根据本学科近年的发展和自己的教学实践，认为有必要对教材进行修订。

本次修订以习近平新时代中国特色社会主义思想为指导，全面深入贯彻党的二十大精神。教材修订要求与第三版基本相同，即充实新义，彰显学科发展；理论联系实际，应用与学术并重；吐故纳新，紧跟科技和学科发展前沿。本次修订要求：基本保持第三版的框架和体系；各章文字篇幅可适当调整，但增幅一般不应超过本章篇幅的10%；增补的内容应该科学、先进，具有较高的应用和学术价值。

根据教材修订的指导思想和要求，本版教材修订的主要内容有：第一章第一节果品蔬菜的质量构成中，突出人民健康是民族昌盛和国家富强的重要标志，把保障人民健康放在优先发展的战略位置的思想，将国家标准规定的"国家禁止在蔬菜中使用的农药目录、禁止和限制在水果上使用的农药目录、水果蔬菜中污染物限量"进行更新和替换，删掉了已经废止的标准。第二章第四节果品蔬菜的蒸腾作用中，增加了"大气压力"对果蔬蒸腾的影响；第五节果品蔬菜的休眠与生长中，增加了"果品蔬菜采后的生长"内容。第三章第一节自身因素中，增加了"植株受病虫害侵染情况"的内容；第二节采前因素中，在"施肥"部分增加了"硒"的内容；第二节的农业技术因素中，树立和践行大食物观，发展设施农业，构建多元化食物供给体系，增加了"砧木和设施栽培"的内容。第四章第二节果品蔬菜的采后处理中，删除了目前国家未规定可以在果蔬上使用的防腐剂。第五章在保留原有内容的基础上，调整了第一节和第二节的顺序，使读者在先了解物流概念和构成要素的基础上，再去了解物流的发展概况。第六章第一节常温贮藏中，删去了关于白菜窖和大平窖这些简易贮藏图和母子窖结构部分的陈述；第二节机械冷库贮藏中增加了"装配式冷库"的内容；第四节减压贮藏中，增加了"减压贮藏概述""减压贮藏库的结构"的内容；第六节果品蔬菜贮藏的辅助措施中，践行绿色发展理念，增加了"物理方法""化学方法"和"生物方法"三个节次，"物理方法"中增加了"短波紫外线处理"，"化学方法"中增加了"水杨酸处理"，另外增加了"生物方法"的内容。第七章第一节侵染性病害中，按照国家标准更新了"国内外部分果蔬产品防腐剂、环境消毒剂的使用方法";第一节主要侵染性病害中,增加了"荔枝霜疫霉病"实例内容;第二节生理性病害中,增加了"苹果水心病"的内容。第八章增加了杏和火龙果的贮藏内容。第十章第二节鲜切果品蔬菜的品质变化及影响因素中,增加了"温度和包装"的内容;第三节鲜切果品蔬菜加工技术中,增加了"清洗和杀菌"的内容;增加了"鲜切果品蔬菜保鲜技术"为第四节。第十一章第五节果品蔬菜的促销中,突出现代化产业体系建设的目标要求,加快物联网和数字经济建设,促进数字经济和实体经济深度融合,增加了"网络营销"的内容。此外,所有章节对第三版的语言进行了字斟句酌,使内容更趋严谨。

本次教材修订,我们新邀请了国内几所知名大学从事果蔬贮藏保鲜教学与科研的教授加入,与第三版的编写班子一起编写。他们熟悉教学内容,了解存在的问题和不足,掌握修订的切入点,这样有利于本版教材经修订后更臻完美。本教材由寇莉萍、刘兴华主编,并负责修订方案的制订和统稿。具体分工如下:刘兴华编写绪论;王锋编写第一章;吴振先编写第二章;刘亚平编写第三章;关文强编写第四章;寇莉萍编写第五章,第八章的第五节;王如福编写第六章;胡青霞编写第七章;程顺昌编写第八章的第一、二、九节;罗自生编写第八章的第三、四、十一节;金鹏编写第八章的第八、十节;阎瑞香编写第八章的第六、七节和第九章的第三、六节;罗安伟编写第九章的第一、二、四、五节;陈发河编写第十章;庞杰编写第十一章。

在教材修订过程中,得到中国农业出版社和西北农林科技大学教务处的大力支持,华南农业大学陈维信教授、西北农林科技大学饶景萍教授对书稿进行了审阅,西北农林科技大学食品学院王绪博士、郭一丹硕士以及2016级食品质量与安全专业孙清怡、龚馨嵛同学做了大量文字校对工作。对上述单位及人员对本教材修订的支持和辛勤工作表示衷心的感谢!

本教材内容丰富并有新意,理论联系实际且实用性强,既可作为高等院校园艺、食品科学与工程、食品质量与安全、农产品贮藏加工工程等专业本科生的教材及研究生的教学参考书,同时对在果品蔬菜贮藏保鲜、运输、营销等领域从事科技、经营、管理的人员具有很强的应用价值。

由于编者水平有限,书中的错误和不足之处在所难免,诚望读者批评指正,力求使本教材不断完善、提高。

编　者

2020 年 10 月于陕西杨凌

(2024 年 6 月修改)

第一版前言

本教材是经教育部批准的全国高等教育"面向 21 世纪课程教材"。编写中贯彻"厚基础、强能力、高素质、广适应"的指导思想，坚持"起点要高、目标要清、内容要新、形式要活"的基本要求，广泛收集并借鉴国内外同类教材的优点，参阅了大量的文献资料，吸收了国内外众多的最新科研成果，总结借鉴了我国传统的贮藏技术，并融入了编者多年的专业工作经验和科研成果。

本教材分为十章，依次阐述了果蔬的质量与质量评价、果蔬的采后生理、影响果蔬耐藏性的因素、果蔬的采收与采后处理、果蔬的运输与冷链流通、果蔬的贮藏方式与管理、果蔬采后病虫害、果品贮藏、蔬菜贮藏、果蔬的营销策略。本教材在内容和形式上均有所创新。

本教材由刘兴华、陈维信主编，刘兴华、寇莉萍负责统稿工作。第一章由谭兴和编写，第二章由陈维信、吴振先编写，绪论和第三章由刘兴华编写，第四章由黄绵佳编写，第五章由张子德编写，第六章由王如福编写，第七章由王兰菊、胡青霞编写，第八章由刘兴华、陈维信、王兰菊、寇莉萍、庞杰编写，第九章由张子德、谭兴和、寇莉萍编写，第十章由庞杰编写。每章最后附思考题。

在编写过程中，承蒙西北农林科技大学教务处和中国农业出版社的大力支持，华南农业大学季作梁教授对书稿进行了审阅，湖南农业大学秦丹、山西农业大学闫师杰参与了部分工作，在此一并表示感谢！

本教材内容翔实，注重理论联系实际，既可作为高等学校食品科学与工程、农产品贮藏与加工、园艺等本科专业的教材，也对在果蔬贮藏保鲜领域从事科研、管理、营销工作者有一定的应用和参考价值。

本教材由全国多所院校的作者共同编写，是集体智慧的结晶。但是，由于涉及内容广泛，作者的学识水平有限，错误和疏漏之处在所难免，诚望读者批评指正。

编　者

2001 年 12 月

目录

绪　论

一、果品蔬菜是人类生存不可或缺的重要食品

果品蔬菜是人类食物的重要组成部分，是人们日常生活中不可缺少或者不可替代的重要食品。果蔬不仅能为人体健康提供多种营养物质，是多种维生素、矿物质、膳食纤维的主要食源，而且以其丰富多彩、天然独特的色泽、风味、芳香、质地、形态，赋予消费者愉悦的感官刺激和富有审美情趣的精神享受。一个个红艳艳的苹果、一串串美若珍珠的葡萄、一粒粒晶莹剔透的樱桃、一个个丰满橙黄的柑橘、一串串金黄扑香的香蕉、一根根翠绿清香的黄瓜……试想，当如此众多、各具特色的果品蔬菜呈现在面前时，你能不为之动欲而消费吗？在中国改革开放40多年进程中，我们深切感受到国人在食物消费方面的明显变化，即以谷物为主的主食消费量不断下降，而以果品蔬菜、肉蛋奶为副食的消费量普遍上升。人类的智慧加之大自然的神奇造化，为我们提供了如此丰富多彩、有益健康的食物。随着经济发展和社会进步，人们在食品消费时要求安全卫生、追求营养健康、崇尚环保天然的意识逐步增强，而鲜食果蔬是名副其实的天然食品。只要果蔬生长环境条件优良，田间施肥和病虫害防治用药合理，贮藏运输中技术到位，无疑可为消费者提供安全卫生、营养优质的绿色食品。

二、果品蔬菜贮藏保鲜是缓解产销矛盾、提高经济效益的重要途径

果品蔬菜生产是农业的重要组成部分，属于劳动密集型产业，单位种植面积的经济效益显著高于一般谷类作物。由此激发了农民、涉农企业等种植果品蔬菜的积极性，使得种植面积和产量逐年快速增长，种植水平和产品质量不断提高，多种果品蔬菜的产量呈现跳跃式增长。我国劳动力资源丰富，价格低廉，发展果品蔬菜种植业在国际上比较有竞争优势。自2001年我国加入世界贸易组织（WTO）后，全球化市场竞争把我国的经济活动推向了国际化舞台，也使我国果蔬生产面临前所未有的考验。经过短短20年的发展，鲜食果蔬及其加工品的出口量和创汇额都在不断地增加，出口国家也有所增加，成为我国出口贸易的重要创汇产品。我国加入WTO后在许多经济领域包括果蔬生产领域取得的巨大进步，证明了这一进程对我国果蔬生产既是一种挑战，更是一个千载难逢的历史性发展机遇。

我国果品蔬菜的种植历史悠久，资源丰富，素有"世界园林之母"的称誉，是世界上多种果树和蔬菜的发源地之一。

果蔬生产具有一定的季节性。例如，苹果、梨、葡萄、猕猴桃、板栗、枣等果实的成熟收获期一般在秋季，柑橘类在晚秋至次年的春季陆续收获，大白菜、甘蓝、萝卜、胡萝卜、马铃薯、莲藕、生姜等蔬菜以晚秋至初冬收获为主，洋葱、大蒜、蒜薹等蔬菜的收获期多集中在夏季。而消费者对果蔬的需求则是周年性的，虽然各种果蔬在市场上有其淡季和旺季之分，但这种淡旺季往往是价格引导的，而不是消费需求变化造成的。另外，果蔬生产如同粮食生产一样，其产量及质量严重受制于生长期的气候条件。遇上风调雨顺的年份，加之科学的栽培管理，就能够获得高产优质的果蔬；否则，遇到干旱、雨涝、花期低温、收获前长时间连阴雨等自然灾害，当年果蔬的收成必然受到影响。果蔬的旺季和淡季、丰收和歉收现象，常常导致市场果蔬供需关系失调，出现低价卖难或高价货少的状况。要解决这个现实问题，强化果蔬的贮

藏保鲜、加工及流通是行之有效的举措。通过贮藏保鲜，可以将旺季、丰收年的盈余产品贮存起来，以补充淡季、歉收年的亏缺，缓解市场上果蔬供需矛盾。果蔬贮藏库如同大大小小的水库或蓄水池，在多雨季节将雨水蓄积起来，在少雨干旱时放流灌溉。

果蔬生产具有一定的地域性，而人们对其的消费需求则是全国性乃至全球性的。例如，柑橘、香蕉、菠萝、荔枝、芒果、榴莲等只能产于热带或亚热带地区，而苹果、梨、葡萄、桃等主要产于温带地区。对于幅员辽阔、气候多样的中国来说，通过国内南北地区间的贸易就可以实现各种果品的互通有无，满足消费者对果品多样性的需求。而对国土面积狭小、气候分布相对单一的国家而言，则必须通过长距离的国际贸易才能消费到产自世界各个气候带的果品。大多数蔬菜和瓜类是一二年生的草本植物，它们的生长发育期相对较短，生产的地域性不明显。但是，少数蔬菜如大白菜、甘蓝、胡萝卜以及西瓜、甜瓜等的生产在国内南北方之间及与周边国家之间的地域性差别比较明显。因此，许多蔬菜和瓜类在国内及国际上的流通贸易也是经常性的商务活动。

果蔬生产的季节性和地域性特点，决定了其价格在淡旺季之间和产销地之间存在区别。因此，合理的贮藏保鲜、运输流通、经营销售也能增加果蔬生产的经济效益和社会效益。

三、果品蔬菜的生命活动受多种因素的影响

果蔬种类繁多，食用部分包括植物的根、茎、叶、花、果实及种子等器官。各种果蔬器官的组织结构、生理特性、耐藏性和抗病性有很大差异。收获后的果蔬，虽然脱离了母体和生长的环境条件，同化作用已经基本停止，但仍然是具有生命的个体，继续进行着呼吸代谢、蒸腾作用、成熟衰老变化等生理活动。由于生理活动而导致水分和干物质含量下降，颜色、风味、气味及质地发生相应变化，最终使产品的质量下降，抗病性逐渐减弱。果蔬是高含水量的产品，营养丰富，组织脆嫩，采后至消费过程中，果蔬极易被病菌侵染而腐烂。

果蔬贮藏保鲜的原理就是采取降温、调湿、调气及药物辅助处理等综合技术，抑制果蔬的生理活动，降低新陈代谢水平，减少病菌侵染危害，延长贮藏时间，并保持良好的商品质量。要注意的是，科学的贮藏保鲜技术虽然能显著地延长果蔬的贮藏期，但我们绝不能一味地追求长期贮藏，因为许多果蔬经过贮藏后，其质量都不如收获后立即上市的产品，加之长期贮藏要投入更多的人力，消耗更多的能源，增加更多的管理费用，也会影响经济效益。因此，在果蔬贮藏保鲜中，应根据市场供需形势以及产品的质量状况，确定适当的贮藏期限，力争做到保质保量、适时上市销售。

评价果蔬贮运效果的指标主要包括损耗率、商品质量、贮藏期和货架期等。贮运效果除了受贮运条件及管理技术水平影响外，还与果蔬的种类及品种、产地的生态条件与农业技术措施、采收期与采后商品化处理等因素密切相关。大量的科学研究和贮藏实践证明，任何一种商品性状好且耐贮藏的果蔬，生长在良好的生态环境和农技措施下，其优良性状能够进一步得到强化；适宜的贮运条件和科学的贮藏管理，可以使果蔬的优良性状得以保持和延续；果蔬的贮藏保鲜是一个受采前、采收以及采后诸多因素制约的系统工程，其中任何一个不良因素产生的效应，都可能使果蔬的贮运工作受到影响，甚至导致失败，造成严重的经济损失和不良的社会影响。因此，在进行果蔬贮运保鲜时，必须按照农业系统工程理论，做好与贮藏有关的各方面工作，任何一个环节都不能出现疏漏。

四、果品蔬菜贮藏保鲜的技术及理论研究有待加强

随着现代科学技术的迅速发展，果蔬的贮藏保鲜在理论上已经取得了很大的进展。从认识果蔬采后的生命现象、乙烯的生理效应，到认识乙烯的生物合成途径及其调控，进而逐步认识果蔬采后成熟衰老的机理及分子生物学基础；其研究从观察果蔬器官组织的宏观现象，到深入

细胞、亚细胞及分子水平的微观世界。研究的成果用于指导生产实践，使果蔬贮藏保鲜技术及其效果有了可喜的进步。例如，将气调贮藏技术应用于苹果、葡萄、香蕉、芒果、番茄、蒜薹等的贮藏后，贮藏期显著延长，商品质量明显提高，市场上的供求关系有了显著的改善。

但是，目前在果蔬贮藏保鲜领域仍然存在着许多亟待解决的理论和实践问题。例如，果蔬成熟衰老因子——乙烯的生物合成与调控、乙烯受体及信号转导问题，果蔬采后生理性病害的致病机理及预防问题，果蔬田间潜伏性侵染病害的防治问题，一些经济价值高但不耐贮藏的果蔬的贮藏保鲜技术问题，采前或采后使用果蔬防腐保鲜剂引起的食品安全问题等，都有待从理论与实践的结合上予以解决。

尽管我国的果蔬贮运业已取得了明显的进步和发展，但与世界先进水平相比，差距仍然很大。诸如贮藏设施不足，冷库贮藏比重小，贮运设备相对落后，产品的商品化程度低，产业化体系不健全等，仍然是当前影响我国果蔬贮运效果和经济效益的主要问题。许多经济发达国家在果蔬采后迅速进入冷链流通，70％以上的果蔬采后可及时进行冷藏或气调贮藏，故可最大限度地保持果蔬固有的商品质量，降低损耗率（一般为 2％～3％），从而保证了果蔬资源的有效利用并实现高附加值转化。

21 世纪是知识经济的时代，也是全球经济一体化的时代。我国加入 WTO 后，果蔬生产在欣逢众多机遇的同时，也面临着许多严峻的挑战，商品化程度低、安全问题突出是我国果蔬及其加工品进入国际市场的主要障碍，这种障碍目前也在国内引起了共同的关注。吸收转化国内现有的研究成果和成功经验，学习借鉴国外的先进技术，加强适合我国国情并符合国际市场要求的果蔬贮运保鲜技术的研究与开发，逐步建立健全果蔬产供销、农工贸一体化的连锁经营体系，将对我国果蔬产业化发展起到极大的推动作用。

果品蔬菜贮藏运销学是一门应用科学，研究的领域很广泛，涉及植物学、果树学、蔬菜学、果蔬采后生理学、果蔬病理学、食品营养学、有机化学、机械工程、制冷学、农产品贸易等学科。要搞好果蔬的贮运与营销工作，并使之不断地发展提高，就必须具备这些相关学科的基本知识，并要关注各学科间的相互渗透，重视最新研究成果的应用，为我国果蔬贮运保鲜业发展奠定坚实的知识基础。

第一章 CHAPTER ONE
果品蔬菜的质量构成与评价

【学习目标】了解果品蔬菜质量的含义；掌握果品蔬菜质量的构成及质量评价方法。

第一节 果品蔬菜的质量构成

质量是一个既普通又复杂的概念，现实生活中，对同一产品，不同人对其质量有不同的理解。按照国家标准《质量管理体系 基础和术语》（GB/T 19000—2016）（ISO 9000：2015）对质量的定义，我们通常将果品蔬菜的质量规定为：果品蔬菜的一组固有特性满足要求的程度。质量概念的关键是"满足要求"，这些"要求"必须转化为有指标的特性，作为评价、检验和考核的依据。由于顾客的需求是多种多样的，所以反映质量的特性也应该是多种多样的。在实践生产中，通常将果品蔬菜的质量分成感官质量、理化质量和卫生质量三个方面，规定其质量特性值，并形成标准，作为果品蔬菜质量分级的依据。

一、感官质量

感官质量是指通过人体的感觉器官能够感受到的品质指标的总和。它主要包括产品的外观、质地、适口性等，如形状、颜色、光泽、整齐度、汁液、脆度、新鲜度、缺陷等。外观是评价果品蔬菜质量的最重要因素之一，也是消费者决定是否购买的重要依据。果蔬质地主要体现为脆、绵、硬、软、细嫩、粗糙、致密、疏松等，它们与品质密切相关，是评价品质的重要指标。在生长发育的不同阶段，果蔬质地会有很大变化，因此质地又是判断果蔬成熟度、确定加工适性的重要参考依据。果蔬质地的好坏取决于组织结构，而组织结构又与其化学组成密切有关，化学成分是影响果蔬质地的最基本因素。适口性是果蔬滋味、香味和质地特性的综合体现，是嗅觉、触觉和味觉等感觉器官对果蔬的综合反映。

食品质量的优劣最直接地表现在它的感官性状上，通过感官指标来鉴别食品的优劣和真伪，不仅简便易行，而且灵敏度高，直观而实用。与使用各种理化、微生物的仪器进行分析相比，有很多优点，因此它也是食品生产、销售、管理人员所必须掌握的一门技能。广大消费者从维护自身权益角度讲，掌握这种方法也是十分必要的。

果品蔬菜的感官质量因产品种类和品种而异。由于果品蔬菜的种类品种繁多，感官质量千差万别，涉及的内容很多，不同的种类和品种不可能有一致的标准规定，故只能在此举例说明产品的感官质量。例如，农业行业标准《绿色食品 柑橘类水果》（NY/T 426—2012）对柑橘属的宽皮橘类、甜橙类、柚类、柠檬类、金柑类和杂交柑橘类水果的感官质量做了如下规定：①果形，具有该品种特征果形，形状一致，果蒂完整、平齐、无萎蔫现象。②色泽，具有该品种成熟果实特征色泽，着色均匀。③果面，果面洁净，果皮光滑，无机械伤、雹伤、裂果、冻伤、腐烂现象。④整齐度，具有该品种特征大小，整齐，允许柚类果实横径差异＜10 mm，其他果型品种果实横径差异＜5 mm。⑤质地与风味，具有该品种果肉质地和色泽特性，果汁丰富，酸甜适度，具有该品种特征香气，无异味。⑥缺陷果，允许单果有轻微的日灼、干疤、油斑、网纹、病虫斑、药迹等缺陷，但单果斑点不超过 4 个，小果品种每个斑点直径≤1.5 mm，其他果型品种每个斑点直径≤2.5 mm。无水肿、枯水果，允许极轻微浮皮果。缺陷果在产品提供给消费者前应剔除。又如，农业行业标准《绿色食品 苹果》（NY/T 268—1995）将不同品种苹果按照果实表面颜色、果实大小划分等级，分别见表 1-1、表 1-2。

表 1-1 苹果果实表面颜色指标

品种	优等品	一等品	二等品
元帅系	浓红 75％以上	浓红 66％以上	浓红 50％以上
富士系	红或条红 75％以上	红或条红 66％以上	红或条红 50％以上
津 轻	红或条红 75％以上	红或条红 66％以上	红或条红 50％以上
乔纳金	鲜红、浓红 75％以上	鲜红、浓红 66％以上	鲜红、浓红 50％以上
秦 冠	红 75％以上	红 66％以上	红 50％以上
国 光	红或条红 66％以上	红或条红 50％以上	红或条红 25％以上

表 1-2 苹果果实大小等级标准（最大横径）

单位：mm

果 型	优等品	一等品	二等品
大型果	≥75	≥70	≥65
中型果	≥70	≥65	≥60

二、理化质量

理化质量是指能够用物理或化学方法检测的质量的总和。用物理方法能够测定的指标一般包括硬度、可食部分的比例、出汁率、纵径、横径等。用化学方法检测的指标主要包括碳水化合物、有机酸、脂类、蛋白质、维生素、矿物质、色素等的含量，还包括芳香油和其他活性物质的含量。

水分是果蔬最重要的构成物质之一，植物的一切正常生命活动，只有在一定的细胞水分含量下才能完成。果蔬含水量很高，多在 80％以上，有的品种甚至可达到 90％以上。水分含量对维持一定的细胞膨压，保持产品固有的硬度、脆度、弹性和形态意义重大。在果蔬的贮藏和流通中要尽量减少水分的散失，以保证产品的新鲜度。

果蔬组织中碳水化合物的主要种类是可溶性糖、淀粉、纤维素和半纤维素、果胶类物质等。这些物质的含量与比例对果蔬的品质影响较大。可溶性糖的种类和含量决定了果蔬的甜度。葡萄糖、果糖和蔗糖，是果蔬中的主要可溶性糖类物质，此外还有少量的甘露糖、半乳糖、木糖和阿拉伯糖等。可溶性固形物含量通常用来表示果品的含糖量，可溶性固形物含量越高，含糖量越高。果蔬含糖量的差异比较大，多数果品的含糖量在 10％～15％，蔬菜含糖量大多在 5％以下。不同种类糖的相对甜味差异很大，若以蔗糖的甜度为 100，果糖则为 173，葡萄糖为 74。不同果蔬所含糖的种类和比例不同，甜度和味感也有差异。淀粉可以转化为可溶性糖，以淀粉为贮藏物质的果蔬，在其成熟或完熟过程中，含糖量会因淀粉的水解而增加。例如香蕉，在后熟期间淀粉会不断地水解为低聚糖和单糖，食用品质提高。果蔬的糖酸比（含糖量与含酸量的比值）是衡量果蔬成熟度和品质的一个重要指标，糖酸比越高，甜味越浓，反之酸味增强。纤维素和半纤维素的含量和结构影响着果蔬组织的质地等品质，对促进人体胃肠蠕动、刺激消化有积极的作用。果胶类物质存在于植物细胞壁初生壁与胞间层，是细胞壁的一种组成成分，它们伴随纤维素而存在，构成相邻细胞中间层黏结物，使植物组织细胞紧紧黏结在一起。果胶类物质以原果胶、果胶、果胶酸三种形态存在。不同的果蔬口感不同，这与它们果胶的含量以及存在状态密切关系。果蔬在不同的生长阶段，其果胶类物质的形态会发生变化。原果胶存在于未成熟的果蔬中，是由可溶性果胶与纤维素缩合而成的高分子物质，具有黏结性，使相邻细胞紧密黏结在一起，赋予未成熟果蔬较大的硬度。随着果实成熟，原果胶在原果胶酶的作用下，分解为可溶性果胶和纤维素，可溶性果胶可进一步降解为果胶酸，直到逐步被消耗掉。原果胶含量的下降导致细胞间的凝胶强度降低，使得组织硬度下降。

果蔬中的有机酸有柠檬酸、苹果酸、酒石酸、琥珀酸、绿原酸、咖啡酸、阿魏酸等，其中苹果酸、柠檬酸和酒石酸在水果中含量较高，故又称为果酸。蔬菜的含酸量相对较低，除番茄外，大多数蔬菜感觉不到酸味的存在。但有的蔬菜如菠菜、苋菜、竹笋等含有较多的草酸。草酸会刺激人体消化道黏膜蛋白，还会与人体内的钙盐结合形成不溶性的草酸钙沉淀，影响人体对钙的吸收利用。不同种类和品种的果蔬，有机酸的种类和含量不同，所以酸味也不一样。如苹果总含酸量为 $0.2\% \sim 1.6\%$，梨为 $0.1\% \sim 0.5\%$，葡萄为 $0.3\% \sim 2.1\%$。通常幼嫩的果蔬含酸量较高，随着发育成熟，含酸量降低，糖酸比提高，酸味下降。

脂类是一类重要的营养物质，在部分果品如核桃仁中含量较高，它可为人体提供能量，赋予食品特有的风味，增进食欲，尤其是其中的不饱和脂肪酸、磷脂等对人体有保健作用。蛋白质在果蔬中有一定的含量。果蔬是人体获得维生素尤其是维生素 C 的重要来源。矿物质也是果蔬的一类重要营养物质。

《绿色食品　苹果》(NY/T 268—1995) 中对苹果果实的理化指标做了规定（表 1-3）。

表 1-3　苹果果实质量理化要求

品种	去皮硬度不低于/(kg/cm²)	可溶性固形物不低于/%	总酸量不高于/%
元帅系	6.5	11	0.3
富士系	8.0	14	0.4
津轻	5.5	13	0.4
乔纳金	5.5	14	0.4
秦冠	6.0	13	0.4
国光	8.0	13	0.6
金冠	8.0	13	0.4
印度	8.0	14	0.3
王林	7.0	14	0.3

三、卫生质量

卫生质量是指直接关系到人体健康的品质指标的总和。它主要包括果蔬表面的清洁程度、果蔬组织中的农药残留量、重金属含量及其他限制性物质如亚硝酸盐等的含量。因为果蔬是供食用的，所以这些因素都是关系到人体健康的重要指标。如果果蔬的表面不清洁，尘土、杂质和微生物数量就会超标，从而影响食用者的健康，甚至导致疾病。新鲜果蔬的卫生质量主要从农药残留和重金属污染两方面叙述。

(一) 果品蔬菜中农药残留情况

果蔬中残留的农药对人体危害很大。例如，随食物摄入人体的有机氯农药经过肠道吸收，在脂肪含量较高的组织和脏器中蓄积，对人体产生慢性毒害作用。当摄入量达到每千克体重 10 mg 时，就可能引起中毒症状。有机氯农药对人体的损害主要在肝、肾和神经系统，引起肝和神经细胞的变性，而且还会导致不同程度的贫血、白细胞增多等病变，甚至会诱发肝癌。为了保障消费者的安全，《中华人民共和国食品安全法》第四十九条规定：禁止将剧毒、高毒农药用于蔬菜、瓜果、茶叶和中草药材等国家规定的农作物。第一百二十三条规定：违法使用剧毒、高毒农药的，除依照有关法律、法规规定给予处罚外，可以由公安机关依照规定给予拘留。同时，国家对农药的使用及其残留限量都做了规定。即使是同一种果品或蔬菜，所采用的标准不同，其卫生要求也不同。例如，相同的产品，若采用不同的质量等级，允许使用的农药种类和残留限量将不同。采用无公害食品、绿色食品或有机食品标准的产品，就应按照其相应的标准进行检测和评判。对于没有采用无公害食品、绿色食品或有机食品标准的产品，一般应按照国家《农药合理使用准则》（GB/T 8321）的最新版本和有关果蔬产品的卫生标准进行检测和评判。目前，《农药合理使用准则》共包含 10 个部分，该准则对我国农药在不同农产品（含果品、蔬菜）中的使用方法及最大残留量都做了具体规定，并根据发展情况不断修改。

无公害农产品标识

无公害农产品是指产地环境、生产过程和产品质量符合国家有关标准和规范的要求，经认证合格获得认证证书并允许使用无公害农产品标志的未经加工或者初加工的食用农产品。农业部制定了《无公害农产品　生产质量控制技术规范》（NY/T 2798）系列标准，包含 13 个部分，其中第 1 部分是通则，第 3 部分是蔬菜，第 4 部分是水果。该系列标准对无公害农产品生产的产地环境、农业投入品、栽培管理、包装标识与贮运等做了详细的规定。

在农药使用方面，无公害蔬菜生产过程中，农药控制措施规定：农药的采购应符合 NY/T 2798.1 的相关要求，应针对蔬菜品种和当地病、虫、草害的特点，根据农药等级范围合理选择农药；不应使用国家禁止使用的剧毒、高度农药以及国家禁止在蔬菜上使用的农药；优先使用高效、低毒、低残留农药，并科学轮换使用作用机理不同的农药品种。农药使用应符合国家《农药合理使用准则》（所有部分）的要求，特别是安全间隔期的要求，不使用过期农药产品；应使用符合国家规定的施药器械，合理操作，避免农药的局部污染和对操作人员的伤害。施药前，施药器械应确保洁净并检验其功能，施药后，施药器械应清洗。

无公害果品生产过程中，农药控制措施规定：不应该使用国家禁止生产、使用的农药，选择限用的农药应遵守有关规定。应按照农药标签注明的使用范围、剂量和方法进行使用，不应超范围和剂量使用，应严格执行安全间隔期的规定。施药器械应符合国家相关规定，并处于良好状态；施药人员应经过必要的技术培训。施药时，应按要求做好防护，防止施药人员农药中毒；对剩余农药、清洗废液、农药包装容器等废弃物，应该按照《农药安全使用规范　总则》（NY/T 1276—2007）的规定，及时进行安全处置，建立并保存农药使用记录。记录内容应至少包括以下信息：作物种类、施药时间、施药地点（面积）、农药产品名称和有效成分、登记证号、防治对象、使用量、施药方法、施药人员、安全间隔期等信息。

国家规定的禁止（停止）使用的农药有 46 种，分别为：六六六、滴滴涕、毒杀芬、二溴氯丙烷、杀虫脒、二溴乙烷、除草醚、艾氏剂、狄氏剂、汞制剂、砷类、铅类、敌枯双、氟乙酰胺、甘氟、毒鼠强、氟乙酸钠、毒鼠硅、甲胺磷、对硫磷、甲基对硫磷、久效磷、磷胺、苯线磷、地虫硫磷、甲基硫环磷、磷化钙、磷化镁、磷化锌、硫线磷、蝇毒磷、治螟磷、特丁硫磷、氯磺隆、胺苯磺隆、甲磺隆、福美胂、福美甲胂、三氯杀螨醇、林丹、硫丹、溴甲烷、氟虫胺、杀扑磷、百草枯、2,4 -滴丁酯。其中 2,4 -滴丁酯自 2023 年 1 月 29 日起禁止使用，溴甲烷可用于"检疫熏蒸处理"，杀扑磷已无制剂登记。

在部分范围禁止使用的农药有 20 种，具体内容见表 1 - 4。

表 1 - 4　在部分范围禁止使用的农药（20 种）

通用名	禁止使用范围
甲拌磷、甲基异柳磷、克百威、水胺硫磷、氧乐果、灭多威、涕灭威、灭线磷	禁止在蔬菜、瓜果、茶叶、菌类、中草药材上使用，禁止用于防治卫生害虫，禁止用于水生植物的病虫害防治
甲拌磷、甲基异柳磷、克百威	禁止在甘蔗作物上使用

（续）

通用名	禁止使用范围
内吸磷、硫环磷、氯唑磷	禁止在蔬菜、瓜果、茶叶、中草药材上使用
乙酰甲胺磷、丁硫克百威、乐果	禁止在蔬菜、瓜果、茶叶、菌类和中草药材上使用
毒死蜱、三唑磷	禁止在蔬菜上使用
丁酰肼（比久）	禁止在花生上使用
氰戊菊酯	禁止在茶叶上使用
氟虫腈	禁止在所有农作物上使用（玉米等部分旱田种子包衣除外）
氟苯虫酰胺	禁止在水稻上使用

此外，国家卫生健康委员会、农业农村部和国家市场监督管理总局颁发了《食品安全国家标准　食品中农药最大残留限量》（GB 2763—2019）。该标准规定了食品中 483 种农药 7 107 项最大残留限量。应注意的是，所有标准都是不断完善和更新的，在生产实践中，必须跟踪有关标准的最新动态，并采用最新版本的标准。对于外销的产品，一定要了解外方所采用的标准，从而知道该标准中允许使用的农药种类及其残留限量，并以此来指导生产和组织销售。否则，产品达不到标准，将会造成经济损失，并影响国家声誉。

绿色食品
标识图形

绿色食品指产自优良生态环境，按照绿色食品标准生产，实施全程质量控制并获得绿色食品标志使用权的安全、优质食用农产品及相关产品。1995 年，农业部在无公害产品栽培技术的基础上，提出了安全程度要求更高的绿色食品标准。2000 年，农业部针对绿色食品的生产，制定了《绿色食品　农药使用准则》（NY/T 393），先后于 2013 年和 2020 年进行了修订。NY/T 393—2020 将绿色食品生产中的农药使用更严格地限于农业有害生物综合防治的需要，并采用准许清单制进一步明确允许使用的农药品种。允许使用农药清单的制定以国内外权威机构的风险评估数据和结论为依据，按照低风险原则选择农药种类，其中化学合成农药筛选评估时采用的慢性膳食摄入风险安全系数比国际上的一般要求高 5 倍。

根据各绿色食品生产企业之间的生产技术、管理水平、环境的差异和国内外市场对绿色食品质量要求的不同，可将绿色食品分为 AA 级和 A 级。AA 级绿色食品是指生产地的环境质量符合《绿色食品　产地环境质量》（NY/T 391—2013）的要求，遵照绿色食品生产标准生产，生产过程中遵循自然规律和生态学原理，协调种植业和养殖业的平衡，不使用化学合成的肥料、农药、兽药、渔药、添加剂等物质，产品质量符合绿色食品产品标准，经中国绿色食品发展中心许可使用绿色食品标志的产品。A 级绿色食品是指生产地的环境质量符合《绿色食品　产地环境质量》（NY/T 391—2013）的要求，遵照绿色食品生产标准生产，生产过程中遵循自然规律和生态学原理，协调种植业和养殖业的平衡，限量使用限定的化学合成生产资料，产品质量符合绿色食品产品标准，经中国绿色食品发展中心许可使用绿色食品标志的产品。

AA 级绿色食品生产应按照《绿色食品农药使用准则》（NY/T 393—2020）的规定选用农药及其他植物保护产品。A 级绿色食品生产应优先从 AA 级和 A 级绿色食品生产均允许使用的农药和其他植保产品清单中选用农药，在所列农药不能满足有害生物防治需要时，还可按照农药产品标签或《农药合理使用准则》（GB/T 8321）的规定，适量使用 A 级绿色食品生产允许使用的其他农药清单中的农药。

绿色食品生产中允许使用的农药，其残留量应达到 GB/T 2763—2019 的要求。在环境中长期残留的国家明令禁用农药，其残留量应符合 GB/T 2763—2019 的要求。其他农药的残留量不得超过 0.01 mg/kg，并应符合 GB/T 2763—2019 的其他要求。

为了与国际接轨，更好地开展国际贸易，国家环境保护总局于 1995 年制定了有机食品生产技术规范和颁证标准，规定在有机食品生产中，不得使用任何人工合成的农药、化肥、除草剂、添加剂等人工合成的化学物质。

（二）果品蔬菜中重金属等有毒有害物质污染情况

除农药残留、兽药残留、生物毒素和放射性物质等污染物外，果蔬在种植、加工、包装、贮存、运输、销售直至食用等过程中，还有可能产生或由环境污染带入一些化学性危害物质。因此，《食品安全国家标准　食品中污染物限量》（GB 2762—2017）规定了食品中铅、镉、汞、砷、锡、镍、铬、亚硝酸盐、硝酸盐、苯并[a]芘、N-二甲基亚硝胺、多氯联苯、3-氯-1,2-丙二醇的限量指标。其中涉及新鲜水果蔬菜的限量指标有铅、镉、汞、砷、铬、亚硝酸盐，其限量指标见表1-5。果蔬重金属污染主要是由产地环境和农业投入品等因素造成。因此，《无公害农产品　种植业产地环境条件》（NY/T 5010—2016）对无公害农产品种植的土壤和灌溉水中的重金属（汞、砷、镉、铅、铬）含量规定了限量指标（土壤中的总铜和总镍为选测指标）。为了保护农用地土壤环境，管控农用地土壤污染风险，保障农产品质量安全、农作物正常生长和土壤生态环境，生态环境部和市场监督管理总局发布的《土壤环境质量　农用地土壤污染风险管控标准（试行）》（GB 15618—2018）对土壤污染风险筛选值和管制值进行了规定。

表1-5　水果蔬菜中污染物限量指标

污染物	食品类别/名称	限量/(mg/kg)
铅 （以Pb计）	新鲜蔬菜（芸薹类蔬菜、叶菜蔬菜、豆类蔬菜、薯类除外）	0.1
	芸薹类蔬菜、叶菜蔬菜	0.3
	豆类蔬菜、薯类	0.2
	蔬菜制品	1.0
	新鲜水果（浆果和其他小粒水果除外）	0.1
	浆果和其他小粒水果	0.2
	水果制品	1.0
	食用菌及其制品	1.0
镉 （以Cd计）	新鲜蔬菜（叶菜蔬菜、豆类蔬菜、块根和块茎类蔬菜、茎类蔬菜、黄花菜除外）	0.05
	叶菜蔬菜	0.2
	豆类蔬菜、块根和块茎类蔬菜、茎类蔬菜（芹菜除外）	0.1
	芹菜、黄花菜	0.2
	新鲜水果	0.05
	新鲜食用菌（香菇和姬松茸除外）	0.2
	香菇	0.5
	食用菌制品（姬松茸制品除外）	0.5
汞 （以Hg计）	新鲜蔬菜	0.01
	食用菌及其制品	0.1
砷 （以As计）	新鲜蔬菜	0.5
	食用菌及其制品	0.5
铬 （以Cr计）	新鲜蔬菜	0.5
亚硝酸盐 （以NaNO₂计）	腌渍蔬菜	20

四、质量标准

果蔬作为一类特殊的鲜活商品，它具有品种的多样性，每种产品都有其特有的品质，因而每种产品都应当有其标准。产品质量的好与坏，都需要采用标准的规定来评价。产品的卫生质量、感官质量和理化质量都在标准中有所规定。因此，标准就是果蔬产品质量评价依据的准则。

（一）标准及其作用

果蔬的标准属于技术标准，它是果蔬在生产、质量评价、监督检验、贸易洽谈、产品使用、贮藏保鲜等方面依据的准则，也是对果蔬质量争议做出仲裁的依据，对保证产品质量，提高生产、流通和使用的经济效益，维护消费者的健康和权益等具有重要作用。

（二）标准的级别

根据标准适用领域和有效区域范围的不同，可将其分为国际标准、区域性标准、国家标准、行业（专业）标准、地方标准、企业标准等不同等级。《中华人民共和国标准化法》中将国内标准分为国家标准、行业（专业）标准、地方标准、团体标准和企业标准。现将不同等级标准的含义及其表示方法介绍如下。

1. 国际标准 国际标准是指由国际标准化组织（International Organization for Standardization，ISO）以及由国际标准化组织公布的国际组织和其他国际组织所制定的标准。国际标准化组织公布的组织有国际计量局（Bureau International des Poids et Mesures，BIPM）、食品法典委员会（Codex Alimentarius Commission，CAC）、国际原子能机构（International Atomic Energy Agency，IAEA）、世界卫生组织（World Health Organization，WHO）和联合国粮食及农业组织（Food and Agriculture Organization of the United Nations，UNFAO 或 FAO）等。

国际标准采用标准代号（ISO、CAC 等）、标准序号、发布年份和标准名称来表示。如由国际标准化组织制定的《桃—冷藏指南》标准的表示方法是《ISO 873：1980 桃—冷藏指南》。

2. 区域性标准 区域性标准是由世界区域性集团组织或标准化机构制定的标准。如欧洲标准化委员会（Comité Européen de Normalisation，CEN）制定的欧洲标准，属于区域性标准。

3. 国家标准 国家标准是由国家标准化主管机构批准发布，在全国范围内统一执行的标准。国家标准对全国经济、技术发展具有重大意义。

中国国家标准分为强制性标准和推荐性标准。强制性标准代号为"GB"，推荐性标准代号为"GB/T"。其编号采用顺序号加发布年代号，中间加一字线分开，如 GB 2760—2014，GB/T 19000—2016 等。

4. 行业标准 行业标准又称专业标准。是指由专业标准化主管机构或专业标准组织批准发布、在某一行业范围内统一使用的标准。对尚未有国家标准而需要在全国某一行业范围内统一技术要求的，可以制定行业标准。行业标准代号为该行业中文名称的首个拼音字母，编号形式与国家标准相同，如 NY/T 419—2014 表示农业行业的推荐性标准。

我国从 20 世纪 50 年代开始制定实行部颁标准，从 1983 年起不再制定新的部颁标准，并逐步将一部分对全国技术经济发展有重大意义、需要在全国范围内统一的部颁标准修订为国家标准，其余的部颁标准则改为行业标准。但在没有过渡前，原有的部颁标准仍然有效，与行业标准同级。

5. 地方标准 地方标准是指在没有国家标准和行业标准的情况下，需要在某地区内统一和使用的标准。对没有国家标准和行业标准，而又需要在省、自治区、直辖市范围内统一产品安全、卫生要求的，可以制定地方标准。

地方标准由省、自治区、直辖市标准化行政主管部门规定、审批和发布，并报国务院标准化行政主管部门备案。在公布和实施相应的国家标准和行业标准之后，该项地方标准即行废止。强制性地方标准的代号由"DB"和省、自治区、直辖市行政区域代码前两位数再加斜线组成，如广东省强制性地方标准的代号为"DB44/"。如广东省地方标准《贡柑生产技术规程》的标准号为DB44/T 217—2004。斜线后的"T"，表示该标准为推荐性地方标准。

6. 团体标准 由团体按照团体确立的标准制定程序自主制定发布，由社会自愿采用的标准。团体是指具有法人资格，且具备相应专业技术能力、标准化工作能力和组织管理能力的学会、协会、商会、联合会和产业技术联盟等社会团体。国家鼓励社会团体协调相关市场主体共同制定满足市场和创新需要的团体标准，由本团体成员约定采用或者按照本团体的规定供社会自愿采用。

7. 企业标准 企业标准是指由企业制定发布、在该企业范围内统一使用、报当地政府标准化行政主管部门备案的标准。对于企业生产的产品，在没有国家标准、行业标准和地方标准时，应当制定企业标准，作为企业组织生产、经营活动的依据。对于已有国家标准、行业标准或地方标准的，国家鼓励企业制定严于国家标准或行业标准的企业标准。

企业标准原则上由企业自行组织制定、批准和发布实施，但必须报当地政府标准化行政主管部门备案。企业标准代号为"Q/"。各省、自治区、直辖市颁布的企业标准应在"Q"前加本省、自治区、直辖市的汉字简称，如湖南省的企业标准为"湘Q/"。斜线后为企业代号和编号（顺序号—发布年代号）。中央所属企业由国务院有关行政主管部门规定企业代号，地方企业由省、自治区、直辖市政府标准化行政主管部门规定企业代号。

（三）标准的基本内容

1. 说明商品标准所适用的对象 在商品标准中，首先应简要说明该标准规定的主要内容、适用范围和应用领域。

2. 确定商品分类 商品分类的内容包括商品品种和规格、结构形式和尺寸、基本参数、工艺特征、型号与标记、原材料或配方、用途或使用范围等。

3. 规定商品的质量指标和技术要求 商品的质量指标和技术要求，主要包括理化指标、感官指标、使用性能、表面质量和内在质量、质量等级、稳定性、可靠性、能耗指标、材料要求、工艺要求、环境条件以及有关质量保证、防护、卫生、安全和环境保护方面的要求等。这是指导商品生产、流通、使用消费以及进行质量检验和评价的主要依据。列入商品标准的技术要求应当是决定商品质量和使用特性，并可以检测或鉴定的关键性指标。通过这些指标能够全面而准确地判定商品的质量和等级。

4. 规定抽样办法和试验方法 科学合理地抽样是正确判定商品质量的基础，因此商品标准中应明确规定抽样方法。试验方法是对检验每项质量指标、考核与判定商品质量是否符合标准要求所做的具体规定。其内容包括：试验项目、各项质量指标的含义、试验原理和方法、试验用仪器设备、试样和试剂的制备、试验的环境条件、试验程序和操作方法、试验结果的计算与评定等。除上述内容外，在某些商品检验或验收规则中还规定了生产和购货双方在检验商品质量方面应遵循的条例。

5. 规定商品的包装和标志以及运输和贮存条件。

（四）我国有关果品蔬菜的部分标准

我国已经对部分果品蔬菜制定了产品质量、贮藏运销技术、检验方法等一系列标准。这里收集了我国颁布的部分果品蔬菜标准（表1-6），供应用时参考。值得注意的是，随着科学技术水平的不断提高，标准的数量将不断增加，标准的内容也将日趋完善。我们必须以最新版本的标准来指导生产、贮藏、运输和销售等各个环节的工作。要了解国家标准的最新动态，可到国家市场监督管理总局网站（www.samr.gov.cn）查询，也可到当地市场监督管理部门查阅。要了解国内外标准（如国家标准、行业标准、CAC标准、FDA标准等），还可到食品伙伴网（www.foodmate.net）查询。表中所列的标准代号都省去了该标准的颁布年份，使用时可查阅标准的最新版本。

表 1-6　我国部分果品蔬菜标准

标准代号	标准名称
GB/T 8559	苹果冷藏技术
GB/T 8854	蔬菜名称
GB/T 26430	水果和蔬菜　形态学和结构学术语
GB/T 8867	蒜薹简易气调冷藏技术
GB/T 9827	香蕉
GB/T 10650	鲜梨
GB/T 10651	鲜苹果
GB/T 12947	鲜柑橘
GB/T 13867	鲜枇杷果
GB/T 16862	鲜食葡萄冷藏技术
GB/T 18518	黄瓜　贮藏和冷藏运输
GB/T 23244	水果和蔬菜　气调贮藏技术规范
GB/T 25867	根菜类　冷藏和冷藏运输
GB/T 25871	结球生菜　预冷和冷藏运输指南
NY/T 423	绿色食品　鲜梨
NY/T 424	绿色食品　鲜桃
NY/T 425	绿色食品　猕猴桃
NY/T 426	绿色食品　柑橘
NY/T 427	绿色食品　西甜瓜
NY/T 428	绿色食品　葡萄
NY/T 654	绿色食品　白菜类蔬菜
NY/T 655	绿色食品　茄果类蔬菜
NY/T 743	绿色食品　绿叶类蔬菜
NY/T 744	绿色食品　葱蒜类蔬菜
NY/T 745	绿色食品　根菜类蔬菜
NY/T 746	绿色食品　甘蓝类蔬菜
NY/T 747	绿色食品　瓜类蔬菜
NY/T 748	绿色食品　豆类蔬菜
NY/T 749	绿色食品　食用菌
NY/T 750	绿色食品　热带、亚热带水果
NY/T 844	绿色食品　温带水果
NY/T 1325	绿色食品　芽苗类蔬菜
NY/T 1324	绿色食品　芥菜类蔬菜

第二节　果品蔬菜的质量评价

在果蔬销售前，必须对其质量进行检验，符合相关标准要求时方可销售。根据要求不同，可采取感官检验、生物测定和化学检验等方法。无论采取何种检验方法，采样必须具有代表性。为保证取样的客观性，应采用随机多点抽样法进行取样，并要求样本达到一定的数量。

一、感官质量评价

不同品种果蔬的感官质量指标不尽相同，主要包括产品的颜色、光泽、汁液、感官质地、新鲜度和缺陷等。

（一）颜色的评价

颜色是重要的外观品质。可用裸眼对比评价果蔬的颜色，也可通过测定果实表面反射光的情况来确定果实表面颜色的深浅和均匀性，可用光透射仪测定透光量来确定果实内部果肉的颜色和有无生理失调，还可用化学方法、比色法等来测定不同的色素含量。色差计是一种简单的颜色偏差测试仪器，即制作一块模拟与人眼感色灵敏度相当的分光特性的滤光片，用它对样板进行测光。利用这种感光器的分光灵敏度特性，在某种光源下通过计算机软件测定并显示出色差值。用色差计来对颜色进行评价比裸眼对比评价更客观，目前在油漆、化工、服装等领域应用广泛。色差计在果蔬颜色评价上的应用也有较多的文献报道，但目前还没有果蔬颜色评价相关的权威国家标准或行业标准出台。因此，在实践生产上，具体采用何种方法，还要看该产品标准的要求。

（二）光泽的评价

光泽也是重要的外观指标之一。光泽的强弱一般用眼睛直接观察，光泽好的产品，市场竞争力强。

（三）汁液的评价

可用压榨法测定产品的出汁率，也可用物理、化学法测定果蔬的含水量。汁液多或含水量高，表明果蔬的新鲜度好。

（四）感官质地的评价

感官质地是指通过品尝来评价的品质，包括组织的粗细、松脆程度、化渣与否等。也可采用硬度计或质构仪来测定果实的硬度或与力学特性有关的果蔬质地特性。

质构仪

（五）新鲜度的评价

新鲜度是反映果蔬是否新鲜饱满的重要品质指标。果蔬组织中的含水量很高，大部分种类果蔬的含水量为80%～90%。如此多的水分，除了维持果蔬正常的代谢以外，还赋予果蔬新鲜饱满的外观品质和良好的口感。如果果蔬严重失水，则可能导致重量减轻、腐烂变质、生理失调、风味变差、不耐贮藏等。新鲜度的评价，一般是用眼睛观察对比的方法进行；也可用蒸馏法、干燥法测定果蔬的含水量；还可将产品称重，以其失重率来衡量。

（六）缺陷的评价

缺陷是指果蔬表面或内部的某些不足，如刺伤、碰压伤、水锈、日灼、药害、雹伤、裂果、畸形、病虫果、小疵点等。一般将果蔬产品的缺陷分为五个等级，数字越大，表明缺陷越严重。但等级的具体划分，必须以该产品的标准为依据。

二、理化质量分析

理化质量分析主要包括产品大小、形状、硬度、可食部分百分率、含水量和其他一些化学成分的分析。对不同理化指标的测定，应当采取不同的方法。进行理化分析时，必须采用标准中规定的方法，以保证检测数据的可比性和有效性。

（一）大小

大小可用果蔬最大横切面的直径来表示，或者用单个个体的重量来表示。直径的大小可用游标卡尺测量。通常同一品种的产品中，个体体积过大者，往往组织疏松，风味较淡，呼吸作用旺盛，不耐贮藏；体积过小者，则由于个体发育不良，品质差，也不耐贮藏。只有中等大小的个体，品质好，耐贮藏，在市场上也较受欢迎。在同一种类不同品种中，个体小的品种反而有走俏的趋势，如微型西瓜每千克的价格是大个品种的几倍。苹果的国家标准《鲜苹果》（GB/T 10651—2008）中，将苹果分为大型、中型和小型果，大型果中优等品的果径要≥70 mm，一等品的果径要≥65 mm，二等品的果径要≥60 mm。各类型的果径以5 mm之差为一个等级。

（二）形状

要求果蔬发育到应有的正常形态。果实的形状一般用果形指数即果实纵径与横径的比值来表示。产品标准对不同种类、品种产品的不同等次都有相应的规定。

（三）硬度

硬度可以反映果蔬的成熟度和贮藏效果的好坏。一般而言，硬度变化小，则贮藏效果好。硬度可用硬度计来测量。

（四）可食部分百分率

可食部分百分率测定一般采用重量法进行，分别称取可食部分的重量和总重量，再换算成可食部分百分率。

（五）含水量

含水量测定可采用干燥法或蒸馏法进行。

（六）化学成分

产品执行的是什么标准，就应当按照该标准规定的方法进行测定。关于果蔬中营养成分和其他化学成分的测定方法，我国已经颁布了一些标准。表1-7中列出了部分标准，供参考。

果实硬度计

表1-7　我国果品蔬菜部分化学成分的测定方法标准

标准代号	标准名称
GB 5009.3	食品安全国家标准　食品中水分的测定
GB 5009.5	食品安全国家标准　食品中蛋白质的测定
GB 5009.7	食品安全国家标准　食品中还原糖的测定
GB 5009.8	食品安全国家标准　食品中果糖、葡萄糖、蔗糖、麦芽糖、乳糖的测定
GB/T 5009.10	植物类食品中粗纤维的测定
GB 5009.33	食品安全国家标准　食品中亚硝酸盐与硝酸盐的测定
GB 5009.86	食品安全国家标准　食品中抗坏血酸的测定
GB 5009.88	食品安全国家标准　食品中膳食纤维的测定
GB 5009.91	食品安全国家标准　食品中钾、钠的测定
GB/T 5009.158	食品安全国家标准　食品中维生素 K_1 的测定
GB 5009.237	食品安全国家标准　食品 pH 值的测定
GB 5009.239	食品安全国家标准　食品酸度的测定
GB/T 8210	柑橘鲜果检验方法
GB/T 10467	水果和蔬菜产品中挥发性酸度的测定方法
GB 10468	水果和蔬菜产品 pH 值的测定方法

三、卫生质量评价

（一）农药残留量检验

1. 仪器检验　对果蔬中的农药残留量进行检验，可参考有关农药的测定方法标准进行。我国对部分农药的残留量及检测方法制定了国家标准，如《水果、蔬菜中杀铃脲等七种苯甲酰脲类农药残留量的测定　高效液相色谱法》（NY/T 1720—2009）、《蔬菜、水果中51种农药多残

留的测定　气相色谱-质谱法》（NY/T 1380—2007）、《水果和蔬菜中多种农药残留量的测定》（GB/T 5009.218—2018）等。

2. 快速检验　采用化验方法检测农药残留量费工、费时。生产中常常将果蔬中主要农药残留量指标作为检测的主要对象进行快速检验。其目的是为了使生产者和经营者尽快掌握、消费者及时了解产品的卫生质量。近年来许多单位开始了对农药残留量速测技术和方法的研究，多种供快速检测的产品已经问世，一些地方利用这些技术作为市场、产地检验的主要手段。经过速测后若有必要，再按照国家标准进行抽样和室内检验。

目前成熟的农药残留量快速测定方法还只能检测有机磷、氨基甲酸酯类农药，也出台了国家标准《蔬菜中有机磷和氨基甲酸酯类农药残留量快速检测》（GB/T 5009.199—2003）。

（1）农药速测卡法（酶试纸法）。取果蔬可食部分 3.5 g，剪碎于杯中，用纯净水淹没试样，盖好盖子，摇晃 20 次左右，制得样品溶液。

取速测卡，将样品溶液滴在速测卡酶试纸上，静置 5～10 min，将速测卡对折，用手捏紧，3 min 后打开速测卡，白色酶试纸片变蓝色为正常反应，不变蓝或显浅蓝色说明有过量有机磷和氨基甲酸酯类农药残留。同时做空白对照。

（2）农药残毒快速测定仪法。采用农药残毒快速测定仪测定"酶抑制率"，如果"酶抑制率"数值小于 35，则样品判为合格；如果"酶抑制率"数值大于 35，则需按国家有关标准规定的方法进行测定。

（二）重金属等限制性成分含量测定

重金属等限制性物质摄入过多，对人体健康不利。因此，有关果蔬的国家标准中对重金属等限制性物质的含量都做了限制性规定。表 1-8 是有关这些物质限量及测定方法的部分标准名称。

表 1-8　我国果品蔬菜中部分限制性物质标准

标准代号	标准名称
GB 2762	食品安全国家标准　食品中污染物限量
GB 5009.11	食品安全国家标准　食品中总砷及无机砷的测定
GB 5009.12	食品安全国家标准　食品中铅的测定
GB 5009.15	食品安全国家标准　食品中镉的测定
GB 5009.17	食品安全国家标准　食品中总汞及有机汞的测定
GB 5009.33	食品安全国家标准　食品中亚硝酸盐与硝酸盐的测定
GB 5009.123	食品安全国家标准　食品中铬的测定

以上介绍了果蔬的质量构成及质量评价方法。在进行质量评价时，要根据评价结果的用途来选择质量评价所采用的标准。具体而言，在进行一般产品质量评价时，可采用国家现有的标准。在分析产品是否达到无公害食品、绿色食品的要求时，就要分别采用无公害食品和绿色食品的标准。在判断产品是否达到有机食品标准时，就需要采用有机食品的标准。在进行产品出口贸易时，就必须采用出口国的标准或者协议双方共同认可的标准。同时，还要关注标准的发展动态，注意采用最新版本的标准。

📚 思 考 题

1. 果品蔬菜的商品质量包括哪些方面？
2. 果品蔬菜的标准由哪几部分组成？
3. 果品蔬菜的卫生质量包括哪些方面？
4. 如何进行果品蔬菜的感官评价？

第二章 CHAPTER TWO
果品蔬菜的采后生理

【学习目标】了解果蔬采后生理的有关概念；掌握果蔬采后成熟与衰老、乙烯与成熟衰老、呼吸、蒸腾和休眠等采后生理的基本理论及其影响因素；认识各种采后生理变化的规律及其调控与果蔬贮运的关系。

第一节　果品蔬菜的成熟与衰老

当果蔬充分成长后，便进入成熟阶段。果蔬的成熟无论对采后生理变化还是对果蔬贮藏保鲜的实践来说，都是一个非常重要的阶段。通过研究果蔬的成熟与衰老问题，了解其发生的内在原因、推动力和进程，有助于采用人为的手段来控制其成熟与衰老进程，延长果蔬贮运寿命，减少采后损失。

一、成熟与衰老的概念

不同成熟度
的妃子笑
荔枝果实

成熟（maturation）是指果实生长的最后阶段，在此阶段，果实充分长大，养分充分积累，已经完成发育并达到生理成熟。对某些果实如苹果、梨、柑橘、荔枝等来说，成熟时即达到可以采收和食用的阶段；但对一些果实如香蕉、菠萝、番茄等来说，尽管已完成发育或达到生理成熟阶段，但不一定是食用的最佳时期。

完熟（ripening）是指果实达到成熟以后，组织内发生一系列的生理生化变化，果实表现出特有的颜色、风味、质地，达到最适于食用的阶段。香蕉、菠萝、番茄等果实通常不能在完熟时才采收，因为这些果实在完熟阶段的耐藏性明显下降。成熟阶段是在树上或植株上进行的，而完熟过程可以在树上进行，也可以在采后发生。

Rhodes（1980）认为，果实在充分完熟之后，进一步发生一系列的劣变，最后才衰亡，所以，完熟可以视为衰老（senescence）的开始阶段。Will等（1998）把衰老定义为代谢从合成转向分解，导致老化并且组织最后衰亡的过程。果实的完熟是从成熟的最后阶段开始到衰老的初期。对于食用茎、叶、花等器官来说，虽然没有像果实那样的成熟现象，但有组织衰老的问题，采后保鲜的主要问题之一是如何延缓组织衰老。

果蔬的生命虽然可以划分为生长、成熟、完熟和衰老等几个主要的生理阶段，但要清楚地区分各阶段的差别是不容易的，因为有些阶段是连续的，不易分割。图2-1描绘了这些生理阶段之间的关系与进程，可以帮助我们从果实生理本身来了解果实成熟的内部联系和本质。一切生物均经过初生、成长、衰老、死亡的历程，果实的成熟衰老都是不可逆的变化过程，成熟一旦被触发，便不可停止，直至变质、解体和腐烂。因此，为了有效地延长果蔬的贮藏寿命，应在贮藏保鲜技术上采取措施，延缓果蔬成熟衰老的进程。

二、成熟衰老中的品质变化

在成熟衰老过程中，与果蔬颜色、风味、气味和质地等密切相关的化学成分发生了一系列

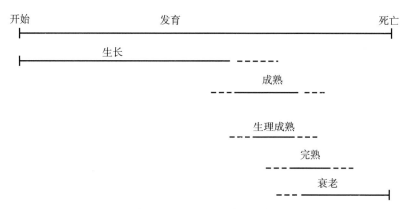

图 2-1 果实的生长、成熟、完熟和衰老阶段示意
(Watada et al.，1984)

的转变，表现出其特有的风味与颜色，达到最佳的食用状态。果蔬的成熟不只是一个物质分解的过程，同时还有合成过程发生，二者交织在一起（表 2-1）。

表 2-1 果实成熟的有关生理生化变化

(Biale et al.，1981)

降解	合成
叶绿体破坏	保持线粒体结构
叶绿素分解	合成类胡萝卜素和花色苷
淀粉的水解	糖类相互转化
酸的分解	促进 TCA 循环
底物氧化	ATP 生成增加
由酚类物质引起钝化	合成香气挥发物
果胶质分解	增加氨基酸的掺入
水解酶活化	加快转录和翻译速率
膜渗透开始	保存选择性的膜
由乙烯引起细胞壁的软化	乙烯合成途径的形成

虽然果蔬的化学成分在成熟衰老过程中发生一系列的变化，但要准确地界定各阶段的生化或生理参数是困难的，因为不同果蔬的特性和发生变化的时间是不同的。图 2-2 展示了番茄在成熟过程中一些生理生化指标的变化情况。

（一）颜色的变化

色泽在果蔬成熟过程中变化最显著，是人们从外观上判断果蔬是否成熟的主要依据之一。果蔬内的色素可分为脂溶性色素和水溶性色素两大类。脂溶性色素包括叶绿素和类胡萝卜素，叶绿素使果蔬呈现绿色，类胡萝卜素呈现黄、橙、红等颜色。水溶性色素主要是花色苷。

1. 叶绿素 在未成熟的果皮细胞内含有叶绿体，其中含有叶绿素。当果蔬成熟时，伴随着叶绿素降解，叶绿体的片层也受到破坏，果蔬逐渐褪绿。环境因素和植物激素可影响某些果蔬的褪绿。例如，香蕉褪绿转黄的适宜温度在 20 ℃左右，25 ℃以上的高温抑制其褪绿，即使果肉变软成熟了，果皮也不能正常褪绿转黄，俗称"青皮熟"。乙烯可诱导叶绿素的降解，如利用乙烯处理来促进柑橘的褪绿，叶绿素酶活性显著升高，在分解叶绿素中起作用。而赤霉素和 2,4-D 可抑制叶绿素的分解，有利于保持绿色。

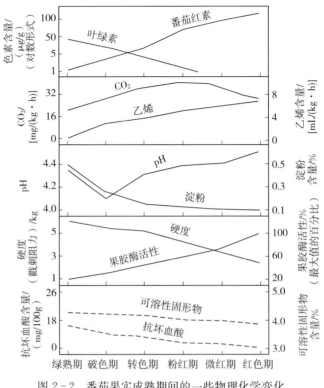

图 2-2　番茄果实成熟期间的一些物理化学变化

(Charles，1978)

2. 类胡萝卜素　果蔬中类胡萝卜素的种类很多，一般存在于叶绿体中。类胡萝卜素颜色的呈现有两种情况：一是在成熟衰老过程中不继续合成类胡萝卜素，如苹果、梨、香蕉等果实，当叶绿素分解后，原来已存在的类胡萝卜素的颜色便显现出来并成为优势颜色；二是在成熟时继续合成类胡萝卜素，如番茄、辣椒、柑橘等。果蔬的类胡萝卜素种类很多，其中以 β-胡萝卜素、番茄红素、叶黄素等分布较广。番茄红素的合成受气温的影响较大，19～24 ℃是番茄红素合成的最适温度，30 ℃以上的高温条件下可合成 β-胡萝卜素，但不能合成番茄红素，所以番茄高温下转变为黄色而不能转变为红色。乙烯可促进温州蜜柑、香蕉、番木瓜、番茄等果实类胡萝卜素的显现或合成，而赤霉素等抑制这一过程。

3. 花色苷和其他多酚类物质　果实中的水溶性色素主要是花青素，它们通常呈糖苷状态，称为花色苷。苹果、桃、李、葡萄等的果皮细胞中含有花色苷，使果实呈红、紫等颜色。花色苷在酸性溶液中呈红色，碱化后变为紫色，进一步碱化变为蓝色。花色苷一般存在于液泡，它与其他酚类物质（如单宁和黄酮色素）和类胡萝卜素以各种方式相互作用而共色（copigmentation）或减色（decoloration），从而呈现不同的颜色。花色苷降解的速率与 pH 和温度有关，在高温和高 pH 环境中降解加快，低温则有利于花色苷的积累。例如，苹果在日平均温度为 12～13 ℃时着色良好，而在 27 ℃时着色不良，我国南方苹果着色差的原因主要在此。花色苷的形成需要光，光线不足将影响其合成。例如，苹果树冠外围的果实颜色鲜红，而内膛果往往着色不良。通常果树内膛果的着色比外围果差，就是由于光线不足影响花色苷合成。

　　完熟期间花色苷的生物合成与碳水化合物的积累密切相关。果实在田间发育期间，足够的可溶性碳水化合物积累、较大的昼夜温差和充足的光照才能使果实着色良好。

　　果蔬中存在多种酚类物质，如苯酚及其衍生物、儿茶酚和单宁等。有些酚类化合物很容易被氧化，生成褐黑色物质，这种变化称为褐变（browning）。一般认为，果蔬的褐变必须同时具备三个条件：一是有足够高的多酚氧化酶活性；二是有能被这种酶作用的底物，一般是酚类物质；三是要有氧气或其他氧化剂存在。果蔬在采收及采后处理期间造成的机械伤部位往往很快变褐变黑，就是酚类物质氧化褐变的结果。

（二）香气的变化

不同果蔬具有各自特殊的香气，这是由于它们在成熟衰老过程中产生一些挥发性物质。不同果蔬在不同成熟阶段所产生挥发性物质的成分和数量不同，其香气也就有差别。果蔬产生的挥发性物质中含有多种化合物，包括酯类、醇类、醛类、萜类和挥发性酚类物质等，但只有含量超过其味感阈值的少数物质对果蔬的风味起重要作用，即每一种香气成分对果蔬香味的贡献取决于其风味阈值。果蔬中香气成分的浓度并不是越高越好，有的物质在低浓度时香气宜人，但在高浓度时则表现相反。另外，人们对果蔬产生香气的感觉，并不是一种或两种化合物单独作用的结果，而是多种香气成分共同作用的结果。例如，油红梨果实后熟过程中具有果香型特征的 2-甲基丁酸乙酯、己酸乙酯及乙酸乙酯对果实香气的贡献值较大，为特征香气物质。

成熟度对芳香物质的产生有很大的影响。例如，桃在未成熟时极少甚至不产生芳香物质；17 ℃下'Glockenapfel'苹果在呼吸跃变前期甲基-2-丁醇的释放量为 0.1~0.2 mg/g，跃变高峰后 10~20 d 上升至 2.5 mg/g；香蕉挥发性物质的产生高峰大约出现在呼吸跃变后 10 d。有些果实如菠萝，甚至可以用香气的明显释放作为完熟开始的标志。一般产生挥发性物质多的品种耐藏性较差，如耐藏的小国光苹果在土窖中贮藏 210 d，乙醇含量仅为 0.89 mg/100 g，检测不出乙酸乙酯，同期红元帅苹果乙醇含量 14.5 mg/100 g，乙酸乙酯含量 4.6 mg/100 g。温度是影响挥发性物质生成的重要条件之一。例如，将绿色的香蕉长期存放在 10 ℃以下，会显著抑制挥发性物质的产生。

（三）风味的变化

随着果实的成熟，果实的甜度逐渐增加，酸度减少。生长过程以积累淀粉为主的果实成熟时，其碳水化合物成分发生明显的变化，果实变甜。例如，绿色香蕉果肉淀粉含量为 20%~25%，当果实完熟后，淀粉几乎完全水解，含糖量从 1%~2% 迅速增加至 15%~20%。对于以可溶性糖为主或不积累淀粉的果实来说，在成熟过程中可溶性糖的变化并不显著。若果实是在树上成熟，由于有机物的继续输入，其可溶性糖往往会继续增加，如果果实未达到一定成熟度就采收，不能继续从外界获取有机物，加上呼吸作用的消耗，含糖量会逐渐减少。果实的可溶性糖主要是蔗糖、葡萄糖和果糖，这三种糖的比例在成熟过程中经常发生变化。在柑橘内蔗糖、葡萄糖和果糖的比例约为 2:1:1，当果实成熟后，蔗糖含量的增加往往超过葡萄糖和果糖。这在早熟和中熟的柑橘中尤为明显。

果蔬的酸味来源于有机酸，这些有机酸主要贮存在液泡中。不同的果蔬所含有机酸的种类和比例不同，大多数果实以柠檬酸和苹果酸为主，葡萄主要是酒石酸。部分果实的有机酸含量见表 2-2。苹果的有机酸主要是苹果酸，在呼吸跃变期，果肉和果皮的苹果酸含量均下降。梨（巴梨品种）的有机酸含量变化与苹果相似，在呼吸跃变期，苹果酸和糖作为主要的呼吸底物被消耗。菠萝在成熟初期，总酸量继续增加，但在成熟后期下降。

果蔬中普遍含有草酸，草酸具有酸涩味，食用口感不佳。不同种类果蔬的草酸含量差异很大，通常 100 g 果实中草酸含量为数克，而许多种蔬菜中含量为几十毫克，菠菜中含量高达数百毫克。草酸在果蔬体内比较稳定，不易被呼吸消耗掉。对于草酸含量高的蔬菜，食用时应用开水焯去大部分草酸，以减少其在人体肠道内形成草酸钙而干扰人体对钙的吸收。

固酸比为果实品质或成熟度常用的参考指标之一。这里的"固"是指可溶性固形物（soluble solids），通常可用手持糖量计测定，操作简便。由于糖的测定较为复杂，而果汁的可溶性固形物主要是糖，因此，在生产上通常用可溶性固形物的测定值作为糖含量的参考数据。由于果实成熟时糖含量逐渐增加而酸含量逐渐减少，所以固酸比往往随果实的成熟而逐渐增高，用固酸比可作为果实成熟的指标之一。如美国加利福尼亚州规定甜橙果实的固酸比达 8:1 时为成熟。我国规定外销和内销柑橘的固酸比不能低于 8:1。

涩味是一些果实风味的重要组成部分，如有些柿子或未熟苹果的涩味很明显。涩味来源于可溶性单宁，单宁与口腔黏膜上的蛋白质作用，当口腔黏膜蛋白凝固时，会引起收敛的感觉，也就是涩味，使人产生强烈的麻木感和苦涩感。许多幼果都有涩味，完熟时有些果实会自然脱涩，其机理一般是通过化学反应或物理变化使可溶性单宁凝固成不溶性单宁物质。柿子在生产上往往需进行脱涩处理，常用的处理方法有 40 ℃温水浸 10～15 h、高浓度（50%）CO_2 密闭处理数日（3 d 左右）、喷洒乙醇或乙醛、石灰水浸泡等，这些处理导致无氧呼吸，其产物中的一些低级醛、酮能使单宁缩合而脱涩。

表 2-2　几种果实中有机酸种类及含量
(周山涛，1998)

果实种类	pH	总酸量/%	柠檬酸/%	苹果酸/%	草酸/%
苹果	3.0～5.0	0.2～1.6	+	+	—
梨	3.2～3.9	0.1～0.5	0.24	0.12	0.03
杏	3.4～4.0	0.12～2.6	0.1	1.30	0.14
桃	3.2～3.9	0.2～1.0	0.2	0.50	—
李		0.4～3.5	+	0.36～2.90	0.06～0.12
甜樱桃	3.2～3.9	0.3～0.8	0.1	0.5	—
葡萄	2.5～4.5	0.3～2.1		0.22～0.9	0.08
草莓	3.8～4.4	1.3～3.0	0.9	0.1	0.1～0.8

注：+表示存在，—表示微量，0 表示缺乏。

三、成熟衰老中细胞壁结构和与软化有关的酶化学变化

（一）细胞壁的结构模型

果实成熟的一个主要特征是果肉质地变软。这是由于果实成熟时，细胞壁的成分和结构发生改变，使细胞壁之间的连接松弛，连接部位缩小，甚至彼此分离，组织结构松散，果实由未熟时的比较坚硬状态变为松软状态。果实软化后易受机械伤和被病菌侵染。一般而言，随着果实的软化，果实的耐藏性下降。为了更好地了解成熟衰老时细胞壁的变化，首先要了解细胞壁的组分和结构。细胞壁的主要组分是纤维素、半纤维素、果胶类物质和蛋白质，这些高分子化合物如何组建成一个完整的细胞壁结构呢？人们曾提出几种假说，其中有较大影响的是 Lampon 和 Epstein 所提出的"经纬"模型的理论。该理论认为，细胞壁由两个交联在一起的多聚物——纤维素的微纤丝和穿过微纤丝的伸展素网络交结而成，悬浮在亲水的果胶——半纤维素胶体中。木葡聚糖两端以氢键将平行于细胞壁面排列的纤维素微纤丝闩锁住，使其不易滑动，构成细胞壁结构的"经"；而"纬"则是一些具螺旋构象或无螺旋构象的富含羟脯氨酸的糖蛋白（伸展素）通过酪氨酸间的二苯醚键（酪氨酸交联）连接而构成的伸展素网络，这个网络垂直于细胞壁面，与微纤丝网络交织，构成了细胞壁的骨架；果胶类物质则以无定型基质形式围绕这两种网

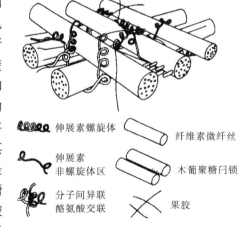

图 2-3　细胞壁多聚体排布的一种图解
(Wilson et al.，1986)

伸展素螺旋体　　　　纤维素微纤丝
伸展素非螺旋体区　　木葡聚糖闩锁
分子间异键酪氨酸交联　　果胶

络。图 2-3 是目前较为流行的有关细胞壁结构的一种图解。

（二）与软化有关的化学变化及酶

初生壁的主要化学成分是纤维素、半纤维素和果胶类物质等。果蔬中的果胶类物质有三种状态：原果胶、果胶和果胶酸。原果胶不溶于水，未成熟果实质地坚硬与存在原果胶有关。随着果实的成熟，原果胶逐渐被分解为果胶，果胶进一步分解为果胶酸，使细胞间的联结变松弛，果实硬度下降。果胶也称为可溶性果胶，是成熟果实组织中果胶类物质的主要存在形式，它的胶黏能力差，使细胞间的结合力变小，果实质地变软。果胶酸存在于成熟或过熟的果实中，它无黏性，因此使组织变疏松或柔软状态。

有关的酶类在果实的软化中起重要的作用。伴随着果实成熟，果胶结构发生很大的变化，这些变化是由多聚半乳糖醛酸酶（PG）催化果胶水解而引起的，使半乳糖醛苷连接键破裂。PG 有外切 PG 和内切 PG 两种，外切 PG 使多聚半乳糖醛酸从链端逐个开始水解，而内切 PG 可从分子中间割断多聚半乳糖醛酸链。番茄等果实的软化和果胶降解，就与 PG 活性具有显著的相关性。PG 的作用底物是多聚半乳糖醛酸（果胶酸），而果胶中多聚半乳糖醛酸残基通常是被甲氧基化的，要使 PG 有效地起作用，首先必须有果胶甲酯酶（PME）使果胶脱去甲氧基。因此，果胶的水解是在 PG 和 PME 协同作用下完成的。对软化起重要作用的还有纤维素酶、β-半乳糖苷酶（β-GAL）、内切 1,4-β-D-葡聚糖酶、木葡聚糖内糖基转移酶等，它们的活性水平在果实完熟期间也发生显著变化。此外，在细胞中还发现一些蛋白参与果实的软化过程，如膨胀素蛋白（expansin），它是在研究番茄 *LeExp1* 基因时首次发现，反义抑制 *LeExp1* 基因可使果实硬度明显高于对照，表明该基因参与果实的软化过程。

四、生物技术在调控成熟衰老中的应用

随着人们对分子生物学研究的深入，目前已经可以利用生物技术来控制果蔬的成熟衰老，从基因水平来延长果蔬的保鲜期。

采后生物工程所利用的比较成熟的技术是反义基因技术，其基本原理是反义 RNA 分子能与正义 RNA（多为 mRNA）分子杂交，这样 RNA 引物就不能引起 DNA 复制的起始，因为它不能与起点配对，从而阻止其编码的信息被翻译成蛋白质。与衰老有关的 cDNA 克隆为基因工程定向改造果蔬的耐藏性提供了前提条件。反义 RNA 及反义基因高度专一性的调控作用，为在分子水平进行基因分析与操作提供了方便。

1982 年英国科学家 Tucker 和 Grierson 从番茄中克隆出了第一个与成熟衰老有关的基因，并鉴定为 PG 的 *pTOM6*。1988 年 Smith 等从 PG 基因获得的反义基因，用农杆菌 4404（CaMV35S 为启动子）叶盘法成功地转入番茄并获得了转基因的番茄植株。结果表明，转入一个反义基因，就可以抑制 90% 的 PG 产生，并且反义基因能较稳定地遗传，后代中分别发现了带 10、1 和 2 个 PG 反义基因的植株。研究结果也发现，虽然 PG 基因的表达受到抑制，但并不影响果实成熟过程中其他性状的表现，如乙烯的合成、叶绿素的降解及番茄红素的形成等。反义基因降低了果实成熟过程中 PG mRNA 的积累，从而降低了果胶的含量。试验还表明，对于没有遗传下反义基因的转基因植株后代，其内源 PG 基因与正常植株一样活跃。这表明，反义基因不能永久地改变目的基因，而只是通过干扰 mRNA 的积累过程来抑制靶基因的表达。

由于乙烯是启动果蔬成熟衰老的激素，1990 年人们开始研究利用反义基因来控制乙烯的生物合成。Hamilton 等将 ACC 氧化酶的反义基因 *pTOM13* 转入番茄，所得的转基因植株的乙烯形成被显著抑制，受伤叶子和成熟果实的乙烯释放量分别被抑制了 68% 和 87%，这种番茄果实成熟时开始变红的时间与正常果实没有区别，但果实变红速度减慢，变红程度也受影响，而且在室温下贮藏时可以抵抗过度皱缩。1991 年 Klee 等将一种 ACC 脱氨酶基因转入番茄中，这种酶能将 ACC 分解掉，所得到的转基因番茄纯合子后代中乙烯释放比对照下降了 97%，并且

果实后熟减慢，在室温下放置 4 个月不变软，而正常果实只能放置 2 周。Oeller 等 1991 年通过促进番茄中 ACC 合成酶反义 RNA 的表达，使得乙烯生物合成大大降低，转基因番茄的纯合子后代中 99.5% 的乙烯合成受到抑制，果实不能正常成熟，不出现呼吸高峰，在室温放置 90～120 d 不变红、不变软，只有通过外源乙烯或丙烯处理后才能诱导呼吸高峰的出现和果实的成熟，成熟的果实在质地、颜色、芳香和可压缩性等方面与正常番茄相同。这说明通过转基因控制乙烯的生物合成，有可能获得耐贮藏的品种。

除了控制乙烯的生物合成的生物工程外，控制乙烯受体蛋白也是生物技术在采后控制成熟衰老上应用较为成功的例子。不管是外源乙烯还是内源乙烯，均需通过乙烯受体蛋白（ETR）进行信号传递，再经过一系列元件最终产生乙烯的生物学效应。其途径主要如下：乙烯→ETR 家族（乙烯受体）→CTR1 家族→EIN2→EIN3/EILs→ERFs→乙烯反应相关基因→乙烯的生物学效应。目前已从多种果蔬中获得乙烯受体编码基因，如在番茄果实中至少存在 6 个乙烯受体基因（LeETR1-LeETR6），猕猴桃和苹果均至少有 5 个乙烯受体编码基因。乙烯受体在内质网膜上感知乙烯信号，与下游 CTR1 协同负调控乙烯反应；EIN2 位于 CTR1 下游，与 EIN3/EILs 和 ERFs 正调控乙烯反应；ERFs 可结合 GCC 盒（含有 GCC 的重复序列，核心序列为 AGCCGCC），进而识别目标基因启动子，调控其表达，是乙烯信号途径中直接与目标基因作用的元件。研究发现，乙烯受体蛋白是一类金属蛋白，它能被 CO_2、异硫氰酸盐、DACP（重氮基环戊二烯）、1-MCP（1-甲基环丙烯）等抑制，特别是 1-MCP，它可与乙烯竞争乙烯受体蛋白，而且抑制是不可逆的，在极低浓度（10^{-9}）下即可起作用。

此外还可以利用基因工程来改变果实色泽、提高果实品质。如将反义 pTOM5 导入番茄，转基因植株花为浅黄色，成熟果实呈黄色，在转基因果实中检测不到番茄红素。假如 pTOM5 在植株中过度表达，将有可能改变果实的色泽。

第二节　果品蔬菜的呼吸作用

果蔬在采收后，由于离开了母体，水分、矿物质及有机物的输入均已停止；由于果蔬不断褪绿，或由于在贮运条件下缺少光线等原因，使光合作用趋于停止。但果蔬在采收后直至食用或腐烂之前的一段时间内，生命活动仍在进行。生物大分子的转换更新，细胞结构的维持和修复，均需要能量。这些能量是由呼吸作用分解有机物供应的，因此呼吸作用是采后果蔬的一个最基本的生理过程。一方面，果蔬需要进行呼吸作用，以维持正常的生命活动；另一方面，如果呼吸作用过强，则会使贮藏的有机物过多地被消耗，含量迅速减少，果蔬品质下降，同时过强的呼吸作用，也会加速果蔬的衰老，缩短贮藏寿命。此外，呼吸作用在分解有机物过程中会产生许多中间产物，它们是进一步合成植物体内新的有机物的物质基础。当呼吸作用发生改变时，中间产物的数量和种类也随之发生改变，从而影响其他物质代谢过程。因此，控制采收后果蔬的呼吸作用，已成为研究果蔬采后生理及贮藏技术的中心问题之一。自 20 世纪初 Kidd 和 West 发现苹果的呼吸跃变以来，呼吸作用的研究成为果蔬贮藏技术的一个基本理论研究领域。

一、呼吸作用的概念

呼吸作用（respiration）是指生活细胞内的有机物在酶的参与下，逐步氧化分解并释放出能量的过程。呼吸作用的产物因呼吸类型的不同而有差异。依据呼吸过程中是否有氧的参与，可将呼吸作用分为有氧呼吸和无氧呼吸两大类型。

（一）有氧呼吸

有氧呼吸（aerobic respiration）是指生活细胞利用分子氧，将某些有机物彻底氧化分解，

形成 CO_2 和 H_2O，同时释放出能量的过程。呼吸作用中被氧化的有机物称为呼吸底物，碳水化合物、有机酸、蛋白质、脂肪都可以作为呼吸底物。一般来说，淀粉、葡萄糖、果糖、蔗糖等碳水化合物是最常利用的呼吸底物。如以葡萄糖作为呼吸底物，则有氧呼吸的总反应可用下式表示：

$$C_6H_{12}O_6 + 6O_2 \longrightarrow 6CO_2 + 6H_2O + 2.87 \times 10^6 \text{ J}$$

上述总反应式表明，在有氧呼吸时，呼吸底物被彻底氧化为 CO_2 和 H_2O，O_2 被还原为 H_2O。呼吸作用中氧化作用分为许多步骤进行，能量是逐步释放的，一部分转移到 ATP 和 NADH 分子中，成为随时可利用的贮备能，另一部分则以热的形式放出。有氧呼吸是高等植物呼吸的主要形式，通常所说的呼吸作用，主要是指有氧呼吸。

(二) 无氧呼吸

无氧呼吸 (anaerobic respiration) 是指生活细胞在无氧条件下，把某些有机物分解成为不彻底的氧化产物，同时释放少量能量的过程。对于高等植物，这个过程习惯上称为无氧呼吸，对于微生物，则习惯上称为发酵。高等植物无氧呼吸可产生乙醇，其过程与乙醇发酵是相同的，反应式如下：

$$C_6H_{12}O_6 \longrightarrow 2C_2H_5OH + 2CO_2 + 0.1 \times 10^6 \text{ J}$$

有些果蔬由于贮藏时间太长、包装过度严密、涂果蜡过厚或涂果蜡后存放的时间太久等原因，长期处在无氧或氧气不足的条件下，通常会产生酒味，这是果蔬在缺氧情况下乙醇发酵的结果。

(三) 呼吸代谢的多条途径

在高等植物中存在着多条呼吸代谢的生化途径，这是植物在长期进化过程中对环境条件适应的体现。植物的呼吸途径主要有糖酵解、三羧酸循环、戊糖磷酸途径、乙醛酸循环等，各途径的关系如图 2-4。在有氧条件下，进行三羧酸循环、戊糖磷酸途径、乙醛酸循环和乙醇酸氧化途径等。

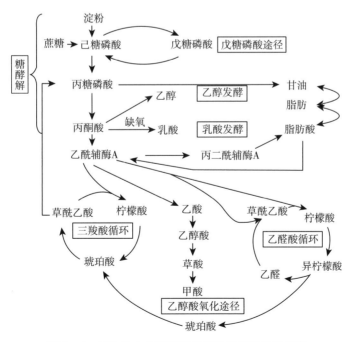

图 2-4 植物体内主要呼吸代谢途径相互关系示意

1. 糖酵解 己糖在细胞中分解成丙酮酸的过程称为糖酵解。糖酵解的生理意义如下：
(1) 糖酵解普遍存在于生物体中，是有氧呼吸和无氧呼吸的共同途径。

（2）糖酵解的产物丙酮酸的化学性质十分活跃，可以通过各种代谢途径，生成不同的物质（图2-5）。

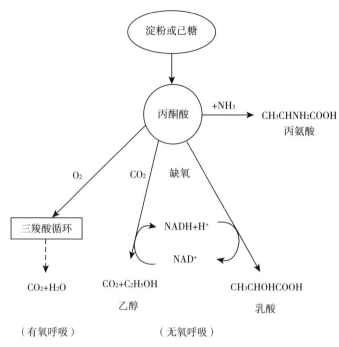

图2-5 丙酮酸在呼吸代谢和物质转化中的作用

（3）通过糖酵解，生物体可获得生命活动所需的部分能量。对于厌氧生物来说，糖酵解是糖分解和获取能量的主要方式。

（4）糖酵解中除了由己糖激酶、磷酸果糖激酶、丙酮酸激酶等所催化的反应以外，多数反应均可逆转，这就为糖异生作用提供了基本途径。

2. 三羧酸循环 糖酵解的最终产物丙酮酸，在有氧条件下，通过一个包括三羧酸和二羧酸的逐步脱羧脱氢过程，彻底氧化分解，这一过程称为三羧酸循环。三羧酸循环普遍存在于动物、植物、微生物的细胞中，是在线粒体基质中进行。三羧酸循环的起始底物辅酶A不仅是糖代谢的中间产物，也是脂肪酸和某些氨基酸的代谢产物。因此，三羧酸循环是糖、脂肪和蛋白质三大类物质的共同氧化途径，是生物利用糖和其他物质氧化获得能量的主要途径。

3. 戊糖磷酸途径 戊糖磷酸途径有以下特点和生理意义：

（1）戊糖磷酸途径是葡萄糖直接氧化分解的生化途径，每氧化1分子葡萄糖可产生12分子的NADPH＋H[+]，有较高的能量转化率。

（2）该途径中的一些中间产物是许多重要有机物生物合成的原料，例如可合成与植物生长、抗病性有关的生长素、木质素、咖啡酸等。

（3）戊糖磷酸途径在许多植物中存在，特别是在植物感病、受伤时，该途径可占全部呼吸的50%以上。由于该途径和糖酵解-三羧酸循环的酶系统不同，因此，当糖酵解-三羧酸循环受阻时，戊糖磷酸途径则可代替正常的有氧呼吸。在糖的有氧降解中，糖酵解-三羧酸循环与戊糖磷酸途径所占的比例随植物的种类、器官、年龄和环境而发生变化，这也体现了植物呼吸代谢的多样性。

4. 抗氰呼吸或交替途径 呼吸代谢产物的中间产物氧化脱下的氢，其电子沿着一组顺序排列的呼吸传递体传递到分子氧的总轨道，这就是呼吸链。氰化物对呼吸作用的末端氧化酶、细胞色素氧化酶有强烈的抑制作用。近年的许多研究表明，植物和微生物的线粒体中，其电子传递也是多条途径。现在公认，呼吸链中有一条对氰化物不敏感的支路，氰化物对呼吸作用的末端氧化酶、细胞色素氧化酶有强烈的抑制作用，但有些植物组织的呼吸作用却对氰化物不敏感，这便是"抗氰呼吸"。抗氰呼吸的特点之一是底物消耗较快而ATP产生较少，必然的后果是产生较多的热能。抗氰呼吸途径的一个消极效应是产生大量自由基和活性氧，从而加速细胞的衰老和死亡。已经证明，一些果实如鳄梨和苹果等完熟期间，抗氰呼吸有逐渐增加的趋势，高峰期后又逐步降低，这说明呼吸跃变过程有抗氰呼吸参与。Solomos等（1974）报告，用HCN处理完整的鳄梨果实，能使呼吸迅速升高，乙烯生成亦增加，最后引致果实成熟。并且他们发现在呼吸跃变时，二磷酸果糖增加10倍，磷酸烯醇丙酮酸及6-磷酸果糖则下降。认为由于氰化物促进糖酵解，同时又促进有氧呼吸，故推论氰化物的作用是使电子转入交替途径。这个作用与其抑制细胞色素途径无关，乃是由结构的改变而引起。Solomos等（1976）又用苹果、鳄梨、南美番荔枝、柠檬、葡萄柚进行试验，发现乙烯和氰化物均能诱导呼吸上升，而乙烯对能被氰化物强烈抑制呼吸的组织则无促进效应。因此认为抗氰途径的存在是乙烯促进呼吸的先决条件。根据上述试验结果，Solomos等认为，抗氰或交替途径对果实跃变和成熟来说是重要的；氰和乙烯一样，均对交替途径起调节作用，促进交替途径的运行。

二、呼吸作用与果品蔬菜贮藏的关系

呼吸作用是采后果蔬的一个最基本的生理过程，它与果蔬的成熟、品质的变化以及贮藏寿命有密切的关系。

（一）呼吸强度与贮藏寿命

呼吸强度[①]（也称为呼吸速率，respiration rate）是评价呼吸强弱最常用的生理指标，它是指在一定的温度条件下，单位时间、单位重量果蔬放出的CO_2或吸收O_2的量。呼吸强度是评价果蔬新陈代谢快慢的重要指标之一，根据呼吸强度可估计果蔬的贮藏潜力。产品的贮藏寿命与呼吸强度成反比，呼吸强度越大，表明呼吸代谢越旺盛，营养物质消耗越快。呼吸强度大的果蔬，一般其成熟衰老较快，贮藏寿命也较短。例如，不耐贮藏的菠菜在20~21℃下，其呼吸强度约是耐贮藏的马铃薯呼吸强度的20倍。常见的果蔬呼吸强度见表2-3。

表2-3 一些果蔬在不同温度下的呼吸强度
（美国农业部农业手册66卷果蔬花卉苗木商业性贮藏，1986）

单位：mg/(kg·h)

果蔬种类	0℃	4~5℃	10℃	15~16℃	20~21℃	25~27℃
夏苹果	3~6	5~11	14~20	18~31	20~41	—
秋苹果	2~4	5~7	7~10	9~20	15~25	—
杏	5~6	6~9	11~19	21~34	29~52	—
朝鲜蓟	15~45	26~60	55~98	76~145	135~233	145~300
鳄梨	—	20~30	—	62~157	74~347	118~428
香蕉（青）	—	—	—	21~23	33~35	—
成熟香蕉	—	—	21~39	25~75	33~142	50~245
荔枝	—	—	—	—	—	75~128
芒果	—	10~22	—	45	75~151	120
甜樱桃	4~5	10~14	—	25~45	28~32	—

---

① 如未特别说明，本教材呼吸强度均以放出CO_2的量计。

（续）

果蔬种类	0 ℃	4～5 ℃	10 ℃	15～16 ℃	20～21 ℃	25～27 ℃
柠檬	—	—	11	10～23	19～25	20～28
橘子	2～5	4～7	6～9	13～24	22～34	25～40
猕猴桃	3	6	12	—	16～22	—
草莓	12～18	16～23	49～95	71～92	102～196	169～211
抱子甘蓝	10～30	22～48	63～84	64～136	86～190	
甘蓝	4～6	9～12	17～19	20～32	28～49	49～63
利马菜豆	10～30	20～36		100～125	133～179	—
食荚菜豆	20	35	58	93	130	193
胡萝卜	10～20	13～26	20～42	26～54	46～95	
花椰菜	16～19	19～22	32～36	43～49	75～86	
芹菜	5～7	9～11	24	30～37	64	84～140
黄瓜	—	—	23～29	24～33	14～48	19～55
结球莴苣	6～17	13～20	21～40	32～45	51～60	73～91
叶用莴苣	19～27	24～35	32～46	51～74	82～119	120～173
蘑菇	28～44	71	100	—	264～316	
甜椒	—	10	14	23	44	55
成熟马铃薯		3～9	7～10	6～12	8～16	
菠菜	19～22	35～58	82～138	134～223	172～287	
绿熟番茄	—	5～8	12～18	16～28	28～41	35～51
成熟番茄		—	13～16	24～29	24～44	30～52

测定果蔬呼吸强度的方法有多种，常用的方法有气流法、静置法、红外线气体分析仪法、气相色谱法等。

（二）呼吸热

前面已提到果蔬呼吸中，氧化有机物释放的能量，一部分转移到 ATP 和 NADH 分子中，供生命活动之用；另一部分能量以热的形式散发出来，这种释放的热量称为呼吸热（respiration heat）。已知每摩尔葡萄糖通过呼吸作用彻底氧化分解为 CO_2 和 H_2O，放出自由能 2 870 kJ；在这个过程中形成 36 mol ATP，每形成 1 mol ATP 需自由能 30.51 kJ，形成 36 mol ATP 共消耗 1 098 kJ，约占葡萄糖氧化放出自由能的 38％。这就是说，其余 62％（1 772 kJ）的自由能直接以热能的形式释放。

果蔬采后呼吸作用旺盛，释放出大量的呼吸热。因此，在果蔬采收后及贮运期间必须及时散热和降温，以避免包装内及贮藏库温度升高，使呼吸增强，放出更多的热，形成恶性循环，缩短贮藏寿命。例如，夏天采收的菜薹如不及时降温，菜薹包装内的温度约可达 45 ℃或更高。为了有效降低库温和运输工具的温度，首先要算出呼吸热，以便配置适当功率的制冷机，控制适当的贮运温度。根据呼吸反应方程式，以消耗 1 mol 己糖产生 6 mol（264 g）CO_2，并放出 2 870 kJ 热能来计算，则每释放 1 mg CO_2，应同时释放 10.87 J 的热能。假设这些能全部转变为呼吸热，则可以通过测定果蔬的呼吸强度计算呼吸热。以下是使用不同热量单位计算的公式。

呼吸热 $[J/(kg \cdot h)]$＝呼吸强度 $[mg/(kg \cdot h)]\times10.87$ （J/mg）

呼吸热 [kJ/(t·d)]＝呼吸强度 [mg/(kg·h)]×260.88 (J/mg)

例如，甘蓝在 5 ℃ 的呼吸强度为 24.8 mg/(kg·h)，则每吨甘蓝每天产生的呼吸热为 260.88×24.8＝6 469.824 (kJ)。

(三) 感病组织呼吸的变化

果蔬组织受到病原微生物的侵染以后，其呼吸强度普遍提高。果蔬采前或采后的病害均可引起呼吸增强，呼吸强度的提高通常与病状同时发生或在症状出现之前。感病组织的呼吸强度增加，其主要原因有两方面：一是病原微生物诱导植物组织的呼吸强度增加；二是病原微生物呼吸的结果，侵染初期病原菌的呼吸微不足道，在侵染后期真菌的呼吸比率高于寄主组织。在病原微生物繁殖和微生物形成孢子时，呼吸强度继续上升。感病组织释放的 CO_2 量或吸收的 O_2 量，来自寄主组织和病原微生物两方面的呼吸作用。对于细菌性病害，O_2 消耗的增加主要是病原细菌呼吸的结果；对于真菌性病害，O_2 消耗的增加则主要是病原真菌诱导植物组织的反应。

在贮运保鲜的生产实践中，常有这样的现象：一箱果实（如香蕉或番茄等）里有一两个果实腐烂了，这箱子里的其他果实很快就成熟了。这是由于病原微生物侵染植物组织，诱导了植物组织的乙烯产生，促进果蔬的呼吸而加速成熟衰老，影响果蔬的贮藏寿命，形成恶性循环。

在植物和病原微生物的相互作用中，植物通过增强呼吸作用氧化分解病原微生物所分泌的毒素，以消除其毒害。当植物受伤或受到病原微生物侵染时，也通过旺盛的呼吸促进伤口愈合，加速木质化或栓质化，以减少病原微生物的侵染。此外，呼吸作用的加强可促进绿原酸等具有杀菌作用物质的合成，以增强植物的抗病性。

(四) 机械损伤引起的伤呼吸

果蔬在采收、采后处理及贮运过程中，很容易受到机械损伤。果蔬受机械损伤后，呼吸强度和乙烯的产生量明显提高。组织因受伤引起呼吸强度不正常的增加称为"伤呼吸"。如伏令夏橙从 61 cm 和 122 cm 的高度跌落到地面，贮藏 1 d 后其呼吸强度分别由 7.1 mg/(kg·h) 增加至 10.9 mg/(kg·h) 和 13.3 mg/(kg·h) (图 2-6)，一定程度上，呼吸强度的增加与损伤的严重程度成正比。

机械损伤引起呼吸强度增加的可能机制：开放性伤口使内层组织直接与空气接触，增加气体的交换，可利用的 O_2 增加；细胞结构被破坏，从而破坏了正常细胞中酶与底物的空间分隔；乙烯的合成加强，从而加强对呼吸的刺激作用；果蔬表面的伤口给微生物的侵染打开了方便之门，微生物在果蔬上生长，也促进了呼吸的升高和乙烯的产生；果蔬通过增强呼吸来加强组织对损伤的保卫反应和促进愈伤组织的形成等。

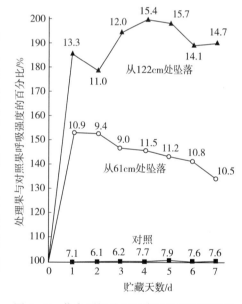

图 2-6 伏令夏橙从不同高处坠落硬地面后呼吸强度的变化

(仿 Vines, 1965)

[注：曲线上的数字是呼吸强度，单位为 mg/(kg·h)]

(五) 呼吸与贮藏保鲜

果蔬的呼吸直接影响其品质、耐藏性、抗病性等。由于呼吸需要消耗贮藏的有机物质，导致果蔬贮存的物质减少，风味品质下降，贮藏期和货架期缩短。对于碳水化合物含量较少的果蔬如叶菜和花菜类，当组织贮存的碳水化合物消耗完后，有机酸、蛋白质等作为呼吸底物被利用，加速果蔬的衰老，缩短贮藏寿命。

三、呼吸跃变

有一类果实在生长发育、成熟到衰老的过程中，其呼吸强度的变化模式是在果实发育成熟之前，呼吸强度不断下降，此后在成熟开始时，呼吸强度急剧上升，达到高峰后便转为下降，直到衰老死亡，这个呼吸强度急剧上升的过程称为呼吸跃变（respiratory climacteric），这类果实（如香蕉、番茄、苹果等）称为跃变型果实（climacteric fruit）。另一类果实（如柑橘、草莓、荔枝等）在成熟过程中没有呼吸跃变现象，呼吸强度只表现为缓慢的下降，这类果实称为非跃变型果实（non-climacteric fruit）。果实在发育和成熟衰老过程的呼吸变化曲线见图2-7。从图2-7可见，呼吸跃变和乙烯释放的高峰都出现在果实的完熟期间，表明呼吸跃变与果实完熟的关系非常密切。当果实进入呼吸跃变期，耐藏性急剧下降。人为地采取各种措施延缓呼吸跃变的到来，是有效地延长果蔬贮藏寿命的重要措施。

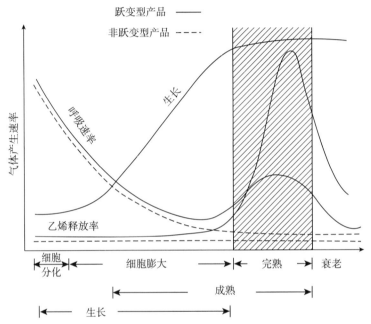

图2-7 跃变型和非跃变型果实的生长、呼吸、乙烯产生的曲线
(Will et al.，1998)

（一）跃变型果蔬和非跃变型果蔬

根据果蔬在完熟期间的呼吸变化模式，可将果蔬分为跃变型和非跃变型两大类型（表2-4）。一些叶菜的呼吸模式可以认为是非跃变型。

表2-4 一些跃变型和非跃变型果蔬
(Biale et al.，1981)

跃变型果蔬		非跃变型果蔬	
苹果	罗马甜瓜	伞房花越橘	甜橙
杏	蜜露甜瓜	可可	菠萝
鳄梨	番木瓜	腰果	枇杷
香蕉	鸡蛋果	欧洲甜樱桃	草莓
面包果	桃	葡萄	石榴
南美番荔枝	梨	葡萄柚	枣

（续）

跃变型果蔬		非跃变型果蔬	
中华猕猴桃	柿	蒲桃	树莓
菲油果	李	龙眼	黑莓
无花果	加锡弥罗果	南海蒲桃	树番茄
番石榴	刺果番荔枝	柠檬	nor-番茄
蔓密苹果	番茄	荔枝	rin-番茄
芒果	红毛丹	山苹果	黄瓜
		橄榄	

跃变型果蔬的呼吸强度随着完熟而上升。不同果蔬在跃变期呼吸强度的变化幅度明显不同（图2-8a），其中面包果的呼吸跃变上升速率最大，苹果呼吸跃变高峰期的呼吸强度约是初期的2倍。大多数的果实在树上或采收后都有呼吸跃变现象，但是在树上的苹果和其他一些果实的呼吸跃变却会被推迟。鳄梨和芒果在树上不能成熟，将果实摘下，通常能刺激呼吸跃变和成熟。在跃变型果实中，不同果实产生呼吸跃变与乙烯高峰的时间不一致。梨、鳄梨和其他一些果实，呼吸跃变期和乙烯释放高峰期是一致的。在一些苹果中，呼吸高峰早于乙烯释放高峰出现，而香蕉的乙烯释放高峰明显早于呼吸高峰。

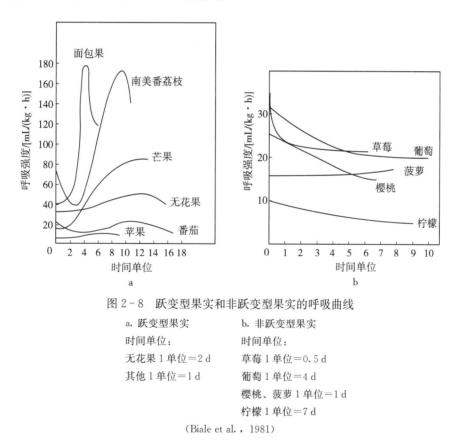

图2-8 跃变型果实和非跃变型果实的呼吸曲线

a. 跃变型果实　　　b. 非跃变型果实

时间单位：　　　　时间单位：

无花果1单位=2 d　　草莓1单位=0.5 d

其他1单位=1 d　　葡萄1单位=4 d

　　　　　　　　　櫻桃、菠萝1单位=1 d

　　　　　　　　　柠檬1单位=7 d

（Biale et al.，1981）

非跃变型果实呼吸的主要特征是在成熟期间呼吸强度不断下降（图2-8b）。非跃变型果实也表现出与完熟相关的大多数变化，只不过这些变化比跃变型果实要缓慢些。柑橘类果实（如柠檬）是典型的非跃变型果实，呼吸强度较低，完熟过程较长，最终果皮褪绿，呈现出特有的颜色。

跃变型果实出现呼吸跃变伴随着成分和质地的变化，可以辨别出从成熟到完熟的明显变化。而非跃变型果实没有呼吸跃变现象，果实从成熟到完熟发展过程中变化缓慢，不易划分。

大多数的蔬菜在采收后不出现呼吸跃变，只有少数的蔬菜在采后的完熟过程中出现呼吸跃变（图2-9）。例如，番茄的着色与呼吸跃变有密切的关系，当绿熟番茄的颜色转变为淡红色时，呼吸强度达到高峰，完熟后呼吸强度下降，进入呼吸跃变的后期。

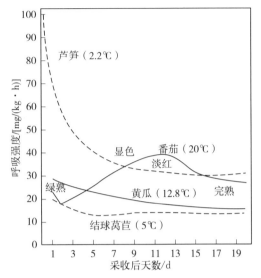

图2-9 芦笋（茎）、结球莴苣（叶）、黄瓜（未熟果）及番茄（完熟果）于采收后19 d内在一般运销温度下的呼吸强度

（二）跃变型果实和非跃变型果实的区别

跃变型果实和非跃变型果实的区别，不仅在于完熟期间是否出现呼吸跃变，而且在内源乙烯的产生和对外源乙烯的反应上也有显著的差异。

1. 两类果实中内源乙烯的产生量不同 所有的果实在发育期间都产生微量的乙烯。然而在完熟期内，跃变型果实产生乙烯的量比非跃变型果实要多得多，而且跃变型果实在跃变前后内源乙烯的含量变化幅度很大。非跃变型果实的内源乙烯一直维持在很低的水平，没有出现上升现象（表2-5）。

表2-5 几种果实在跃变前至跃变高峰期间内源乙烯浓度的变化

（Biale et al.，1981）

单位：μg/g

类型	果实种类	跃变前	跃变开始	跃变高峰
跃变型	鳄梨	0.04	0.75	500
	香蕉	0.1	1.5	40
	南美番荔枝	0.03	0.04	219
	芒果	0.01	0.08	3
	硬皮甜瓜	0.04	0.3	50
	番木瓜		0.1	2.8
	洋梨	0.9	0.4	40
	番茄	0.08	0.8	27
非跃变型	柠檬		0.1～0.2	
	青柠		0.3～2.0	
	橙子		0.1～0.3	（恒态）
	菠萝		0.2～0.4	

2. 对外源乙烯刺激的反应不同 对跃变型果实来说，外源乙烯只在跃变前期处理才有作用，可引起呼吸上升和内源乙烯的自身催化，这种反应是不可逆的，虽停止处理也不能使呼吸恢复到处理前的状态。而对非跃变型果实来说，任何时候处理都可以对外源乙烯产生反应，但将外源乙烯除去，呼吸又恢复到未处理时的水平。

3. 对外源乙烯浓度的反应不同 提高外源乙烯的浓度，可使跃变型果实的呼吸跃变出现的时间提前，但不改变呼吸高峰的强度，乙烯浓度的改变与呼吸跃变的提前时间大致呈对应关系

（图 2 - 10）。对非跃变型果实，提高外源乙烯的浓度，可提高呼吸的强度，但不能提早呼吸高峰出现的时间。

4. 乙烯的产生体系不同 McMurchie 等（1972）用 500 μL/L 丙烯处理跃变型果实香蕉，成功地诱导出典型的呼吸跃变和内源乙烯的上升；而用丙烯处理非跃变型果实柠檬和甜橙，虽能提高呼吸强度，但不能促进乙烯的产生。该试验表明跃变型果实有自身催化乙烯产生的能力，非跃变型果实则没有这个能力。McMurchie 等由此提出了植物体内有两套乙烯合成系统的理论，认为所有植物生长发育过程中都能合成并能释放微量的乙烯，这种乙烯的合成系统称为系统Ⅰ。就果实而言，非跃变型果实或未成熟的跃变型果实所产生的乙烯，都是来自乙烯合成系统Ⅰ。而跃变型果实在完熟前期合成并大量释放的乙烯，则是由另一系统产生，称为乙烯合成系统Ⅱ，它既可以随果实的自然完熟而产生，也可被外源乙烯所诱导（图 2 - 11）。当跃变型果实内源乙烯积累到一定限值，便出现乙烯的自我催化作用，产生大量内源乙烯，从而诱导呼吸跃变和完熟期生理生化变化的出现。系统Ⅱ引发乙烯自动催化作用，一旦开始即可自动催化下去，产生大量的

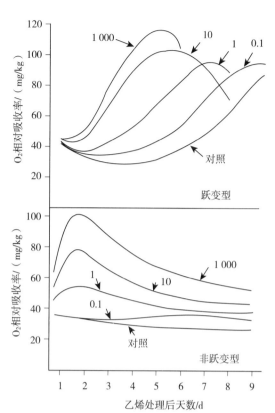

图 2 - 10 不同浓度的乙烯对跃变型果实和
非跃变型果实呼吸作用的影响

（Biale et al.，1964）

（注：图中乙烯浓度单位为 μL/L）

内源乙烯。非跃变型果实只有乙烯合成系统Ⅰ，缺少系统Ⅱ，如将外源乙烯除去，则各种完熟反应便停止。这个理论得到 Yang（1981）实验的支持。Yang 和 Hoffman（1984）以及 Bufler

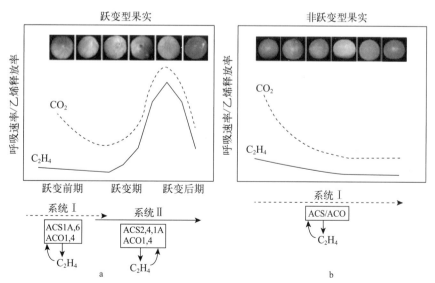

图 2 - 11 跃变型果实（番茄）和非跃变型果实（柑橘）在发育和
成熟过程中的呼吸强度和乙烯释放量的变化示意

（Enriqueta Alós et al.，2018）

（注：a、b 分别表示两种果实从发育到成熟期间乙烯形成的调控模式）

（1984）发现系统Ⅱ是通过 ACC 合成酶（ACS）和乙烯形成酶（EFE，也称 ACC 氧化酶 ACO）激活所致。当系统Ⅰ生成的乙烯或外源乙烯的量达到一定阈值时，便启动了这两种酶的活性。非跃变型果实只有系统Ⅰ而无系统Ⅱ，跃变型果实则两者都有，也许这就是两种类型果实的本质差异所在。

关于两种类型果实呼吸和完熟过程中的乙烯变化及其作用，可归纳为表 2-6。

表 2-6　乙烯因子与呼吸模式的关系

（Biale et al.，1981）

项目	跃变型果蔬	非跃变型果蔬
对外源乙烯的反应	只在呼吸上升前有反应	采后整个时期都有反应
内源乙烯水平	变化，由低至高	低
反应的大小	与浓度无关	是浓度的函数
自身催化	显著	无

四、影响呼吸强度的因素

果蔬的呼吸作用与贮藏寿命有密切关系，在不妨碍果蔬正常生理活动和不出现生理性病害的前提下，应尽可能降低它们的吸吸强度，以减少物质的消耗，延缓果蔬的成熟衰老。因此，有必要了解影响果蔬呼吸强度的因素。

（一）果蔬本身的因素

1. 种类与品种　不同种类果蔬的呼吸强度有很大的差别，参见前述表 2-3。一般来说，夏季成熟的果实比秋季成熟的果实呼吸强度大，南方水果比北方水果呼吸强度大。例如，在 25 ℃ 条件下，糯米糍荔枝的呼吸强度 [110 mg/(kg·h)] 约是金冠苹果 [21 mg/(kg·h)] 的 5 倍，是鸭梨呼吸强度的 3.7 倍。同一种类果实，不同品种之间的呼吸强度也有很大的差异。例如，同是柑橘类果实，年橘的呼吸强度约是甜橙的 2 倍。在蔬菜中，叶菜类和花菜类的呼吸强度最大，果菜类次之，作为贮藏器官的块根和块茎蔬菜，如胡萝卜、马铃薯等的呼吸强度相对较小。

2. 发育年龄和成熟度　在果蔬的个体和器官发育过程中，以幼龄时期的呼吸强度最大，随着发育进程的推进，呼吸强度逐渐下降。幼嫩蔬菜的呼吸最强，是因为其正处在生长最旺盛的阶段，各种代谢活动都很活跃，而且此时的表皮保护组织尚未发育完全，组织内细胞间隙也较大，便于气体交换，内层组织也能获得较充足的 O_2。老熟的瓜果和其他蔬菜，新陈代谢强度降低，表皮组织和蜡质、角质保护层加厚并变得完整，呼吸强度较低。一些果实如番茄在成熟时细胞壁中胶层溶解，组织充水，细胞间隙被堵塞而使体积缩小，这些都会阻碍气体交换，使得呼吸强度下降，呼吸系数升高。块茎、鳞茎类蔬菜在田间生长期间呼吸作用不断下降，进入休眠期，呼吸降至最低点，休眠结束，呼吸再次升高。

3. 同一器官的不同部位　果蔬同一器官的不同部位，其呼吸强度的大小也有差异。如蕉柑的果皮和果肉的呼吸强度有较大的差异（表 2-7）。

表 2-7　不同大小蕉柑不同果实部位的呼吸强度（20 ℃）

（林伟振，1987）

单位：mg/（kg·h）

果实直径/cm	果实部位		
	全果	果皮	果肉
6.2～7.0	32.56	99.62	77.42
4.8～5.7	40.48	141.27	99.31
4.5～4.7	55.32	170.00	68.00

（二）温度和湿度

1. 温度　温度是影响果蔬呼吸作用最重要的环境因素。在 0～35 ℃范围内，随着温度的升高，呼吸强度增大。温度变化与果蔬呼吸作用的关系，一般用呼吸温度系数（Q_{10}）表示，即温度每上升 10 ℃，呼吸强度所增加的倍数。在 0～10 ℃范围内，Q_{10} 最高可达 7；温度在 10 ℃以上时，Q_{10} 一般为 2～3。从表 2-8 可看出，在 0～10 ℃范围的温度系数往往比其他范围的温度系数的数值大，这说明越接近 0 ℃，温度的变化对果蔬呼吸强度的影响越大。因此，在不出现冷害的前提下，果蔬采后应尽量降低贮运温度，并且要保持冷库温度的恒定，否则，温度的变动可能刺激果蔬的呼吸作用，缩短贮藏寿命。例如，将马铃薯置于 20 ℃—0 ℃—20 ℃的变温中贮藏，在低温中贮藏一段时间后，再升温到 20 ℃时，呼吸强度会比原来在 20 ℃下高数倍。

表 2-8　一些果蔬在不同温度范围内的 Q_{10}

（Murata et al.，1993）

果蔬种类	0～10 ℃	5～15 ℃	10～20 ℃	15～25 ℃
菠菜	2.82	2.72	2.62	2.54
茼蒿叶	3.19	3.06	2.94	2.84
大白菜	1.56	1.53	1.51	1.49
莴苣	1.34	1.33	1.32	1.30
芦笋	2.97	2.86	2.75	2.66
洋葱	1.51	1.48	1.46	1.45
胡萝卜	1.88	1.84	1.80	1.77
芜菁	2.52	2.44	2.36	2.30
马铃薯（Dejima 品种）	1.79	1.75	1.72	1.69
马铃薯（May queen 品种）	1.32	1.30	1.29	1.28
甘薯	2.13	2.07	2.02	1.97
芋头	2.12	2.06	2.01	1.96
萨摩蜜橘	2.60	2.52	2.44	2.37
柿子	2.23	2.17	2.11	2.06

随着温度的升高，跃变型果实的呼吸跃变出现得越早（图 2-12），贮藏寿命或货架寿命越短。当温度高于一定的程度（35～45 ℃），呼吸强度在短时间内可能增加，但稍后呼吸强度很快急剧下降，这是由于温度太高导致酶的钝化或失活。同样，呼吸强度随着温度的降低而下降，但是如果温度太低，导致冷害，反而会出现不正常的呼吸反应。例如，黄瓜在不出现冷害的临界温度（13 ℃）以上时，随温度降低呼吸强度逐渐下降，但是，如将黄瓜贮藏在冷害温度（5 ℃）下，其呼吸强度逐渐增加，5 d 后黄瓜出现冷害症状。果蔬受冷害后，再转移到正常温度下，呼吸强度上升则更为突出，受冷害的时间越长，移到高温后呼吸变化越剧烈，呈 V 形曲线（图 2-13），冷害症状表现更为明显。

西葫芦的
冷害

2. 湿度　湿度对果蔬呼吸强度也有一定的影响。一方面，稍干燥的环境可以抑制呼吸，如大白菜采后稍微晾晒，使产品适度失水有利于降低呼吸强度。相对湿度过高，可促进宽皮柑橘类的呼吸，因而有浮皮果出现，严重者可引起枯水病。另一方面，湿度过低对香蕉的呼吸作用和完熟也有影响。从图 2-14 可以看出，香蕉在 90％以上的相对湿度时，采后出现正常的呼吸跃变，果实正常完熟；当相对湿度下降到 80％以下时，没有出现正常的呼吸跃变，不能正常完熟，即使能勉强完熟，但果实不能正常黄熟，果皮呈黄褐色而且无光泽。

沙糖橘枯
水病

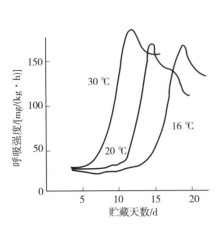

图 2-12　香蕉后熟过程中呼吸与温度的关系
（林伟振，1987）

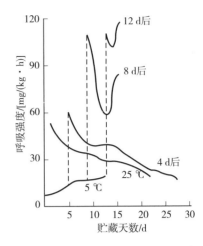

图 2-13　黄瓜于 5℃冷藏之后，再放于
25℃时的呼吸变化
（Eaks et al.，1956）

3. 气体成分　在正常的空气中，O_2 约占 21％，CO_2 约占 0.03％，N_2 约占 78％。适当降低贮藏环境 O_2 浓度或适当增加 CO_2 浓度，可有效地降低呼吸强度和延缓呼吸跃变的出现，并且可抑制乙烯的生物合成。因此，可以延长果蔬的贮藏寿命，这是气调贮藏的主要理论依据。

O_2 是进行有氧呼吸的必要条件，当 O_2 浓度降到 20％以下时，植物的呼吸强度便开始下降，当 O_2 浓度低于 10％时，无氧呼吸出现并逐步增强，有氧呼吸迅速下降。在缺氧条件下提高 O_2 浓度时，无氧呼吸随之减弱，直至消失。一般把无氧呼吸停止时 O_2 含量最低点（10％左右）称为无氧呼吸消失点（图 2-15）。值得注意的是，在一定范围内，虽然降低 O_2 浓度可抑制呼吸作用，但 O_2 浓度过低，无氧呼吸会增强，过多消耗体内养分，甚至产生乙醇中毒和异味，也会缩短贮藏寿命。在 O_2 浓度较低的情况下，呼吸强度（有氧呼吸）随 O_2 浓度的增加而增强，但 O_2 浓度增至一定程度时，对呼吸就没有促进作用了，这一 O_2 浓度称为氧饱和点。从图 2-16 可见，在空气中香蕉的呼吸跃变在第 15 天出现；把 O_2 浓度降低到 10％，可将呼吸跃变延缓至约第 30 天出现，如再配合高浓度的 CO_2（10％ O_2＋5％ CO_2），呼吸跃变延迟到第 45 天出现；在 10％ O_2＋10％ CO_2 条件下，不出现呼吸跃变。虽然提高 CO_2 浓度可抑制呼吸作用，但 CO_2 浓度过高，可导致某些果蔬出现异味，如苹果、黄瓜的苦味，番茄、蒜薹的异味等。

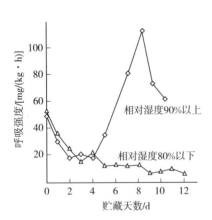

图 2-14　湿度对香蕉后熟中呼吸
强度的影响（24℃）
（Haard et al.，1969）

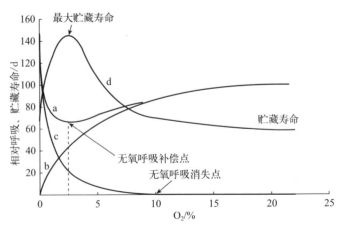

图 2-15　苹果在不同 O_2 分压下气体交换
a. 总呼吸　b. 有氧呼吸　c. 无氧呼吸　d. 贮藏寿命

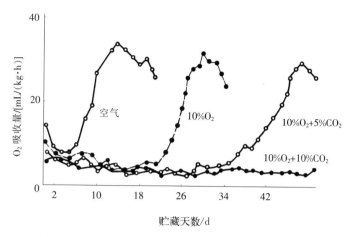

图 2-16　15 ℃下不同气体组合中香蕉对 O_2 的吸收量

4. 乙烯　乙烯是影响呼吸作用的重要因素，有关内容将在第三节中详细讨论。

第三节　乙烯与果品蔬菜的成熟衰老

是什么原因使果蔬从生长转入成熟？目前的研究结果认为，激素在调节果蔬生长与成熟中起着重要作用，其中主要是乙烯，其他激素也起一定的作用。乙烯是五大类植物内源激素中结构最简单的一种，但对果蔬的成熟衰老有着重要影响，微量（0.1 mg/L）的乙烯就可诱导果蔬的成熟。20 世纪 70 年代，美籍华人杨祥发在乙烯生物合成途径及其调节作用的研究中取得了重大进展，使乙烯的研究工作向前迈进了一大步。通过抑制或促进乙烯的产生，可调节果蔬的成熟进程，影响贮藏寿命。因此，了解乙烯对果蔬成熟衰老的影响、乙烯的生物合成过程及其调控机理，对于做好果蔬的贮运工作具有重要意义。

一、乙烯与果品蔬菜成熟衰老的关系

（一）促进成熟

我国劳动人民很早就知道点香熏烟可以促进香蕉的成熟，现在知道这是乙烯的作用。Cousin 在 1910 年发现，甜橙与香蕉混放运输，甜橙放出的气体能使香蕉提前成熟。后来知道，问题不在甜橙本身，而是由腐烂甜橙上的真菌所释放的乙烯起催熟作用引起。许多试验证明，在果实发育和成熟阶段均有乙烯产生，跃变型果实在跃变开始到跃变高峰时的内源乙烯的含量比非跃变型果实高得多，而且在此期间内源乙烯浓度的变化幅度也比非跃变型果实要大。

有人曾经提出乙烯浓度阈值的概念，即如果要启动完熟或呼吸对乙烯产生反应，组织中必须积累一定浓度的乙烯。一般认为乙烯浓度的阈值为 0.1 μg/g，但从表 2-5 来看，芒果和南美番荔枝等果实在跃变前的乙烯浓度都低于 0.1 μg/g，而香蕉的乙烯浓度在跃变前达到 0.1 μg/g，非跃变型果实如柠檬、菠萝等的内源乙烯的浓度始终超过 0.1 μg/g。因此，不同果实的乙烯阈值是不同的，而且果实在不同的发育期和成熟期对乙烯的敏感度是不同的。一般来说，随果龄的增大和成熟度的提高，果实对乙烯的敏感性提高，因而诱导果实成熟所需的乙烯浓度也随之降低。幼果对乙烯的敏感度很低，即使施加高浓度外源乙烯也难以诱导呼吸跃变。但对于即将进入呼吸跃变的果实，只需用很低浓度的乙烯处理，就可诱导呼吸跃变出现。在同样的温度下，用 300 mg/L 的乙烯催熟温州蜜柑，对于采收时已经开始转黄的果实，处理后 4～5 d 就可完全转黄，而完全青绿时采收的果实，催熟后 8～10 d 果实还未能正常转黄。

对于某些果实乙烯是后熟软化速度的决定因子。陈昆松等（1999）的研究表明，猕猴桃在

20 ℃后熟过程的软化启动阶段（贮藏前 6 d），乙烯释放量很低，仅为 0.05～0.71 μL/(g•h)，随着果实进入快速软化阶段，乙烯开始了自身催化，大量合成乙烯，当果实完熟时，伴随乙烯跃变峰出现；外源乙烯处理加速了猕猴桃的后熟软化进程，即提前了乙烯生成高峰期的到来，增加了高峰期的乙烯生成量。

乙烯是成熟激素，可诱导和促进跃变型果实成熟。主要的根据如下：①乙烯生成量增加与呼吸强度上升时间进程一致，通常出现在果实的完熟期间；②外源乙烯处理可诱导和加速果实成熟；③通过抑制乙烯的生物合成（如使用乙烯合成抑制剂 AVG、AOA）或除去贮藏环境中的乙烯（如减压抽气、乙烯吸收剂等），能有效地延缓果蔬的成熟衰老；④使用乙烯作用的拮抗物（如 Ag^+、CO_2、1－MCP）可以抑制果蔬的成熟。有趣的是，虽然非跃变型果实成熟时没有呼吸跃变现象，但是用外源乙烯处理也能提高呼吸强度，同时促进叶绿素降解、组织软化、多糖水解等。所以，乙烯对非跃变型果实同样具有促进成熟、衰老的作用。

（二）乙烯作用的机理

乙烯是一种小分子气体，它在果蔬中有很大的流动性。Terrai 等（1972）发现，用乙烯局部处理已长成的绿色香蕉，处理部分的果实先开始成熟，并逐步扩展到未经处理的部分；在蕉指的顶端施用乙烯 3 h 后，未处理的另一端即有大量的乙烯释放出，这说明乙烯在果实内的流动性和作用是相当快的。关于乙烯促进成熟的机理，目前尚未完全清楚，主要有以下几种观点：

1. 提高细胞膜的透性 这种观点认为乙烯的生理作用是通过影响膜的透性而实现。乙烯在油脂中的溶解度比在水中大 14 倍，而细胞膜是由蛋白质、脂类、糖类等组成，乙烯作用于膜的结果会引起膜性质的变化，膜透性增大，增加底物与酶的接触，从而加速果蔬的成熟。例如，有人发现乙烯促进香蕉切片呼吸上升的同时，从细胞中渗出的氨基酸量增加，表明膜透性增加。用乙烯处理甜瓜果肉也发现类似现象。但这是否是乙烯直接作用的结果，仍未能确定。也有人认为膜透性的增加，与其说是成熟的机制，倒不如说是成熟的结果。

2. 促进 RNA 和蛋白质的合成 乙烯能促进跃变型果实中 RNA 的合成，这一现象在无花果和苹果中都曾观察到。表明乙烯可能在蛋白质合成系统的转录水平上起调节作用，导致与成熟有关的特殊酶的合成，进而导致果实成熟。

3. 乙烯受体与乙烯信号传导 乙烯首先与内质网膜上的乙烯受体蛋白（ETR）结合，再经过一系列下游的信号传递，作用于乙烯反应相关基因，产生生物学效应。这方面的研究已在近年取得显著的进展。

二、乙烯的生物合成与调节

（一）乙烯的生物合成途径

大量的证据表明，乙烯在果蔬采后成熟衰老过程中起重要作用，调控乙烯的生物合成是控制果蔬成熟衰老的关键之一。过去几十年，许多科学家在研究乙烯的生物合成上进行了大量的工作，并取得了许多成果。1964 年 Lieberman 等提出植物乙烯来源于蛋氨酸（即甲硫氨酸）。1979 年 Adams 和 Yang 发现 ACC（1－氨基环丙烷-1－羧酸）是乙烯生物合成的直接前体，弄清了植物体内乙烯生物合成的途径。乙烯生物合成的主要途径可以概括如下：

$$蛋氨酸 \longrightarrow SAM \longrightarrow ACC \xrightarrow{O_2} 乙烯$$

这条途径的主要步骤分述如下：

1. 蛋氨酸循环

（1）蛋氨酸是乙烯生物合成的前体。由于乙烯的化学结构很简单，有许多化合物可通过不同的化学反应转化为乙烯。所以亚油酸、丙醛、乙醇、乙烷、延胡索酸和蛋氨酸曾经被认为是乙烯生物合成的前体。但试验证明，在高等植物中只有蛋氨酸是乙烯生物合成的有效前体。植物组织中的蛋氨酸浓度很低，蛋氨酸中的硫必须循环使用，否则会限制植物组织中的蛋氨酸转化为乙烯。

植物体内的蛋氨酸首先在三磷酸腺苷（ATP）参与下，转变为 S-腺苷蛋氨酸（SAM），SAM 被转化为 1-氨基环丙烷-1-羧酸（ACC）和甲硫腺苷（MTA），MTA 进一步被水解为甲硫核糖（MTR），通过蛋氨酸途径，又可重新合成蛋氨酸。

（2）SAM 是一个中间产物。Adams 和 Yang（1979）的试验结果证明，蛋氨酸在空气中很快生成乙烯，在 N_2 中却无乙烯产生，这说明 SAM 是一个中间产物，在有 O_2 及其他条件满足时，它可形成 ACC 并进一步形成乙烯，同时形成 MTA 及其水解产物 MTR。

（3）从 MTA 转变为蛋氨酸。虽然植物体内的蛋氨酸含量并不高，但不断有乙烯产生，而且没有 S 释放出来。标记试验发现 S 与甲基结合在一块，证明了乙烯的生物合成中具有蛋氨酸→SAM→MTA→蛋氨酸这样一个循环，其中形成的甲硫基在组织中可以循环使用。

2. ACC 的合成　乙烯生物合成需要 O_2，当植物组织置于无氧条件下，可很快地抑制乙烯的形成。而将这种组织重新置于空气中，可迅速恢复乙烯形成能力，其速率明显高于没有置于无氧条件的组织。然而这种升高的速率是暂时的，几小时后，乙烯的合成速率又恢复到原有的水平。当时 Burg 等认为，这种现象可能是在无氧条件下，乙烯合成的中间产物积累的缘故。在 O_2 存在下，这种中间体迅速转化为乙烯。Adams 和 Yang（1979）测定苹果组织无氧条件下的蛋氨酸代谢，发现只有当组织处于无氧条件时，蛋氨酸代谢产物积累，而当组织重新置于空气中时，这种代谢产物迅速消失。从 ^{14}C 蛋氨酸组织分离这种标记代谢物整合到乙烯中，经测定这种中间物是 ACC。从 SAM 转变来的 ACC 被确定为乙烯生物合成的直接前体。

由于 ACC 是乙烯生物合成的直接前体，因此植物体内乙烯合成时从 SAM 转变为 ACC 这一过程非常重要，催化这个过程的酶是 ACC 合成酶（ACS），这个过程通常被认为是乙烯形成的限速步骤。有人测了鳄梨、苹果、番茄果实在跃变期中乙烯产量的变化，发现跃变前乙烯产生速率很低，同时 ACS 活性和 ACC 含量也很低。而跃变期 ACC 含量迅速上升，正好与乙烯产量升高一致。这时还观察到 ACS 活性也相应增加。因此认为 ACS 的合成或活化，是果实成熟时乙烯产量增加的关键。

外界环境对 ACC 合成有很大的影响，机械损伤、冷害、高温、化学毒害等逆境和成熟等因素可刺激 ACS 的活性增强，导致 ACC 合成量的增加。在从 SAM 转变为 ACC 这一过程中，受氨基乙氧基乙烯基甘氨酸（AVG）和氨基氧乙酸（AOA）的抑制。

3. 乙烯的合成　从 ACC 转化为乙烯是一个酶促反应，也是一个需 O_2 的氧化反应，ACC 氧化酶（ACO）是催化乙烯生物合成中 ACC 转化为乙烯的酶。缺氧、高温（>35 ℃）、解偶联剂、某些金属离子等可抑制 ACC 转化为乙烯。用细胞匀浆进行试验，因破坏了细胞的结构，乙烯的合成停止，但有 ACC 的累积，这说明细胞结构不影响 ACC 的生成，但影响乙烯的生成。从 ACC 转化为乙烯应在细胞保持结构高度完整下才能进行。

关于 ACO 在细胞内的位置，Guy 等（1984）从豌豆幼苗原生质体分离得到的液泡中能产生乙烯，其生成量占原生质体的 80%，原生质体能形成 ACC，而液泡没有这种能力。他们认为 ACC 主要在细胞质中合成，然后进入液泡，并在液泡中转化为乙烯。ACO 可能就位于液泡膜和质膜上。

4. 丙二酰基 ACC　ACC 除了转化为乙烯外，另一个代谢途径是与丙二酰基结合，生成 ACC 代谢末端产物丙二酰基 ACC（MACC）。Hoffman（1982）发现植物体内游离态 ACC 除被转化为乙烯以外，还可以转化为结合态的 ACC。他们把标记的 ^{14}C-ACC 饲喂失水的小麦叶片后，大部分 ACC 与体内丙二酸结合形成 MACC，在逆境条件下所产生的 MACC 不能逆转为ACC，因而不能用来合成乙烯。MACC 的生成可看成是调节乙烯形成的另一条途径。

综上所述，乙烯在果蔬中的生物合成遵循蛋氨酸→SAM→ACC→乙烯的途径，无论是乙烯合成系统Ⅰ还是系统Ⅱ都是如此，其中ACS是乙烯生成的限速酶，因为该酶的出现使果实大量合成ACC，并进一步氧化生成乙烯。ACO是催化乙烯生物合成中ACC转化为乙烯的酶。因此，通过研究ACS和ACO，以达到调控乙烯生物合成的目的，是乙烯研究工作中的热点。此外，在乙烯合成的各阶段中，一些环境条件和因子促进或抑制乙烯的生物合成。图2-17较详细地展示了乙烯生物合成途径及各个阶段所需的环境条件与控制因子。

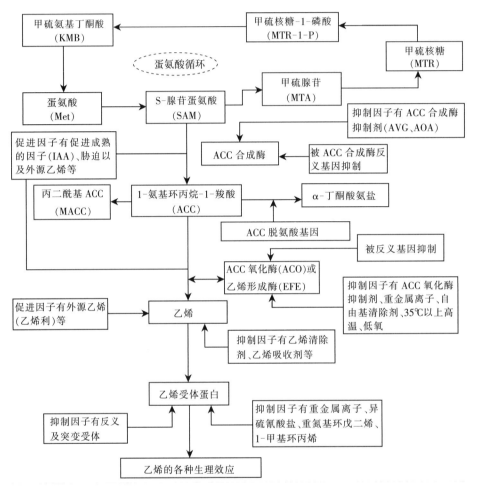

图2-17　乙烯生物合成途径及其调控

（罗云波，1995）

（二）乙烯生物合成的调节

在植物发育过程中，乙烯的生物合成有严格的调控体系。在种子萌发、生长发育、果实成熟与衰老期间都存在乙烯的生物合成。此外，许多外界因素如逆境、胁迫和环境因素也会影响乙烯的生物合成。

1. 乙烯对乙烯生物合成的调节　乙烯对乙烯生物合成的作用具有二重性，既可自身催化，也可自我抑制。用少量的乙烯处理成熟的跃变型果实，可诱发内源乙烯的大量增加，提早呼吸跃变，乙烯的这种作用称为自身催化。乙烯自身催化作用的机理很复杂，也可能是间接过程。有人认为呼吸跃变前，果蔬中存在成熟抑制物质，乙烯处理破坏了这种抑制物质，由此果实成熟，并导致了乙烯的大量增加。非跃变型果实施用乙烯后，虽然能促进呼吸，但不能引起内源乙烯的增加。

2. 逆境胁迫刺激乙烯的产生　逆境胁迫可刺激乙烯的产生。胁迫的因素包括机械损伤、高温、低温、病虫害、化学物质等。植物组织产生胁迫乙烯有时间效应，一般在胁迫发生后 10～30 min 开始产生，以后数小时内达到高峰。胁迫因子促进乙烯合成是由于提高了 ACS 活性。低温胁迫对冷害敏感的植物内源乙烯的合成有明显促进作用。例如，黄瓜在冷害温度下，其 ACC 含量、ACS 活性和乙烯的生成量都较低，但当受冷害的黄瓜从低温转移到温暖的地方，这三种指标迅速增加并显著高于对照。

3. Ca²⁺ 调节乙烯产生 采后用钙处理可降低果实的呼吸强度，减少乙烯的释放量，并延缓果实的软化。国外采前应用 $Ca(NO_3)_2$ 喷洒果实或采后将 $CaCl_2$ 渗入果实中，可以保持果实的硬度，这可能与抑制乙烯的形成有关。美国已有一种车载贮液罐和处理罐系统，果实洗净后装入处理罐，紧闭罐盖，再用真空泵通过加压或抽真空将贮液罐中的梯度钙溶液（2%～4% $CaCl_2$）渗入果实，以提高果实含钙量，这个处理系统现已在一些果园中使用。

4. 其他植物激素对乙烯合成的影响 脱落酸、生长素、赤霉素和细胞分裂素对乙烯的生物合成有一定的影响，具体在下述内容中详细讨论。

三、成熟衰老期间其他植物激素的变化

除乙烯以外，其他主要植物激素包括脱落酸、生长素、赤霉素和细胞分裂素，对果实成熟衰老也有一定的调节作用。

（一）脱落酸

脱落酸（abscisic acid，ABA）除了影响果实脱落外，对促进果实成熟也有一定的影响。据研究，跃变型果实如梨、番茄、桃和一些非跃变型果实如柑橘、樱桃、草莓等完熟时常伴随 ABA 含量的增加。一些能促进或延缓完熟的处理，同时也促进或延缓 ABA 含量的变化。例如，用冷处理刺激梨完熟或用乙烯利刺激葡萄完熟时，果实的 ABA 含量也提高了；反之，用气调法抑制梨的成熟或用苯并噻唑氧乙酸处理葡萄，可以推迟 ABA 含量的上升。用 ABA 处理番茄和葡萄都能加速完熟开始。因此，ABA 含量与完熟的开始有密切关系，并能刺激完熟过程。

许多跃变型果实如梨和鳄梨完熟期间，ABA 含量上升的同时也伴随着乙烯产生的增加，表现出植物激素合成与作用间的相互依赖关系。但在完熟番茄中，ABA 含量的上升发生在乙烯增加之前。在柑橘等非跃变型果实完熟时，只伴随 ABA 含量上升而并不伴随乙烯增加。显然，ABA 的增加和随后对完熟的刺激是独立于乙烯的。

从另一方面来说，外源 ABA 处理能够刺激跃变前苹果和番茄的乙烯产生，这意味着内源或外源 ABA 可能间接地发挥着乙烯的作用。此外，在一些情况下，完熟过程的起始可刺激 ABA 合成；外源 ABA 能提高组织内 ABA 含量，有调节一些完熟变化的作用，这些都与乙烯的行为类似。有意义的是，ABA 含量的增加打通了跃变型果实与非跃变型果实的界线，ABA 可能是一种在非跃变型果实中占优势的完熟促进剂。

多数试验表明，ABA 水平的增长发生在成熟之前，因而认为 ABA 含量的增加诱发了成熟的启动，而不是成熟引起 ABA 的增强。外源 ABA 处理可增加纤维素酶活性，促使乙烯的合成增加。外源 ABA 处理增加了猕猴桃果实内源 ABA 积累，降低了内源生长素（IAA）水平，促使了果实的后熟软化。高 CO_2、低温和减压贮藏，均可明显抑制果实中的 ABA 合成，从而延缓后熟进程。有人认为 ABA 积累到一定程度之后，即可触发乙烯的生成，其生成量并不因以后 ABA 含量的增减而变化。有研究发现，外施乙烯促进葡萄成熟，要在果实内的 ABA 积累到一定水平才会发生。ABA 对果实后熟衰老进程的调控方式，可能是直接促进水解酶活性增加，或通过促进乙烯生成，间接地对果实成熟衰老起作用。但也有不同观点，Tsay 等（1984）认为猕猴桃成熟过程的 ABA 变化与乙烯生成没有相关性。有关 ABA 对采后果实后熟软化的影响仍待进一步深入研究。

（二）生长素

应用外源生长素（auxin，IAA）对不同果实成熟的影响颇不一致。例如，它能促进苹果、梨、杏、桃等果实的成熟，但却延缓葡萄的成熟。IAA 并不能引起非跃变型果实乙烯的生成，或者虽能增加乙烯的生成，但生成量太少，不足以抵消 IAA 延缓衰老的作用。但对跃变型果实来说，IAA 却能刺激乙烯的生成，因而能促进成熟。

外源 IAA 对跃变型果实促进成熟的效应与施用方法和浓度有关。用 IAA 和 2,4 - D 真空渗入绿色香蕉切片，发现 IAA 能使乙烯生成和呼吸作用增强，但延缓呼吸跃变出现，同时也延缓成熟。用 2,4 - D 溶液浸整个香蕉果实，则促进乙烯生成，果肉也迅速成熟，但果皮却保持绿色。这是由于 IAA 对香蕉果皮和果肉的作用不同，在处理切片时，IAA 均匀分布于果皮和果肉，它抑制成熟的作用胜过刺激乙烯生成的作用，因而延缓成熟。但用 IAA 处理整个果实时，生长素大部分停留在果皮内，促进果皮生成乙烯，因而加速成熟。

据报道，内源 IAA 可延缓跃变型果实的后熟过程，IAA 的失活是果实成熟启动的必要条件。有研究认为，IAA 含量的下降，可导致细胞对乙烯更为敏感。外源 IAA 处理可抑制果实的成熟衰老。陈昆松等的研究显示，IAA 处理可使处理后 2 d 内的猕猴桃果实内源 ABA 含量下降，并推迟了内源 ABA 峰值出现，同时促使内源 IAA 的积累，延缓果实后熟软化进程。

从上述及其他的试验结果来看，IAA 与乙烯之间的相互作用相当复杂：一方面，IAA 与乙烯有对抗作用，IAA 延缓成熟而乙烯则促进成熟；另一方面，IAA 可以诱导乙烯生成，乙烯又可以促进 IAA 钝化。

（三）赤霉素

赤霉素（gibberellins，GA）有时能促进果实内源乙烯的生成，但有时又能抑制乙烯的生成。例如，有研究报道用 GA₃ 处理苹果和橙子，能促进乙烯生成；但用 GA₃ 处理采收后的鳄梨和香蕉切片则降低乙烯的生成。故目前的试验结果仍未能对 GA 与内源乙烯生成的关系得出明确的结论。

GA 能明显影响果实颜色的变化。用 GA₃ 处理树上的橙，能延缓叶绿素消失和胡萝卜素增加。在番茄、香蕉、杏等跃变型果实中也得出了类似的结果，但保存叶绿素的效果不如橙明显。GA₃ 也能使橙重新变绿。用 GA₃ 和乙烯处理采收后果实的结果表明，两者对果实变色的效应有对抗作用，这种对抗作用的部分原因是乙烯加速 GA₃ 的钝化，也可能是乙烯促进内源 ABA 的生成。

用 GA₃ 处理橙、杏和李能显著延迟果实变软。番茄果肉的变软与纤维素酶和 PG 活性增加有关。用 GA₃ 处理能基本抑制 PG 的活性，但对纤维素酶则无影响。乙烯也能对抗 GA₃ 的延迟变软和降低 PG 活性的作用。

从上述可看出，GA 对成熟过程的影响常与乙烯呈对抗作用，但 GA 并不能完全消除乙烯的作用，乙烯也不能完全消除 GA 的作用。GA 由于能保持果实组织在幼年状态，故可能间接地起着干扰果实成熟的作用。

（四）细胞分裂素

细胞分裂素（cytokinin，CTK）也是一种衰老延缓剂，它能明显延迟离体叶片的衰老。虽然果实成熟与叶片衰老有许多相似之处，但 CTK 对延缓果实的衰老作用不如对叶片的作用那么明显。用 6 - 苄基腺嘌呤（6 - BA）在采前处理苹果和在采前或采后处理杏，以及用激动素在采后处理鳄梨，均不影响其呼吸跃变的出现时间。在采前用 6 - BA 处理苹果能使跃变前的呼吸强度略增高，但对跃变期的呼吸强度无影响，跃变后的呼吸强度则大大减弱。用 6 - BA 处理采后和跃变后的苹果，也使呼吸减弱。

用 CTK 处理对果实的色素变化有很明显影响。用 6 - BA 或激动素处理香蕉果皮、番茄和绿色的橙子，均能延缓叶绿素的消失和类胡萝卜素的变化。施用 CTK 亦能使绿色油橄榄的花色苷显著增加，但对呼吸、乙烯的生成和果实变软无影响。CTK 甚至在高浓度的乙烯中也可延缓果蔬的变色。用激动素渗入香蕉切片，然后放在足以启动成熟的乙烯浓度下，虽然出现呼吸跃变、淀粉水解等成熟现象，但果皮的叶绿素消失显著延迟。目前的试验未能证实 CTK 对果实成熟启动的时间是否有决定作用。但由于 CTK 对果实生长起着调节作用，而当果实进行细胞分裂生长时，是不会转入成熟的，因此这可能间接地对启动成熟起着对抗作用。

CTK 延缓衰老是由于 CTK 能够延缓叶绿素和蛋白质的降解，稳定多聚核糖体（蛋白质高速合成的场所），抑制 DNA 酶、RNA 酶及蛋白酶的活性，保持膜的完整性。现有许多资料证明激动素有促进核酸和蛋白质合成的作用。另外，CTK 可抑制与衰老有关的水解酶（如纤维素酶、果胶酶等）的合成。

综上所述，植物激素对果实后熟变化进程的调控是一个比较复杂的过程，该过程不仅取决于某一种激素的消长和其绝对浓度的变化，内源激素间的相互平衡及协同作用显得更为重要。同时还与不同种类、不同品种果实组织对植物激素的敏感性有关。它们之间的相互关系还有待进一步研究。Lieberman（1979）在关于乙烯的生物合成和作用的综述中做了如下总结：乙烯影响果实成熟、完熟和衰老的作用显然与 IAA、GA、CTK 和 ABA 的相互作用有关。虽然它们之间的相互关系还不清楚，但有证据表明，以乙烯和 ABA 为一方，以 IAA、GA 和 CTK 为另一方，两者之间存在着对抗作用。

四、贮藏运输实践中对乙烯以及成熟的控制

乙烯在促进果蔬的成熟中起关键的作用。因此，凡是能抑制果蔬乙烯生物合成及其作用的技术，一般都能延缓果蔬成熟的进程，从而延长贮藏时间和保持较好的品质。通过生物技术调节乙烯的生物合成，为果蔬的贮藏保鲜研究和技术的发展注入了新的活力。在果蔬贮藏运输实践中，常采用多种技术来控制乙烯和果蔬的成熟。

（一）控制适当的采收成熟度

一般果实乙烯生成量在生长前期很少，在接近完熟期时剧增。对于跃变型果实，内源乙烯的生成量在呼吸高峰时是跃变前的几十倍甚至几百倍。随着果实采摘时间的延迟和采收成熟度的提高，果实对乙烯变得越来越敏感，这可能是由于成熟拮抗物质的消失引起的。因此，要根据贮藏运输期的长短来决定适当的采收期。如果果实贮藏运输的时间短，一般应在成熟度较高时采收，此时的果实表现出最佳的色、香、味状态。如用于较长时间贮藏运输的果实，应在果实充分增大和养分充分积累，在生理上接近跃变期但未达到完熟阶段时采收，这时果实内源乙烯的生成量一般较少，耐藏性较好。但要注意采收期不宜过早，否则严重影响果实的产量和质量。

（二）防止机械损伤

乙烯生物合成过程中，机械损伤可刺激乙烯的大量增加。当组织受到机械损伤、冻害、紫外线辐射或病菌感染时，内源乙烯含量可提高 3～10 倍。乙烯可加速有关的生理代谢、贮藏物质的消耗以及呼吸热的释放，导致品质下降，促进果实的成熟和衰老。此外，果实受机械损伤后，易受真菌和细菌侵染，真菌和细菌本身可以产生大量的乙烯，又可促进果实的成熟和衰老，形成恶性循环。在贮藏实践中，受机械损伤的果实容易长霉腐烂，而长霉的果实往往提早成熟，贮藏寿命缩短。因此，在采收、分级、包装、装卸、运输和销售等环节中，必须做到轻拿轻放和良好的包装，以避免机械损伤。

（三）避免不同种类果蔬的混放

不同种类或同一种类但成熟度不同的果蔬，它们的乙烯生成量有很大的差别。因此，在果蔬贮藏运输中，尽量不要把不同种类或虽同一种类但成熟度不同的果蔬混放在一起。否则，乙烯释出量较多的果蔬所释出的乙烯可促进乙烯释出量较少的果蔬的成熟，缩短贮藏保鲜时间。

在许多情况下，甚至也不建议将同一种类不同品种的果蔬放在一起混贮混运。

（四）乙烯吸收剂的应用

乙烯吸收剂可有效地吸收包装内或贮藏库内果蔬释放出来的乙烯，显著地延长果蔬的贮藏时间。乙烯吸收剂已在生产上广泛应用，常用的是高锰酸钾。高锰酸钾是强氧化剂，可以有效地使乙烯氧化而失去催熟作用。因氧化剂本身表面积小，而且吸附能力弱，去除乙烯的速度缓慢，因此一般很少单独使用，通常是用吸收了饱和高锰酸钾溶液的载体来脱除乙烯。可作为高锰酸钾载体的物质有蛭石、氧化铝、珍珠岩等具有较大表面积的多孔物质。载体吸收了饱和的高锰酸钾溶液，就形成了氧化吸附型的乙烯吸收剂。利用载体较大的表面积和高锰酸钾的氧化作用，显著地改善了脱除乙烯的效果。高锰酸钾乙烯吸收剂可将香蕉、芒果、番木瓜和番茄等果蔬的贮藏保鲜时间延长 1～3 倍。在使用中要求贮藏环境密闭，果蔬的采收成熟度宜掌握在生理上接近跃变期的青熟阶段。如香蕉宜在 70%～80% 的饱满度采收，番茄宜在绿熟期采收，果实的成熟度过高，成熟已经启动，乙烯吸收剂的效果就不明显。

（五）控制贮藏环境条件

1. 适当的低温 乙烯的产生速率及其作用与温度有密切的关系。对大部分果蔬来说，当温度在 16～21 ℃时乙烯的作用效应最大。因此，果蔬采收后应尽快预冷，在不出现冷害的前提下，尽可能降低贮藏运输的温度，以抑制乙烯的产生和作用，延缓果蔬的成熟衰老。控制适当的低温是果蔬贮运保鲜的基本条件。

2. 适当降低 O_2 浓度和提高 CO_2 浓度 降低贮藏环境的 O_2 浓度和提高 CO_2 浓度，可显著抑制乙烯的产生及其作用，降低呼吸强度，从而延缓果蔬的成熟和衰老。如上所述，ACC 转变为乙烯是一个需氧过程，在缺氧的条件下，ACC 就不能转变为乙烯。长时间的低氧处理，不但对 ACC 转变为乙烯的反应有抑制作用，而且对 ACC 转变为乙烯的酶系统也产生钝化或损伤作用。低氧还能降低果蔬组织对乙烯的敏感性。采后短期高浓度 CO_2 处理可以抑制乙烯产生和乙烯发挥生理作用，这是由于 CO_2 可以抑制 ACC 氧化酶和竞争乙烯受体蛋白。

（六）利用臭氧和其他氧化剂

臭氧（O_3）是很好的消除乙烯的氧化剂，它可通过放电或紫外线照射，从空气中的氧反应产生。因为 O_3 是气态的，易与乙烯混合。用 O_3 消除乙烯的方法是建立一个利用紫外线产生 O_3 的容器装置，将含有乙烯的空气通过这个装置，乙烯被氧化（图 2 - 18）。国外已有这种商业用的小型装置，但尚未在生产中广泛使用。

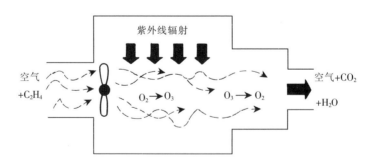

图 2 - 18　利用紫外线辐射产生臭氧去除乙烯的装置

国外在商业上也使用一种高效洗涤乙烯的催化氧化装置（图 2 - 19），它的工作原理很巧妙。乙烯和 O_2 在高温条件结合，在催化剂（例如铂石棉）的作用下，乙烯就会被氧化。此设备以陶制的装置作为热吸收器，克服了易受热空气影响的问题，而且通过这个装置的气流是可逆的。这个乙烯洗涤器非常有效，经洗涤后可把乙烯的浓度降到原来的 1%。适合小贮藏库或长期气调贮藏使用。

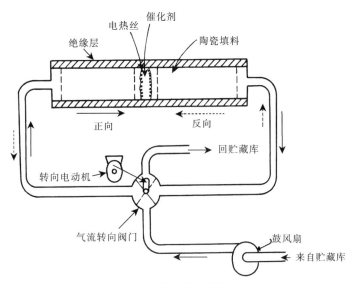

图 2-19 乙烯催化氧化装置示意

（七）使用乙烯受体抑制剂 1-甲基环丙烯

1-甲基环丙烯（1-MCP）是近年研究较多的乙烯受体抑制剂，它对抑制乙烯的生成及其发挥作用有良好的效果，可有效地延长水果、蔬菜和花卉的保鲜期。1-MCP 作为一种新型乙烯受体抑制剂，在常温状态下稳定，应用于果蔬具有低量、安全和高效等作用特点，已于 1999年在美国注册登记用于观赏植物，并在 2000 年规模应用于苹果的商业性贮藏。

1-MCP 的化学名是 1-甲基环丙烯（1-methylcyclopropene），商品名 EthylBloc TM，是一种环状烯烃类似物，分子式 C_4H_6，相对分子质量 54，物理状态为气体，在常温下稳定，无不良气味，无毒。1-MCP 起作用的浓度极低，建议应用浓度范围为 100～1000 μL/L。据研究，1-MCP 的作用模式是结合乙烯受体，从而抑制内源和外源乙烯的作用。在 0～3 ℃下贮藏，1-MCP 对乙烯的抑制作用大多是不可逆的。但是，果蔬如果在常温下贮藏，或是冷藏后在室温下催熟，一段时间后乙烯就会起反应。

1-MCP 处理延缓了香蕉果皮颜色的改变和果实的软化，延长了货架寿命，抑制了果实的呼吸和乙烯的产生。苹果在呼吸高峰前和高峰后用 1-MCP 处理，在 0 ℃贮藏 6 个月及在 20～24 ℃贮藏 60 d，1-MCP 处理抑制了果实的软化和可滴定酸的减少，降低了果实的呼吸和乙烯的生成量，延长了所有处理果实的贮藏期和货架期。草莓在 20 ℃下用 5～500 μL/L 的 1-MCP熏蒸 2 h，然后置于含 0.1 μL/L 乙烯的 20 ℃和 5 ℃的室温下，结果表明，5～15 μL/L 的1-MCP 处理分别延长了 35%（20 ℃下）和 150%（5 ℃）的采后寿命，但是高浓度的1-MCP 反而加速品质的损失，500 μL/L 的 1-MCP 分别减少了 30%（20 ℃）和 60%（5 ℃）的采后寿命。

在实际应用中，1-MCP 处理效果可能受多种因素影响。例如，果蔬的种类与品种，1-MCP 处理的剂量因果蔬种类的不同而异，甚至差别很大，1-MCP 能明显延缓跃变型果蔬的后熟与植物组织的衰老，但对非跃变型果蔬的影响和作用却有所不同；果蔬的成熟度，1-MCP 处理对于跃变期以前的果实有效，对于已进入跃变后期的水果无效或效果很小；1-MCP抑制乙烯效应所需浓度与其处理时间有关。由于目前对 1-MCP 的研究还处于起步阶段，有许多问题尚待解决，其中最主要的是对其拮抗乙烯效应的确切机制还有待进一步的研究。此外，1-MCP 在某些采后果蔬上应用有时还会出现负面效应，如色泽转化不均匀、挥发性芳香物的产生受抑及其组成的改变（酯类减少）等。

（八）利用乙烯催熟剂促进果蔬成熟

用乙烯进行催熟，对调节果蔬的成熟期具有重要的作用。在商业上用乙烯催熟果蔬的方式有用乙烯气体和乙烯利（液体），传统的点香熏烟催熟方法在农村还有少量使用。在国外有专用的水果催熟库，将一定浓度的乙烯（100～500 mL/L）用管道通入催熟库。用乙烯利催熟果实的方法是将乙烯利配成一定浓度的溶液，浸泡或喷洒果实。乙烯利在 pH 高于 4.1 的条件下分解释放出乙烯，由于植物细胞的 pH 高于 4.1，乙烯利的水溶液进入组织后即被分解，释放出乙烯。具体的催熟方法详见第四章的有关内容。

第四节　果品蔬菜的蒸腾作用

新鲜果蔬的含水量高达 85%～95%，采收后由于蒸腾作用（transpiration），水分由组织内扩散入周围环境中，导致果蔬失重和失鲜，严重影响商品外观和贮藏寿命。因此，有必要进一步了解影响果蔬蒸腾作用的因素，以采取相应措施，减少水分损失，保持果蔬新鲜。

一、蒸腾对果品蔬菜的影响

（一）失重和失鲜

果蔬采后只有蒸腾作用而无水分的补充，因此在贮运过程中，随着蒸腾失水，果蔬的水分含量逐渐减少，自然损耗率不断增加（表2-9、表2-10），而且引起果蔬品质的下降。一般情况下，当失水达到 5% 左右，就会出现萎蔫和皱缩，鲜度下降。通常在温暖、干燥的环境中几个小时，大部分果蔬都会出现萎蔫。有些果蔬虽然没有达到萎蔫程度，但失水已影响果蔬的口感、脆度、硬度、颜色和风味。

表 2-9　一些蔬菜贮藏中的自然损耗率

（绪方等，1952）

单位：%

蔬菜种类	贮藏天数		
	1 d	4 d	10 d
油菜	14	33	—
菠菜	24.2	—	—
莴苣	18.7	—	—
黄瓜	4.2	10.5	18.0
茄子	6.7	10.5	—
番茄	—	6.4	9.2
马铃薯	4.0	4.0	6.0
洋葱	1.0	4.0	4.0
胡萝卜	1.0	9.5	—

注：在温度 25 ℃、湿度 75%～85% 下的试验数据。

表 2-10　一些水果在贮藏期间的失重率

水果种类	温度/℃	相对湿度/%	贮藏时间/周	失重率/%
香蕉	12.8～15.6	85～90	4	6.2
伏令夏橙	4.4～6.1	88～92	5～6	12.0
甜橙（暗柳橙）	20	85	1	4.0

（续）

水果种类	温度/℃	相对湿度/%	贮藏时间/周	失重率/%
番石榴	8.3～10.0	85～90	2～5	14.0
荔枝	约30	80～85	1	15～20
芒果	7.2～10.0	85～90	2.5	6.2
菠萝	8.3～10.0	85～90	4～6	4.0

注：本表根据若干资料综合。

（二）影响正常的代谢过程

果蔬的蒸腾失水会引起组织代谢失调。当果蔬出现萎蔫时，水解酶活性提高，块根、块茎类蔬菜中的大分子物质加速向小分子转化，呼吸底物的增加会进一步刺激呼吸作用。如风干的甘薯变甜，就是由于失水引起淀粉水解为可溶性糖。严重脱水时，细胞液浓度增高，有些离子如 NH_4^+ 和 H^+ 浓度过高会引起细胞中毒，甚至破坏原生质的胶体结构。有研究发现，组织过度缺水会引起脱落酸含量增加，并且刺激乙烯合成，加速器官的衰老和脱落。从表 2-11 可见，甜菜块根失水越严重，组织中蔗糖酶活性越低。因此，在果蔬采后贮藏和运输期间，要尽量控制失水，以保持产品品质，延长贮运寿命。

表 2-11 甜菜组织失水同水解酶活性的关系

试验材料	活组织中蔗糖酶的活性/(mg/h)（以每 10 g 组织蔗糖含量计）		
	合成	水解	合成/水解
新鲜甜菜	29.8	2.8	10.64
失水 6.5% 的甜菜	27.0	4.5	6.0
失水 15% 的甜菜	19.4	6.1	3.18

注：据 B. A. Рубин 的资料。

但是，也有部分产品例外，在采后通过少量的失水来延长贮藏期。如洋葱、大蒜在贮藏前要进行适当的晾晒，加速鳞片的干燥，促进产品休眠；大白菜采后进行适度的晾晒，让叶球失重 10% 左右，可降低冰点，提高抗寒能力，而且由于细胞脱水膨压下降，组织较柔软，有利于减轻机械伤和产品内部水分散失，但过度晾晒会加重贮藏中的脱帮；宽皮柑橘类果实采后贮藏前一般要进行"发汗"处理，让果实失去一部分水分，可减轻贮藏过程中枯水病的发生等。

（三）影响耐贮性和抗病性

失水萎蔫破坏了正常的代谢过程，水解作用加强，细胞膨压下降造成结构特性改变，必然影响果蔬的耐藏性和抗病性。如将灰霉菌接种在不同萎蔫程度的甜菜块根上，其腐烂率差别很明显（表 2-12），说明组织脱水萎蔫的程度越大，抗病性下降越快。

表 2-12 萎蔫对甜菜腐烂率的影响

萎蔫程度	腐烂率/%
新鲜甜菜	—
失水 7%	37.2
失水 13%	55.2
失水 17%	65.8
失水 28%	96.0

注：据 А. И. Опарин 的资料。

二、影响蒸腾的因素

果蔬蒸腾速度的快慢主要受产品自身因素和环境因素的影响。

（一）果品蔬菜自身因素

1. 表面积比　表面积比是果蔬器官的表面积与其重量或体积之比。从纯物理角度看，当表面积比值高时，果蔬蒸腾失水较多。如叶片的表面积比大于果实，其失水也快；体积小的果实、块根或块茎较体积大的果蔬表面积比大，因此失水也较快，在贮运过程中也更容易萎蔫。

2. 种类、品种和成熟度　果蔬水分蒸腾的主要途径是通过表皮层上的气孔和皮孔进行，只有极少量是通过表皮直接扩散蒸腾。一般情况下，气孔蒸腾的速度比表皮快得多。对于不同种类、品种和成熟度的果蔬，它们的气孔、皮孔和表皮层的结构、厚薄、数量等不同，因此蒸腾失水的快慢也不同。例如，叶菜极易萎蔫是因为叶片是同化器官，叶面上气孔多，保护组织差，生长的叶片中90％的水分是通过气孔蒸腾的。幼嫩器官表皮层尚未发育完全，主要成分为纤维素，容易透水，随着器官的成熟，角质层加厚，失水速度减慢。许多果实和贮藏器官只有皮孔而无气孔，皮孔是由一些老化了的、排列紧凑的木栓化表皮细胞形成的狭长开口，它不能关闭，因此水分蒸腾的速度就取决于皮孔的数目、大小和蜡层的性质。在成熟的果实中，皮孔被蜡质和一些其他的物质堵塞，因此水分的蒸腾和气体的交换只通过角质层扩散进行。梨和金冠苹果容易失水，就是由于它们果皮上的皮孔大而且数目多。

果蔬表层蜡的类型也会明显地影响失水，通常蜡的结构比蜡的厚度对防止失水更为重要。那些由复杂的、重叠片层结构组成的蜡层，要比那些厚但是扁平且无结构的蜡层有更好的防透水性能，因为水蒸气在那些复杂、重叠的蜡层中要经过比较曲折的路径才能散发到空气中去。

3. 机械伤　机械伤会加速果蔬失水。当果蔬的表面受机械损伤后，表面的保护层被破坏，使皮下组织暴露在空气中，因而容易失水。虽然在组织生长和发育早期，伤口处可形成木栓化组织，使伤口愈合，但是产品的这种愈伤能力随着植物器官的成熟而减小，所以收获和采后操作时要尽量避免损伤。有些成熟的产品也有明显的愈伤能力，如块茎和块根，在适当的温度和湿度下可加快愈伤。表面组织在遭到虫害和病害时也会形成伤口，增加水分的损失。

4. 细胞的保水力　细胞的保水力与细胞中可溶性物质和亲水性胶体的含量有关。原生质中含有较多的亲水胶体，可溶性物质含量高，可以使细胞具有较高的渗透压，因而有利于细胞保水，阻止水分向外渗透到细胞壁和细胞间隙。洋葱的含水量一般比马铃薯高，但在相同的贮藏条件（0℃，贮藏3个月）下，洋葱失重1.1％，而马铃薯失重2.5％，这与其原生质胶体的保水力和表面保护层的性质有很大的关系。

（二）环境因素

1. 温度　温度可以影响空气的饱和湿度，也就是空气中可以容纳的水蒸气量，导致产品与空气中水蒸气饱和差（饱和湿度与绝对湿度的差值）改变，从而影响产品失水的速度。温度越高，空气的饱和湿度越大，持水能力越强。例如，在90％相对湿度下，10℃比0℃空气中可容纳的水蒸气更多，因而10℃中产品的失水速度比0℃中大约快2倍。当环境中的绝对湿度不变而温度升高时，产品与空气之间水蒸气的饱和差增加，此时果蔬的失水就会加快。当温度下降到饱和蒸气压等于绝对蒸气压时，就会发生结露现象，产品表面出现凝结水。反之，随温度下降，饱和差变小，果蔬的失水也相应变慢和减少。

一般贮藏果蔬的冷库中，空气湿度已经很高，温度波动时很容易出现结露。当将果蔬从冷库中直接移到温暖的地方时，产品表面很快就会有水珠出现，这是因为外界高温空气接触到低温的果蔬表面时，产品周围空气的温度达到露点以下，空气中的水蒸气就在果蔬表面凝结成水滴。当块茎、鳞茎、直根类蔬菜在贮运中堆积过高过大时，可以观察到在堆表层下约20 cm处的产品表面潮湿或有水珠凝结，这是因为散堆过大，不易通风，堆内温度高、湿度大，热空气往外扩散时，遇到表层低温的产品或表层的冷空气，达到露点而凝结。果蔬用塑料薄膜袋密封贮藏时，袋内因产品的呼吸和蒸腾，温度和湿度均较外界高，薄膜正好是冷热的交界面，从而使薄膜的内壁有水珠凝结。这些凝结水沾到果蔬表面，有利于微生物的活动，易引起果蔬贮藏期间的腐烂。因此，果蔬贮藏期间应尽量避免温度波动，出库时最好采用逐渐升温的方法，堆放时要加强通风，减少内外层的温差，避免出现"结露"现象。

果蔬水分的蒸腾是以蒸气状态移动的，正如其他气体一样，水蒸气是从密度高处向密度低处移动。果蔬内部的空气相对湿度最低是99%，因此，当果蔬贮藏在一个相对湿度低于99%的空气环境中时，水气就会从果蔬组织内部向贮藏空间移动，贮藏环境空气越干燥，这种水气的流动就越快，使果蔬的水分损失越快。概括地说，当果蔬内部空气中的水蒸气压力大于其周围空气中的水蒸气压力时，必然要进行蒸腾，只要存在着这种水蒸气压力差，蒸腾就会继续进行。果蔬内部和周围环境空气中的水蒸气压力差，也就是产品与空气的水蒸气饱和差。果蔬入贮初期的降温期间，水分的损失最严重。例如，将21 ℃的甜橙贮藏在0 ℃冷库，假设冷库的相对湿度和甜橙细胞间的相对湿度都是100%，从表2-13可知，此时甜橙内部的水蒸气压力是2 501.12 Pa，而冷库内的水蒸气压力是610.61 Pa，水蒸气压力差是1 890.51 Pa，虽然此时冷库的湿度高达100%，但甜橙中的水分还是会从内部散失到周围的空气中去。如果甜橙的温度和库温都是0 ℃，而冷库的相对湿度只维持50%，从表2-13可查出，0 ℃下甜橙的水蒸气压力是610.61 Pa，冷库的水蒸气压力是305.31 Pa，两者的水蒸气压力差是305.30 Pa，由于水蒸气压力差较小，水分蒸腾也较少。

表2-13 温度和相对湿度与水蒸气压力的关系

单位：Pa

温度/℃	相对湿度/%			
	100	90	70	50
0	610.61	549.29	427.96	305.31
2.2	715.94	643.95	501.29	357.30
3	758.60	682.61	530.62	378.63
4.4	835.93	751.94	585.28	417.30
5	871.93	785.27	610.61	435.96
10	1 227.90	1 105.24	859.93	613.28
20	2 338.47	2 105.16	1 637.19	1 169.23
21	2 501.12	2 250.48	1 750.52	1 250.56

从表2-13可知：①若果蔬的温度高于冷库温度，果蔬就会失水；果蔬和贮藏库的温差越大，果实内部与冷库的水蒸气压力差越大，果蔬越容易失水。所以，迅速冷却果蔬，减少果蔬与冷库空气的水蒸气压力差，对控制果蔬水分的蒸腾是十分重要的。②当果蔬温度与库温一致时，库内相对湿度是影响果蔬水分蒸腾速度的决定因素。新鲜果蔬饱含水分，其内部的相对湿度可视为100%。所以，只要库内相对湿度低于100%，果蔬就会失水。

温度除了影响水蒸气饱和差外，还影响水分蒸腾的速度。温度升高时水分子的运动加快，失水速度也加快。

根据果蔬水分蒸腾与温度关系，可将果蔬分为以下三种类型：①温度下降，蒸腾量急剧下降，如马铃薯、甘薯、洋葱、胡萝卜、柿等。②温度下降，蒸腾量下降，如番茄、花椰菜、西瓜、枇杷等。③与温度关系不大，蒸腾失水快，如芹菜、菠菜、茄子、黄瓜、蘑菇、石刁柏、草莓等。

2. 湿度 湿度分为绝对湿度和相对湿度。绝对湿度指水蒸气在空气中所占比例的百分数；相对湿度（RH）表示空气中水蒸气压与该温度下饱和水蒸气压的比值，用百分数表示。如果将水置于密闭的干燥空气中，水分子就会不断进入气相，直到空气湿度达到饱和为止。因此，饱和空气的相对湿度就是100％。

果蔬细胞中由于渗透压的作用，含水量很高，其中大部分为游离水，易蒸腾失去。但由于果蔬中的水含有多种溶质，因此果蔬组织中的水蒸气压不可能是100％，大部分果蔬与环境空气达到平衡时的相对湿度约为97％。当空气的湿度较低时，果蔬中的水分就会向空气中扩散，直至达到平衡时才停止失水。可见，果蔬的蒸腾失水率与贮藏环境中的湿度呈显著的负相关。

3. 风速 果蔬的失水速度也与环境中的风速有关。空气流经产品表面，可将产品的热量带走，但同时也会增加产品的失水。因为在产品周围总有一层空气，它的含水量与产品本身的含水量几乎达到平衡，空气流动时会将这一层湿空气带走，空气的流速越大，这一层空气的厚度就减少得越多，这样就加大了产品周围的水蒸气饱和差，从而增加失水。风速越大，产品失水越多。因此，在贮运过程中适当控制环境中的空气流动，可以减少产品的失水。

4. 大气压力 果蔬水分蒸腾的快慢与所处环境的大气压力也有关系。在低压贮藏或真空预冷中，随着压力的下降，促进了水分蒸发带走果蔬中的热量，但同时也增加了失水。在果蔬贮运实践中，大气压力对蒸腾的影响是可以忽略的一个因素。

三、控制果蔬蒸腾失水的措施

（一）降低温度

如上所述，温度是影响果蔬水分蒸腾的主要因素。严格来说，温度主要是影响空气中水蒸气压力差。果蔬和贮藏库的温差越大，果实内部与冷库的水蒸气压力差越大，果蔬越容易失水。将果蔬的温度降到库温的时间越长，果蔬失水越多。因此，迅速降温是减少果蔬蒸腾失水的首要措施。

（二）提高湿度

减少果蔬失水的另一有效措施是提高空气的相对湿度。这样可缩小产品与空气之间的水蒸气压力差，因而可减少产品水分蒸腾。但是，太高的相对湿度有利于霉菌的生长，对此可采用杀菌剂来解决问题。增大空气相对湿度的方法比较简单，可通过在库内装自动加湿器、喷雾、引入水蒸气、提高冷却盘管的温度等措施提高相对湿度。对于在高湿度下贮藏的产品，必须考虑微生物的滋生问题。在干燥条件下，病菌孢子不能萌发。也能使暴露的组织迅速干燥以制止腐烂的传染和蔓延。试验表明，90％～95％的相对湿度通常是多种果实贮藏的最佳湿度条件，但对于蒸腾系数较高的叶菜类和根菜类来说，98％～100％的相对湿度更好一些。将蒸发器温度控制在低于贮藏温度2～3℃，库内的相对湿度保持在95％左右，可大大减少产品的失水。然而，洋葱和大蒜要求在更低的相对湿度（65％～70％）下贮藏，才能防止大量腐烂。在90％的相对湿度下，香蕉果实完熟得较好，可防止出现萎蔫，保持较好的外观和品质。否则，湿度过低，香蕉成熟后果皮颜色呈现黄褐色、无光泽。

（三）控制空气流动

空气在产品周围的流动速度是影响失水速率的一个重要因素。空气流动虽然有利于产品散发热量，但风速对果蔬失水有很大的影响。空气在果蔬表面流动得越快，果蔬的失水速率就越大。因此，在贮藏库内适当减少空气流动可减少产品失水。这可通过控制风机在低速下运转，或者缩短风机开动的时间，以减少水分的损失。

（四）包装、打蜡（涂膜）

良好的包装是减少果蔬水分损失和保持新鲜的有效方法之一。包装降低失水的程度取决于包装材料对水蒸气的透性。打蜡（涂膜）不但可减少果蔬水分的蒸腾，还可以增加产品的光泽和改善商品的外观。

为了降低空气在产品表面上的流动，较简单的方法就是用塑料膜覆盖在产品堆上，或把产品装入保鲜袋、盒或纸板箱内。常用的各种包装材料都对水蒸气具有一定的渗透性，故果蔬失水在所难免。但诸如聚乙烯薄膜之类的材料可以有效地防止水分的损失。即使用纤维板或纸袋包装，与无保护的散装产品相比较，也能显著减少失水量。不过包装在减少产品失水的同时，也会降低产品的冷却速度，对此应予以注意。

第五节　果品蔬菜的休眠与生长

一些块茎、鳞茎、球茎、根茎类蔬菜以及板栗等果实，在结束生长时，由于产品器官积累了大量的营养物质，原生质内部发生了剧烈的变化，新陈代谢明显降低，水分蒸腾减少，生命活动进入相对静止状态，这就是所谓的休眠（dormancy）。休眠是植物在长期进化过程中形成的一种适应逆境生存条件的特性，以度过严寒、酷暑、干旱等不良条件而保存其生命力和繁殖力。对果蔬贮藏来说，休眠是一种有利的生理现象。可充分利用果蔬的休眠特性，并创造条件延长休眠期，以便达到延长贮藏期的目的。

一、休眠的类型与阶段

（一）休眠的类型

休眠一般可以分为两种类型，一种是内在原因引起的，此时即使产品在适宜发芽生长的条件下也不会发芽，这种休眠称为"自发"休眠（rest period）或者生理休眠；另一种是由于外界环境条件不适宜，如低温、干燥所引起的，一旦遇到适宜发芽生长的条件即可发芽生长，称为"被动"休眠（dormancy）或者强制休眠。

（二）休眠的阶段

生理休眠一般经历如下历程：休眠前期（休眠诱导期）→生理休眠期（深休眠期）→休眠苏醒期（休眠后期）→发芽。

1. 休眠前期　蔬菜收获以后，为了适应新的环境，往往加厚自身的表皮和角质层，或形成膜质鳞片，以减少水分蒸腾和病菌侵入，并在伤口部分加速愈伤，形成木栓组织或周皮层，以增强对自身的保护，这个阶段称为休眠前期。马铃薯的休眠前期为2～5周，在这一时期，若给予一定的处理，可以抑制进入生理休眠而开始萌芽或者缩短生理休眠期。

2. 生理休眠期　这一阶段产品的生理作用处于相对静止的状态，一切代谢活动已降至最低限度，细胞结构出现了深刻的变化，即使提供适宜的条件也暂不发芽生长。

3. 休眠后期　经过生理休眠后，如果环境条件不适，便抑制了代谢机能恢复，使器官继续处于休眠状态，外界条件一旦适宜，便会打破休眠，开始萌芽生长。

具有典型生理休眠的蔬菜有洋葱、大蒜、马铃薯、生姜等。大白菜、萝卜、莴苣、花椰菜及其他某些二年生蔬菜，不具生理休眠特性，在贮藏中常因低温等因素抑制而处于强制休眠状态。低温可使这些蔬菜通过春化阶段，开春以后温度回升，就很容易发芽抽薹。板栗采后有一定的休眠期，但在20℃和90％的相对湿度下，1个月左右便开始生根发芽，说明板栗的生理休眠时间较短，常温下很容易解除休眠。

具果肉的果实内的种子虽然处于水分十分充足的环境中，但通常并不发芽，这是由于果汁的高渗透物质、有机酸和生长抑制物质的存在使其强制休眠。有研究指出，当果实中柠檬酸达1.0%、苹果酸达0.5%、酒石酸达0.2%时，就能抑制种子发芽。柑橘在长期贮藏后果实失水干枯，种子就会打破休眠在果实内发芽。种种事实说明，休眠是一种复杂的生理变化，必须根据产品的具体情况进行分析，掌握不同果蔬休眠的本质和规律，才能人为地对这一特性进行恰当地控制和利用。

二、休眠的生理生化特征

（一）休眠的生理机制

休眠是植物在逆境环境诱导下发生的一种特殊反应，它必须伴随着机体内部生理机能、生化特性的相应改变。如图 2-20 所示，泉州黄洋葱刚收获后呼吸强度很高，随即急剧降低而转入休眠，但到萌芽前呼吸再次增强。呼吸增强可为植物提供更多的能量，形成了萌芽的生理基础。此后呼吸逐渐增强，表示已到达萌芽的状态。

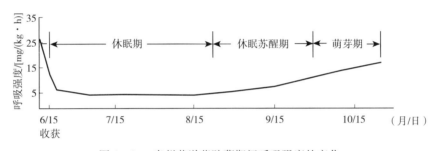

图 2-20　泉州黄洋葱贮藏期间呼吸强度的变化

(绪方，1952)

早在 20 世纪 40 年代，苏联学者就指出，生理休眠期的细胞，原生质与细胞壁分离，生长期间存在于细胞间的胞间连丝消失了，细胞核也发生一些变化，并且原生质几乎不能吸水膨胀，也很难使电解质通过。产生这些现象是植物在进入休眠前原生质发生脱水过程，同时积累大量疏水性胶体，这些物质特别是脂肪和类脂，聚集在原生质和液泡的界面上，因而阻止水和细胞液透过原生质。所以，休眠时各个细胞像是处在孤立的状态，细胞与细胞之间，组织与外界之间的物质交换大大减少。脱离休眠后，原生质重新紧贴于细胞壁，胞间连丝恢复，原生质中的疏水性胶体减少，而亲水性胶体增加，促进了内外物质交换和各种生理生化过程。

他们还发现，用高渗透压的蔗糖分子溶液使细胞产生质壁分离，不同休眠阶段的细胞所形成的质壁分离形状是不同的。正在休眠中的细胞形成的质壁分离呈凸形，已脱离休眠的细胞呈凹形，正在进入或正在脱离休眠的细胞呈混合型，即部分细胞呈凸形，部分细胞呈凹形。因此，可根据人为引起质壁分离所表现的形态，来辨认细胞所处的生理休眠阶段。

（二）休眠的生化变化

休眠是植物在漫长的进化过程中所形成的对自身生长发育特性的一种调节现象。而植物内源生长激素的动态平衡则是调节休眠-生长的重要因素。激素平衡的调节，不一定是有关激素相对含量的直接作用，而是通过核酸和酶来改变代谢活性，影响到物质的消长。

调节休眠-生长的激素物质主要是 IAA、GA 与 ABA。洋葱茎盘中的 IAA 含量在休眠初期较高，以后在休眠中逐渐减少，在发芽时转为增加。洋葱芽中的 GA 含量也有同样的规律，而生长抑制物质 ABA 的消长规律正好相反。

GA 能促进休眠器官中酶蛋白的合成，促进合成的酶有 α-淀粉酶、蛋白酶、核糖核酸水解酶以及异柠檬酸和苹果酸合成酶等。GA 促进合成酶的作用位置是在 DNA 向 mRNA 进行转录的水平上。马铃薯、洋葱到休眠末期，芽中的 DNA 和 RNA 含量增多。所以，GA 的作用之一就在于使"DNA→RNA→特定酶"这一系统活化。与此相反，ABA 在 RNA 的合成阶段能抑制特定酶的合成，也能抑制 GA 的合成，这就加强了抑制发芽的作用。

西山（1961）研究了马铃薯块茎休眠和末端氧化酶之间的关系，指出休眠时细胞色素氧化酶和多酚氧化酶都发挥了作用。多酚氧化酶在休眠块茎中含量高，脱离休眠时活性减退以至消失，而为黄素蛋白酶所代替。多酚氧化酶中的酪氨酸酶能使 IAA 钝化。随着萌发，ABA 和其他抑制因素解除，各种酶活化，营养物质被水解并输送至生长点。

一般来说，在植物的休眠期几乎看不到碳水化合物的变化。例如，马铃薯休眠中淀粉含量几乎无变化，可溶性糖含量总是很低；一到发芽期，淀粉减少，而可溶性糖含量急剧增加。洋葱的情况也类似，只是洋葱积贮的养分是可溶性糖，它的变化是蔗糖与单糖比率的变化。

总之，内源激素的动态平衡是通过活化或抑制特定的蛋白质合成系统来起作用的，酶的作用反映了代谢活性并直接影响到呼吸作用，由此使整个机体的物质能量变化表现出特有的规律，实现休眠与生长之间的转变。大多数的蔬菜属于强迫休眠。因此，在贮藏过程中，要利用蔬菜的休眠特性，采取各种技术措施，延长休眠期，以减少养分的消耗和延长保藏期。

三、控制休眠的措施

蔬菜休眠期结束后就会萌芽，产品的重量减轻，品质下降，甚至产生一些有毒物质。如马铃薯一过休眠期，不仅表面皱缩，还会产生对人体有害的龙葵素；洋葱、大蒜和生姜发芽后肉质会变空、变干，食用价值降低。因此，必须设法控制休眠，防止发芽，延长贮藏期。

（一）辐射处理

马铃薯、洋葱、大蒜、生姜及甘薯等根茎类作物在贮藏期间，其根或茎易发芽、腐烂，损失严重。根据种类及品种的不同，辐射处理的最适剂量也不同，范围一般为 0.05～15 kGy。辐射处理以后在适宜条件下贮存，可保藏半年到一年。目前已有 19 个国家批准了经辐射处理的马铃薯出售。日本自 1973 年开始在商业上应用辐射处理抑制马铃薯发芽，建立了每年可处理 3 万吨的辐射工厂。

（二）化学药剂处理

化学药剂处理有明显的抑芽效果。早在 1939 年 Gutheric 首先使用萘乙酸甲酯（MENA）防止马铃薯发芽。MENA 具有挥发性，薯块经处理后，在 10 ℃下一年不发芽，在 15～21 ℃下也可以贮藏几个月。生产上使用时可先将 MENA 喷到作为填充用的碎纸上，然后与马铃薯混在一块；或者把 MENA 药液与细土拌匀，然后撒到薯块上，当然也可将药液直接喷到薯块上。MENA 的用量与处理时期有关，休眠初期用量要多一些，在块茎开始发芽前处理时，用量则可减少。苏联的用量为 0.1 mg/kg，我国上海等地的用量为 0.1～0.15 mg/kg。

其他生长调节剂也有抑制发芽的作用，但效果没有 MENA 好。氯苯胺灵（CIPC）是一种在采后使用的马铃薯抑芽剂，应该在薯块愈伤后再使用，因为它会干扰愈伤。美国戴科公司生产的 CIPC 粉剂使用量为 1.4 g/kg，使用 CIPC 可以防止薯块在常温下发芽。使用方法：将 CIPC 粉剂分层喷在马铃薯上，密封覆盖 24～48 h，CIPC 汽化后，打开覆盖物。应注意的是，上述两种药物都不能在种薯上应用。

青鲜素（MH）是用于洋葱、大蒜等鳞茎类蔬菜的抑芽剂。收获前应用时，必须将 MH 喷到洋葱或大蒜的叶子上，药剂吸收后渗透到鳞茎内的分生组织中，继而转移到生长点，起到抑芽作用。一般是在收获前两周喷洒，药液可以从叶片表面渗透到组织中。如喷药过晚，叶子干枯，没有吸收与运转 MH 的功能；喷药过早，鳞茎还处于迅速生长过程中，MH 对鳞茎的膨大有抑制作用，会影响产量。MH 的浓度以 0.25％为宜，用药量为 450 kg/hm² 左右。

（三）控制贮运环境温度

低温是控制休眠的最重要因素。虽然高温对马铃薯、大蒜和洋葱的休眠有一定作用，但只是在深休眠阶段有效，一旦进入休眠苏醒期，高温便加速了萌芽。因此，不论是对于具有生理休眠还是具有强制休眠的蔬菜以及板栗，控制适当贮藏低温是延长休眠期的最有效手段。

四、果品蔬菜采后的生长

（一）果品蔬菜采后的生长现象

马铃薯发芽

采后生长指一些果蔬采收后，其分生组织或种子利用体内的营养物质继续生长和发育的过程。

部分果蔬在采后贮藏过程中，会出现再生长现象，有些再生长与成熟衰老同步进行。随着生长，组织间的水分和养分会出现再分配，向生长点或种子部位转移，如菠菜、油菜等在假植贮藏期间叶片长大、花椰菜、青花菜等采后花蕾不断长大、开放，蒜薹贮藏过程中薹苞膨大，板栗休眠期后出现发芽现象，马铃薯、洋葱、大蒜等贮藏过程中出现萌芽，结球白菜贮藏期间出现裂球现象等，均为果蔬采后的生长。

在大多数情况下，采后贮藏期间果蔬的再生长会导致内部营养物质的转移和消耗，降低了果蔬的品质，甚至导致食用价值的丧失，影响贮藏寿命，这是果蔬贮藏中不希望出现的，因此需要采取措施加以控制。

洋葱发芽

（二）果品蔬菜采后生长的类型

1. 幼叶生长 如胡萝卜、萝卜利用直根的营养进行新叶的生长，小白菜、生菜、葱等的幼叶生长而外部叶片衰老。

2. 幼茎伸长 如竹笋、石刁柏等在生长初期采收的幼茎，顶端生长点活跃，贮藏期间会利用茎内的营养不断进行伸长生长，导致产品长度增加，木质化加快，品质下降。

胡萝卜的生长

3. 种子发育 豆类蔬菜在贮藏中幼嫩种子不断成熟老化，硬度增加，而豆荚部分逐步纤维化，影响口感风味；黄瓜贮藏过程中种子不断成熟老化，导致果实梗端部分萎缩，花端部分膨大，果型改变，风味变劣。

4. 种子发芽 板栗、佛手瓜、甜瓜、西瓜、苹果、梨、柑橘、番茄等果实在贮藏后期，其种子会利用体内的营养进行发芽，导致果实品质迅速下降。

5. 抽薹开花 花椰菜、莴苣、萝卜、大白菜、甘蓝等蔬菜，在贮藏中常因低温而通过春化阶段，开春以后由于温度回升，内部生长点极易激活导致抽薹开花，导致外部组织失水萎缩，食用品质下降。

青菜的生长

（三）果品蔬菜采后生长的调控

控制果蔬采后生长的方法，主要以一些物理或化学防治方法为主。

1. 适宜低温 通过适宜的低温，抑制果蔬采后生理代谢，同时也能抑制采后再生长的发生。如大蒜休眠期过后，可采用－3 ℃的低温来抑制发芽。

2. 控制环境气体成分 利用气调贮藏中的低氧环境，可较好地抑制部分果蔬的采后生长现象。如采用气调贮藏可以有效抑制蒜薹薹苞的膨大，大白菜的抽薹开花，番茄、苹果和梨种子的发芽，花椰菜的散花，以及豆类种子的发育等。

3. 控制湿度 贮藏环境的高湿度有利于果蔬的采后生长，因此可通过控制贮藏环境适当的相对湿度，使其不会出现加速生长，又不至于失水过多。

4. 去除生长点 贮藏前将一些果蔬的生长点去除，可较好地抑制其营养物质的转移和再分配，保持品质。如萝卜和胡萝卜切掉茎盘后再贮藏，可减轻贮藏中出现糠心的状况，也可避免采后幼叶的生长。但是，这种做法对每个直根造成损伤，使感病的概率增加，对此不应忽视。

5. 控制贮藏姿势和光照 采后通过直立存放及避光贮藏，可抑制石刁柏嫩茎的伸长和弯曲。

6. 辐射处理 利用 γ 射线或电子束照射等辐射处理，也可较好地抑制板栗、洋葱、大蒜、马铃薯等在贮藏过程中的萌芽现象。

7. 药物处理 使用一些化学药品如采前使用 MH 喷施植株、采后使用 CIPC 熏蒸等处理也可有效抑制洋葱、马铃薯等的萌芽。对具有采后休眠的果蔬而言，通过控制延长休眠也可延缓采后生长的发生。

思 考 题

1. 为什么说延缓果蔬成熟衰老进程对延长果蔬贮藏寿命是很重要的？

2. 论述果蔬的呼吸作用对于采后生理和贮藏保鲜的意义。跃变型与非跃变型果实在采后生理上有什么区别？在贮藏实践上有哪些措施可调控果蔬采后的呼吸作用？

3. 论述乙烯对果蔬成熟衰老的影响。

4. 论述乙烯生物合成的主要步骤及其有关的影响因素。

5. 为什么说温度是影响果蔬水分蒸腾的主要因素？

6. 为什么说机械损伤是影响果蔬贮藏寿命的致命伤？

7. 为什么休眠现象对某些蔬菜（如马铃薯）的贮藏有利？

8. 果蔬采后的生长的类型有哪些？在果蔬贮藏保鲜中如何调控果蔬采后的生长？

第三章 CHAPTER THREE
影响果品蔬菜贮藏性的因素

【学习目标】了解影响果品蔬菜贮藏性的因素；掌握影响果品蔬菜贮藏性的自身因素、采前因素。

果蔬贮藏性是指在一定期限的贮藏中，可以保存果蔬原有的优良品质和减少损耗的能力或性质，并包括对由外界环境条件及其影响而引起的生理变化的抵抗力和对微生物侵染的抵抗力。有时将这两种抵抗力分别称为耐藏性和抗病性。耐藏性是指在适宜的贮藏条件下抗衰老和抵抗贮藏期间病害的能力。新鲜果蔬的耐藏性是在采收之前形成的一种生物学特性。耐藏性与抗病性是密切相关的，同时又是互为依存的。耐藏性差的果蔬一般也不抗病，抗病性弱的果蔬通常也不耐藏。所以确定贮藏性的好坏，必须同时考虑这两个方面。

果蔬的贮藏效果在很大程度上取决于采收后的处理措施、贮藏环境条件及管理水平，在适宜的温度、湿度和气体条件下，再加上科学的管理，才有可能保持果蔬良好的商品质量，使贮藏期和货架期得以延长，损耗率降低。但是，要保持果蔬的品质与贮藏性，仅仅依靠采收后的技术措施是难以达到预期目标的，因为果蔬的质量状况、生理特性及其贮藏性等是在田间变化多端的生长发育条件下形成的。毫无疑问，不同种类及品种果蔬的生育特性、生态条件、农业技术措施等采前诸多因素都会或多或少地、直接或间接地对果蔬的商品质量与贮藏性产生影响。因此，为了保持果蔬良好的商品质量，提高贮藏效果，既要重视采后贮藏运输中的各个技术环节，同时也要对影响其生长发育的采前诸多因素予以足够的重视。

第一节　自身因素

一、种类和品种

（一）种类

果蔬的种类很多，不同种类的产品贮运性能差异较大。果蔬种类间贮藏性的差异是由它们的遗传特性决定的。一般来说，产于热带地区或高温季节成熟并且生长期短的果蔬，收获后呼吸旺盛，蒸腾失水快，体内物质消耗多，易被病菌侵染而腐烂变质，通常表现为不耐贮藏；产于温带地区，生长期比较长并且在低温冷凉季节成熟收获的果蔬，器官内营养物质积累多，新陈代谢水平低，一般具有较好的贮藏性。例如，香蕉、芒果、荔枝、枇杷、番茄、黄瓜、菜豆，这些产于热带地区或高温季节的果蔬相对不耐贮运。依果蔬的组织结构而言，果皮和果肉为硬质的种类较耐贮藏，而软质或浆质的贮藏性较差。例如，杏、草莓、樱桃及大多数果菜、叶菜均不宜长期贮运，采后在低温下也只能存放数天，采收后必须及时销售或者进行加工。

对于水果来说，不同种类果实贮运性能差异很大。原产北方的落叶果树一般比原产南方的常绿果树的果实耐贮运。落叶果树中，苹果、梨、柑橘、核桃等较耐贮运；桃、杏、樱桃、葡萄、猕猴桃较不耐贮运。常绿果树中，柑橘类耐贮运，而杨梅、荔枝、枇杷、菠萝等不耐贮运。

对于蔬菜来说，它们分属于植物的根、茎、叶、花、果实和种子。不同器官可食部分来源不同，组织结构与新陈代谢方式也不相同，贮运性能差异较大。属于植物营养贮藏器官的鳞茎、球茎、块茎类蔬菜比较耐贮运。花椰菜是成熟的变态花序，蒜薹是花梗，故可作长期低温贮运。但新鲜的黄花菜由于其花器官在采后代谢较旺盛，而且成熟过程中释放乙烯较多，故极不耐贮运。番茄、辣椒、黄瓜、茄子、菜豆等，由于其食用部分为幼嫩果实，表层保护组织不完善，采后呼吸旺盛，贮运中容易失水和遭受微生物侵染，故不耐贮运。充分成熟的南瓜、冬瓜等瓜果类蔬菜，由于其新陈代谢已经降低，且表皮已形成了角质层、蜡粉或茸毛等保护组织，因而较耐贮运。叶菜类的叶片系同化器官，采后呼吸和蒸腾作用均十分旺盛，故极易萎蔫和黄化，特别是幼嫩叶菜，最难贮运。大白菜、甘蓝等叶球类蔬菜，因为其本身是营养贮藏器官，并且采收时营养生长已停止，因此较耐贮运。

（二）品种

同一种类不同品种的果蔬，由于组织结构、生理生化特性、成熟收获时期不同，品种间的贮藏性也有很大差异。一般规律：晚熟品种耐贮藏，中熟品种次之，早熟品种不耐贮藏。例如，苹果中7～8月成熟的藤牧一号、皇家嘎拉等早熟品种，它们的肉质疏松，采后呼吸旺盛，很不耐贮藏，在冷藏条件下也只能短期存放，采收后应该及时上市销售；元帅系、金冠、乔纳金、津轻、华冠、千秋等中熟品种较早熟品种耐贮藏，在常温库可贮藏1～2个月，在冷藏条件下的贮藏期为3～4个月；富士系、瑞阳、瑞雪、王林、秦冠、小国光、粉红女士等晚熟品种是我国当前苹果栽培的主要品种，它们不但品质优良，而且普遍具有耐贮藏的特点，在我国西北地区窑窖式果库中可贮藏2～3个月，在冷藏或气调条件下的贮藏期更长，可达到6个月以上。

我国梨的耐藏品种很多，鸭梨、雪花梨、酥梨、库尔勒香梨、兰州冬果梨等都是品质好而且耐贮藏的品种。柑橘类果实中，一般宽皮橘类的贮藏性较差，不如橙和柚耐贮运，但温州蜜柑、蕉柑是较耐贮藏的品种。甜橙的许多品种都很耐贮藏，例如，锦橙、雪橙、血橙、香水橙、大红甜橙等在适宜条件下可以贮藏5～6个月。柑橘中以柚贮运性能最好。猕猴桃中美味猕猴桃较中华猕猴桃耐贮运。

蔬菜中大白菜的青帮系统比白帮系统品种耐贮运，直筒形比圆球形耐贮运，生产期长的小青口、抱头青等晚熟品种比早熟品种耐贮运。无籽西瓜皮厚，比有籽西瓜耐贮运，尖叶菠菜比圆叶菠菜耐贮运。

同时，同一种类或品种的果蔬，秋季收获的比夏天收获的耐贮藏，如巨峰葡萄的一次果不如二次果耐贮藏，秋末收获的番茄、甜椒较夏季收获的容易贮藏。不同季节采收的甜椒忍受低温时间的长短也不同，夏天采收的甜椒比秋季采收的对低温更敏感，较早发生冷害。不同年份生长的同一蔬菜品种，耐贮性也不同，因为不同年份的气候条件不同，会影响产品的组织结构和化学成分发生变化。例如，马铃薯块茎中淀粉的合成和水解与生长期中的气温有关，而淀粉含量高的耐贮性强。甘蓝的耐贮性在很大程度上取决于生长期间的温度和降水量，低温（10℃）下生长的甘蓝，戊聚糖和灰分较多，蛋白质较少，叶片的汁液冰点较低，故耐贮藏。

果蔬的贮藏性在很大程度上取决于种类和品种的遗传性，而遗传性又是一个很难改变的生物属性。因此，要使果蔬贮藏获得好的效果，必须重视选择耐藏的种类和品种，才能达到高效、低耗、节省人力和物力的目的，这点对于长期贮藏的果蔬尤为重要。

二、成熟度或发育年龄

成熟度是评判水果及许多种蔬菜成熟状况的重要指标。对于一些蔬菜，如黄瓜、菜豆、辣椒及部分叶菜等在幼嫩的时候就收获食用，或者进行贮藏，对它们成熟状况的评判，用发育年龄这个概念似乎更确切一些。

在果蔬的个体或者器官发育过程中，未成熟果实和幼嫩蔬菜的呼吸旺盛，各种新陈代谢都比较活跃。另外，这一时期果蔬表皮的保护结构尚未发育完全，或者结构还不完整，组织内细胞间隙也比较大，便于气体交换，体内干物质的积累也比较少，以上诸方面综合对果蔬的贮藏性产生了不利影响。随着果蔬的成熟或者发育年龄增大，干物质积累不断增加，新陈代谢强度相应降低，表皮保护结构如蜡质层、角质层、木栓层加厚并且变得完整，有些果实如葡萄、樱桃、番茄在成熟时细胞壁中胶层溶解，组织充满汁液而使细胞间隙变小，从而阻碍了气体交换使呼吸水平下降。苹果、葡萄、李、冬瓜等随着发育成熟，它们表皮的蜡质层也明显增厚，果面形成白色细密的果粉，对于贮藏的果蔬来说，这不仅使其外观色彩更加鲜艳，更重要的意义还在于增强它的生物学保护功能，即对果蔬的呼吸代谢、蒸腾作用、病菌侵染等产生抑制防御作用，因而有利于果蔬的贮藏。

果蔬的种类和品种很多，每种果蔬都有其适宜的成熟采收期，采收过早或者过晚，都会对其商品质量及贮藏性产生不利的影响，只有达到一定成熟度或者发育年龄的果蔬，采收后才会具有良好的品质和贮藏性。适宜采收成熟度的确定，应根据各种果蔬的生物学特性、采后用途、市场距离、贮运条件等因素综合考虑。

三、田间生长发育状况

田间的生长发育状况包括树龄与长势、果实体积、植株负载量及其结果部位等，都会对果蔬的产量、品质及贮藏性产生影响。

（一）树龄与长势

一般来说，幼龄树和老龄树结的果实不如盛果期树结的果实耐贮藏。这是由于幼龄树营养生长旺盛，结果数量少而致果实体积较大、组织疏松、果实中氮钙比值大，因而果实在贮藏期间的呼吸水平高、品质变化快、易感染寄生性病害和发生生理性病害。幼龄树对果实品质和贮藏性的负面影响往往容易被人们忽视，但对于老龄树的认识却比较清楚。老龄树地上地下部分的生长发育均表现出衰老退化趋势，根部营养物质吸收能力变弱，地上部分光合同化能力降低。因此，果实体积小、干物质含量少、着色差、抗病力下降，其品质和贮藏性都发生不良变化。Comin 等观察瑞光苹果，11 年生比 35 年生树上的果实着色好，贮藏中虎皮病的发生率减少 50%～80%。另据报道，幼树上的曙光苹果贮藏中 60%～70%的果实发生苦痘病。苦痘病发生的一般规律：幼树、长势旺盛的树、结果少的树所结的果实易发生苦痘病。对广东汕头蕉柑树的调查发现，2～3 年生树结的果实可溶性固形物含量低，味较酸，贮藏中易受冷害而发生水肿病；而 5～6 年生树上结的果实风味品质好，也比较耐贮藏。

另外，树体长势强弱不同，所结果实贮运差异性能也存在差异。生长健壮的植株，果实中营养物质含量丰富，故其贮运性能比生长过旺或过弱植株强。受到病虫害影响的植株上结的果实，因为病虫害而影响果实的贮运性能，贮藏期和货架期缩短，易造成大量腐烂和损失。

（二）果实体积

果实体积大小是其重要的商品性状之一，消费者一般都偏爱大个果实。但是，对于同一品种而言，由于大果性状与幼树果实相类似，所以贮藏性较差。许多研究和贮藏实践证明，大个苹果的苦痘病、虎皮病、低温伤害等生理性病害的发生比中等个果实严重，并且大个苹果的硬度下降快。雪花梨、鸭梨、酥梨的大果容易发生果肉褐变，褐变发生早而且严重。大个蕉柑往往皮厚汁少，贮藏中枯水病发生早而且严重。在蔬菜贮藏中，大个番茄肉质易粉质化，大个黄瓜易变形成棒槌状，大个萝卜和胡萝卜易糠心等，都表明个体大小与其贮藏性的关系。一般认为，体积中等和中等偏大的果实具有较好的贮藏性。

（三）植株负载量

植株负载量大小对果实的质量和贮藏性有很大影响。负载量适当，可以保证植株营养生长与生殖生长的基本平衡，使果实有良好的营养供应，采收后的果实质量好、耐贮藏。负载量过大时，由于果实的生长发育过度地消耗了营养物质，首先削弱了植株的营养生长，果实也因为没有足够的营养供应而使发育受阻，通常表现为果个小、着色差、风味淡薄，不仅商品质量低，而且也不耐贮藏。负载量过小时，植株营养生长旺盛，大果比例增加，也不利于贮藏。植株负载量对果蔬贮藏性的影响，不论是对木本的果树，还是对草本的蔬菜以及西瓜、甜瓜等的影响是相似的。所以，在果蔬生产中，应该重视对植株开花结果数量的调控，使负载量保持在正常合理的水平，这不仅有利于克服多年生果树的大小年现象，而且有利于生产出商品质量好、耐贮藏的果实。

（四）结果部位

植株上不同部位着生的果实，其生长发育状况和贮藏性存在差异。例如，树冠外围的苹果比内膛的着色好、风味佳、肉质硬，并且耐贮藏。内膛果实易失水萎蔫，虎皮病发生严重。蕉柑树冠顶部果实的皮比较粗厚，囊瓣中汁液偏少，贮藏中易发生枯水病。番茄、茄子、辣椒、菜豆等无限花序植物具有从下向上陆续开花、连续结果的习性，实践中发现，植株下部和顶部果实的商品质量及贮藏性均不及中部的果实。西瓜、甜瓜、冬瓜等瓜类也有类似的情况，瓜蔓基部和顶部结的瓜不如中部的个大、风味好、耐贮藏。不同部位果实的生长发育和贮藏性的差异，是由于田间光照、温度、空气流动以及植株生长阶段的营养状况等不同引起的。因此，果实的结果部位也是贮藏果蔬时不可忽视的因素。

四、植株受病虫害侵染情况

病虫危害会诱导果蔬产品发生一系列的应激反应，是影响果蔬贮运性能及造成损失的重要原因之一。病虫害会损伤果蔬的外观品质，刺激产生乙烯，引起果蔬脱水、萎蔫或产生异味，加速衰老和生理失调。病虫害还会影响果蔬贮运性能，缩短贮藏期和货架期，并造成大量腐烂和损失。贮运中由于病虫的危害，苹果、梨、葡萄、桃等病腐率一般在10%～20%，严重者在40%以上；葡萄、柑橘、香蕉、芒果、猕猴桃等，在长期贮运中如不采取防病措施，则更易腐烂。

第二节　采前因素

一、生态因素

果蔬栽培的生态环境和地理条件如温度、光照、降水、土壤、地理条件等对果蔬的生长发育、质量和贮藏性能够产生很大影响，而且这些因素产生的影响往往具有先天性，是错综复杂的，不易被人们所控制。

（一）温度

温度是影响果蔬栽培的主要因素之一。每种果蔬都有其生长发育的适宜温度范围和积温要求。在适宜的温度范围内，果蔬的生长发育随温度升高而加快，对其产量、质量及贮藏性产生积极影响。

自然界每年气温变化很大，在果蔬生长发育过程中，不适当的高温或低温对其生长发育、产量、质量及贮藏性均会产生不良影响。例如，2001年4月10～11日，陕西省普遍出现骤然降温降雪天气，许多地区温度降至0℃以下，花期持续数日出现低温，使苹果、梨、桃、杏等春季开花果树的授粉受精不良，落花落果严重，不仅导致产量降低，而且对当年贮藏也产生不良影响。在幼果期出现霜冻时，苹果、梨的果实上会留下霜斑，甚至出现畸形，影响商品质量和贮藏性。花期低温使番茄早期落花落果严重，并且使花器发育不良，易出现扁形或脐部开裂的畸形果。

有关高温对果实质量及贮藏性影响的报道很多。例如，酷热干旱的夏季能促使苹果发生水心病。1995年7～9月，陕西省由于长时间持续高温干旱，许多果园秦冠苹果采收时的水心病病果率达到10％以上。但如果是采前6～8周昼夜温度冷热交替，并且温差较大时，苹果会着色好、含糖量高、组织致密，也耐贮藏。

桃树耐夏季高温，夏季温度高，有利于糖、酸的积累，果实品质好，也较耐贮藏。但当温度超过32℃时，黄肉桃的大小和颜色都会受到影响。番茄红素形成的适宜温度为20～25℃，如果在番茄生长期间，温度长时间持续在30℃以上，则果实着色不良，贮藏的番茄后熟以后颜色也不佳。

柑橘属于亚热带果树，其生长发育处于比落叶果树更为温暖的环境中，温度对其果实的质量和贮藏性影响很大。冬季温度尤为重要，温度太高时果实颜色淡黄不鲜艳，但温度低于0℃时，果实因受冷冻而不耐贮藏。冬季持续适宜的低温，有利于提高柑橘果实的质量和贮藏性。秋季昼夜温差大的产区，柑橘果实含糖量高、着色好、耐贮藏，但持续数日34℃以上的高温或者7℃以下的低温，均会影响果实的正常着色和耐藏性。

（二）光照

光照包括光照度、光照时间及光质，其中光照度对光合作用效率影响最大。太阳光是绿色植物进行光合作用时不可缺少的能源。果树和蔬菜的绝大多数种类属于喜光性植物，特别是它们的食用器官的形成，必须有一定的光照度和光照时间，光照对果蔬的质量及贮藏性有重要的影响。

光照不足，果蔬的化学成分特别是糖和酸的形成明显减少，不但降低产量，而且影响质量和贮藏性。采前遇到长时间连阴雨天气或低温寡照下生长的苹果，贮藏中易发生多种生理性病害。树冠内膛的苹果因光照不足易发生虎皮病，并且果实衰老快，果肉易粉质化。柑橘树冠外围与内膛遮阴处的果实相比，一般具有发育好、果个大、皮薄、可溶性固形物含量高的特点，酸度和果汁含量则较低。长期光照不足，西瓜、甜瓜的含糖量下降，流通性变差。生长期阴雨天较多的年份，大白菜叶球和洋葱鳞茎的体积明显变小，干物质含量低，贮藏期也短。萝卜在生长期间如果有50％的遮光，则生长发育不良，糖的积累少，贮藏中易糠心。

光照与花青素的形成密切相关。红色品种的苹果在光照好的条件下，有着鲜艳的红色，而树冠内膛的果实由于接受光照少，果实虽然成熟但不显红色或者色调不浓。在光质中，紫外光与果实红色发育的关系尤为密切。紫外光的光波极短，可被空气中的尘埃和水滴吸收，一般直射光中紫外光的通量值大。苹果成熟前6周的阳光直射量与其着色呈高度正相关，特别是雨后空气中尘埃少，在阳光直射下的果实着色很快。光照充足、昼夜温差大，是花青素形成的最重要的环境因素。我国西北黄土高原地区的元帅、富士等品系的苹果红色浓艳，品质极佳，与当地优越的光照、温度条件密切相关。目前在一些苹果产区，为了增进红色品种的着色度，在树下行间铺设反光塑料薄膜，不仅可以改善树冠内部的光照条件，而且还具有保墒、控制杂草生长的作用。

但是，光照过强对果蔬的生长发育及贮藏性并非有利。苹果、猕猴桃、番茄、茄子、辣椒等植株上方西南部位的果实，常因光照过强而使果实发生日灼病，这种果实既不能贮藏，商品质量也严重受损。这个部位的富士、元帅、秦冠、红玉等品种的苹果还易患水心病。柑橘树冠上部外围的果实多表现为果皮粗厚、橘瓣汁液少、贮藏中枯水病发生早而且严重。强日照也会使西瓜、甜瓜、南瓜的瓜面上发生日灼病，严重时病部呈焦斑状。特别在干旱季节或者年份，光照过强对果蔬造成的不良影响更为严重。

光质也对果蔬生长发育和品质有一定影响。紫外光有利于花色苷及维生素C的合成，故温室栽培的黄瓜和番茄果实，由于紫外光缺少，其维生素 C 与着色度较露地栽培的低。此外，许多水溶性色素的形成也要求有强红光。

（三）降水

水分是果蔬生长发育不可缺少的条件。水分包括土壤水分和空气湿度，直接影响果蔬产品的水分含量、化学成分和组织结构，从而影响贮运性能。自然降水能够增加土壤和空气湿度，是果蔬获得水分的主要来源。降水量多少和降水时间分布与果蔬的生长发育、质量及贮藏性密切相关。在非灌区的果蔬生产中，只要降水量适当，降水时间分布比较合理，无疑对提高果蔬的产量、质量及贮藏性都会产生有利影响。

在果蔬生产中，干旱或者多水常常是制约生产的重要因素。土壤水分缺乏时，果蔬的正常生长发育受阻，表现为个体小、着色不良、品质不佳、成熟期提前。福田博之指出，干旱年份生长的苹果含钙量低，果实易患苦痘病等缺钙性生理病害，原因主要与钙的供给及树体内的液流有关，干旱使液流减少，钙的供应也相应减少。降水不均衡，久旱后遇骤雨或者连阴雨，富士、小国光等苹果品种成熟时在树上裂果严重，富士的裂口在梗洼。裂果常发生在下雨之后，此时蒸腾作用很低，苹果除了从根部吸收水分外，也可以从果皮吸收较多水分，促使果肉细胞膨压增大，造成果皮开裂。核果类、石榴、大枣和番茄久旱遇雨的裂果现象也很普遍。裂口果实的商品质量极大地下降，轻者不耐贮藏，重者不能贮藏。甜橙贮藏中的枯水现象与生长期的降水密切相关，久旱后遇骤雨，果实短期内猛长，果皮组织变得疏松，贮藏中枯水病发生就严重。在干旱缺水年份或在轻质土壤中栽培的萝卜，贮藏中容易糠心；而水量充足的年份或黏质土壤中栽培的萝卜，糠心发生少，而且出现糠心的时间也较晚。

降水量过多，不但土壤中过多的水分直接影响果蔬的生长发育，而且对环境的光照、温度、湿度条件以及农业技术措施都会产生影响。这些因素对果蔬的产量、质量及贮藏性有不利的影响。在多雨年份，除水生蔬菜外，绝大多数种类果蔬的质量和贮藏性降低，贮藏中易发生多种生理性病害和寄生性病害。例如，苹果贮藏中易发生衰老褐变病、虎皮病、低温烫伤和多种腐烂病害；柑橘果实成熟后的颜色不佳，表皮油胞中的精油含量减少，果汁中的糖、酸含量降低，有利于真菌活动而使果实腐烂病害增加；土壤中水分多时，马铃薯块茎迅速膨大，其上的皮孔扩张破裂，故表皮特别粗糙，不但降低了商品质量，而且不耐长期贮藏；洋葱、大蒜等鳞茎类蔬菜，成熟前后由于降水长时间处于潮湿的土壤中，容易使外层膜质化鳞片腐烂而增加病菌侵染机会。

（四）土壤

土壤是果树和蔬菜植株赖以生存的基础。果蔬中的水分和矿物质基本上都是从土壤中获得，极少量的是通过地上部吸收。土壤的理化性状、营养状况、地下水位高低等必然会影响到果蔬的生长发育。果蔬种类不同，对土壤的要求和适应性有一定的差异。一般而言，大多数果蔬适宜生长在土质疏松、酸碱适中、施肥合理、湿度适当的土壤中，在适生土壤中生产的果蔬具有良好的质量和贮藏性。几种果树生长的适宜土壤 pH 分别为：苹果 5.5～6.8，梨 5.6～6.2，桃 5.2～6.8，葡萄 6.0～7.5，枣 5.2～8.0。大多数蔬菜适于在中性或微酸性土壤中生长。土壤过酸或过碱除对果蔬根系的生长发育有不良影响外，还对土壤养分的溶解度及根系吸收养分的有效性产生影响。

黏质土壤中栽培的果实往往有成熟期推迟、果实着色较差的倾向，但是果实较硬，尚具有一定的耐藏性。在疏松的沙质轻壤土中生产的果实，则有早熟的倾向，贮藏中易发生低温伤害，贮藏性较差。浅层沙地和酸性土壤中一般缺钙，在此类土壤中生产的果实容易发生缺钙的生理病害，如苹果的水心病、苦痘病和果肉粉绵病等。不仅这些生理病害本身制约了果实的贮藏性，而且缺钙果实对真菌病害的抵抗力也相应降低。

土壤的理化性状对蔬菜的生长发育和贮藏性影响也很大。例如，甘蓝在偏酸性土壤中对钙、磷、氮的吸收与积累都较高，故其品质好，抗性强，耐贮藏。土壤容重大的菜田，大白菜的根系往往发育不良，干烧心病增多而不利于贮藏。在排水和通气不良的黏质土壤中栽培的萝卜，贮藏中失水较快。与萝卜相反，在沙质土壤中栽培的莴苣失水快，而黏质土壤栽培的失水较慢。

（五）地理条件

果蔬栽培的纬度、地形、地势、海拔高度等地理条件与其生长发育的温度、光照度、降水量、空气湿度是密切关联的，地理条件通过影响果蔬的生长发育条件而对果蔬的质量及贮藏性产生影响。所以，地理条件对果蔬的影响是间接作用。同一品种的果蔬栽培在不同的地理条件下，它们的生长发育状况、质量及贮藏性会表现出一定的差异。实践证明，许多瓜果蔬菜名特产区的形成，与该地区的自然生态条件紧密相连。例如，新疆的葡萄、哈密瓜，陕西渭北的苹果，四川的红橘、甜橙，浙江的温州蜜柑，福建的芦柑，河北的鸭梨，广东和台湾的香蕉等，无一例外地与栽培地区优越的地理和气候条件密切相关。

我国苹果种植分布在北纬30°～40°，在长江以北的广大地区都有栽培。但是，经过果树科学工作者多年的考察论证，认为西北黄土高原地区（陕西、山西、甘肃省的部分地区）是我国苹果的最佳生长区。这一地区的光热资源充沛，昼夜温差大，年平均温度8～12℃，大于10℃的积温在3 000 ℃以上，年日照时数2 500～3 000 h，6～9月平均昼夜温差10～13℃；海拔高度一般在800～1 200 m，气候冷凉半干燥，日照时数长，光质好，土层深厚，为30～200 m，黄土面积大，通水性强，透气性好。以上自然条件优势加上科学的栽培管理技术，使得这一地区的苹果产量高、质量好、耐贮藏，畅销全国各地，并且已经进入国际市场。

我国柑橘种植分布在北纬20°～33°，不同纬度栽培的同一品种，一般表现出从北向南含糖量增加，含酸量减少，因而糖酸比值增大，风味变好。例如，广东生产的橙类较纬度偏北的四川、湖南生产的，糖多酸少，品质较优。陕西、甘肃、河南的南部地区虽然也种植柑橘，但由于纬度偏北，柑橘生产受限制的因素很多，果实质量不佳，也不耐贮藏。另外，从相同纬度的垂直分布看，柑橘的品种分布有一定的差异。例如，湖北宜昌地区海拔550 m以下的河谷地带生产的甜橙品质良好，海拔550～780 m地带则主栽温州蜜柑、橘类、酸橙、柚等，海拔800～1 000 m地带主要分布宜昌橙，对其他品种的生长则不适宜。

生产实践证明，不论我国南方还是北方的果树产区，丘陵山地的生态条件如光照、昼夜温差、空气湿度、土壤排水性等均优于同纬度的平原地区，故丘陵山地生产的同种果实比平原的着色好、品质佳、耐贮藏。因此，应充分利用丘陵山地发展果树生产，既有利于提高果实的产量、质量及贮藏性，又有利于改善生态环境，是利国利民之举。

二、农业技术因素

果树蔬菜栽培管理中的农业技术因素如施肥、灌溉、病虫害防治、整形修剪、疏花疏果、设施栽培、套袋等对果蔬的生长发育、质量状况及贮藏性有重要影响，其中许多措施与生态因素的影响有相似之处，二者常常表现为联合、互补或者对抗的错综复杂关系。优越的生态条件与良好的农业技术措施结合，果蔬生产必然能够达到高产、优质、耐贮藏的目的。

（一）施肥

施肥是指将肥料施于土壤中或喷洒在植物上，提供植物所需养分，并保持和提高土壤肥力的农业技术措施。果蔬生长发育中需要的养分主要是通过施肥从土壤中获得。土壤中有机肥料和矿物质的含量、种类、配合比例、施用时间对果蔬的产量、质量及贮藏性都有显著的影响，其中以氮素的影响最大，其次是磷、钾、钙、镁、硼、硒等矿质元素。

1. 氮　氮是果蔬生长发育最重要的营养元素，是获得高产的必要条件。但是，施氮肥过量或者不足，都会产生不利影响。氮素缺乏常常是制约果蔬正常生长发育的主要因素，故生产中为了提高产量，增施氮肥是最常采用的措施。但是，氮肥施入量过多，果蔬的营养生长旺盛，导致组织内矿质营养平衡失调，果实着色差，质地疏松，呼吸强度增大，成熟衰老加快，对果蔬的质量及贮藏性产生一定程度的消极影响。例如，苹果在氮肥施入过量时，果实的含糖量低而风味不佳，果面着色差而易发生虎皮病，肉质疏松而较快地粉质化，氮钙比增大而易发生水心病、苦痘病等生理性病害。一般认为，适当地施入氮肥而不过量，果蔬的产量虽然比施氮多的低一些，但能保证产品的质量和良好的贮藏性，减少腐烂和生理病害造成的损失。В. А. ГУДКОВСКИЙ（1986）研究指出，苹果树叶含氮量绝对干重达 2.2%～2.6% 时，树体能正常生长发育，超过这个范围就会对果实的质量和贮藏性产生不利影响。虽然果实中氮的含量比叶片中低得多，但果肉中氮增加的速度却比叶片快得多。例如，叶片中含氮量增加了最适量的 2.0%～2.2%，而果实中的含氮量可能增加 2～3 倍。可见，氮过量对果实产生的危害性更大。

氮对果蔬品质的影响不仅取决于其绝对含量的多少，还取决于其他矿质元素的配比平衡关系。Shear（1981）指出，苹果叶片中氮为 2%、钙为 1%，氮/钙＝2 时，果实中氮为 0.2%，钙为 0.02%、氮/钙＝10 时，苹果的品质好，而且耐贮藏；如果果实中含氮量增加，含钙量不增加，氮/钙＝20 时，苹果就会发生苦痘病；氮/钙＝30 时，果实的质地就很疏松，不能贮藏。

2. 磷 磷是植物体内能量代谢的主要物质，对细胞膜结构具有重要作用。低磷果实的呼吸强度高，冷藏时组织易发生低温崩溃，果肉褐变严重，腐烂病发生率高。这种感病性的增强，是因为含磷不足时，醇、醛、酸等挥发性物质含量增加。增施磷肥有提高苹果的含糖量、促进着色的效果。据对苹果的研究，每 100 g 果实中磷含量低于 7 mg 时，果实组织易褐变和发生腐烂；叶中五氧化二磷含量不少于 0.3%～0.5% 干重时，才算达到磷肥的正常施用量。磷对果蔬质量和贮藏性的影响呈正相关性的报道很多，对此应予以重视。

3. 钾 钾肥施用合理，能够提高果蔬产量，并对质量和贮藏性产生积极影响。钾能促进花青素的形成，增强果实组织的致密性和含酸量，增大细胞的持水力，部分抵消高氮产生的消极影响。

但是，过多地施用钾肥，会使果蔬对钙的吸收率降低，导致组织中矿质元素的平衡失调，使缺钙性生理病害和某些真菌性病害发生的可能性增大，如苹果炭疽病和果心褐变病的发生。Falahi 等（1985）研究认为，高氮高钾区苹果易发生苦痘病，高钾区果实成熟时的乙烯含量最高。有研究认为，苹果叶片中适宜含钾量为干重的 1.6%～1.8%，过多或者过少均对果实产生不利影响。

4. 镁 镁是组成叶绿素的重要元素，与光合作用关系极为密切。缺镁的典型表现是植物叶片呈现淡绿或黄绿色。植物体内的镁通常是从土壤中摄入，一般不进行人工施肥。近年的研究表明，镁在调节碳水化合物降解和转化酶的活化中起着重要作用。镁与钾一样，影响果蔬对钙的吸收利用，如含镁高的苹果也易发生苦痘病。当然，镁在果蔬中的含量比钾少得多，故对果蔬质量与贮藏性的影响相对小些。

现在初步明确，钾和镁对植物吸收利用钙有一定的拮抗效应，钾和镁引起的果蔬生理障碍与钙的亏缺密切相关。故对果蔬某种生理病害的认识，不能孤立地仅从某一种矿质元素的盈缺去分析，而应对多种矿质元素含量的生理平衡度来认识。

5. 钙 钙是植物细胞壁和细胞膜的结构物质，在保持细胞壁结构、维持细胞膜功能方面意义重大。钙可以保护细胞膜结构不易被破坏，缺钙易引起细胞膜解体，钙和磷同样起保护细胞磷酸脂膜完整性的作用。目前国内外大量研究表明，钙在调节果蔬的呼吸代谢、抑制成熟衰老、控制生理性病害等方面具有重要作用，采前施钙、叶面喷施、树干注射、采后浸钙均能增加产品硬度，延缓后熟衰老进程，防治生理病害，利于贮运，可见钙在果蔬采后生理上的重要性。

氯化钙处理的芽苗菜

钙素营养是当前国内生物技术中较为活跃的研究领域。许多研究结果表明，果蔬缺钙至少可引起 40 多种生理病害，如苹果苦痘病、皮孔斑点病，水心病，红玉斑点病，樱桃裂果病，草莓叶顶烧，梨木栓斑点病，菜豆下胚轴坏死，甘蓝内部褐变与枯尖，胡萝卜斑点病与开裂，芹菜黑心病，莴苣顶心病，辣椒顶腐病及马铃薯内部褐斑病等。关于钙的研究大多集中在苹果上，研究发现，在钙的作用下，苹果的细胞膜透性降低，乙烯生成减少，呼吸水平下降，果肉硬度增大，苦痘病、红玉斑点病、内部溃败病等生理性病害减轻，并且对真菌性病害的抗性增强。早熟苹果品种旭成熟时含钙 $200~\mu g/g$ 和 $140~\mu g/g$ 时，贮藏损失分别为 5% 和 35%。В. А. ГУДКОВСКИЙ（1986）研究指出，每 100 g 鲜重苹果的含钙量少于 5 mg 时，生理病害发生就比较严重；每 100 g 干重苹果含钙量低于 60～70 mg 时，这种苹果不宜长期贮藏。Himelrick 等研究指出，苹果生长早期，钙在果实中的分布比较均匀一致，随着生长期延长，钙的分布以果皮含量最高，果肉最低，果心居中；果皮中钙含量由梗端到萼端逐渐减少，许多生理病害常出现在钙含量少的萼端；当钙含量低于临界水平（每 100 g 果皮含钙量700 mg、每 100 g 果肉含钙量 200 mg）时，果实易发生生理失调，缺钙性生理病害的发生增多。

有关钙的研究在葡萄上的作用效果也很显著，利用 0.5%、1.0%、1.5% 的硝酸钙溶液采前喷布粉红太妃和龙眼葡萄果穗，所有处理均能提高葡萄的耐贮性，以晚期喷施 1.5% 浓度综合效果最好。另外，采前喷钙还能提高果实各部位的钙素水平。

通常情况下土壤中并不缺钙，但是果蔬常常表现出缺钙现象，其原因首先在于土壤中钙的利用率很低，即有效钙（或称活性钙）偏少。其次是钙在植物体内的移动速度非常缓慢，故树冠上部与外围的果实表现缺钙症状就不难理解。另外，土壤中大量施用氮肥或者钾、镁等矿质元素，也是影响果蔬对钙吸收利用的重要原因，其中氮肥过多是最常见的原因。

一些研究指出，如果土壤中的有效钙低于土壤盐类总含量的 20% 时，蔬菜表现出缺钙症状；如果土壤含盐量高，水分中盐浓度增加，会妨碍植株对钙的吸收；如果土壤中其他离子浓度增加，对钙的吸收也有拮抗作用。在上述情形下栽培的甘蓝和大白菜，容易发生干烧心而不耐贮藏。

土壤的水分状况对果树的钙素营养也有影响，由于钙素必须在生长早期转移到果实中去，在果实旺盛生长时期，如果水分的供应不足，必然影响到果实中钙的含量。

解决果蔬缺钙的根本措施是对土壤增施有机肥料，以改善土壤的理化性状，提高植株对钙的吸收利用率。苹果生长期间树上喷施几次 0.3%～0.5% $CaCl_2$ 溶液，果实中的钙含量明显增加。喷钙时间很重要，不同时期的喷施效果大不一样。果实细胞分裂初期的钙素营养非常重要，此时细胞代谢活性很高，在长成的果实中，90% 的钙都是这个时期积累的，而生长末期转移到果实中的钙很少。因此，喷钙应在盛花期以后 6～8 周进行，此时果实正值旺盛生长阶段，有较好的增钙效果。苹果采后用 3%～5% $CaCl_2$ 溶液加压浸泡数分钟，有较好的增钙效果。减压浸泡也有效果，但不如加压处理的效果好。常压浸泡的效果不明显。浸泡时加入表面活性剂，效果会更好。浸泡可使钙从果皮渗透到果肉 6 mm 深的部位，比在果园喷施 8 次钙的增量还多。但是，浸泡增钙只能用于苹果闭萼品种，萼筒开放品种由于氯化钙进入果心，易产生药害。

6. 硼 硼是植物细胞壁和细胞膜的重要组成成分，对稳定细胞结构和功能有特殊作用，与细胞衰老也密切相关。缺硼会造成果蔬生理失调，引起生理病害，导致组织坏死。例如，苹果、柑橘等果实的栓化病、裂果病、苦痘病与缺硼有关，叶面喷硼后症状减轻或完全消失。缺硼造成生理病害的机理可能是由于细胞的激素平衡被破坏，核酸、蛋白质等代谢紊乱，活性氧积累，导致果实组织坏死。郭艳（2005）研究表明，油桃采前喷硼（0.2%硼酸）处理减缓了果实贮藏中硬度和有机酸的下降，保持了果实在贮藏期间的风味。

7. 硒 硒是人和动物必需的微量元素之一，具有多种有益的生物学功能。现已发现人类

40多种疾病与缺硒或低硒有关，如克山病、大骨节病和心血管疾病等。人工补硒是防治多种缺硒疾病的主要途径。对作物叶面喷施硒肥从而提高作物可食用部位的硒含量，是一种相对科学合理的途径。硒在植物上的生理功能是多样的，作物富硒不仅影响硒含量，还会影响到作物的生长发育、产量和品质等。硒在一些农作物中可增加产量、促进发芽、加快生长，可能是由于游离态硒进入植物体内提高了其过氧化物酶活性，增强了植株对活性氧的清除力，从而提高了抗逆性和抗衰老性。植物吸收硒主要来自土壤，还可以通过大气。叶面喷硒被用于许多农作物（水稻、番茄、大蒜等），以提高可食用部位的硒含量。已有研究表明，增施硒肥不仅可提高苹果、葡萄和金橘等果实的总硒含量，以及苹果和猕猴桃等果实的有机态硒含量，而且对果实矿质元素积累和重金属含量也有明显影响。同时，由于硒的抗氧化作用，采前喷硒处理改善了桃和草莓等果实的贮藏效果，采前喷施200 mg/L亚硒酸钠有利于油桃贮藏中的硬度和风味的保持。

不同植物对硒的需求差异性较大，过量使用硒会导致植物出现硒中毒现象，而且每种植物的中毒症状也不尽相同。过高浓度硒通常会导致植物叶片干枯萎缩和变黄，对植株也会产生毒害作用，可能是由于硒促进植物体内的过氧化作用占据主导地位所致。总之，硒在植物体内吸收和作用的机制比较复杂，其中基因调控是主因，并且和土壤性质密切相关。

关于氮、磷、钾、钙营养对果蔬的生长发育、成熟衰老、质量及贮藏性影响的研究比较清楚，对于硼、镁、锌、铜、铁、硒等也都有研究，但大都涉及的是与果蔬生长发育的关系，而涉及采后果蔬新陈代谢的内容比较少，许多矿质元素在果蔬采后生理研究中还是空白。

（二）灌溉

灌溉与降水一样，能够增加土壤的含水量。在没有灌溉条件的果园和菜园，果蔬的生长发育依靠自然降水和土壤的持水力来满足对水分的需要。在有灌溉条件时，灌水时间和灌溉量对果蔬的影响很大。土壤中水分供应不足，果蔬的生长发育受阻，产量减少，质量降低。例如，桃在整个生长过程中，只要采收前几星期缺水，果实就难长大，果肉坚韧呈橡皮质，产量低，品质差。但是，供水太多又会延长果实的生长期，风味淡薄，着色差，采后容易腐烂。

土壤中水分的供应状况对于许多种果蔬都有类似于对桃的影响，尤其是采收前大量灌水，虽有增加产量的效果，但采收后果蔬的含水量高，干物质含量低，易遭受机械损伤，呼吸强度大，蒸腾失水速度快等，都对果蔬的质量和贮藏性产生极为不利的影响。因此，掌握灌溉的适宜时期和合理的灌水量，对于保证果蔬的产量和质量非常重要。在现代化耕作的果园和菜园，采用喷灌或滴灌，既能节约用水，又能满足果蔬对水分的需要，使果蔬的产量、质量及贮藏性更加有保证。

（三）喷药

在水果和蔬菜栽培中，为了达到提高产量、保证质量和防治病虫害发生等目的，需要喷洒植物生长调节剂、杀菌灭虫农药等。这些药剂除了达到利于栽培的目的外，对果蔬的贮藏性也会产生积极或消极的影响。

1. 植物生长调节剂 控制植物生长发育的物质有两类，一类为植物激素，另一类为植物生长调节剂。植物激素是由植物自身产生的一类生理活性物质。植物生长调节剂则是采用化学等方法，仿照植物激素的化学结构，人工合成的具有生理活性的一类物质，或者与植物激素的化学结构虽不相同，但具有与植物激素类似生理效应的物质。果蔬生产中使用的植物生长调节剂类物质很多，依其使用效应可概括为以下几种类型。

（1）促进生长和成熟。生长素类的吲哚乙酸、萘乙酸、2,4-D（化学名称为2,4-二氯苯氧乙酸）等能促进果蔬的生长，减少落花落果，同时也能促进果实的成熟。用20～40 μg/g萘乙酸于红星苹果采前1个月树上喷洒，能有效地控制采前落果，而且促进果实着色，但果实后熟衰老快而不利于贮藏；2,4-D用于番茄、茄子植株喷洒，可防止早期落花落果，促进果实膨大，形成少籽或无籽果实，但会促进果实成熟，番茄的成熟期提早 10 d 左右，2,4-D 在番茄和茄子植株上的喷洒浓度分别为 10～25 μg/g 和 20～50 μg/g；2,4-D 用于柑橘类果实采前树上喷洒（50～100 μg/g），或者采后药液浸蘸（100～200 μg/g），具有保持果蒂新鲜、防止蒂缘干疤发生的作用，因而能控制蒂腐、黑腐等病菌从果蒂侵染从而减少腐烂损失。经 2,4-D 处理的柑橘类果实，呼吸水平有所下降，糖酸消耗相应减少。将 2,4-D 与多菌灵或硫菌灵等杀菌剂混合使用，效果更佳。用氯吡苯脲等果实膨大素在猕猴桃幼果期蘸果，能够促进果实膨大，平均单果重增加 10%～20%。但是，果实风味变劣，外观畸变不雅，成熟软化速度加快，抗病性下降，贮藏期缩短，对贮藏产生极为不利的影响。

（2）促进生长而抑制成熟。赤霉素具有促使植物细胞分裂和伸长的作用，但也抑制一些果蔬的成熟。例如，柑橘尾张品系于谢花期喷洒 50 μg/g 赤霉素，坐果率和产量增加 2 倍多，对果实无推迟成熟现象；但喷洒 100 μg/g 时，则会延迟成熟，而且果皮变粗增厚，质量有所下降。用 70～150 μg/g 赤霉素在菠萝开花一半到完全开花之时喷洒，有明显的增产效果，并且果实光洁饱满，可食部分的比例增加，含酸量下降，成熟期延迟 8～15 d。在无核葡萄的坐果期喷 40 μg/g 赤霉素，能使果粒明显增大。对于某些有核葡萄品种用 100 μg/g 赤霉素在盛花期蘸花穗，可抑制种子发育，得到无核、早熟的果穗。2,4-D 对于柑橘类果实除保持果蒂新鲜不脱落外，如果与赤霉素混合用，还有推迟果实成熟、延长贮藏期的效应。大白菜收获前 3～5 d，叶球上喷洒 50 μg/g 2,4-D 可以控制贮藏期间脱帮。

（3）抑制生长而促进成熟。矮壮素是一种生长抑制剂，对于提高葡萄坐果率效果极为显著。用 100～500 μg/g 矮壮素与 10 μg/g 赤霉素混合，在葡萄盛花期喷洒或蘸花穗，能提高坐果率，促进成熟，增加含糖量，减少裂果。苹果和核果类采前 1～4 周喷洒 200～250 μg/g 乙烯利，可促进果实着色和成熟，呼吸高峰提前出现，对贮藏不利。乙烯利对果蔬的催熟作用具有普遍性，而且不论是植株上喷洒还是采后用药液喷洒、浸蘸，都有明显的催熟效果。用于贮藏的果蔬，对此应予以特别注意。

丁酰肼（N-二甲氨基琥珀酰胺酸）属于生长抑制剂，但对于核果类的效应与苹果不同，能促使核果类果实内源乙烯的生成而促进成熟。例如，在桃果膨大初期和硬核初期分别喷 0.4%～0.8% 和 0.1%～0.4% 丁酰肼，能提前 2～10 d 成熟。国外用于加工的桃一般是用机械采收，喷洒丁酰肼可使果实成熟期比较集中，果柄容易脱落，便于一次采收。同时不同品种的桃对丁酰肼促进成熟的最适浓度差别很大。对于某些品种的葡萄于初花期用 0.025%～0.05% 丁酰肼浸蘸花序，能使果穗紧密，果粒增多增大，含糖量增加，成熟期提前。对于生长旺盛的马铃薯，于现蕾至开花期喷洒 0.3% 丁酰肼，可以抑制地上部生长，促使块茎的形成与生长，提高产量。但是丁酰肼的浓度不能太高，0.5% 会影响马铃薯的正常生长，块茎畸形呈棒状。另外，由于丁酰肼处理的残效期较长，对下一代作物生长仍有抑制作用，故用丁酰肼处理的马铃薯不宜留作种用。

（4）抑制生长而延缓成熟。丁酰肼、矮壮素、青鲜素（MH）、多效唑（PP333）等是一类生长延缓剂。元帅苹果采前 45～60 d 喷洒 0.1%～0.2% 丁酰肼，能抑制枝条生长，减少采前落果，果实硬度增加，促进着色，同时果实的呼吸水平降低，延缓后熟衰老变化。用矮壮素于采前 3 周喷洒巴梨，可增加果实硬度，减少采前落果，延缓果肉软化。洋葱、大蒜收获前 2 周左右，即植株外部叶片已经枯萎，而中部叶子尚青绿时，喷施 0.25% 青鲜素，能使收获后的洋葱、大蒜的休眠期延长 2 个月左右。喷药浓度低于 0.1%，或者收获后用青鲜素处理洋葱、大蒜，抑芽效果不明显。青鲜素对马铃薯也有类似对洋葱、大蒜的抑芽效果。苹果叶面喷一次 0.1%～0.2% 青鲜素，或者 0.05% 喷两次，能够控制树冠生长，促进花芽分化，而且果实着色好，硬度大，一些生理性病害的发生率降低。

2. 杀菌剂和灭虫剂 在果树和蔬菜栽培中，为了提高产量和保证产品质量，减少贮藏、运输、销售中的腐烂损失，搞好田间病虫害防治尤为重要。可供田间使用的杀菌剂和杀虫剂种类很多，只要用药准确、喷洒及时、浓度适当，就能有效地控制病虫的侵染危害。例如，苹果、香蕉、芒果、葡萄、菜豆、西瓜和甜瓜等多种果蔬贮运期间发生的炭疽病，病菌一般是在生长期间潜伏侵染，当果实成熟时才在田间或者在贮运、销售过程中陆续发病，如果在病菌侵染阶段（花期或果实发育期）喷洒对炭疽病菌有效的杀菌剂，就可以预防潜伏侵染，并且可减少附着在果实表面的孢子数量，降低采后的发病率。苹果霉心病、石榴干腐病等也是典型的生长期潜伏侵染病害。

虫害对果蔬造成的影响是多方面的，虫伤使商品外观不雅，昆虫蛀食及其排泄物影响食用，蛀食伤口为病菌的侵染打开了通道等。可见，田间喷药既能控制害虫对果蔬造成的直接影响，也可减轻腐烂病害发生。

虽然果蔬采后用某些杀菌灭虫药剂处理有一定的效果，但这种效果是建立在田间良好的管理包括病虫害防治的基础之上。如果田间病虫害防治不及时，很难设想果蔬在贮运中用药剂处理能有好的效果，尤其对潜伏侵染性病害，采后药剂处理的收效甚微。因此，控制果蔬贮运病虫害工作的重点应放在田间管理上。

杀菌剂中的苯并咪唑类（多菌灵、苯菌灵、噻菌灵）是近年田间使用较多的高效低毒农药，对于防治多种果蔬真菌病害有良好的效果，也可用于果蔬采后的防腐处理。在使用化学药剂时，必须贯彻执行国家有关农药使用的标准和规定，严禁滥用药物，以免影响生态环境和食品的卫生安全。

（四）修剪和疏花疏果

修剪是指对果树上不合要求的枝条和根系等器官通过各种"外科"技术性修整和剪截措施，实现科学化的性能改造。修剪仅限于多年生果树，目的是为了调节树体各部分的平衡生长，平衡营养生长与生殖生长的关系；增加树冠内部的通风透光性和结果单位。一般来说，树冠中主要结果部位在自然光强的30％～90％区域。就果实品质而言，40％以下的光强不能产生有商品价值的果实，40％～60％的光强可产生中等品质的果实，60％以上的光强才能产生品质优良的果实。修剪能够调节树体营养生长和生殖生长的比例，减轻或克服果树生产中的大小年现象。修剪对果实的贮藏性产生直接或间接地影响。如果修剪过重，可使枝叶旺长，结果量减少，枝叶与果实生长对水分和营养的竞争突出，使果实中钙含量降低，易导致发生多种缺钙性生理病害。重剪也会造成树冠郁闭，光照不良，果实着色差，着色差的苹果在贮藏中易发生虎皮病。修剪过重的柑橘树上粗皮大果比例增加，这种果实在贮藏中易发生枯水病。但是，修剪过轻，树上开花结果数量多，果实生长发育不良，果个小，品质差，也不耐贮藏。修剪有冬剪和夏剪之分，以冬剪最为重要。不管是冬剪还是夏剪，都应根据树龄、树势、结果量、肥水条件等综合因素确定合理的修剪量，保证果树生产达到高产、稳产、优质和耐贮藏的目的。

在番茄、茄子、瓜类等生产中经常要进行打杈，其作用如同果树的修剪。及时摘除叶腋处长出的侧芽，减少非生产性营养消耗，对于保证产量和质量有很大作用。

疏花疏果是许多种果树、蔬菜、瓜类生产中采用的技术措施，目的是保证叶、果的适当比例，使叶片光合作用制造的养分能够满足果实正常生长发育的需要，从而使果实具有一定的大小和良好的品质。虽然疏花的工作量比较大，但是这项措施进行得早，可以显著减少植株体内营养物质的消耗。疏除幼果的时间对疏果效果的影响很大，一般应在果实细胞分裂高峰期之前进行，可以增加果实中的细胞数。疏果较晚只能使细胞的膨大有所增加，但对果实大小的影响不明显。疏花疏果影响到细胞的数量与大小，也就决定着果实体积的大小，进而在一定程度上影响到果实的品质及贮藏性。不论何种瓜果蔬菜，只要掌握好疏花疏果的时间和疏除量，最终对产量、质量以及贮藏性都会产生积极的影响。

(五)砧木

果树的砧木对地上部的品种生长发育以及果实产量、品质、化学成分和耐贮性是有影响的。山西省农业科学院果树研究所通过试验观察到，红星苹果嫁接在保德海棠上，果实色泽鲜红，最耐贮藏；武乡海棠、沁源山定子和林檎嫁接的红星苹果，耐贮性也较好；美国红地球葡萄嫁接在巨峰或者贝达砧木上，果实颜色深紫红色，而红地球扦插苗的果实颜色为鲜红色。不少研究表明，苹果发生苦痘病与砧木的性质有关。在烟台海滩地上，发病轻的苹果砧木是烟台沙果、福山小海棠，发病最重的是山荆子、黄三叶海棠，晚林檎和蒙山甜茶居中。还有人发现，矮生砧木上生长的苹果的苦痘病发病较中等树势的砧木上生长的苹果要轻。

(六)设施栽培

设施栽培是指利用温室、塑料大棚或其他设施，通过改变控制植株生长发育的环境因子（包括光照、温度、水分、CO_2、土壤条件等），达到生产目标的人工调节技术。如草莓、枣、番茄、青椒等果蔬，已大量实施人工栽培。设施栽培的果蔬，由于生长环境条件改变较大，影响产品内含物含量，从而对其贮运性能具有明显影响。采用设施栽培可以避免低温、高温、暴雨、强光照射等逆境对果蔬生产的危害，使果蔬提早或延后上市。李中勇（2007）报道，设施栽培的油桃果皮、果肉钙含量均低于露天栽培的，树体各器官钙含量也低于露天栽培的，设施栽培果实的贮运性能降低。而土壤施硝酸钙可明显改善设施栽培油桃在贮藏期间的品质和果实的贮运性能。陕西大荔县、山西临猗县大规模利用大棚栽培冬枣，可以使冬枣提前两个月上市。

采前土壤覆地膜栽培，可以起到保水、增温、保肥的作用，可适当控制果实水分含量，提高果实硬度与贮运性能。励建荣（2001）试验表明，采前覆地膜的杨梅果实在成熟过程中水分含量低于没有覆地膜的果实，果实采收时硬度较高，低温贮藏后的腐烂率和损失率也较低。

(七)套袋

套袋是指果实生长期间用一定规格的纸袋或塑料薄膜与纸的复合袋等对树上果实进行套装的一项栽培技术。此项技术自20世纪80年代从日本引入，当初主要用于苹果套袋。90年代至今进入推广应用高潮，除主要用于苹果外，目前在梨、桃、葡萄、猕猴桃、石榴、芒果、香蕉等多种果实上均有应用。

套袋的首要作用是提高果实的外观质量，使果皮细密光洁，无果锈，着色均匀美观，红色品种的着色面积能达到70%～80%，甚至100%。此外，套袋能减少因防治病虫害而用药的次数，而且喷药时果实不直接接触药液，可减少果实中农药残留。可预防控制病、虫、鸟、蜂、尘土等不良环境因素对果实的危害与污染。避免枝叶摩擦果实，预防日灼，减轻冰雹对果实的损伤。套袋果实的外观品质明显优于不套袋果（也称为裸果），故收购价格和销售价格均显著高于不套袋果，经济效益明显提高。

套袋是果树生产中技术性很强的一项综合性栽培措施，包括选择袋材、套袋时间、套袋前喷药、套袋方法、摘袋时间和方法，以及田间的水、肥、夏剪等配套技术。只有严格、准确地把套袋技术做到位，才能够生产出质量优、安全性高、耐贮藏的果实，否则，将会适得其反。生产中由于袋材选用不当，或者使用方法不当等原因，袋内形成高温高湿环境，果实易在树上严重感染病菌，尤其是潜伏性侵染病菌，对贮藏极为不利。

第三节　贮藏因素

贮藏环境的温度、湿度以及O_2和CO_2等气体浓度是影响果蔬贮藏的重要因素，即通常所说的贮藏"三要素"。除此以外，果蔬贮藏运输流通中，果蔬入库质量、贮藏期限、出库上市前处理以及包装等因素，都会在一定程度上影响果蔬的贮藏效果。

一、温度

温度对果蔬贮藏的影响表现在对呼吸作用、蒸腾作用、成熟衰老、生长与休眠等生理作用及贮藏病害的影响上。在一定范围内随着温度升高，各种生理代谢加快，对贮藏产生不利影响。因此，降低温度是各种果蔬贮藏和运输中的首要技术措施。

各种果蔬都有其适宜的贮藏温度。原产于寒带和温带的苹果、梨、葡萄、核果类、猕猴桃、柿、板栗、大白菜、甘蓝、花椰菜、萝卜、胡萝卜、洋葱、大蒜、蒜薹等多种果蔬的贮藏适温在 0 ℃左右。而原产于热带和亚热带的果蔬，它们的系统发育是在较高温度下进行的，故贮藏中对低温比较敏感，在 0 ℃贮藏易发生冷害，应贮藏在较高温度下。例如，香蕉的贮藏适温为 12～13 ℃，10 ℃以下会导致冷害发生；柑橘类也不适于 0 ℃贮藏，蕉柑和甜橙的贮藏适温分别为 7～9 ℃和 3～5 ℃；番茄（绿熟）、青椒、黄瓜、菜豆的贮藏适温为 10 ℃左右。果蔬品种间的贮藏适温也有差异，但这种差异较种类间的差异要小得多，一般为 1～2 ℃。

能够保持果蔬固有耐藏性的温度，应该是使果蔬的生理活性降低到最低限度而又不会导致生理失调的温度水平。为了控制好贮藏适温，必须搞清楚各种果蔬所能忍受的最低温度，贮藏适温就是接近或稍高于这一低温限度的温度。另外，贮藏温度的稳定也很重要，冷库温度的变化幅度一般不要超过贮藏适温的 ±1 ℃，有些易腐烂的果蔬如草莓、黄瓜等的温度变化幅度应不超过 ±0.5 ℃。

另外，需要经过长途运输的果蔬，其运输温度也对其后续贮藏品质起着决定性的影响。因此，应提倡果蔬的冷链流通。

二、湿度

果蔬采后的蒸腾失水不仅造成明显的失重和失鲜，对其商品外观造成不良影响，更重要的是在生理上带来很多不利影响，促使果蔬走向衰老变质，缩短贮藏期。因此，在贮藏中提高环境湿度，减少蒸腾失水就成为果蔬贮藏中必不可少的措施。

对于大多数种类的果蔬而言，在低温库贮藏时，应保持较高湿度，相对湿度一般为 90%～95%。在常温库贮藏或者贮藏适温较高的果蔬，为了降低贮藏中的腐烂损失，湿度可适当低一些，相对湿度保持在 85%～90% 较为有利。有少数种类的果蔬如洋葱、大蒜、西瓜、哈密瓜、南瓜、冬瓜等则要求较低的湿度，其中洋葱、大蒜要求湿度最低，相对湿度为 65%～75%，瓜类相对湿度为 70%～85%。

毫无疑问，提高库内湿度可以有效地减少果蔬蒸腾失水，降低由于失水萎蔫而引发的各种不良生理反应。生产中应根据果蔬的特性、贮藏温度、是否用塑料薄膜保鲜袋包装等来确定贮藏环境的湿度条件。不同种类果蔬要求的湿度条件不同，大多数种类果蔬要求相对湿度 90% 以上的高湿条件。贮藏温度较高的环境下，为了减少腐烂病害，可适当降低环境湿度。凡用塑料帐或塑料袋封闭贮藏即 MA 法贮藏的果蔬，可放宽对库内湿度的要求。

三、O_2、CO_2 及 C_2H_4 的浓度

在许多种果蔬的贮藏中，通过降低 O_2 浓度和增高 CO_2 浓度，可以获得比单纯降温和调湿更佳的贮藏保鲜效果，苹果、猕猴桃、葡萄、香蕉、蒜薹、花椰菜等是这方面的典型例证。由于果蔬处在一个比正常空气有更少 O_2 和更多 CO_2 的环境中，能更有效地抑制果蔬的呼吸作用，延缓成熟衰老变化，而且对病原微生物的侵染危害也有一定的抑制效果。

不同种类及品种果蔬对气体浓度的要求不同，有的甚至差别很大。例如，白梨系统（鸭梨、酥梨、雪花梨等品种）、柑橘、菠萝、石榴等对 CO_2 比较敏感，贮藏中 CO_2 应控制在 1% 以下。但由于普通气调贮藏很难将 CO_2 控制在如此低的水平，所以这些果实目前很少采用气调

贮藏。对适宜于气调贮藏的果蔬而言，控制 $2\%\sim5\%$ O_2 和 $3\%\sim5\%$ CO_2，是大多数果蔬气调贮藏适宜或者比较适宜的气体组合。

C_2H_4 是呼吸跃变型果蔬成熟时产生的一种气体，这种物质在运输车船、贮藏库内积累到一定浓度（通常为 $20\sim50$ mL/m³）时，就会增强果蔬的呼吸作用和成熟衰老进程。因此，果蔬贮运中应定期进行通风换气，除了具有调温、调湿的作用外，更重要的是排除果蔬代谢产生的 CO_2、C_2H_4、乙醛、α-法尼烯等对贮运有害的物质。

四、入库质量

入库是果蔬贮藏的初始环节，能否把好入库果蔬的质量，对未来贮藏、运输以及上市产品的质量均有重要影响。入库果蔬的质量指标主要有品种、机械损伤、病虫伤害、成熟度、个体规格等。入库时必须保证品种优良和成熟度适宜，例如，软化的猕猴桃、香蕉、芒果以及老化的蒜薹、芹菜不能入库贮藏；严格剔除有机械损伤、病虫伤害、日灼及冰雹损伤的果实；剔除个体小、畸形的果实，保证果实的个体规格（例如苹果、梨、柑橘的直径）符合入库要求。

五、贮藏期限

贮藏的果蔬分属于植物的根、茎、叶、花、果实及种子（板栗等），大多数是植物的果实。贮藏中果蔬仍然继续其田间尚未完成的生长发育过程，即生理上的成熟衰老变化。成熟衰老变化速度与果蔬种类、贮藏技术条件等密切相关，贮藏中应根据果蔬的耐藏性、市场需求变化及贮藏技术条件，确定适当的贮藏期限，以保证出库上市的商品质量优良、货架期稳定。

对于各种果蔬的贮藏期限不可能像工业食品的保质期那样做强制性规定，因为每一批工业食品的理化性状比较趋同，而贮藏的果蔬是由千万个个体组成的一个庞大群体，每个果蔬个体的生物特性、理化性状千差万别，各不相同，贮藏的复杂性不言而喻。在贮藏过程中，应根据果蔬的商品特性，定期检测几个具有代表性的质量指标，以评估果蔬的质量状况及其贮藏期限。检测时间间隔应视果蔬的耐藏性、贮藏阶段等而有所不同。例如，贮藏性好的红富士苹果，贮藏前期的检测间隔为 $30\sim45$ d，贮藏后期为 30 d 左右；红地球葡萄的检测间隔期通常为 20 d 左右；不耐贮藏的草莓的检测间隔期为 $1\sim2$ d。检测指标因果蔬种类和贮藏阶段而有所不同，例如，苹果、梨贮藏前期只检测果实腐烂率即可，而贮藏后期应检测果实腐烂率、果实硬度、虎皮病病果率等指标；葡萄贮藏中应检测果穗或果粒腐烂率、脱粒率、穗梗新鲜度等指标；柑橘贮藏中应检测果实腐烂率、橘瓣出汁率等指标；洋葱、大蒜、马铃薯、生姜等具有生理休眠的蔬菜，贮藏前期只需检测腐烂率，而贮藏中、后期还应检测生长点萌动率；对于叶菜类，贮藏中应检测腐烂率、失重率。从上述例证可以看出，腐烂率是每种果蔬贮藏中必须检测的共同指标，其他指标则依各种果蔬的贮藏特性而定，只要能够真实、准确地反映该种果蔬在贮藏中的商品性状及质量状况，检测指标越少越方便管理。目前，农业农村部行业标准中已就苹果、梨、柑橘等大宗果品的贮藏期限做出规定，在生产中具有一定的指导和参考价值。

贮藏的环境条件和管理技术对果蔬贮藏期限的影响非常重要，在适宜的温度、湿度、气体条件下，结合科学地管理，贮藏期限可相应延长，否则会缩短。

总之，不同品种的果蔬在一定的条件下都有其相应的贮藏期限，生产中应该比较准确地掌握产品的贮藏期限，做到适时出库上市，避免因超期贮藏而造成微生物病害和生理病害的严重发生、商品质量明显下降、货架期显著缩短等不必要的损失。

六、出库上市前处理

回温处理是冷藏果蔬在库外温度较高时，在出库之前的 $2\sim3$ d 停止制冷，让产品体温随库温缓慢回升而升高，如此可减轻或避免产品出库后因结露造成表面大量凝水而引起腐烂病害。回温处理适用于整库产品同期出库的情况，只有部分产品出库时则不能采用，以免对留库产品造成影响。通常回温至库内外温差不超过 10 ℃即可。

果蔬经过一段时间尤其是长时间贮藏后，其中可能有些个体或者群体发生腐烂、软化（猕猴桃、香蕉、芒果等）、生理病害（苹果虎皮病、梨黑皮病或黑心病、柑橘枯水病等）、老化（蒜薹、芹菜、香菇等）、发芽（马铃薯、洋葱、大蒜、生姜、胡萝卜、山药等）等不良变化。出库上市时应视产品的质量状况，对于有较多缺陷的产品，应该重新进行分选、包装后上市。大货箱装载的产品，都是在出库上市时进行分级、包装。对于贮藏时间较短、入库质量有保证、商品性状相对稳定的果蔬，出库上市时可不进行重新分选，原箱包装上市即可。

打蜡是苹果、柑橘等少数果品出口外销、超市内销时进行的处理措施，主要作用在于美化商品，其次是增进产品的流通性。有关果品打蜡的内容在第四章第二节中述及。

七、其他因素

果蔬采后的及时冷却、入库或运输前预冷、合理堆码、使用防腐保鲜剂和保鲜材料、定期通风换气以及抽样检查等，都是贮藏中不可忽视的技术因素。这些内容在有关章节中都有述及。

思 考 题

1. 什么是果蔬的贮藏性？
2. 影响果蔬贮藏性的内在因素、生态因素、农业技术因素各有哪些？
3. 影响果蔬质量的贮藏因素有哪些？
4. 为什么说果蔬贮藏保鲜是一项技术性很强的系统工程？

第四章 CHAPTER FOUR

果品蔬菜的采收和采后处理

【学习目标】了解果蔬采收和采后进行分级、清洗、包装、催熟、预冷、晾晒等处理的作用及技术要求；认识果蔬的耐藏性、商品质量与采收和采后处理的密切关系。

采收是果品和蔬菜生产上的最后一个环节，也是贮藏加工开始的第一个环节。在采收中最主要的是采收成熟度和采收方法，它们与果蔬的产量和品质有密切关系。果蔬的采后处理是为保持或改进果蔬产品质量并使其从农产品转化为商品所采取的一系列措施的总称，包括分级、清洗、包装、预冷、贮藏、催熟等。选择合适的采后处理技术能改善果蔬的商品性状，提高产品的价格和信誉，为生产者和经营者提供稳固的市场和更好的效益。因此，了解和掌握果蔬采收成熟度的确定、采收方法和采后处理技术，对果蔬贮藏运销有重要的意义。

第一节　果品蔬菜的采收

一、采收期的确定

确定果蔬的采收期，应该考虑果蔬的采后用途、产品类型、贮藏时间长短、运输距离远近和销售期长短等。一般就地销售的产品，可以适当晚采收；而作为长期贮藏和远距离运输的产品，应该适当早采收；一些有呼吸高峰的产品应在呼吸高峰前采收。果蔬采收期取决于它们的成熟度，判断成熟度主要有以下几种方法。

（一）表面色泽的变化

许多果蔬在成熟时都显示出它们固有的果皮颜色，在生产实践中果皮的颜色是判断果实成熟度的重要标志之一。未成熟果实的果皮中含有大量的叶绿素，随着果实成熟度的提高，叶绿素逐渐分解，底色（类胡萝卜素、叶黄素等）逐渐显现出来。例如，柑橘类果实在成熟时，果皮呈现出橙黄色或橙红色；苹果、桃、葡萄等红色品种，成熟时果面呈现红色。

一些果菜类的蔬菜也常用色泽变化来判断成熟度。如要长距离运输或贮藏的番茄，应该在绿熟阶段采收，即果顶显示奶油色时采收；而就地销售的番茄可在着色期采收，即果顶为粉红或红色时采收；红色的番茄可做加工原料，或就地销售。甜椒一般在绿熟时采收，茄子应该在表皮明亮而有光泽时采收，黄瓜应在瓜皮深绿色时采收，当西瓜接近地面的部分由绿色变为略黄、甜瓜的色泽从深绿色变为斑绿和稍黄时表示瓜已成熟，豌豆从暗绿色变为亮绿色、菜豆由绿色转为发白表示成熟，甘蓝叶球的颜色变为淡绿色时表示成熟，花椰菜的花球白而不发黄为适宜的采收期。

果蔬色泽的变化一般由采收者目测判断。现在也有一些地方用事先编制的一套从绿色到黄色、红色等变化的系列色卡，用感官比色法来确定其成熟度。但由于果蔬色泽还受到成熟以外的其他因素的影响，所以这个指标并非完全可靠。而使用分光光度计或色差计可以对颜色进行比较客观的测量。

（二）硬度

果实的硬度是指果肉抗压力的强弱，抗压力越强果实的硬度就越大，反之果实的硬度越小。一般未成熟的果实硬度较大，达到一定成熟度时变得柔软多汁。只有掌握适当的硬度，在最佳质地时采收，产品才能耐贮藏和运销，如苹果、梨等都要求在果实有一定的硬度时采收。桃、李、杏的成熟度与硬度的关系也十分密切。对蔬菜一般不测其硬度，而用坚实度来表示其发育状况。有一些蔬菜坚实度大表示发育良好、充分成熟，达到采收的质量标准，如甘蓝的叶球和花椰菜的花球都应该在致密紧实时采收，这时的品质好，耐贮运。番茄、辣椒较硬实也有利于贮运。但也有一些蔬菜坚实度高说明品质下降，如莴笋、荠菜应该在叶变得坚硬之前采收，黄瓜、茄子、豆薯、豌豆、菜豆、甜玉米等都应该在幼嫩时采收。

（三）主要化学物质含量的变化

果蔬中的主要化学物质有糖、有机酸和抗坏血酸等，它们含量的变化可以作为衡量品质和成熟度的指标。实践中常以可溶性固形物含量的高低来判断成熟度，或以可溶性固形物含量与含酸量（固酸比）、总糖含量与总酸含量（糖酸比）的比值来衡量果实的质量及成熟度，要求固酸比或糖酸比达到一定比值才能采收。例如，四川甜橙固酸比为 10：1 或糖酸比为 8：1 时采收，风味品质好，耐贮藏；伏令夏橙和枣在糖含量累积最高时采收为宜；而柠檬则需在含酸量最高时采收；猕猴桃在果肉可溶性固形物含量 6.5%～8.0% 时采收最好。

苹果等可以利用淀粉含量的变化来判断成熟度。果实成熟前，淀粉含量随果实的增大逐渐增加；到果实开始成熟时，淀粉逐渐转化为可溶性糖，含量降低。测定淀粉含量的方法可以用碘化钾水溶液涂在果实的横切面上，使淀粉呈蓝色，然后在显微镜下观察淀粉的数量或感官观察切面颜色的深浅，蓝色越深，表明淀粉含量越高，果实成熟度越低。不同品种苹果成熟过程中淀粉含量变化不同，可以制作不同品种苹果成熟过程中淀粉变蓝的图谱，作为判断成熟度的参考。可溶性糖和淀粉含量也常常作为判断蔬菜成熟度的指标，如青豌豆、甜玉米、菜豆都是以食用其幼嫩组织为主的蔬菜，可溶性糖含量高、淀粉含量低时采收，其品质好，耐贮性也好。然而马铃薯、芋头以淀粉含量高时采收的品质好，耐贮藏，加工淀粉时出粉率也高。

美国密执安州立大学 Dilley 等研究制成"Snoopy"携带式乙烯检测仪，根据果实在开始成熟时乙烯含量急剧升高的原理，通过测定果实中乙烯浓度来决定采收期，还可根据测得的乙烯浓度来决定长期贮藏、短期贮藏或用于加工。此外，有些果实（如鳄梨）还可通过测定其含油量来判断其成熟度。

（四）果柄脱离的难易程度

有些种类的果实如苹果、梨、桃、杏、枣、猕猴桃等在成熟时果柄与果枝间产生离层，稍一振动或用手托拉就可脱落。此类果实离层形成时其成熟度最好，如不及时采收就会造成大量落果。

（五）果实形态和大小

果实必须长到一定大小、重量和充实饱满的程度才能达到成熟。不同种类、品种的果蔬都具有固定的形状及大小。例如，香蕉在发育和成熟过程中，蕉指横切面上的棱角逐渐钝圆，故可根据蕉指横切面形状或蕉指的角度来判断其成熟度；邻近果柄处的果肩的丰满度可作为芒果和其他一些核果成熟度的标志。

（六）生长期

果实的生长期也是采收的重要参数之一。栽种在同一地区的果树和蔬菜，其果实从生长到成熟大都有一定的天数，可以用计算生长日期的方法来确定成熟状态和采收日期。如山东元帅系列苹果的生长期为 145 d 左右，国光苹果的生长期为 160 d 左右。各地可以根据多年的生产经验得出适合采收的平均生长期。但由于各年气候和栽培管理以及土壤、耕作等条件不同，造成果实生长和成熟程度差别较大，因此可从盛花期开始计算果实生长日期。例如，我国很多果产区采收红星苹果的日期，以从盛花期到采收期的时间为 140～150 d 为宜。

圣女果的不同成熟阶段

（七）其他成熟特征

不同的果蔬在成熟过程中会表现出不同的特征。一些瓜果可以根据其种子的变色程度来判断成熟度，种子从尖端开始由白色逐渐变褐、变黑是瓜果充分成熟的标志之一；豆类蔬菜应该在种子膨大硬化以前采收，其食用和加工品质好，但作为种用的豆类蔬菜则应该在充分成熟时采收；西瓜的瓜秧卷须枯萎，冬瓜表皮上茸毛消失并出现蜡质白粉，南瓜表皮硬化并在其上产生白粉时采收；苹果、葡萄等果实成熟时表面产生的一层白色粉状蜡质，也是成熟的标志之一；有些蔬菜的食用器官生长在地下，可以从地上部分植株的生长状况判断其成熟度，如洋葱、大蒜、马铃薯、芋头、姜等的地上部分变黄、枯萎和倒伏时，为最适收获期，此时收获的产品最耐贮藏；腌制糖蒜则应在蒜瓣分开、外皮幼嫩时收获，加工后产品质量最好。

判断果蔬成熟度的方法还有很多，在确定某种果蔬的成熟度时，应根据该品种果蔬的某一个或主要的成熟特征，判断其最适采收期，达到长期贮藏、加工和运销的目的。

二、采收方法

果蔬采收除了掌握适当的成熟度外，还要注意采收方法。果蔬的采收有人工采收和机械采收两大方式。

（一）人工采收

作为鲜销和长期贮藏的果蔬最好人工采收。虽然人工采收需要大量的劳动力，特别是劳动力缺乏及工资较高的地方，大大增加了生产成本，但由于很多果蔬鲜嫩多汁，人工采收可以做到轻采轻放，减少甚至避免碰擦伤。同时，田间生长的果蔬成熟度往往不是均匀一致，人工采收可以比较准确地识别成熟度，根据成熟度分期采收，以满足多种不同需要。另外，有的供鲜销和贮藏的果品要求带有果柄，失掉了果柄，产品就得降低等级，造成经济损失，人工采收可做到最大限度地保留果柄。因此，目前世界各国鲜食和贮藏的果蔬，人工采收仍然是最主要的方式，具体的采收方法一般视果蔬特性而异。例如，柑橘类果实可用一果两剪法，即果实离人较远时，第一剪距果蒂 1 cm 处剪下，第二剪齐萼剪平，做到"保全萼片不抽心，一果两剪不刮脸，轻拿轻放不碰伤"。柑橘的采果剪是圆头的，不能用尖头剪。苹果和梨成熟时，其果柄与果枝间产生离层，采收是以手掌将果实向上一托即可自然脱落。采收香蕉时，用刀先切断假茎，紧扶母株让其徐徐倒下，接住蕉穗并切断果轴，要特别注意减少擦伤、跌伤和碰伤。柿子采收用修枝剪剪取，保留果柄和萼片，果柄要短，以免刺伤果实。桃、杏、李等成熟后果肉变得比较软，容易造成指痕，故采果时先剪短指甲或戴上手套，并小心用手掌托住果实用手指轻按果柄使其脱落。果实采后装入随身携带的特制帆布袋或采果篮中，装满后将果实轻放至木箱或塑料周转箱中。

蔬菜由于植物器官类型的多样性，其采收与水果有所不同。例如，果菜类、瓜类蔬菜的采收方法与水果相似，逐个从植株上用手摘取。根茎类蔬菜从土中挖出，如果挖掘不注意或挖得不够深，可能对根茎产生伤害；叶菜类常用手摘或刀割，以避免叶的大量破损；蒜薹用手逐根从叶鞘中抽拔出来，抽拔时要用力均匀，以免拔断。

果蔬采收时，应根据种类选用适宜的工具和容器，事先准备好采收工具如采收袋、篮、筐、箱、梯架等。包装容器要实用、结实，容器内要加上柔软的衬垫物，以免损伤产品。采收时间应选择晴天的早晚，要避免雨天和正午采收。同一棵树上的果实由于花期早晚不一或生长部位不同，不可能同时成熟，分期进行采收既可以提高产品质量，又可提高产量。在一棵树上采收，应按由外向里、由下向上的顺序进行。采收还要有计划性，根据市场销售及出口贸易的需要决定采收期和采收数量，及早安排运输工具和商品流通计划，做好准备工作，避免采收时的忙乱、产品积压、野蛮装卸和流通不畅。

（二）机械采收

机械采收适用于那些成熟时果柄与果枝之间形成离层的果实。一般使用强风压的机械，迫使离层分离脱落；或是用强力机械振动主枝，使果实振动脱落。但树下必须布满柔软的传送带，以盛接果实，并自动将果实送入分级包装机内。目前美国、日本等一些国家，使用机械采收樱桃、葡萄和苹果，机械采收的效率高，节省劳动力。与人工采收相比，上述三种产品机械采收的成本分别降低了 66%、51% 和 43%。根茎类蔬菜使用大型犁耙等机械收获，可以显著地提高收获效率。豌豆、甜玉米、马铃薯都可用机械收获，但要求成熟度大体一致。

为了便于机械采收，催熟剂和脱落剂的应用研究越来越被重视。如桃、杏、李、枣、番茄等采前在植株喷布一定浓度的乙烯利，促进果柄与果枝间形成离层。但是，机械采收的果蔬容易遭受机械损伤，贮藏时腐烂严重。因此，目前国内外机械采收主要用于采后进行加工的果蔬。

第二节　果品蔬菜的采后处理

一、分级

由于果蔬在生长发育过程中受外界多种因素的影响，同一植株，甚至同一枝条的果蔬也不可能一样，而从若干果园收集起来的果蔬，必然大小不一，良莠不齐。只有通过分级才能按级定价、收购、销售、包装。分级不仅可以贯彻优质优价的政策，而且可以推动果树和蔬菜栽培管理技术的发展和提高。通过挑选、剔除病虫害和机械伤果，按产品大小分级，既可便于产品包装标准化，又可减少在贮运中的损失，减轻一些危险病虫害的传播，还可将残次产品及时销售或加工处理，以降低成本和减少浪费。总之，果蔬的分级是果蔬商品化生产中的一个重要环节，应引起高度的重视。

（一）分级标准

果蔬分级在国外有国际标准、国家标准、协会标准和企业标准四种。水果的国际标准是1954 年在日内瓦由欧共体制定的，许多标准已经重新修订，目的是为了促进经济合作和发展。目前多种产品已有国际标准，每一种包括三个贸易级，特级代表特好，一级代表好，二级代表销售贸易级（包括可进入国际贸易的散装产品）。这些标准和要求在欧盟国家果蔬进出口中是强制性的。国际标准一般标龄较长，其内容和水平受欧美发达国家的国家标准影响。国际标准和国家标准是世界各国都可采用的分级标准。

我国对苹果、梨、猕猴桃、柑橘类、香蕉、鲜龙眼、核桃、板栗、红枣等产品都已制定国家标准。此外，农业农村部、商务部、省市质量技术监督局等还制定了一些行业标准和地方标准，如香蕉的销售标准，梨销售标准，出口鲜苹果检验方法，出口鲜甜橙、鲜宽皮柑橘、鲜柠檬等标准。我国对很多蔬菜如大白菜、花椰菜、青椒、黄瓜、番茄、蒜、芹菜、菜豆和韭菜等的等级及新鲜蔬菜的通用包装技术也制定了国家、行业及地方标准。

水果分级标准因种类品种而异。我国目前通行的做法是在果形、新鲜度、颜色、品质、病虫害和机械伤等方面已符合要求的基础上，再按大小进行分级，即根据果实横径的最大部分直径，分为若干等级。果品大小分级多用分级板进行，分级板上有一系列不同直径的孔。如我国出口的红星苹果，直径从 65～90 mm，每相差 5 mm 为一个等级，共分为 5 等。四川省将出口西方一些国家的柑橘分为大、中、小 3 个等级。广东省惠阳地区将供应我国香港、澳门地区的柑橘，直径为 51～85 mm 的蕉柑，每差 5 mm 为一个等级，共分为 7 等；直径为 51～75 mm 的甜橙，每相差 5 mm 为一个等级，共分为 5 等。葡萄分级主要以果穗为单位，同时也考虑果粒的大小，根据果穗紧实度、成熟度、有无病虫害和机械伤、能否表现出本品种固有颜色和风味等进行分级。一般分为三级，一级果穗较典型，大小适中，穗形美观完整，果粒大小均匀，充分成熟，能呈现出该品种的固有色泽，全穗没有破损粒和小青粒，无病虫害；二级果穗大小形状要求不严格，但要充分成熟，无破损伤粒和病虫害；三级果穗即为一、二级淘汰下来的果穗，一般用作加工或就地销售，不宜贮藏。如玫瑰香、龙眼葡萄的外销标准，果穗要求充分成熟，穗形完整，单穗重 0.4～0.5 kg，果粒大小均匀，没有病虫害和机械伤，没有小青粒。

蔬菜由于食用器官不同，成熟标准不一致，所以很难有一个固定统一的分级标准，只能按照对各种蔬菜品质的要求制定个别的标准。蔬菜分级通常根据坚实度、清洁度、大小、重量、颜色、形状、鲜嫩度以及病虫感染和机械伤程度等分级，一般分为三个等级，即特级、一级和二级。特级品质最好，具有本品种的典型形状和色泽，不存在影响组织和风味的内部缺点，大小一致，产品在包装内排列整齐，在数量或重量上允许有 5% 的误差；一级产品与特级产品有同样的品质，允许在色泽、形状上稍有缺陷，外表少有斑点，但不影响外观和品质，产品不需要整齐地排列在包装箱内，可允许 10% 的误差；二级产品可以呈现某些内部和外部缺陷，价格低廉，采后适合于就地销售或短距离运输。

（二）分级方法

1. 人工分级　这是目前国内普遍采用的分级方法。这种分级方法有两种，一是单凭人的视觉判断，按果蔬的颜色、大小将产品分为若干级。用这种方法分级的产品，级别标准容易受人心理因素的影响，往往偏差较大。二是用选果板分级，选果板上有一系列直径大小不同的孔，根据果实横径和着色面积的不同进行分级。用这种方法分级的产品，同一级别果实的大小基本一致，偏差较小。

人工分级能最大限度地减轻果蔬的机械伤害，适用于各种果蔬。但工作效率低，级别标准有时掌控不严格。

2. 机械分级　机械分级的最大优点是工作效率高，适用于那些不易受伤的果蔬产品。有时为了使分级标准更加一致，机械分级常常与人工分级结合进行。目前我国已研制出了水果分级机，大大提高了分级效率。美国、欧盟、日本的机械分级起步较早，大多数采用计算机控制。目前生产中使用的果蔬机械分级设备有重量分选装置、形状分选装置和颜色分选装置。

国产猕猴桃
分选和包装

（1）重量分选装置。根据产品的重量进行分选。按被选产品的重量与预先设定的重量进行比较分级。重量分选装置有机械秤式和电子秤式等不同的类型。机械秤式分选装置主要由固定在传送带上可回转的托盘和设置在不同重量等级分口处的固定秤组成。将果实单个放进回转托盘，当其移动接触到固定秤，秤上果实的重量达到固定秤的设定重量时，托盘翻转，果实即落下，适用于球状的果蔬产品。缺点是容易造成产品的损伤，而且噪声大。电子秤重量分选装置则改变了机械秤式装置每一重量等级都要设秤、噪声大的缺点，一台电子秤可分选各重量等级的产品，装置简化，精度也有提高。重量分选装置多用于苹果、梨、猕猴桃、番茄、甜瓜、西瓜、马铃薯等的分选。

机械分级
装置

（2）形状分选装置。按照被选果蔬的形状大小（直径、长度等）分选。有机械式和光电式等不同类型。机械式形状分选装置多是以缝隙或筛孔的大小将产品分级。当产品通过由小逐级变大的缝隙或筛孔时，小的先分选出来，最大的最后选出。适用于柑橘、李、梅、樱桃、洋葱、马铃薯、胡萝卜等。光电式形状分选装置有多种，有的是利用产品通过光电系统时的遮光，测量其外径或大小，根据测得的参数与设定的标准值比较进行分级。较先进的装置则是利用摄像机拍摄，经电子计算机进行图像处理，求出果实的面积、直径、高度等。例如，黄瓜和茄子的形状分选装置，将果实一个个整齐地摆放到传送带的托盘上，当其经过检测装置部位时，安装在传送带上方的黑白摄像机摄取果实的图像，通过计算机处理后可迅速得出其长度、粗度、弯曲程度等，实现大小分级与品质（弯曲、畸形）分级同时进行。光电式形状分选装置

形状分选
装置

克服了机械式分选装置易损伤产品的缺点，适用于黄瓜、茄子、番茄、菜豆等。

（3）颜色分选装置。根据果蔬的颜色进行分选。果蔬的表皮颜色与成熟度和内在品质有密切关系，颜色的分选主要代表了成熟度的分选。例如，利用彩色摄像机和电子计算机处理的红、绿两色型装置可用于番茄、柑橘和柿子的分选，可同时判别出果实的颜色、大小以及表皮有无损伤等。当果实随传送带通过检测装置时，由设在传送带两侧的两架摄像机拍摄。果实的成熟度根据测定装置所测出的果实表面反射的红色光与绿色光的相对强度进行判断；表面损伤的判断是将图像分割成若干小单位，根据分割单位反射光的强弱计算出损伤的面积，最精确可判别出直径 0.2～0.3 mm 大小的损伤面；果实的大小以最大直径代表。红、绿、蓝三色型机则可用于色彩更为复杂的苹果的分选。

二、清洗、防腐、灭虫与打蜡

（一）清洗

清洗是采用浸泡、冲洗、喷淋等方式水洗或用干毛刷刷净某些果蔬产品，特别是块根、块茎类蔬菜，除去附着的污泥，减少病菌和农药残留，使之清洁卫生，符合商品要求和卫生标准，提高商品价值。

清洗番茄

清洗可用清洗机。清洗机的结构一般由传送装置、清洗滚筒、喷淋系统和箱体组成。清洗使用的洗涤水一定要干净卫生，还可加入适量的杀菌剂，如次氯酸钠、漂白粉等。水洗后必须进行干燥处理，除去游离水分。干燥处理在气候干燥、水分蒸发快的地区可用自然晾干的方法；气候潮湿、水分蒸发慢的地区可使用脱水机。目前脱水机有脱水器和加热蒸发器两种类型。脱水机有时和清洗机做成一体，安装在清洗机的出口附近。

清洗苹果

（二）防腐

部分果蔬的杀菌防腐处理，可以有效地减少采后损失。为了保证食品安全，果蔬采后的杀菌防腐处理需要从我国食品添加剂类防腐保鲜剂、农药类防腐保鲜剂、非农药非食品添加剂类防腐保鲜剂（生物源）中列出的防腐保鲜剂名单中选用，禁止使用未有明确规定的防腐保鲜剂。下面介绍几种常用的化学防腐剂。

1. 苯并咪唑类防腐剂 这类防腐剂主要包括噻菌灵、苯菌灵、多菌灵、硫菌灵等。它们大多属于广谱、高效、低毒防腐剂，用于采后洗果，对防止香蕉、柑橘、桃、梨、苹果、荔枝等水果的发霉腐烂都有明显的效果。使用浓度一般在 0.05%～0.2%，可以有效地防止大多数果蔬由于青霉菌和绿霉菌引起的病害。具体使用浓度：硫菌灵为 0.05%～0.1%，苯菌灵、多菌灵为 0.025%～0.1%，噻菌灵为 0.066%～0.1%（以 100% 纯度计）。这些防腐剂若与 2,4-D 混合使用，对柑橘的保鲜效果更佳。

2. 山梨酸（2,4-己二烯酸） 山梨酸是一种不饱和脂肪酸，可以与微生物酶系统中的巯基结合，从而破坏许多重要酶系统，达到抑制酵母、霉菌和好气性细菌生长的效果。它的毒性低，只有苯甲酸钠的 1/4，但其防腐效果却是苯甲酸钠的 5～10 倍。用于采后浸洗或喷洒，一般使用浓度为 2% 左右。

3. 抑霉唑 抑霉唑具有广谱、高效、低残留、无腐蚀等特点。适用于柑橘、芒果、香蕉及瓜类等多种果蔬的防腐，特别是对于已经对噻菌灵、多菌灵等苯并咪唑类杀菌剂产生抗药性的青霉和绿霉有特效。例如，柑橘采后用 0.02% 的抑霉唑溶液浸果 0.5 min，防腐保鲜效果很好。若与咪鲜胺、复合微生物菌剂等混合使用，效果更佳。

4. SO_2 及其盐类 SO_2 是一种强杀菌剂，遇水易形成亚硫酸，亚硫酸分子进入微生物细胞内，可造成原生质与核酸分解而杀死微生物。一般来说，SO_2 浓度达到 0.01% 时就可抑制多种细菌的发育，达到 0.15% 时可抑制霉菌类的繁殖，达到 0.3% 时可抑制酵母菌的活动。此外，SO_2 具有漂白作用，特别是对花青素的影响较大，这一点在生产上要特别注意。

SO₂ 在葡萄贮藏中防霉效果显著。通常以气体形式直接定时熏蒸处理葡萄，或者采用焦亚硫酸钠为主要成分的缓释制剂放置于葡萄包装箱内处理，使用的保鲜剂类型及剂量依据葡萄品种对 SO₂ 的敏感性及贮藏期而定。

SO₂ 属于强酸性气体，对人的呼吸道和眼睛有强烈的刺激性，工作人员应注意安全。SO₂ 遇水易形成亚硫酸，亚硫酸对金属器具有很强的腐蚀性。因此，贮藏库内的金属物品，包括金属货架，最好刷一层防腐涂料加以保护。

（三）灭虫

进出口水果蔬菜时，植物检疫部门经常要求对水果蔬菜进行灭虫处理才能放行。因此，出口方必须根据进口方的要求，出口前对水果蔬菜进行适当的杀虫处理。商业上常用的灭虫方法有：

1. 熏蒸剂处理 常用的熏蒸剂有二溴乙烷和溴甲烷。可用于专门的固定熏蒸室中，也可在临时性封闭环境中使用。用 $18\sim20$ g/m³ 的二溴乙烷，熏蒸 $2\sim4$ h，可有效地消灭果实上绝大部分的果蝇。温度较低时，应适当提高熏蒸剂浓度。

2. 低温处理 许多害虫都不能忍耐低温，故可用低温方法消灭害虫。例如，美国检疫部门对从中国进口的荔枝规定的低温处理为：在 1.1 ℃下处理 14 d 后才允许进入美国市场。

3. 高温处理 20 世纪 $20\sim30$ 年代开始，就已大规模地使用热蒸汽作为地中海实蝇的检疫处理，并一直应用至今。如芒果用 43 ℃热蒸汽处理 8 h，可控制墨西哥果蝇。热水处理也可用于防治水果害虫，如香蕉在 52 ℃热水中浸泡 20 min，可控制香蕉橘小实蝇和地中海实蝇。

4. 辐射处理 用 ⁶⁰Co 产生的电离射线 γ 射线或电子束辐射处理果蔬，可杀灭果蔬中的害虫。如用 0.25 kGy 辐射芒果，可杀死种子内部的害虫；用 0.75 kGy 处理番木瓜，可杀灭果实中的害虫。

（四）打蜡

打蜡也称涂膜处理，即用蜡液或胶体物质涂在某些果蔬产品表面使其保鲜的技术。果蔬涂膜的作用：①在表面形成一层蜡质薄膜，可改善果蔬外观，提高商品价值；②阻碍气体交换，降低果蔬的呼吸作用，减少养分消耗，延缓衰老；③减少水分散失，防止果皮皱缩，提高保鲜效果；④抑制病原微生物的侵入，减轻腐烂。若在涂膜液中加入防腐剂，防腐效果更佳。我国市场上销售的进口苹果、柑橘等高档水果，几乎都经过打蜡处理。

苹果打蜡

商业上使用的大多数涂膜剂是以石蜡和巴西棕榈蜡作为基础原料，因为石蜡可以很好地控制失水，而巴西棕榈蜡能使果实产生诱人的光泽。近年来，含有聚乙烯、合成树脂物质、防腐剂、保鲜剂、乳化剂和湿润剂的涂膜剂逐渐得到应用，取得了良好的效果。

目前涂膜剂种类很多，如金冠、红星等苹果在采后 48 h 内，用 $0.5\%\sim1.0\%$ 的高碳脂肪酸蔗糖酯型涂膜剂处理，干燥后入贮，在常温下可贮藏 $1\sim4$ 个月。由漂白虫胶、丙二醇、油酸、氨水和水按一定比例并加入一定量的 2,4 - D 和防腐剂配制而成的虫胶类涂膜剂，在柑橘上使用效果较好。吗啉脂肪酸盐果蜡（CFW 果蜡）是一种水溶性的果蜡，可以作为食品添加剂使用，是一种很好的果蔬采后商品化处理的涂膜保鲜剂，特别适用于柑橘和苹果，还可以在芒果、菠萝、番茄等果蔬上应用。美国戴科公司生产的果亮，是一种可食用的果蔬涂膜剂，用它处理果蔬后，不仅可提高产品外观质量，还可防治由青霉和绿霉引起的腐烂。日本用淀粉、蛋白质等高分子溶液，加上植物油制成混合涂膜剂，喷在苹果和柑橘上，干燥后可在产品表面形成一层具有许多微细小孔的薄膜，抑制果实的呼吸作用，延长贮藏时间 $3\sim5$ 倍。此外，西方国家用油型涂膜剂处理水果也收到了较好的效果。例如，加拿大用红花油涂膜香蕉，在 15.5 ℃的环境中放置 4 d 后，置于 50 ℃高温条件下 6 h，果皮也不变黑，而对照果实变黑严重。德国用蔗糖-甘油-棕榈酸酯混合液涂膜香蕉，可明显减少果实失水，延缓衰老。日本用 10 份蜂蜡、2 份酪蛋白、1 份蔗糖脂肪酸制成的涂膜剂，涂在番茄或茄子的果柄部，常温下干燥，可显著减少失水，延缓衰老。

打蜡有下列几种方法：①浸涂法，将涂膜剂配成一定浓度，把果蔬浸入溶液中，随后取出晾干即可。此法耗费涂膜液较多，而且不易掌握涂膜的厚薄。②刷涂法，用细软毛刷蘸上涂膜液，在果实表面涂刷至形成均匀的薄膜。毛刷还可以安装在涂膜机上使用。③喷涂法，用涂膜机在果实表面喷上一层厚薄均匀的薄膜。涂膜处理一般使用机械涂膜。新型的涂膜机一般由洗果、干燥、喷涂、低温干燥、分级和包装等部分联合组成。

三、包装

包装是使果蔬产品标准化、商品化，保证安全运输和贮藏，便于销售的重要措施。合理的包装可减少或避免产品在运输、装卸中的机械伤，防止产品受到尘土和微生物等的污染，防止腐烂和水分损失，缓冲外界温度剧烈变化引起的产品损失；包装可以使果蔬在流通中保持良好的稳定性，美化商品，宣传产品，提高商品价值及卫生质量。所以，良好的包装对生产者、销售者和消费者都是有利的。

苹果防震包装

（一）包装场设置

目前我国果蔬包装场一般有两种形式：一种是生产单位设置的临时性或永久性包装场，这种包装场多进行产品包装；另一种是商业销售部门设置的永久性包装场，多进行商品包装。通常前者规模较小，设备简单，地点变化大；后者规模较大，设施比较完备，可长期周年使用。包装场选址的原则应是靠近果蔬产区，交通方便，地势高且干燥，场地开阔，同时还应远离散发刺激性气体或有毒气体的工厂。

猕猴桃包装

目前我国的果蔬包装场多采用手工操作，包装场所需的小件物品须一一备齐。包装场常用物品在使用前要进行消毒，用完后也应及时进行清洗，防止病菌残存。

（二）包装容器和包装材料

猕猴桃礼品包装

1. 包装容器的要求 一般商品的包装容器应该具有美观、清洁、无异味、无有害化学物质、内壁光滑、卫生、重量轻、成本低、便于取材、易于回收及处理等特点。包装外面还应注明商标、品名、等级、重量、产地、特定标志及包装日期等。果蔬包装除了应具备上述特点和要求外，根据其本身的特性，还应具备以下特点：①具有足够的机械强度以保护产品，避免在运输、装卸和堆码过程中造成机械伤；②具有一定的通透性，以利于产品在贮运过程中散热和气体交换；③具有一定的防潮性，以防止包装容器吸水变形而造成机械强度降低，导致产品受伤而腐烂。

2. 包装容器的种类和规格 随着科学技术的发展，包装的材料及其形式越来越多样化。果蔬包装容器的种类和材料见表4-1，可以根据包装需要选用。

表4-1 果蔬包装容器的种类和材料

种类	材料
塑料箱	高密度聚乙烯、聚苯乙烯
纸箱	纸板
钙塑箱	聚乙烯、碳酸钙
板条箱	木板条
筐	竹子、荆条
加固竹筐	筐体竹皮、筐盖木板
网、袋	天然纤维或合成纤维

随着商品经济的发展，包装标准化作为果蔬商品标准化的重要内容之一，越来越受到人们的重视。东欧国家采用的包装箱规格一般是600 mm×400 mm或500 mm×300 mm，箱的高度

根据给定的容量标准来确定，易损伤果蔬每箱不超过 14 kg，仁果类不超过 20 kg。美国红星苹果的纸箱规格为500 mm×302 mm×322 mm。日本福岛装桃纸箱，装 10 kg 的规格为 460 mm×310 mm×180 mm，装 5 kg 的规格为 350 mm×460 mm×95 mm。我国出口的鸭梨每箱净重18 kg，纸箱包装的数量规格有 60、72、80、96、120、140 个（为每箱鸭梨的个数）等；出口的柑橘每箱净重 17 kg，纸箱内容积为 470 mm×277 mm×270 mm，按装果实个数分为七级，规格为每箱装 60、76、96、124、150、180、192 个。

3. 包装材料 在果蔬包装过程中，根据需要可逐个用纸或塑料薄膜包裹，或在包装箱内加填一些衬垫物，以增强包装容器的保护功能。

塑料网袋
包装大蒜

（1）包裹纸。果蔬包裹纸有利于保护其质量，提高耐贮性。包裹纸的主要作用：①抑制果蔬采后失水，减少失重和萎蔫；②减少果蔬在装卸过程中的机械伤；③减少果蔬内外气体交换，抑制采后生理活动；④隔离病原菌侵染，减少腐烂；⑤避免果蔬在容器内相互摩擦和碰撞，减少机械伤；⑥具有一定的隔热作用，有利于保持果蔬稳定的温度。包裹纸要求质地光滑柔软、卫生、无异味、有韧性，若在包裹纸中加入适当的化学药剂，还有预防某些病害的作用。

值得一提的是，近年来塑料薄膜在果蔬包装上的应用越来越广泛。例如，柑橘的单果套袋，在采后保鲜和延长货架期方面起到了良好的效果。草莓、樱桃、蘑菇等果蔬分级后先装入小塑料袋或塑料盒中，然后再装入箱中进行运输和销售，效果也很好。

红枣的机械
包装

（2）衬垫物。使用筐类容器包装果蔬时，应在容器内铺设柔软清洁的衬垫物，以防果蔬直接与容器接触造成摩擦损伤。另外，衬垫物还有防寒、保湿的作用。常用的衬垫物有蒲包、塑料薄膜、碎纸、牛皮纸等。

（3）抗压托盘。抗压托盘作为包装材料的一种，常用于苹果、梨、芒果、猕猴桃、草莓、石榴等果实的包装上。抗压托盘上具有一定数量的凹坑，凹坑与凹坑之间有时还有美丽的图案。凹坑的大小和形状以及图案的类型根据包装的具体果实来设计，每个凹坑放置一个果实。果实的层与层之间由抗压托盘隔开，这样可以有效减少果实的损伤，同时也起到了美化商品的作用。

（三）包装方法与要求

果蔬经过挑选分级后即可进行包装。包装方法可根据果蔬的特点来决定，一般有定位包装、散装和捆扎后包装。不论采用哪种包装方法，都要求果蔬在包装容器内要有一定的排列形式，既可防止它们在容器内滚动和相互碰撞，又能使产品通风换气，并充分利用容器的空间。例如，苹果、梨用纸箱包装时，果实的排列方式有直线式和对角线式两种；用筐包装时，常采用同心圆式排列。马铃薯、胡萝卜、洋葱、大蒜等蔬菜常采用编织袋、网袋或纸袋进行散装的方式。

包装应在冷凉的条件下进行，避免风吹、日晒和雨淋。包装时应轻拿轻放，装量要适度，防止过满或过少而造成损伤。不耐压的果蔬包装时，包装容器内应添加衬垫物，减少产品的摩擦和碰撞。易失水的产品应在包装容器内加衬塑料薄膜等。由于各种果蔬抗机械伤的能力不同，为了避免上部产品将下面的产品压伤，下列果蔬的最大装箱高度为：苹果和梨 60 cm，柑橘 35 cm，葡萄 20 cm，洋葱、马铃薯和甘蓝 100 cm，胡萝卜 75 cm，番茄 40 cm。

苹果包装

果蔬销售的小包装可在批发或零售环节进行，包装时剔除腐烂及受伤的产品。小包装应根据产品特点，选择透明薄膜袋或带孔塑料袋包装，也可放在塑料托盘或泡沫托盘上，再用透明塑料薄膜包裹。销售包装上应标明重量、品名、价格和日期。销售小包装应具有保鲜、美观、便于携带等特点。

（四）包装生产线的建立

采后处理中的许多步骤可在设计好的包装生产线上一次完成。果蔬经清洗、药物防腐处理

包装箱

和严格挑选后，达到新鲜、清洁、无机械伤、无病虫害、无腐烂、无畸形、无冻害、无水渍的标准。然后按输入国家或地区的有关标准分级、打蜡和包装，最后打印、封装等成为整件商品。自动化程度高的生产线，整个包装过程全部实行自动化流水作业。以苹果、柑橘为例，具体做法是：先将果实放在水池中洗刷，然后由传送带送至吹风台上，吹干后进入电子秤或横径分级板上，不同重量的果实分别送至相应的传送带上，在传送过程中，人工拿下色泽不正和残次病虫果，同一级果实由传送带载到涂蜡机下喷涂蜡液，再用热风吹干，送至包装线上定量包装。

包装生产线应具备的主要装置有：卸果装置、药物处理装置、清洗和脱水装置、分级打蜡装置、包装装置等。条件尚不具备的包装场，可采取简单的机械结合手工操作规程完成上述果蔬商品化处理。

四、催熟和脱涩

（一）催熟

催熟是指销售前用人工方法促使果实加速完熟的技术。不少果树上的果实成熟度不一致，有的为了长途运输的需要提前采收，为了保障这些产品在销售时达到完熟程度，确保其最佳品质，常需要采取催熟措施。催熟可使产品提早上市，使未充分成熟的果实尽快达到销售标准或最佳食用成熟度及最佳商品外观。催熟多用于香蕉、苹果、洋梨、猕猴桃、番茄、蜜露甜瓜等。

1. 催熟的条件 被催熟的果蔬必须达到一定的成熟度。催熟时一般要求较高的温度、湿度和充足的 O_2，要有适宜的催熟剂。不同种类产品的最佳催熟温度和湿度不同，一般以温度21～25℃、相对湿度（RH）85％～90％为宜。湿度过高或过低对催熟均不利。湿度过低，果蔬会失水萎蔫，催熟效果不佳；湿度过高，果蔬又易感病腐烂。由于催熟环境的温度和湿度都比较高，致病微生物容易生长，因此要注意催熟室的消毒。为了充分发挥催熟剂的作用，催熟环境应该有良好的气密性，保证催熟剂有一定的浓度。此外，催熟室内的气体成分对催熟效果也有影响，CO_2 的累积会抑制催熟效果。因此，催熟室要注意通风，以保证室内有足够的 O_2。

乙烯是最常用的果实催熟剂，一般使用浓度为 0.2～1.0 g/L。不同种类果实的使用浓度有所不同，例如，香蕉为 1.0 g/L，苹果、洋梨为 0.5～1.0 g/L，柑橘为 0.2～0.25 g/L，番茄和甜瓜为 0.1～0.2 g/L。由于乙烯是气体，用乙烯进行催熟处理时需要相对密闭的环境。大规模处理时应有专门的催熟室，小规模时采用塑料密封帐为催熟室。催熟产品堆码时须留出通风道，使乙烯分布均匀。

乙烯利也是果蔬常用的催熟剂。乙烯利的化学名称为 2-氯乙基磷酸，乙烯利是其商品名。乙烯利在酸性条件下比较稳定，在微碱性条件下分解产生乙烯，故使用时要加 0.05％的洗衣粉，使其呈微碱性，并能增加药液的附着力。使用浓度因果蔬种类而不同，香蕉为 2.0 g/L，绿熟番茄为 1.0～2.0 g/L。催熟时可将果实在乙烯利溶液里浸泡约 1 min 取出，也可采用喷淋的方法，然后盖上塑料膜，在室温下一般 2～5 d 即可。

2. 部分果蔬的催熟方法

（1）香蕉的催熟。为了便于运输和贮藏，香蕉一般在绿熟坚硬期采收。绿熟阶段的香蕉质硬、味涩，不能食用，运抵目的地后应进行催熟处理，使香蕉皮色转黄，果肉变软，脱涩变甜，产生特有的风味和气味。具体做法：将绿熟香蕉放入密闭环境中，保持 22～25 ℃和 RH 90％，香蕉会自行释放乙烯，几天就可成熟。有条件时可利用乙烯催熟，在 20 ℃和 RH 80％～85％下，向催熟室内加入 1.0 g/m³ 的乙烯，处理24～28 h，当果皮稍黄时取出即可。为了避免催熟室内累积过多的 CO_2（CO_2 浓度超过 1％时，乙烯的催熟作用将受影响），每隔 24 h 要通风 1～2 h，密闭后再加入乙烯，待香蕉稍现黄色时取出，可很快变黄成熟。用乙烯利催熟的浓度因温度而异，在 17～19 ℃、20～23 ℃和 23～27 ℃下，乙烯利的使用浓度分别为 2.0～4.0 g/L、1.5～2.0 g/L 和 1.0 g/L。将乙烯利稀释液喷洒在香蕉上，或使每个果实都蘸有药液，一般经过 3～4 d 香蕉就可变黄。此外，还可以用熏香法，将一梳梳的香蕉装在竹篓中，置于密闭的蕉房内，点线香 30 余支，保持室温 21 ℃左右，密闭 20～24 h 后，将密闭室打开，2～3 h 后将香蕉取出，放在温暖通风处 2～3 d，香蕉的果皮由绿变黄，涩味消失而变甜变香。

（2）柑橘类果实的脱绿。柑橘类果实特别是柠檬，一般多在充分成熟以前采收，此时果实含酸量高，果汁多、风味好，但是果皮呈绿色，商品质量欠佳。上市前可以通入 0.2～0.3 g/m³ 的乙烯，保持 RH 85％～90％，处理 2～3 d 即可。蜜柑上市前，将果实放入催熟室或密闭的塑料薄膜大帐内，通入 0.5～1 g/m³ 的乙烯，经过 15 h 果皮即可褪绿转黄。柑橘用 0.2～0.6 g/kg 的乙烯利浸果，在室温（20 ℃）下 2 周即可褪绿。

（3）番茄的催熟。为了使大田或大棚栽植的番茄提早上市，有必要在绿熟期采摘后进行催熟处理。将绿熟番茄放在 20～25 ℃和 RH 85％～90％下，用 0.1～0.15 g/m³ 的乙烯处理 48～96 h，果实可由绿变红。也可直接将绿熟番茄放入密闭环境中，保持温度 22～25 ℃和 RH 90％，利用其自身释放的乙烯催熟，但是催熟时间较长。

（4）芒果的催熟。为了便于运输和延长芒果的贮藏期，芒果一般在绿熟期采收，在常温下 5～8 d 自然黄熟。为了使芒果成熟速度趋于一致，尽快达到最佳外观，可对其进行催熟处理。芒果催熟的条件：用 0.05％～0.1％乙烯利处理后，在 21～24 ℃、RH 85％～90％条件下，放置 21～24 h 即可成熟。

（5）菠萝的催熟。将 40％的乙烯利溶液稀释 500 倍，喷洒在绿熟菠萝上，保持温度 23～25 ℃和 RH 85％～90％，可提前 3～5 d 成熟。

（二）脱涩

脱涩主要是针对柿果而言。柿果分为甜柿和涩柿两大品种群，我国以栽培涩柿品种居多。涩柿含有较多的单宁物质，成熟后仍有强烈的涩味，采后不能立即食用，必须经过脱涩处理才能上市。柿果脱涩的机理就是将体内可溶性的单宁通过与乙醛缩合，变为不溶性单宁的过程。据此，可采用以下方法，使单宁物质变性而使果实脱涩。

1. 温水脱涩　将涩柿浸泡在 40 ℃左右的温水中，使果实产生无氧呼吸，经 20 h 左右，柿子即可脱涩。温水脱涩的柿子质地脆硬，风味可口，是当前农村中普遍使用的一种脱涩方法。但是用此法脱涩的柿子货架期短，容易败坏。另外，应特别注意水温不能超过 48 ℃，否则易出现"煮死"现象，因水温高而不能脱涩。

2. 石灰水脱涩　将涩柿浸入 7％的石灰水中，经 3～5 d 即可脱涩。果实脱涩后质地脆硬，不易腐烂，但果面往往有石灰痕迹，影响商品外观，最好用清水冲洗后再上市。

3. 混果脱涩　将涩柿与产生乙烯的果实如苹果、山楂、猕猴桃等混装在密闭的容器内，利用它们产生的乙烯进行脱涩。在 20 ℃室温下，经过 4～6 d 即可脱涩。脱涩后，果实质地较软，色泽鲜艳，风味浓郁。

4. 乙醇脱涩　将 35％～75％的乙醇喷洒于涩柿表面上，每千克柿果用 35％的乙醇 5～7 mL，然后将果实密闭于容器中，在室温下 4～7 d 即可脱涩。此法可用于运输途中，将处理过的柿果用塑料袋密封后装箱运输，到达目的地后即可上市销售。

5. 高浓度 CO_2 脱涩　将柿果装箱后，密闭于塑料大帐内，通入 CO_2 并保持其浓度 60％～80％，在室温下 2～3 d 即可脱涩。如果温度升高，脱涩时间可相应缩短。用此法脱涩的柿子质地脆硬，货架期较长，成本低，可进行大规模生产。但有时处理不当，脱涩后会产生 CO_2 伤害，使果心褐变或变黑。

6. 干冰脱涩　将干冰包好放入装有柿果的容器内，然后密封 24 h 后将果实取出，在阴凉处放置 2～3 d 即可脱涩。处理时不要让干冰接触果实，每 1 kg 干冰可处理 50 kg 果实。用此法处理的果实质地脆硬，色泽鲜艳。

7. 脱氧剂脱涩 把涩柿密封在不透气的容器内，加入脱氧剂后密封，造成果实无氧呼吸而脱涩。脱氧剂的种类很多，可以用连二亚硫酸盐、硫代硫酸盐、草酸盐、活性炭、铁粉等还原性物质及其混合物。脱氧剂一般放在透气性包装材料制成的袋内，脱涩时间长短视脱氧剂的组成和柿果的成熟度而定。

8. 乙烯及乙烯利脱涩 将涩柿放入催熟室内，保持温度 18～21 ℃和 RH 80%～85%，通入 1.0 g/m³ 的乙烯，2～3 d 后可脱涩；或用 0.25～0.5 g/kg 的乙烯利喷果或蘸果，4～6 d 后也可脱涩。果实脱涩后，质地软，风味佳，色泽鲜艳，但不宜长期贮藏和长距离运输，必须及时就地销售。

五、预冷

（一）预冷的概念和作用

果蔬预冷是指将收获后的产品尽快冷却到适于贮运低温的措施。果蔬收获以后，特别是热天采收后带有大量的田间热，再加之采收对产品的刺激，呼吸作用很旺盛，释放出大量的呼吸热，对保持品质十分不利。通过运输或贮藏前使产品快速降温，可以降低产品的生理活性，减少营养和水分损失，以便更好地保持果蔬的生鲜品质，提高耐藏性，改善贮后品质，减少贮藏病害。

为了最大限度地保持果蔬的生鲜品质和延长货架寿命，预冷最好在产地进行，而且越快越好，预冷不及时或不彻底，都会使预冷的效果大打折扣。

（二）预冷方式

1. 自然散热 自然散热就是将果蔬放在阴凉通风的地方，通过低温空气与产品接触而降低品温的方式。例如，我国北方许多地区在用地沟、窑洞、棚窑和通风库贮藏苹果和梨时，采收后在阴凉处或库外放置一夜，利用夜间低温使之自然降温，翌日气温上升前入贮。这种方法虽然简单，但散热效果还是明显的。

2. 风冷 风冷是使冷空气迅速流经果蔬周围使之冷却的方式。风冷可以在冷藏库内进行，将产品装箱，纵横堆码于库内，箱与箱之间留有空隙，冷风循环时，流经产品周围将热量带走。这种方式适用于任何种类的果蔬，预冷后可以不搬运，原库贮藏。但该方式冷却速度较慢，短时间内不易达到冷却要求。

风冷的另一种方式是压差通风冷却。该方法是在果蔬垛靠近冷却器的一侧竖立一隔板，隔板下部安装一风扇，风扇转动使隔板内外形成压力差。产品垛上面设置一覆盖物，覆盖物的一边与隔板密接，使冷空气不能从产品垛的上方通过，而要水平方向穿过包装上缝或孔，在产品缝隙间流动而将热量带走。压差通风冷却效果较好，冷却所需时间只有普通冷库通风冷却的 1/2～1/5。

风冷方式中还有隧道式空气循环冷却，即果蔬装入隧道后以 3～5 m/s 的风速鼓入冷空气使之冷却。这一方法可将葡萄在 1～1.5 h 内冷却到 5 ℃，比在库房内空气静止冷却快十几倍。产品可以装在容器中，从隧道一端向另一端推进，也可利用传送带运送。

3. 水冷 水冷是以冷水为介质的一种冷却方式。将果蔬浸在冷水中或者用冷水喷淋，达到降温的目的。冷却水有低温水（0～3 ℃）和自来水两种，前者冷却效果好，后者生产费用低。目前使用的水冷却方式有流水系统和传送带系统。水冷却降温速度快，产品失水少，但要防止冷却水循环使用对果蔬的污染。因此，应该在冷却水中加入一些防腐杀菌剂，以减少病原微生物的交叉感染。商业上适合于用水冷却的果蔬有柑橘、苹果、胡萝卜、甜玉米、网纹甜瓜、菜豆等。

4. 真空冷却 真空冷却是将果蔬放在真空室内，迅速抽出空气至一定真空度，使产品体内的水在负压下蒸发而冷却降温。压力减少时水分的蒸发加快，如当压力减小到 533.29 Pa 时，水在 0 ℃就可以沸腾，说明真空冷却速度极快。在真空冷却中，大约温度每降低 5.6 ℃失水率为 1%，但由于被冷却产品的各部分几乎是等量失水，故一般情况下产品不会出现萎蔫现象。

真空冷却的效果在很大程度上取决于果蔬的比表面积、组织失水的难易程度以及真空室抽真空的速度。因此，不同种类的果蔬真空冷却的效果差异很大。生菜、菠菜、莴苣等叶菜最适合于用真空冷却。纸箱包装的生菜用真空预冷时，在 25～30 min 内可以从 21 ℃下降到 2 ℃，包心不紧的生菜只需 15 min。还有一些蔬菜如石刁柏、花椰菜、甘蓝、芹菜、葱和甜玉米也可以使用真空冷却。但一些比表面积小的产品如多种水果、根茎类蔬菜、番茄等果菜类，由于散热慢而不宜采用真空冷却。真空冷却对产品的包装有特殊要求，包装容器要求能够通风。

总之，在选择预冷方式时，必须考虑现有的设备、成本、包装类型、销售市场的远近以及产品本身的特性。预冷时必须明确被预冷产品的预冷终点温度，要定期测量产品的温度，以判断冷却的程度，防止温度过低产生冷害或冻害，造成产品在运输、贮藏或销售过程中变质腐烂。

六、晾晒

将收获的果蔬经初选和药剂处理后，置于阴凉或太阳下，在干燥、通风良好的地方进行短期放置，使其外层组织失掉部分水分，以增进产品贮藏性的处理称为晾晒。晾晒对于提高如柑橘、哈密瓜、冬瓜、南瓜、大白菜及葱蒜类蔬菜的贮运效果非常重要。要明确的是，有些产品如柑橘必须在阴凉通风的场所进行"晾"，而不能在太阳下晒；而洋葱、大蒜等必须在太阳下"晒"，没有太阳，晾晒的效果会大打折扣。

柑橘在贮藏后期易出现枯水病，特别是宽皮橘类表现得更加突出。如果将柑橘在贮前晾晒一段时间，使其失重 3%～5%，就可明显减轻枯水病的发生，果实腐烂率也相应减少。国内外很多研究和生产实践证明，贮前适当晾晒是保持柑橘品质、提高耐藏性的重要措施之一。

大白菜是我国北方冬春两季的主要蔬菜，含水量很高，如果收获后直接入贮，贮藏过程中呼吸强度高，脱帮、腐烂严重，损失较大。大白菜收获后进行适当晾晒，失重 5%～10% 即外叶垂而不折时再行入贮，可减少机械伤和腐烂，提高贮藏效果，延长贮藏时间。但是，如果大白菜晾晒过度，不但失重增加，促进水解反应的发生，还会刺激乙烯的产生，从而促使叶柄基部产生离层，导致严重脱帮，降低耐贮性。

洋葱、大蒜收后在夏季的太阳下晾晒几日，会使外部肉质鳞片干燥而膜质化，对抑制产品组织内外气体交换、抑制呼吸、减少失水、加速休眠、降低腐烂病害等都有积极的作用，有利于贮藏。此外，对马铃薯、甘薯、生姜、哈密瓜、冬瓜、南瓜等进行适当晾晒，对贮藏也有好处。

在自然环境下晾晒果蔬，不用能源，不需特殊设备，经济简便，适用性强。但是，由于它完全依赖于自然气候的变化，有时晾晒时间长，效果不稳定。比如在湿度较高的南方地区，如遇上连续阴雨天气，就难以达到晾晒的目的。为此，室内晾晒时可辅以机械通风装置，加速空气流动，从而加速果蔬表层水分的蒸腾，缩短晾晒时间，提高晾晒效果。如果有条件进行降温，使预冷与晾晒结合进行，效果更好。

露天晾晒时，有时要对产品进行翻动，以提高晾晒速度和效果。另外，晾晒过程中必须防止雨淋或水渍，如果遇到雨淋或水渍，应延长晾晒时间。

对于晾晒的果蔬而言，不论采用哪种晾晒条件，都应注意做到晾晒适度。晾晒失水太少，达不到晾晒要求而影响贮藏效果；但晾晒过度，产品由于过多地失水，不但造成数量损失，而且也会对贮藏产生不利影响。

　　果蔬采后处理是上述一系列措施的总称，根据不同果蔬的特性和商品要求，有的需要上述全部处理措施，有的则只需要其中一种或几种，生产上可根据实际情况决定取舍。

思 考 题

　　1. 结合本地果蔬产业特点，谈谈提高本地果实和蔬菜商品化程度的措施。

　　2. 果蔬的采收成熟度如何确定？成熟度对果蔬有哪些影响？举例说明。

　　3. 简述果蔬采收的方法及应注意的问题。

　　4. 影响果蔬预冷效果的因素有哪些？常用的预冷方式有哪些？各有什么优缺点？

　　5. 柿果脱涩的机理是什么？脱涩的主要方法有哪些？

　　6. 果蔬催熟的基本原理是什么？举例说明需要催熟的果蔬种类及其催熟方法。

第五章 CHAPTER FIVE

果品蔬菜的物流

【学习目标】了解物流的概念及构成要素、果蔬冷链流通的操作流程及实现冷链的条件；掌握影响果蔬运输质量的环境因素、运输的基本要求和技术要点；了解运输方式和常用的运输工具，明确我国果蔬运输的发展方向。

第一节　物流的概念和构成要素

一、物流的概念

（一）古时的物流

物流（logistics）自古有之，人类从事的劳动是"物质"活动，有劳动就有物流。远古时期，一只羊换两匹布，是典型的商品交换形式，布匹已是人们的劳动成果，与羊进行交换的过程形成了物流。可以说物流无处不在。

（二）物流概念的演变

物流的概念经历了从 physical distribution 至 logistics 的演变。

physical distribution 直译为"物的流通"，该概念仅考虑到实物分配、货物配送。物流在日本最热的时期是 20 世纪 50 年代中期到 60 年代后期，这个时期是日本在第二次世界大战结束后，经济由复苏转向高速发展的时期，经济的迅猛发展，物资的大量涌流，造就了物流业的繁荣。

logistics 这个词开始频繁出现，始于第二次世界大战时期的美国国防部。当时，紧张的欧洲战场对飞机、坦克、枪炮、弹药及零部件和食品等物资的大量需求，给美国防部的后勤人员提出了艰巨的任务，也就是如何组织调配和发送这些物资，并且充分利用其国内相对有限的生产资源。

与 physical distribution 相比，logistics 考虑的是物流的全过程，包括原材料的采购，生产过程中的运输、保管和信息处理，全面系统地考虑了经济效益和运行效率等问题，从深度和广度上有了升华。

（三）物流的定义

物流的定义非常宽泛，不同历史时期、不同国家和地区，出于当时的发展水平，以及对物流运作的不同侧重，有很多的解释。

1. 美国物流管理协会的定义　物流是供应链程序的一部分，它专注于物品、服务及相关信息从起始点到消费点的有效流通和贮存的计划、执行（实现）和控制，以满足顾客需求。

2. 欧洲物流协会的定义　物流是在一个系统内对人员、商品的运输和安排，与此相关的支持活动的计划、执行和控制，以达到特定目的的过程。此定义的特点：强调了管理功能，提出的"特定目的"比较灵活；但把"人员"也作为物流的对象，是有争议的。

3. 日本的物流定义　物流是物质资料从供给者向需要者的物理性移动，是创造时间性、场所性价值的经济活动。从物流的范畴来看，包括运输、包装、装卸、保管、库存管理、流通加工、配送等各种活动。此定义的特点是强调物理性移动及基本功能要素。

4. 我国对物流的定义　根据《物流术语》（GB/T 18354—2006），物流是指物品从供应地向接收地的实体流动过程。根据需要，将运输、贮存、装卸、搬运、包装、流通加工、配送、信息处理等基本功能实施有机结合。这个定义比较符合国人的理解和认识。

二、物流的构成要素

《物流术语》（GB/T 18354—2006）对物流给出的定义，明确了运输、贮存、装卸、搬运、包装、流通加工、配送、信息处理是物流的基本构成要素。各功能要素之间存在密切的关系，须要根据实际工作进行有效的结合。

（一）运输与配送

运输的任务是将物资进行空间和场所的转移。运输过程不改变产品的实物形态，也不增加其数量。但物流部门通过运输解决物资在生产与消费地点之间的空间距离问题，创造商品的空间效用，实现其使用价值。因此，运输是物流的一个极其重要的环节。

配送活动以往被看成运输活动中的一个组成部分或末端运输。实际上，配送集经营、服务、运输、库存、分拣、装卸、搬运于一身，已不能简单地认为是一种短距离的运输功能。从某种意义上说，现代配送实际上可以看作是整个物流体系的一个缩影。配送环节的处理是否合理，对整个物流体系在现代经济生活中所起的作用有着越来越重要的影响。因此，在现代物流体系中，配送已发展成与运输和贮存并列的一个独立功能。

叉车搬运

（二）贮存

贮存功能包括对进入物流系统的货物进行堆放、管理、保管、保养、维护等一系列的活动。贮存功能可以实现物资的时间效用，是物流体系中唯一的静态环节，相当于物流系统中的一个节点，起着缓冲和调节的作用，其主要载体是仓库。贮存的作用主要表现在两个方面：一是完好地保证货物的使用价值和经济价值；二是为将货物配送给用户，在物流中心进行必要的加工活动而进行的保存。贮存和运输是物流系统中最重要的两大核心功能。

番茄分选包装生产线

（三）装卸、搬运

装卸、搬运是随运输和贮存而产生的必要物流活动，是对运输、贮存、包装、流通加工等物流活动进行衔接的中间环节，是在贮存等活动中为进行检验、维护、保养所进行的装卸活动，如货物的装上卸下、移送、拣选分类等。装卸作业的代表形式是集装箱化和托盘化。使用的装卸机械设备有吊车、叉车、传送带和各种台车等。对装卸、搬运的管理，主要是对装卸、搬运方式，装卸、搬运机械设备的选择和合理配置以及减少损失、加快速度的管理，以获得较好的经济效果。应尽可能减少装卸、搬运次数，以节约物流费用，获得较好的经济效益。

物流信息化

（四）包装

包装既是生产的终点，又是企业物流的起点，是一种动态过程，是生产过程向流通或消费领域的延伸。

包装分为为保持商品的品质而进行的工业包装和为使商品能顺利抵达消费者手中、提高商品价值、传递信息等以销售为目的的商品包装。对产品进行包装，首先，可使物流过程中的货物完好地运送到用户手中，具有保护产品的作用，即对冷暖、干湿或碰撞和挤压等损害的消除或削弱；其次，具有美化产品的作用，这种美化会因其能够取悦消费者而达到促进销售的作用；再次，还具有提高产品装运效率的作用。

（五）流通加工

流通加工是指物品在从生产领域向消费领域流动的过程中，为了促进产品销售、维护产品质量和实现物流效率化，对物品进行简单加工处理，但不改变物品物理或化学属性的加工过程。这种在流通过程中对商品进一步的辅助性加工，可以弥补企业、物资部门、商业部门生产过程中加工程度的不足，更有效地满足用户的需求，更好地衔接生产和需求环节，使流通过程更加合理化，是物流活动中的一项重要增值服务，也是现代物流发展的一个重要趋势。

（六）信息处理

现代物流需要依靠信息技术来保证物流体系正常运作。随着计算机和信息通信技术的发展，物流信息出现高度化、系统化的发展，目前订货、在库管理、所需品的出货、商品进入、输送、备货等要素的业务流已实现了一体化。

信息服务功能的主要作用：缩短从接受订货到发货的时间；库存适量化；提高搬运作业效率；提高运输效率；使接受订货和发出订货更为省力；提高订单处理的精度；防止发货、配送出现差错；调整需求和供给；提供信息咨询。

第二节　物流的发展概况

一、国外物流发展概况

物流的发展不仅与社会经济和生产力的发展水平有关，同时也与科学技术发展的水平有关。按照时间顺序，物流发展大体经历了四个阶段。

（一）初级阶段

20世纪初，在北美和西欧一些国家，随着工业化进程的加快以及大批量生产和销售的实现，人们开始意识到降低物资采购及产品销售成本的重要性。单元化技术的发展，为大批量配送提供了条件，同时也为人们认识物流提供了可能。1941—1945年第二次世界大战期间，美国军事后勤活动的组织为人们对物流的认识提供了重要的实证依据，推动了战后对物流活动的研究以及实业界对物流的重视。1946年美国正式成立了全美输送物流协会，这一时期可以说是美国物流的萌芽和初始阶段。

日本物流观念的形成虽然比美国晚很多，但发展迅速。日本自1956年从美国引入物流概念，到1965年，"物流"一词正式为理论界和实业界全面接受。"物的流通"一词包含了运输、配送、装卸、仓储、包装、流通加工和信息传递等各种活动。

（二）快速发展阶段

20世纪60年代以后，世界经济环境发生了深刻的变化。科学技术的发展，尤其是管理科学的进步，生产方式、组织规模化生产的改变，大大促进了物流的发展，物流逐渐为管理学界所重视。企业界也开始注意到物流在经济发展中的作用，将改进物流管理作为激发企业活力的重要手段。这一阶段是物流快速发展的重要时期。

在美国，由于现代市场营销观念的形成，企业意识到顾客满意是实现企业利润的唯一手段，顾客服务成为经营管理的核心要素，物流在为顾客提供服务上起到了重要的作用。物流，特别是配送，得到了快速的发展。

20世纪60年代中期至70年代初，是日本经济高速增长、商品大量生产和大量销售的年代。随着这一时期生产技术向机械化、自动化方向发展以及销售体制的不断改善，物流已成为企业发展的制约因素。于是，日本政府开始在全国范围内进行高速道路网、港口设施、流通聚集地等基础设施的建设。这一时期是日本物流建设的大发展时期，原因在于社会各方面对物流的落后和物流对经济发展的制约性都有了共同的认识。

（三）合理化阶段

20世纪70年代至80年代，物流管理的内容从企业内部延伸到企业外部，物流管理的重点已经转移到对物流的战略研究上。企业开始超越现有的组织机构界限而注重外部关系，将供货商（提供成品或运输服务等）、分销商以及用户等纳入管理的范围，利用物流管理建立和发展与供货厂商及用户的稳定的、良好的、双赢的、互助合作伙伴式的关系，形成了一种联合影响力量，以赢得竞争的优势。物流管理已经意味着企业应用先进的技术，站在更高的层次上管理这些关系。电子数据交换、准时制生产、配送计划、其他物流技术的不断涌现以及应用与发展，为物流管理提供了强有力的技术支持和保障。这一时期，欧洲的制造业已采用准时生产模式，产品跟踪采用条形码扫描，欧洲第三方物流开始兴起。

在这一阶段，日本经济发展迅速，并进入了以消费为主导的时代。虽然物流量大大增加，但由于成本的增加，企业利润并没有得到期望的提高。因此，降低经营成本，特别是降低物流成本成为经营战略中的重要特征。这一时期也称物流合理化时代。

（四）信息化、智能化、网络化阶段

20世纪90年代以来，信息技术的进步使人们更加认识到物流体系的重要，现代物流的发展被提到重要日程上来。同时，信息技术特别是网络技术的发展，也为物流发展提供了强有力地支撑，使物流向信息化、网络化、智能化方向发展。目前，基于互联网和电子商务的电子物流正在兴起，以满足客户越来越苛刻的物流需求。

二、中国物流发展概况

我国物流发展大致经历了以下三个阶段：

（一）计划经济下的物流

这一阶段是我国实行计划经济体制时期，即从新中国成立初期到改革开放前。在这一阶段，物流活动主要目标是保证国家指令性计划分配指标的落实，物流的经济效益被放在了次要位置。物流活动仅限于对商品的贮存和运输，物流环节互相割裂，系统性差，整体效益低下。

（二）有计划的商品经济下的物流

中共十一届三中全会以来，随着改革开放步伐的加快，我国开始从计划经济向市场经济逐步过渡，即从计划经济向计划经济为主、市场经济为辅，计划经济和市场经济相结合的体制转变。市场在经济运行中的作用逐步加强，物流业开始注重经济效益，物流活动已不仅仅局限于被动的仓储和运输，而开始注重系统运作，即考虑包括包装、装卸、流通加工、运输在内的物流系统整体效益，用系统思想对物流全过程进行优化，使物流总费用降低。这一阶段，即从改革开放到90年代中期，物流的经济效益和社会效益有所提高。

（三）现代物流发展阶段

1993年后，我国加快了经济体制改革的步伐，科学技术的迅速发展和信息技术的普及应用，消费需求个性化趋势的加强以及竞争机制的建立，使得我国的工商企业，特别是中外合资企业，为了提高竞争力，不断提出了新的物流需求。此时国家逐渐加大力度对一些老的仓储、运输企业进行改革、改造和重组，使它们不断提供新的物流服务。与此同时，还出现了一批适应市场经济发展需要的现代物流企业。这一阶段，除公有制的物流企业外，非公有制的物流企业迅速增加，外商独资和中外合资的物流企业也有了不断发展。

随着我国经济向社会主义市场经济体制过渡，物流的活动逐渐摆脱了部门附属机构的地位，开始按照市场规律的要求开展物流活动。物流活动开始体现出物流的真正本质内容——服务。物流更多地和信息技术结合使用，物流的范围和领域也不断扩大。

第三节 果品蔬菜的物流系统及冷链流通

一、果蔬的物流系统

目前，业内尚未形成果蔬物流和果蔬供应链的统一概念。结合物流的概念和果蔬本身的特性，可以把果蔬物流定义为：为了满足消费者的需求，实现新鲜果蔬物流价值而进行的果蔬物质实体及相关信息从生产者到消费者之间的物理性经济活动。具体地说，它包括果蔬采收、预处理、贮藏管理、出库处理、运输上市等一系列环节，并且在这一过程中实现了果蔬增值和组织目标。有关果蔬采收及预处理的内容在第四章已述及，此处不再重复。

（一）贮藏管理

优越的贮藏运输设施能够创造一个适于果蔬物流的温度、湿度和气体条件，从而有利于保障果蔬在整个物流供应链中的质量。我国主要的贮藏场所有田间地沟、窑洞、通风库、冷藏库、气调库、冰温库等。一般说来，对于计划进行长期贮藏的果蔬，要从采前田间管理开始，在采收、处理、包装、运输等各个环节尽可能按要求进行，使产品保持最好的质量状态，遭受最少的机械损伤，以便使其达到最长的贮藏寿命。一般应用大型的专业化冷库或气调冷库来长期贮藏果蔬产品。果蔬贮藏管理技术的总原则是良好的温度、湿度、气体控制，并保持一定的堆码空隙，以保证空气的流通。

1. 库房的卫生和消毒　保持好库房内及环境的卫生条件，有利于减少病虫害的滋生传播，从而有助于预防及减少贮藏损失。另外，防鼠也是库房管理的一个重要部分，除了要求在贮藏库与外界相通处安装筛网以外，还要求制作一些专门的防鼠装置。冷库使用前一般需要用消毒剂进行消毒，常用的消毒剂与消毒方法参考第六章果品蔬菜的贮藏方式与管理中的内容。

2. 产品入库　入库时，应检验果蔬品质并做好记录，还要检验果蔬的温度及外形，特别是夏季温度较高时更应如此。入库须注意的是，贮藏在同一处的不同产品，应当适应贮藏环境中相同的温度、湿度及乙烯水平。例如，产生大量乙烯的产品（如香蕉、苹果、猕猴桃等）能诱导对乙烯敏感的产品（如莴苣、黄瓜、胡萝卜、马铃薯、甘薯等）发生生理病害和其他不良变化，因此不能装入同一贮藏间。在产品刚入库时，产品的热状态是决定整个冷库热负荷的关键因素。正常冷库的制冷系统是按稳定贮藏状态下总负荷来设计的，如果产品入库温度过高，一次性入库量过大，可使制冷系统超负荷运转而损坏；同时，还可导致要求迅速降温的果蔬因温度下降缓慢而增加损耗。因此，对于未经预冷的果蔬产品，为了在正常的机器运转条件下使产品尽快降温，在冷库设计及管理规范中对每天的入贮量应有严格的规定，通常设计每天入贮量为冷库贮量的20％左右。

3. 温度和湿度管理

（1）温度管理。机械冷藏库的温度控制是靠调节制冷剂在蒸发器中的流量和汽化速率来完成的。现在建造的冷库大多采用自动控制技术，只要给机器设定温度值，温度调节便可自动完成。在冷藏中，要求冷藏库的温度波动尽可能小。除了调控好温度控制外，还要注意及时除霜。一般说来，除霜要周期短、速度快，否则结霜太厚，不但引起制冷效率降低，而且除霜时造成库温大幅波动。同时，还要求库内各处的温度均匀，无过冷或过热的死角，防止产品局部受害。温度分布的均匀性除了受冷藏库设计结构的影响外，还主要受产品堆垛方式的影响。

（2）湿度管理。冷库冷却管表面经常结霜，除霜常常导致库内相对湿度降低。增加相对湿度最简单的方法是在库内地面上洒水。另外，可在冷库顶棚装设超微喷头，直接向空气进行循环加湿；亦有将空气经加湿后在库内循环的方式。机械加湿方法效果很好，易于控制加湿量，冷库内湿度分布也均匀。

4. 通风　冷藏果蔬呼吸所放出的CO_2可在密闭的冷库中积累，因此冷库需做通风换气工作。中、大型冷库作长期贮藏时，CO_2的积累成为不可忽视的问题。但是，如果彻底更换库内空气，耗能太大、不经济，故往往采用空气洗涤的方法去除CO_2和其他有害气体，即让库内空气循环流经CO_2吸收装置，如石灰箱、活性炭洗涤器等。生产中一般是在库内安装鼓风机或排风扇，开启库门和排气窗，以促使库内气体与库外空气的对流交换。

（二）出库处理

取得好的经济效益是果蔬产品贮藏的最终目的。生产实际中，经营者应该抓住合适的果蔬出库销售时间，并计划好贮藏时间与贮藏条件，从而产生最大的经济效益。因此，经营者首先考虑的是贮藏成本及贮藏后的销售收入，而不是贮藏时间长短。

在实际生产中，由于市场需求、生产与供应计划不同，有的果蔬需要长期贮藏，而有的产品只做短期或临时贮藏。长期贮藏是一种使产品上市供应达到全年均衡的有效手段。苹果、梨、甜橙、葡萄等水果采收时间集中，所以大量产品需要入冷库进行长期贮藏。根茎类蔬菜如胡萝卜、萝卜、甘薯、马铃薯、洋葱、生姜、大蒜等也有较长的贮藏寿命，在适宜的环境条件下可以贮藏数月。但任何种类的果蔬，即使在最佳的贮藏环境条件下，其贮藏寿命也是很有限的。贮藏条件是决定贮藏寿命的最关键的因素。但是，能否达到一定的贮藏寿命还与种类和品种、采前的田间栽培管理、采收时机及采后处理等因素有关。虽然说产品的贮藏时间越长，获利的机会越多，但贮藏的时间越长，贮藏条件要求越严格，产品的贮藏成本就越高。一般应用大型的专业化冷库或气调冷库来长期贮藏果蔬产品。因此，果蔬的贮藏时间要视市场的需要，适宜长时间贮存的果蔬，在市场需要时，尽管贮期很短也要推向市场。

（三）运输上市

运输既是果蔬采后商品化过程中各环节的连接纽带，也是重要的独立环节，是果蔬生产与消费的桥梁。据统计，90％以上的水果及70％以上的蔬菜需要经过各种途径的运输后到达消费者手中，实现其商品价值。

二、果品蔬菜的冷链流通

（一）冷链的概念

所谓冷链，是指果蔬在生产、贮藏、运输、销售直至消费前的各个环节中，始终处于适宜的低温环境中，以保证果蔬质量、减少损耗的一项系统工程。果蔬从生产到消费的过程中，要保持高品质，就必须采用冷链。

冷链是随着制冷技术的发展而建立起来的。它以果蔬冷冻工艺学为基础，以制冷技术为手段，是一种在低温条件下的物流现象。因此，要求把所涉及的生产、运输、销售、消费、经济性和技术性等各种问题集中起来考虑，协同相互间的关系。

果蔬由于富含水分和多种营养物质，所以容易腐败变质。如果不能提供适宜的流通条件，也会缩短这些果蔬的货架寿命。因此，对所有果蔬采用适宜的包装方式，提供适宜的贮藏、运输、销售条件是非常必要的。其中流通温度对确保果蔬的品质至关重要。从保证品质、促进销售的角度来说，果蔬流通离不开低温流通体系，即冷链。

在经济技术发达的国家和地区，果蔬采后已实现了冷链运输系统。这种冷链系统使果蔬从采后的处理、运输、贮藏、销售直至消费的全部过程中，均处于适宜的低温条件下，可以最大限度地保持果蔬的品质。实践证明，果蔬及许多易腐食品的冷链流通已取得了明显的经济效益和社会效益。

（二）冷链流通的操作

冷链流通的操作流程见图 5－1。从生产基地到包装厂或冷藏库的短途运输，大多采用普通车船。进入冷藏库前，要进行低温预冷，这主要涉及冷却装置。果蔬的冷藏

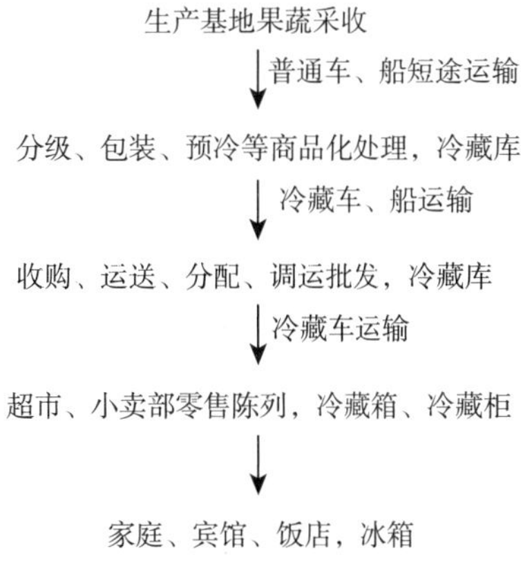

生产基地果蔬采收

↓普通车、船短途运输

分级、包装、预冷等商品化处理，冷藏库

↓冷藏车、船运输

收购、运送、分配、调运批发，冷藏库

↓冷藏车运输

超市、小卖部零售陈列，冷藏箱、冷藏柜

↓

家庭、宾馆、饭店，冰箱

图 5－1　冷链流通的操作流程

与冻藏，主要涉及各类冷藏库、冷冻库、冷藏柜、冻结柜及家用冰箱等。果蔬的中、长途运输及短途运输，主要涉及铁路冷藏车、冷藏汽车、冷藏船、冷藏集装箱等低温运输工具。冷藏果蔬的批发和零售等，由生产厂家、批发商和零售商共同完成。超市、商场中的陈列柜，兼有冷藏和销售的功能。果蔬在家庭消费和生产企业的工业消费时，家用冰箱、冰柜，工厂的冷藏库或冻藏库，是消费阶段的主要设备。

（三）果蔬冷链各环节运作原则

冷链中各环节都起着非常重要的作用。果蔬在采收、分级、包装、贮藏、运输、销售和消费等环节，必须在作业上紧密衔接、相互协调，形成一个完整的冷链。组成冷链的各个环节和设施，运作上的一般原则：一是保证冷链中的果蔬初始质量优良，最重要的是新鲜度，如果果蔬已经开始变质，低温也不可能使其恢复到初始状态；二是果蔬在收获后应尽快放置在适宜的温度条件下，以尽可能地保持原有品质；三是产品从最初的采收到消费者手中的全过程，均应保持在适当的低温条件下。

（四）果蔬冷链的三个阶段

1. 生产阶段 果蔬冷链的生产阶段指易腐果蔬收获后的低温贮藏阶段。它关系到果蔬保鲜质量的起点，主要冷链设施是冷库，是果蔬冷链不可缺少的重要环节，也是果蔬冷链的硬件设施和主体。

2. 流通阶段 流通阶段主要指流通过程的冷藏运输，主要设施包括冷藏火车、冷藏汽车、冷藏船和冷藏集装箱等。据中国物流技术协会冷链物流专业委员会统计，2019 年我国冷藏车市场保有量达到 214 700 辆，较上年增长 34 700 万辆。

3. 消费阶段 消费阶段的硬件设施从 20 世纪 90 年代初期有了快速发展，我国先后引进多家国外商业零售环节冷藏设施的先进生产技术和设备，各种用途和各种形式的商用冷柜不断推向市场，商业批发零售基本也配置了冷柜或小冷库，这些设施已基本满足了冷链消费阶段实际销售环节的需要。同时冰箱及冷柜也已进入千家万户，这为冷链产品拓展了巨大市场。

（五）实现冷链的条件

虽然恒定的低温是冷链的基础和基本特征，也是保证果蔬质量的重要条件，但这不是唯一条件，因为影响果蔬贮运质量的因素很多，必须综合考虑，协调配合，才能实现真正有效的冷链。归纳起来，实现冷链的条件有以下几方面：

1. "三P"条件 即果蔬原料（products）、处理工艺（processing）、包装（package）的状况。要求原料品质好，处理工艺质量高，包装符合果蔬特性，这是果蔬进入冷链的早期质量要求。

2. "三C"条件 即在整个生产与流通过程中，对果蔬要细心（care）、清洁卫生（clean）、低温冷却（chilling），这是保证果蔬流通质量的基本要求。

3. "三T"条件 即著名的"T. T. T"理论，也就是时间（time）、温度（temperature）、耐藏性或容许变质量（tolerance）。对每种果蔬而言，在一定的温度下，果蔬所发生的质量下降与所经历的时间存在确定的关系。以柑橘为例，贮藏的基准温度为 2 ℃时，在环境温度 5 ℃下存放 10 d 的质量降低为原来的 83%；而在 10 ℃下存放 10 d，则质量降低为原来的 71%。

4. "三Q"条件 即冷链中设备的数量（quantity）协调、设备的质量（quality）标准一致、快速（quick）的作业组织。冷藏设备的数量协调就是能保证果蔬在流通过程中始终处在低温环境中。因此要求预冷站、各种冷库、冷藏汽车、冷藏船、冷藏列车等都应按照果蔬货源货流的客观需要，相互协调发展。设备的质量标准一致，是指各环节的标准应当统一，包括温

超市冷藏柜

荔枝加冰
运输包装

度、湿度、卫生以及包装等条件。快速的作业组织，是指生产部门的货源组织、车辆准备与途中服务、换装作业的衔接、销售部门的库容准备等应快速组织并协调配合。

第四节　果品蔬菜的运输

一、运输的基本要求

新鲜果蔬与其他商品相比，运输要求较为严格。我国地域辽阔，自然条件复杂，在运输过程中气候变化难以预料，运输工具与发达国家相比还有很大差距。因此，必须根据果蔬的生物学特性，尽量满足果蔬在运输过程中所需要的条件，才能确保运输安全，减少损失。

（一）快装快运

果蔬采后仍然是一个活的有机体，新陈代谢旺盛，由于中断了从母体的营养来源，只能凭借自身采前积累营养物质的分解，来提供生命活动所需要的能量。果蔬呼吸作用越强，营养物质消耗越多，品质下降越快。

运输是果蔬流通的一种手段，它的最终目的是以最小的质量损失将果蔬运往销售市场、包装厂或贮藏库。一般而言，运输过程中的环境条件是难以满足要求的，特别是气候的变化和道路的颠簸，极易对果蔬质量造成不良影响。因此，必须尽量缩短运输时间，快装快运，使果蔬迅速到达目的地。

（二）轻装轻卸

合理的装卸直接关系到果蔬运输的质量，因为绝大多数的果蔬含水量为 80％～90％，属于鲜嫩易腐性产品。如果装卸粗放，产品极易受伤，导致腐烂，这是目前运输中普遍存在的问题，也是引起果蔬采后损失的一个主要原因。因此，装卸过程中一定要做到轻装轻卸。

（三）防热防冻

任何果蔬对运输温度都有严格的要求，温度过高，会加快产品衰老，使品质下降；温度过低，产品容易遭受冷害或冻害。此外，运输过程中温度波动频繁或幅度过大，都对保持产品质量不利。

现代很多交通工具都配备了调温装置，如冷藏卡车、铁路机械保温车、冷藏轮船以及近年发展的冷藏气调集装箱、冷藏减压集装箱等。然而，目前我国这类运输工具应用还不是很普遍，因此必须重视利用自然条件和人工管理来防热防冻。日晒会使果蔬温度升高，提高呼吸强度，加速自然损耗；雨淋则影响产品包装的完美，过多的含水量也有利于微生物的生长和繁殖，加速腐烂。遮盖是防热、防冻、防雨淋最常用的保护方式，应根据不同的环境条件采用不同的措施。此外，在温度较高的情况下，还应注意通风散热。

二、运输的环境条件

运输是在特殊环境下的短期贮藏。在运输过程中，温度、湿度、气体等环境条件对果蔬品质的影响，与在贮藏中的情况基本类似。然而，运输环境是一个动态环境，故在讨论上述环境的同时，还应当重点考虑运输环境的特点及其对果蔬品质的影响。

（一）运输振动

振动是果蔬运输时应考虑的基本环境条件。振动强度以振动所产生的加速度大小来分级（达到一个振动加速度为 1 级，记为 $1g$）。据日本中村等的研究，$1g$ 以上的振动加速度可直接造成果蔬的物理损伤，$1g$ 以下的振动也可能造成间接损伤。

1. 影响运输车辆振动强度的因素

（1）车辆状况。樽谷（1975）研究了卡车的车轮数与车体垂直振动强度的关系，认为轮数少，即车体小、自重轻的车，振动强度高。摩托车、三轮车的振动强度可达 $3\sim5g$。车轮内压力高时，振动大。在同一车厢中，后部的振动强度高于前部，上方的振动强度高于下方。

（2）车速及路面状况。一般而言，铁路及高速公路比较平稳，因而运输的振动很少超过1g。而且在铁路及高速公路上，行车速度与振动关系不大。在不好的路面上行车时，则车速越快，振动越大。因此，道路状况是运输中振动强度大小的决定因素（图5-2）。

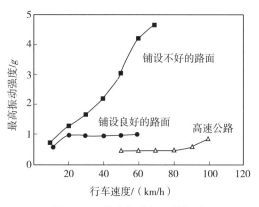

图5-2　道路状况与运输振动

（3）装载状况。空车或装货少的车厢振动强度高。另外，如果货物码垛不合理、不稳固时，包装与包装之间的二次甚至多次碰撞，常会产生更强的振动，记录到的振动强度可达31g（中村，1976）。

（4）运输方式。以公路运输的振动最大，在路况不好的情况下，常会发生3g左右的振动。铁路运输的振动较小。据日本中马等（1967）报道，垂直振动在0.1~0.6g，当货车与货物发生共振时稍大。水上运输的振动最小，6 000 t级的香蕉运输船振动为0.1~0.15g。虽然轮船的摇摆相当大，但摆动周期长，因此振动强度很小。

2. 运输振动对果蔬的危害　振动可以引起果蔬组织的多种伤害，主要为机械损伤及导致生理失常两大类，它们最终导致果蔬品质下降，甚至腐烂变质。

外伤通常可刺激果蔬的呼吸强度急剧上升，即使在未造成外伤的振动强度下，果蔬的呼吸强度也会有明显的上升。中村等（1975）对番茄的试验结果表明，振动一开始，呼吸强度就开始上升，在振动停止后，呼吸异常还会持续一定时间。在一定的振动时间范围内，振动越强，呼吸上升越显著，但在强振动区，呼吸反而被抑制（图5-3）。据此可以认为，番茄可忍耐一定强度的振动刺激，超出此范围，生理异常就会出现。苹果、梨、温州蜜柑、茄子等也有大体相同的趋势。

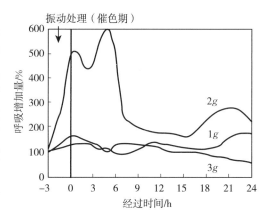

图5-3　振动对番茄呼吸强度的影响

由于果蔬具有良好的黏弹性，可以吸收大量的冲击能量，因而作为独立个体的抗冲击性能很好。中马等（1970）试验表明，高达45 g的加速度才会造成单个苹果的跌伤。因此，在不考虑其他因素时，通常运输中的加速度不至于造成果蔬的损伤。但是，实际上1g以上的振动加速度就足以引起果蔬的损伤，这是因为货车车厢的振动常激发包装和包装内产品的各种运动，这些因素的叠加效应常会在一般的振动强度下形成对某些果蔬个体造成损伤的冲击。此外，对于未发生机械损伤的振动，如果反复增加作用次数，那么果蔬的抗击强度也会急剧下降，此后如果遇到稍大的振动冲击，就可能使果蔬产品受到损伤（O'Brien，1965）。中马等（1970）曾报道，草莓在运输中，由于微小的振动，包装上部的果实软化加重，运输距离越长，硬度下降越快。

在实际运输中，果蔬能忍耐的振动加速度是一个非常复杂的问题。一般而言，按照果蔬的力学特性，可把果蔬划分为耐碰撞和摩擦、不耐碰撞、不耐摩擦、不耐碰撞和摩擦、脱粒等类型（表5-1）。

表 5-1 各种果蔬对振动损伤的抵抗性

（中村，1977）

类型	果蔬种类	运输振动加速度的临界点/g
耐碰撞、摩擦	柿、柑橘类、青番茄、甜椒、根菜类	3.0
不耐碰撞	苹果、红熟番茄	2.5
不耐摩擦	梨、茄子、黄瓜、结球蔬菜	2.0
不耐碰撞、摩擦	桃、草莓、西瓜、香蕉、绿叶菜类	1.0
脱粒	葡萄	1.0

（二）温度

运输温度对果蔬品质起着决定性的影响，现代果蔬运输最大的特点，主要是对温度的控制。

根据运输过程中温度的不同，果蔬运输可分为常温运输及冷藏运输两类。运输过程中，果蔬产品装箱和堆码紧密，热量不易散发，呼吸热的积累常成为影响运输的一个重要因素。在常温运输中，果蔬的温度很容易受外界气温的影响，如果外界气温高，再加上果蔬本身的呼吸热（表 5-2），品温很容易升高。一旦果蔬温度升高，就易使产品大量腐败。但在严寒季节，果蔬紧密堆垛，呼吸热的积累则有利于运输防寒。

表 5-2 常见果蔬呼吸热的推测值

单位：kcal[①]/(t·d)

果蔬种类	0 ℃	4.5 ℃	15.5 ℃
欧洲葡萄	80~100		550~650
美洲葡萄	150	300	880
葡萄柚	100~250	180~330	550~1 000
柠檬	130~230	150~480	580~1 300
苹果	80~380	150~680	580~2 000
李	100~180	230~380	600~700
橘	100~250	330~400	930~1 300
桃	230~350	350~500	1 800~2 300
罗马甜瓜	330	500	2 100
洋梨	180~230		2 200~3 300
鳄梨	1 500~3 300	2 900~5 800	3 300~10 000
樱桃	330~450		2 800~3 300
草莓	680~1 000	900~1 700	3 900~5 100
马铃薯		330~450	380~650
黄瓜			550~1 700
洋葱	180~280	200	600
甘蓝	300	430	1 000
红薯	300~600	430~860	1 100~1 600
番茄（绿熟）	150	280	1 600
番茄（完熟）	250	330	1 400
结球莴苣	580	680	2 000
胡萝卜	530	880	2 000
芹菜	400	600	2 100

（续）

果蔬种类	0 ℃	4.5 ℃	15.5 ℃
青椒	680	1 200	2 100
花椰菜		1 100	2 500
莴苣	1 100	1 600	3 600
利马豆	580~800	1 100~1 500	5 500~6 900
芦笋	1 500~3 300	2 900~5 800	5 500~13 000
秋葵		3 000	8 000
青花菜	1 900	2 800~4 400	8 500~13 900
菠菜	1 100~1 700	2 000~2 800	9 300~9 600
玉米	1 800~2 800	3 300	9 700
青豌豆	2 100	3 300~4 000	9 900~11 000

注：①kcal 为非法定计量单位，1 kcal＝4.187 kJ。

在冷藏运输中，由于堆垛紧密，冷气循环不好，未经预冷的果蔬冷却速度通常很慢，而且各部分的冷却速度也不均匀。有研究表明，没有预冷的果蔬，在运输的大部分时间中，产品温度都比要求温度高。可见，要达到好的运输质量，在长途运输中，预冷是非常重要的。

关于果蔬最适运输温度的确定，从理论上来讲，最理想的运输温度与最适贮藏温度应该保持一致。但是，在实践中这样的运输代价往往非常高，不经济。实际上果蔬的最适冷藏温度大多是为长期贮藏而确定的，在现代运输条件下，果蔬的陆地运输很少超过 10 d。因此，果蔬运输只相当于短期贮藏，没有必要套用长期贮藏的温度指标。根据日本里田的研究，芹菜采收后，在 0 ℃和 RH 90％～95％下可保存 60 d，平均呼吸热为 79.5 kJ/(t·h)；而在 4.4 ℃时，呼吸热为 117.2 kJ/(t·h)，在 4.4 ℃下贮藏 40 d 的呼吸消耗相当于 0 ℃下 60 d 的呼吸消耗。如果不考虑其他因素，以呼吸消耗来测算贮藏期的话，可以认为在 4.4 ℃下运输 1 d 的质量下降只相当于 0 ℃下运输 1.5 d 的质量下降。另据苏联学者 D. B. 策烈维提诺夫的测算，苹果在 4 ℃下运输 1 d 的呼吸消耗只相当于最适贮藏温度 0 ℃下 1.86 d 的消耗，即使运输期长达 15 d，也只是使整个 1 年的冷藏寿命缩短 13 d。这些研究结果表明，由于运输时间的相对短暂，略高于最适冷藏温度的运输温度对果蔬品质的影响不大。而采取略高的温度，在运输经济性上则具有十分明显的好处。例如，采用保温车代替制冷车，可减少能源消耗，降低冷藏车的造价等。

另外，运输最低温度的确定原则也与冷藏基本相同，即以能够导致冷害发生的临界温度为限。实际上在严寒地区需保温运输的条件下，亦可适当放宽低温下限，因为大多数果蔬短期内对冷害尚具有一定的忍耐性。

根据上述两个考虑以及果蔬本身的特性，可确定果蔬的最适运输温度。邹京生（1979）认为，一般而言，果蔬的运输温度可以在 4 ℃以上。当然，最适运输温度的确定，还应考虑运输时间的长短。

一般而言，根据对运输温度的要求，可把果蔬分为以下四类：①适于低温运输的温带果蔬，如苹果、梨、葡萄、猕猴桃、桃、莴苣、石刁柏等，最适条件为温度 0 ℃、RH 90％～95％；②对冷害不太敏感的热带、亚热带果蔬，如荔枝、柑橘、石榴等，最适温度为 2～5 ℃；③对冷害敏感的热带、亚热带果蔬，如香蕉、芒果、黄瓜、青番茄、菜豆等，最适温度为 10～18 ℃；④对高温相对不敏感的果蔬，可在常温运输，如洋葱、大蒜、马铃薯、胡萝卜等。

表 5-3、表 5-4 是国际制冷学会推荐的新鲜果蔬的运输与装载温度。

表5-3 国际制冷学会推荐的新鲜蔬菜运输温度

单位:℃

蔬菜	1~2 d的运输温度	2~3 d的运输温度	蔬菜	1~2 d的运输温度	2~3 d的运输温度
石刁柏	0~5	0~2	菜豆	5~8	
花椰菜	0~8	0~4	食荚豌豆	0~5	
甘蓝	0~10	0~6	南瓜	0~5	
苕菜	0~8	0~4	青番茄	10~15	10~18
莴苣	0~6	0~2	红番茄	4~8	
菠菜	0~5		胡萝卜	0~8	0~5
辣椒	7~10	7~8	洋葱	-1~20	-1~13
黄瓜	10~15	10~13	马铃薯	5~20	5~10

表5-4 国际制冷学会推荐的新鲜果实运输与装载温度

单位:℃

果实	2~3 d的运输条件		5~6 d的运输条件	
	最高装载温度	建议运输温度	最高装载温度	建议运输温度
杏	3	0~3	9	0~2
香蕉（大蜜舍）	≥12	12~13	≥2	12~13
香蕉	≥15	15~18	≥15	15~16
樱桃	4	0~4	建议运输≤3 d	
板栗①	20	0~20	20	0~20
甜橙	10	2~10	10	4~10
柑和橘	8	2~8	8	2~8
柠檬	12~15	8~35	12~15	8~15
葡萄	8	0~8	6	0~6
桃	7	0~7	8	0~3
梨②	5	0~5	3	0~3
菠萝	≥10	10~11	≥30	10~11
草莓	8	-1~2	建议运输≤3 d	
李	7	0~7	3	0~3

注:①板栗运输温度≤10℃;②鸭梨在5℃时可能发生冷害。

（三）湿度

在低温运输条件下，由于车厢的密封和产品的高度密集，运输环境中的相对湿度常在很短的时间内即达到95%~100%，并在运输期间一直保持这种状态。一般而言，由于运输时间相对较短，这样的高湿度不至于影响果蔬的品质和腐烂率。但是，栗山等（1972、1975）报道指出，日本运往欧洲的温州蜜柑，由于船舱内湿度过高，导致水肿病发病率增加，打蜡的果实表现尤为明显。此外，如果采用纸箱包装，高湿还会使纸箱吸湿，导致纸箱强度下降，使果蔬容易受伤。为此，在运输时应根据不同的包装材料采取不同的措施，远距离运输用纸箱包装产品时，可在箱中用聚乙烯薄膜衬垫，以防包装箱吸收果蔬散失的水分而引起抗压力下降；用塑料箱包装运输时，可在箱外罩以塑料薄膜以防产品失水。

（四）气体成分

果蔬在常温运输中，因通风透气状况好，环境中气体成分变化不大。但在低温运输中，由于车厢体密闭，运输环境中有CO_2的积累，但是由于运输时间不长，CO_2不可能积累到伤害的浓度。在使用干冰直接冷却的冷藏运输系统中，CO_2 浓度通常可高达 20%～90%，有造成 CO_2 伤害的危险。所以，果蔬运输所用的干冰冷却一般为间接冷却。

气调在运输中的好处，由于运输的时间短而不能充分体现，故生产中不提倡气调运输。在美国曾做过大量利用气调车运输的试验，只有草莓、香蕉等极少数产品显示出明显的保鲜效果。此外，应当注意的是，即使用气调冷藏车运输，也不能省去预冷步骤。

三、运输的方式和工具

（一）运输方式

1. 公路运输 公路运输是我国最重要和最常用的运输方式。虽然存在成本高、运量小、耗能大等缺点，但却具有灵活性强、速度快、适应地区广的优势。我国目前主要以普通汽车运输，冷藏车运输的比例很小。随着经济的发展，冷藏运输的比例将逐年上升。

2. 铁路运输 铁路运输具有运量大、速度快、振动小、运费较低（运费高于水运，低于陆运）、连续性强等优点，适合于长途运输。其缺点是机动性能差。

3. 水路运输 利用各种轮船进行水路运输具有运量大、成本低、行驶平稳等优点，尤其海运是最便宜的运输方式。国外海运价格只为铁路的 1/8，公路的 1/40。但其受自然条件限制较大，运输的连续性差，速度慢，因此水路运输果蔬的种类受到限制。发展冷藏船运输果蔬，是我国水路运输的发展方向。

4. 航空运输 空运的最大特点是速度快、运输中振动最小。但装载量很小，运价昂贵，适于运输特供高档果蔬。美国草莓空运出口日本，从美国加利福尼亚州空运可食性花到美国东部城市的利润都很高。我国陕西冬枣、油桃空运到上海、广州，我国出口日本的鲜香菇、蒜薹也有采用空运的。

由于空运的时间短，在数小时的航程中无须使用制冷装置。但是如果使用客机上的货物间运输，因为货物间和旅客间具有相同的温度和压力，故对于易腐果蔬如无花果、草莓等，必须在装机前预冷至一定温度，并采取隔热材料的容器包装。在较长时间的飞行中，一般用干冰作冷却剂。因干冰装置简单，重量轻，不易出现故障，十分符合航空运输的要求。用于冷却果蔬的干冰制冷装置常采用间接冷却，因此干冰升华后产生的 CO_2 不会在产品环境中积存而导致 CO_2 伤害。

5. 联运 由两种及其以上的交通工具相互衔接、转运而共同完成的运输过程称为联运。果蔬联运是指果蔬从产地到目的地的运输全过程使用同一运输凭证，采用两种及两种以上不同的运输工具相互衔接的运输过程。如铁路、公路联运，水陆联运等。国外普遍采用的联运方式：将集装箱装在火车的平板上或轮船内，到达终点站或港口时，将集装箱卸下来，装车后进行短距离的公路运输，直达目的地。联运可以充分利用各种运输工具的优点，克服交通不便，促进各种运输方式的协作，简化托运手续，缩短运输时间，节省运费。

（二）运输工具

目前果蔬短途公路运输所用的运输工具包括汽车、拖拉机和人力拖车等。汽车有普通卡车、冷藏汽车、冷藏拖车和平板冷藏拖车。水路运输工具用于短途转运或销售的一般为木船、小艇、拖驳和帆船，远途运输的则用大型船舶、远洋货轮等，远途运输的轮船有普通舱和冷藏舱。铁路运输工具有普通棚车、通风隔热车、加冰冷藏车、机械冷藏车。集装箱有冷藏集装箱和气调集装箱，集装箱也可在许多运输工具上作业，所以利用集装箱运输是果蔬产品运输的发展方向。以下重点介绍几种公路运输工具。

1. 普通卡车及厢式货车 在我国新鲜果蔬的运输中，普通卡车是最重要的运输工具。卡车中转和装卸次数少，节省时间和劳动力，由于容量小，收购和销售速度较快。普通卡车车厢内没有控温设备，受外界气温的影响大，故普通汽车运输的果蔬质量很难保障，长途运输更是如此。

2. 通风车 通风车是一种用于短途运输易腐果蔬的车辆，装有能关闭严实的进气孔和排气孔，并有强制通风装置或类似的机械装置。通风系统可以在运输过程中排除果蔬释放的过多水汽、二氧化碳、乙烯和其他气体，保证产品免受气体伤害，同时可以散失热量，帮助调节车内温度。

3. 隔热车 隔热车是一种保温运输车辆，它通过车体良好的隔热性起到保温作用，来减少车内外的热量交换，以保证货物在运输期间的温度波动不超过允许的范围。它仅具有隔热的车体，车内无任何制冷和加温设备，隔热保温厢体一般由聚氨酯材料、玻璃钢、彩钢板、不锈钢等材料构成。在果蔬运输过程中，主要依靠隔热性能良好的车体保温作用来防止周围环境温度过高或过低对果蔬造成伤害。这种车辆适于果蔬的中、短距离运输。

4. 冷藏车 冷藏车是用来运输果蔬的封闭式厢式运输车，车内有制冷或控温设备，常用于运输果蔬的冷藏车可分为机械制冷、液氨或干冰制冷、蓄冷板制冷等类型。

（1）机械制冷冷藏车。通常用于远距离运输，它的蒸发器通常安装在车厢的前端，采用强制通风式。冷风贴着车厢顶部向后流动，从两侧及车厢后部流向车厢底面，沿底面间隙返回车厢前端。这种通风方式使整个运输货物都被冷空气包围着，外界传入车厢的热流直接被冷风吸收，不会影响果蔬的温度。同时为了更好地排除果蔬在运输过程中产生的呼吸热，需要在货堆内外留有一定间隙，以利于空气流通。机械制冷冷藏车的优点是车内温度比较均匀稳定，温度可调范围广。缺点是结构复杂，易出故障，噪音大，大型车冷却速度慢，时间长，需融霜。

（2）液氮或干冰制冷冷藏车。液氮制冷冷藏车主要由液氮罐、喷嘴及控温系统组成。需降温时，液氮从喷嘴喷出吸热汽化，达到降温目的。因氮气是一种惰性气体，在长途运输果蔬时，不但可降低其呼吸水平，还可防止产品被氧化。液氮制冷具有降温快、能较好保持果蔬质量的优点，但成本高，中途补给困难。

用干冰制冷时，先使空气与干冰换热，然后借助通风机使冷却后的空气在车厢内循环，吸热升华后的二氧化碳，由排气管排出车外。干冰制冷具有设备简单、投资少、无噪音等优点；但降温速度慢，车厢内温度不均匀，运行成本高。

（3）蓄冷板制冷冷藏车。蓄冷板内充有低温共晶溶液，使蓄冷板内共晶溶液冻结的过程就是蓄冷过程。将蓄冷板安装在车厢内，外界传入车厢的热量被共晶溶液吸收，共晶溶液由固态转变成液态。常用的低温共晶溶液有乙二醇、丙三醇的水溶液及氯化钙、氯化钠的水溶液。不同类型的共晶溶液有不同的共晶点，在选择共晶溶液的类型时，要注意共晶点应比车厢规定的温度低 2～3 ℃。

蓄冷的方法通常有两种：一是借助于装在冷藏车内部的制冷机组，停车时借助外部电源驱动制冷机组使制冷板蓄冷；二是蓄冷板中装有制冷剂盘管，只要把蓄冷板上的管接头与制冷系统连接起来，就可以进行蓄冷。蓄冷板汽车的蓄冷时间一般为 8～12 h，特殊的冷藏汽车可达 2～3 d。

蓄冷板冷藏车具有的优点：成本低，费用少，无噪声，故障少；但冷却速度慢，蓄冷能力有限，影响载货量。

5. 集装箱 集装箱是当今世界上发展非常迅速的一种运输工具，既节省人力、时间，又保证产品质量，实现"门对门"的服务。集装箱突出的特点：抗压强度大，可以长期反复使用；便于机械化装卸，货物周转迅速；能创造良好的贮运条件，保护产品不受伤害。

集装箱规格很多。我国 1 000 kg 集装箱的规格：外部尺寸 900 mm×1 260 mm×1 144 mm，内容积 1.3 m³，箱体自重 186 kg，载重 814 kg，总重 1 000 kg。国际集装箱的规格有 3 种类别 13 种型号，见表 5-5。

表 5 - 5　国际集装箱的规格

类别	箱型	长/mm	宽/mm	高/mm	最大总重量/kg
I	1A	12 191	2 438	2 438	30 480
	1AA	12 191	2 438	2 591	30 480
	1B	9 125	2 438	2 438	25 400
	1C	6 058	2 438	2 438	20 320
	1D	2 991	2 438	2 438	10 160
	1E	1 968	2 438	2 438	7 110
	1F	1 450	2 438	2 438	5 080
II	2A	2 920	2 300	2 100	7 110
	2B	2 400	2 100	2 100	7 110
	2C	1 450	2 300	2 100	7 110
III	3A	2 650	2 100	2 400	5 080
	3B	1 325	2 100	2 400	5 080
	3C	1 325	2 100	2 000	2 540

集装箱的种类很多。按材料分，有铝合金集装箱、玻璃钢集装箱、钢制集装箱等。按结构分，有折叠式集装箱、薄壳式集装箱、内柱式与外柱式集装箱等。按功能分，有普通集装箱、冷藏集装箱、冷藏气调集装箱、冷藏减压集装箱等。

在普通集装箱的基础上增加箱体隔热层和制冷设备，即成为冷藏集装箱。冷藏集装箱是专为运输新鲜食品（果蔬、鱼、肉等）而设计的。国际冷藏集装箱的规格之一：外部尺寸 6 058 mm×2 438 mm×2 438 mm，内部尺寸 5 477 mm×2 251 mm×2 099 mm，门 2 289 mm×2 135 mm，内容积 25.9 m³，箱体自重 2 520 kg，载重 17 800 kg，总重 20 320 kg。

冷藏集装箱可利用大型拖车直接开到果蔬产地，产品收获后直接装入箱内降温，使果蔬在短期内即处于最佳贮运条件下，保持新鲜状态，直接运往目的地。这种优越性是其他运输工具不可比拟的。

四、运输的注意事项

为了搞好果蔬的商业运输，不论采用何种运输方式和何种运输工具，运输时都应注意以下几点：

（1）果蔬的质量要符合运输要求，成熟度和包装应符合规定，并且新鲜、清洁，没有伤害。

（2）果蔬承运部门应尽力组织快装快运，现卸现提，尽量缩短运输和送货时间。

（3）装运时堆码要安全稳当，要有支撑与衬垫，应避免撞击、挤压、跌落等现象，尽量做到运行快速平稳。

（4）果蔬运输时要注意防热防冻，并且注意通风。长距离运输最好用保温车船。在夏季或南方运输时要降温，在北方冬季运输时要保温。用保温车船长距离运输果蔬，装载前应进行预冷。

（5）在装载果蔬之前，车船内应认真清扫，彻底消毒，确保卫生。

（6）不同种类的果蔬最好不要混装，因为各种果蔬产生的挥发性物质有可能相互干扰，影响运输安全。尤其是不能和产生乙烯量大的果蔬在一起装运，因为微量的乙烯也可促使其他果蔬提前成熟，影响果蔬质量。

思 考 题

1. 物流构成要素主要包括哪些？
2. 简述果蔬冷链流通的操作流程。
3. 实现果蔬冷链的条件有哪些？
4. 简述运输的环境条件对果蔬质量的影响。
5. 分析各种运输方式的优缺点。
6. 从采后生理角度阐述果蔬冷链流通的优越性。
7. 果蔬运输中应注意哪些问题？

第六章 CHAPTER SIX

果品蔬菜的贮藏方式与管理

【学习目标】了解果蔬各种贮藏方式的特点及工程设施；重点掌握机械冷库、气调库、简易气调贮藏的原理及贮藏管理技术要点；了解减压贮藏、冰温贮藏以及其他辅助措施在果蔬贮藏保鲜中的应用。

果蔬贮藏的方式很多，常用的有常温贮藏、机械冷藏和气调贮藏等。果蔬贮藏时不管采用哪种方法，均应根据其生物学特性，创造有利于果蔬贮藏所需的适宜环境条件，降低导致果蔬质量下降的各种生理生化及物质转变的速度，抑制水分的散失、延缓成熟衰老和生理失调的发生，控制微生物的活动及由微生物引起的病害，达到延长果蔬的贮藏寿命和市场供应期、减少产品损失的目的。

第一节　常温贮藏

常温贮藏一般指在构造较为简单的贮藏场所，利用自然温度随季节和昼夜不同时间变化的特点，通过人为措施，利用自然界的低温资源如冷空气、冰雪、地下水、土壤等，使贮藏场所的温度达到或接近产品贮藏所要求温度的一类贮藏方式。

一、简易贮藏

简易贮藏包括堆藏、沟藏和窖藏等基本形式。冻藏和假植贮藏也是由这些基本形式演化而来的。简易贮藏设施的特点：结构简单，费用较低，可因地制宜进行建造。我国各地都有一些适宜于本地区气候特点的典型贮藏方法，它们都是利用自然温度来调节贮藏温度的，但在使用上受到一定程度的限制。随着科学技术的迅速发展，将传统贮藏方式和现代化保鲜手段相结合仍然是我国农村较为适宜和普遍采用的贮藏方式。

（一）贮藏场所的形式和结构

1. 堆藏　堆藏就是将果蔬直接堆放在田间地表或浅坑（地下 20～25 cm）中，或者堆放在院落空地、室内空地或荫棚下，上面用土壤、草苫、秸秆、席子等覆盖，防止日晒雨淋，维持适宜的温度、湿度，避免过度蒸腾和受冻受热。堆藏受气温影响较大，适合于较温暖地区的越冬贮藏，在寒冷地区一般只作秋冬季节的短期贮藏。常用于苹果、梨、柑橘、白菜、甘蓝、洋葱、冬瓜、南瓜等的贮藏。

2. 沟藏（埋藏）　沟藏是从地面挖一深入土中的沟，其大小和深浅主要根据当地的地形条件、气候条件以及果蔬种类和贮量而定。将果品或蔬菜堆积其中，再用土或秸秆等覆盖，覆盖厚度随气温变化而增减，以保持适宜的贮藏温度。沟藏的保湿保温性能较好，我国北方各地应用较多。北京的萝卜贮藏沟结构见图 6-1。贮藏沟的深度从南方到北方逐渐加大，以防低温造成冻害。

3. 窖藏　窖藏与沟藏相似，其空间相对较大，人可以自由进出和检查贮藏情况，便于调节温度和湿度。窖藏在我国各地有多种形式，适于贮藏多种果品蔬菜，贮藏效果较好。

棚窖是一种临时性的贮藏场所，在我国北方地区广泛用来贮藏苹果、梨、大白菜、萝卜、马铃薯等。根据入土深浅可分为半地下式和地下式两种类型。较温暖的地区或地下水位较高的地方多用半地下式。寒冷地区多用地下式。棚窖的宽度不一，宽度在 2.5～3.0 m 的称作"条窖"，4.0～6.0 m 的称作"方窖"。窖的长度不限，视贮藏量而定，为操作方便，一般为 20～50 m。窖顶用木料、竹竿等做横

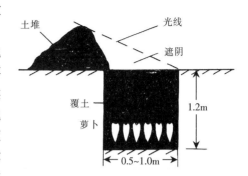

图 6-1 萝卜贮藏沟结构

梁，再覆土压实。顶上开设若干个窖口（天窗），供产品出入和通风之用。窖口的数量和大小应根据当地气候和贮藏果蔬的种类而定。大型的棚窖常在两端或一侧开设窖门，以便于果蔬进出和贮藏期间的通风降温。也有的将天窗兼做窖门用，不另设窖门。除此之外，还有井窖、窑窖等窖藏方式。

4. 冻藏和假植贮藏 冻藏和假植贮藏是沟藏和窖藏的特殊形式。这两种贮藏方式多用于蔬菜的贮藏，尤其是假植贮藏，广泛用于多种绿叶菜和幼嫩蔬菜的贮藏。冻藏多用于耐寒绿叶菜的贮藏。

（1）冻藏。冻藏是在入冬上冻时将收获的果蔬放在背阴处的浅沟内，稍加覆盖，利用自然低温，使果蔬入沟后能迅速冻结，并且在整个贮藏期间保持冻结状态。由于贮藏温度在 0 ℃ 以下，可以有效地抑制果蔬的新陈代谢和微生物的活动。在食用之前缓慢解冻，果蔬仍然能恢复新鲜状态，并且保持原有的品质。适于冻藏的蔬菜有菠菜、芫荽等；东北人喜食冻柿、冻梨，少数柿和梨品种至今仍有冻藏的。

（2）假植贮藏。假植贮藏是把蔬菜密集假植于沟内或窖内，使蔬菜处于很微弱的生长状态，以保持正常的新陈代谢过程。所以，假植贮藏实质上是一种抑制生长贮藏法。该贮藏方法适用于在结构和生理上较特殊，易发生脱水萎蔫的蔬菜，如芹菜、油菜、花椰菜、水萝卜等。

除以上所介绍的方法外，简易贮藏方式还有缸藏、冰藏、挂藏等。

（二）简易贮藏的特点和性能

1. 气温和土温对简易贮藏的影响 不论采用哪种简易贮藏方式，在温度管理上，都同时有降温和保温两个方面的要求。当贮藏场所内温度过高，须设法使之迅速降低。当外界温度过低，又须设法保持贮藏场所内的温度不过度下降。简易贮藏属于自然降温的贮藏方式，受气温变化的影响极大。简易贮藏的产品都堆积在地面或深入地下，所以又受到土壤温度的极大影响。因此，必须了解气温和土温的变化特点，以及对贮藏场所的影响，才能管理好简易贮藏场所的温度，使之维持在较适宜的范围之内。

随着季节和昼夜的更替，气温和土温都是变化着的，但变化的特点和规律有所不同。在贮藏初期，从秋季到冬季，气温和土温都在不断下降，但前者变化较快，幅度亦大，而土温变化则较缓和。这段时间的昼夜气温差异很大，一般可达到 10 ℃ 左右。土温的昼夜差异则较小，且入土越深，土温越稳定，土温下降越慢。在贮藏后期，气温和土温都逐渐上升，但气温上升较快，且变化剧烈，土温则上升较慢，相对稳定。冬季的气温较低，土温却较高，入土越深，温度越高。气温和土温的这些特点和变化规律决定了其对简易贮藏场所温度的不同影响。简易贮藏的形式和规格不同，气温和土温所带来的影响亦各不相同。

2. 产品的堆垛宽度和贮量对简易贮藏的影响 对简易贮藏温度的影响不仅与贮藏场所的入土深度有较大的关系，贮藏产品的堆垛宽度和贮量也对场地温度有影响。堆垛宽度和贮量的变化会引起气温和土温对贮藏场所温度影响的程度。入土较浅时增加堆垛的宽度，气温的作用比

面减少，土温的作用比面增大，这样使得降温性能减弱而保温性能增强。沟藏时加大产品的宽度则会在一定程度上增强气温的影响，降低保温的性能。

沟藏或堆藏的产品堆垛较宽时，常须在底部设置通风道。这是因为贮藏场所的温度除受到气温和土温的影响外，也受到贮藏产品本身释放的呼吸热的影响。这些呼吸热是各种贮藏方式的重要热量来源，必须及时排除。否则，会由于贮藏产品呼吸热的逐步积累，使贮藏环境温度提高，影响产品的贮藏效果。贮藏初期，由于环境温度偏高，贮藏产品又带有较多的田间热，呼吸作用强烈，会产生大量的呼吸热。因此，在贮藏初期，通风降温管理显得尤其重要。而入冬后，则要控制通风量，以防降温过度，造成冷害或冻害。

各种贮藏方式都应有一定的贮藏量和密集度，以使各种贮藏方式的通风设施及通风量与之相适应。冻藏要求冻结迅速，故产品一般只摆放一层。然而，许多蔬菜为了防止严寒时温度过低，贮藏数量须保持一定批量以保证提供足够的呼吸热，以此来缓解造成寒冷伤害的低温的影响。例如，白菜棚窖贮藏量太少时，在冬季则可能受冻；姜窖要求贮量不少于 3 500 kg，否则难以维持贮藏所要求的适宜温度。

3. 覆盖与通风对简易贮藏的影响 简易贮藏主要是通过覆盖和通风来调节气温和土温对贮藏环境温度的影响，以此来维持贮藏产品所要求的温度和其他环境条件。覆盖的作用在于保温，即限制气温对产品的影响，加强土温对产品的影响，蓄积产品的呼吸热不致迅速逸散。通风的作用正好相反，主要目的在于降温，即加强气温对产品的影响，削弱或抵消土温对产品的影响，驱散呼吸热以及其他热源带来的热量，阻止温度上升。在贮藏温度管理的实践中，要灵活应用这两种调节贮温的方法，以适应气温和土温的季节变化，维持适宜的贮藏温度。

晚秋和初冬收获的果蔬，贮藏初期，果蔬的田间热大，体温高，呼吸旺盛，贮藏场所的温度一般均高于贮藏适温。这一阶段的温度管理是以通风降温为主，但产品仍需要有适当覆盖，以防贮温剧烈波动和风吹雨淋以及脱水萎蔫。该阶段的覆盖不能太厚，以免影响降温速度。随着气温的下降，温度管理逐渐转向以增加覆盖、加强保温为主，覆盖层要逐渐加厚。每次增加覆盖后，内部温度会有一个暂时的回升，然后又逐渐下降，增加的覆盖层越厚，温度回升越高，降温的时间就会越长。所以，沟藏必须采取分层覆盖的办法，不能一次覆盖太厚，否则就可能导致贮藏产品的热伤害，这是沟藏和堆藏成功与否的关键所在。棚窖可以一次覆盖完毕，是因为它有相当大的通风面积，便于通风降温。沟藏设置的通风道，是用来加强初期通风降温的效果，随着外界气温的下降，要逐渐缩小通风口，最后完全堵塞通风道，停止通风。

可见，随着严寒的来临，各种简易贮藏方式都有一个从降温到保温的转变。沟藏是采用分次分层覆盖的方法，窖藏则是利用缩小通风面积来实现。覆盖和通风在实现温度调节的同时，在一程度上起到了调节空气湿度和气体成分的作用。

二、土窑洞贮藏

土窑洞多建在丘陵山坡处，要求土质坚实，可作为永久性的贮藏场所。土窑洞具有结构简单、造价低、不占或少占耕地、贮藏效果好等优点。与其他简易贮藏方法相比，土窑洞有比较完整的通风系统，贮藏空间处于深厚的土层之中，有较好的降温和保温性能，其贮藏效果可相当或接近于普通冷库贮藏。在 20 世纪 70 年代至 90 年代，土窑洞曾经是我国黄土高原地区重要的果蔬贮藏方法。随着我国经济发展和科技进步，机械冷藏库建设发展迅速，成为当前果蔬贮藏的主要方式。土窑洞现在在少数地区仍有应用，故对其管理有必要做简要介绍。

（一）温度管理

1. 秋季管理 在秋季贮藏产品入窑至窑温降至 0 ℃这段时间，外界温度特点是白天高于窑温，夜间低于窑温。随着时间的推移，外界温度逐渐降低，白天高于窑温的时间逐渐缩短，夜间低于窑温的时间逐渐延长。这段时间要抓紧时机，利用一切可利用的外界低温进行通风降温。当外温开始降到低于窖温时，随即开启窖门和通风窗进行通风。要尽量排除一切影响气流流动的障碍，使冷空气迅速导入窖内，同时窖内的热气经由通风筒顺利排出。

2. 冬季管理 窖温降至 0 ℃到翌年回升到 4 ℃的这一时期，是一年内外界气温最低的时期。在这一时期，要在不冻坏贮藏产品的前提下，尽可能地通风，在维持贮藏要求的适宜低温的同时，进一步降低窖洞四周的土温，加厚冷土层，尽可能地将自然冷蓄存在窖洞四周土层中。这些自然冷对外界气温回升时窖洞适宜温度的维持起着十分重要的作用。在我国西北地区，这段时间从立冬节气持续至次年三月前后，以保温即保持窖洞内低且稳定的温度为主。

3. 春、夏季管理 此阶段是指从开春气温回升，窖温上升至 4 ℃，至贮藏产品全部出库的时间。开春后，外界气温逐渐上升，可以利用的自然低温逐渐减少，直到外温全日都高于窖温，窖温和土温也开始回升。这一时期的温度管理主要是防止或减少窖内外空气的对流，或者说窖内外热量的交流，最大限度地抑制窖温的升高。管理措施：在外温高于窖温的情况下，紧闭窖门、通气筒和小气窗，尽量避免或减少窖门的开启，减少窖内蓄冷流失。当有寒流或低温出现时，一定要抓住时机通风，一则可以降温，二则可以排除窖内的有害气体。在可能的情况下，在窖内积雪积冰也是很好的蓄冷形式。

（二）湿度管理

果蔬贮藏要求环境应有一定的湿度，以抑制产品本身水分的蒸腾，避免造成果蔬品质和经济上的损失。再者，土窖洞四周的土层只有保持一定的含水量，才能防止窖壁土层干燥而引起裂缝继而塌方。窖洞经过连年的通风管理，土中的大量水分会随气流而流失。因此，土窖洞贮藏必须有可行的加湿措施。

1. 冬季贮雪、贮冰 冰雪融化在吸热降温的同时，也可以增加窖洞的湿度。

2. 窖洞地面洒水 地面洒水在增湿的同时，由于水分蒸发吸热，对于窖洞降温有积极作用。

3. 产品出完库后窖内灌水 窖洞十分干燥时，可先用喷雾器向窖顶及窖壁喷水，然后向地面灌水。这样，水分可被窖洞四周的砖土层缓慢地吸收，基本抵消通风造成的砖土层水分亏损。砖土层水分的补充，还可以恢复湿土较大的热容量，为下一年贮藏提供条件。

（三）其他管理

1. 窖洞消毒 在贮藏窖洞内存在着大量有害微生物，尤其是引起果蔬腐烂的真菌孢子，是贮藏中发生侵染性病害的主要病源。因此，窖洞的消毒工作对于减少贮藏中的腐烂损耗非常重要。注意，不在窖内随便扔果皮果核，清除有害微生物生存的条件。在产品全部出库后或入库前，对窖洞和贮藏所用的工具和设施进行彻底的消毒处理。可在窖内燃烧硫黄，每100 m³ 容积用硫黄粉 1.0～1.5 kg，燃烧后密封窖洞 2～3 d，开门通风后即可入贮。也可以用2%的甲醛溶液或 4%的次氯酸钙溶液进行喷雾消毒，喷雾后 1～2 d 稍加通风后再入贮。

2. 封窖 贮藏产品全部出库后，如果外界还有低温气流可以利用，就要在外温低于窖温时，打开通风的孔道，尽可能地通风降温。当无低温气流可利用时，要及时封闭所有的孔道。窖门最好用土坯或砖及麦秸泥等封严，尽可能地与外界隔离，以减少高温季节热量在窖洞内的蓄积，给下一次入贮造成温度偏高、湿度偏低的影响。

第二节 机械冷库贮藏

在气温偏高的季节和地区，缺乏可以利用的自然冷源（冷凉空气），要获得贮藏所需的适宜低温，就需要采取人工降温措施进行冷藏。人工冷藏有两种方式：一种是较为原始的冰藏，另一种就是现代的机械冷库贮藏（简称机械冷藏）。

机械冷藏起源于 19 世纪后期，是当今世界上应用最广泛的新鲜果蔬贮藏方式。近 30 年来，为了适应农业产业的发展，我国兴建了不少大中型的商业冷藏库，个人投资者也建立了众多的中小型冷藏库，新鲜果蔬的冷藏技术得到了快速发展和普及，机械冷藏现已成为我国新鲜果蔬贮藏的主要方式。目前世界范围内机械冷藏库向着操作机械化、规范化，控制精细化、自动化的方向发展。

机械冷库有坚固耐用的库房构架，且设置有性能良好的隔热层和防潮层，满足了人工控制温度和湿度条件的要求，适宜贮藏的产品种类和使用的地域范围大大增加。冷库可以周年使用，贮藏效果好。

机械冷藏是在利用良好隔热材料建筑的仓库中，通过机械制冷系统的作用，将库内的热量传送到库外，使库内的温度降低，延长产品的贮藏寿命。机械冷库根据对温度的要求不同分为高温库（0 ℃左右）和低温库（低于-18 ℃）两类。用于贮藏新鲜果蔬的冷库为 0 ℃左右的高温库。

机械冷库由建筑主体（库房）和机械制冷系统两大部分组成。下面对机械冷库的构造以及制冷原理分别予以叙述。

一、机械冷库的构造

机械冷库的建筑主体主要由支撑系统、保温系统和防潮系统三大部分构成。图 6-2 是果蔬冷库的主要结构。

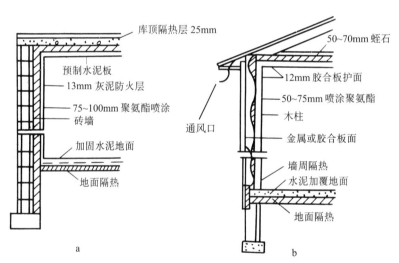

图 6-2　果蔬冷库的主要结构
a. 砖砌结构　b. 架式结构

（一）冷库的支撑系统

冷库的支撑系统即冷库的骨架，是冷库的外层结构，是保温系统和防潮系统两部分得以敷设的基础，一般由钢筋水泥筑成。这一部分的施工形成了整个库体的外形，也决定了库容的大小。

机械冷库根据贮藏容量大小可分为四类（表 6-1）。目前我国贮藏新鲜果蔬的冷藏库中，中小型和小型库较多，近年来个体投资者建设的多为小型冷藏库。

表 6-1　机械冷库的大小分类

类型	容量/t	类型	容量/t
大型	>10 000	中小型	1 000~5 000
大中型	5 000~10 000	小型	<1 000

冷库容量的大小是根据经常要贮藏产品的数量和产品在库内的堆码形式而定。设计时要先

确定库房的内部空间，这个空间是根据拟贮藏的产品堆放在库内所必需占据的体积，加上行间过道、产品与墙壁之间的空间、堆垛与天花板之间的空间以及包装之间的空隙等计算出来的。确定内部空间之后，再确定冷库的长宽与高度。假设要建一座容量为 1 080 m³ 的冷库，若采用 4 m 的高度，库房所需的地平面积就是 1080/4＝270（m²）。一般冷库的宽度为 12 m，那么长度即为 22.5 m。如果在同一容积的基础上，增加 1 m 的高度，库房长度就可以缩短 4.5 m，这就增加了墙壁面积 24 m²。从减少地平面积和天花板以及梁架材料的投资来考虑，增加高度比延长长度更经济。但较大高度的库房必须有适宜高层堆垛操作的设备来配合，如铲车等。

冷藏库的大小要按常年的贮藏任务而定。冷库容量应根据单位空间果品或蔬菜的容重来计算。部分果蔬的单位容重见表 6-2。

表 6-2 部分果蔬的单位容重

单位：kg/m³

名称	马铃薯	洋葱	胡萝卜	芜菁	甘蓝	甜菜	苹果
容重	1 300～1 400	1 080～1 180	1 140	660	650～850	1 200	500

（二）冷库的保温系统

保温系统是体现冷库这一建筑特殊性的重要部分。冷库在较温暖的季节之所以能维持较低的库温，正是由于保温系统限制了库内外的热量交流。保温系统是由绝缘材料敷设在库体的内侧面上，形成连续密合的绝热层，以隔绝库房内外的热量流动。

冷藏库建筑的关键问题是设法减少库外热量流入库内，绝缘材料的敷设就是为冷库内外热量交流设置障碍。因此，绝缘材料的性能和保温系统的完整性对冷藏库的性能有深刻的影响。

绝缘材料的绝缘性能与其材料内部截留的细微空隙有着密切的关系。坚实致密的固体绝缘能力很差，例如金属材料的导热能力都比较强，但如果将其制成充满封闭的气孔泡沫状的材料，则金属材料也会被赋予良好的绝缘性能。绝缘材料除具备良好的绝缘性能外，还应有廉价易得、质轻、防湿、防腐、防虫、耐冻、无味、无毒、不变形、不下沉、便于使用等特性。对某一绝缘材料来讲，其隔热能力可借以增加绝缘材料的厚度来提高。但增加绝缘材料的厚度，直至其费用超过冷库的维持费用时，就达到了增加厚度的极限。以软木板为例，通常墙壁适宜的厚度为 10 cm 左右。其他材料一般取与 10 cm 软木板的绝缘能力相当的厚度。可根据表 6-3 的资料来计算。

表 6-3 部分材料的绝缘性能

材料	导热率 λ/[W/(m·K)]	热阻 R/(m·K/W)	材料	导热率 λ/[W/(m·K)]	热阻 R/(m·K/W)
静止空气	0.025	40.0	加气混凝土	0.08～0.12	12.5～8.3
聚氨酯泡沫塑料	0.02	50.0	泡沫混凝土	0.14～0.16	7.1～6.2
聚苯乙烯泡沫塑料	0.035	28.5	普通混凝土	1.25	0.8
聚氯乙烯泡沫塑料	0.037	27.0	普通砖	0.68	1.47
膨胀珍珠岩	0.03～0.04	33.3～25.0	玻璃	0.68	1.47
软木板	0.05	20.0	干土	0.25	4.0
油毛毡、玻璃棉	0.05	20.0	湿土	3.25	0.31
纤维板	0.054	18.5	干沙	0.75	1.33
锯屑、稻壳、秸秆	0.06	16.4	湿沙	7.50	0.13
刨花	0.08	12.3	雪	0.40	2.5
炉渣、木料	0.18	5.6	冰	2.0	0.5

注：导热率 $\lambda = 1.163$ W/(m·K)；热阻 $R = 1/\lambda$。

冷库绝缘层所取的厚度应当使贮藏库的暴露面向外传导散失的冷量约与该库的全部热源相等，这样才能使库温保持稳定。冷库绝缘层的厚度可按下列公式计算：

$$绝缘层厚度（cm）=\frac{材料的导热率×总暴露面积（m^2）×库内外最大温差（℃）×24×100}{全库热源总量（kJ/d）}$$

冷库总热量的来源主要有以下几方面：

（1）田间热。指产品从入库温度下降到贮藏温度所释放的热量，为产品比热容[(kJ/kg·℃)]×温度下降度数（℃）×产品重量（kg）。经验算式：产品比热容[kJ/(kg·℃)]＝0.20×0.008×产品含水量（不带％）。按此经验算式计算出的果蔬的比热容与其含水量相对应，大多在0.8～0.9 kJ/(kg·℃)。

（2）呼吸热。根据有氧呼吸反应式计算，呼吸释放1 mg CO_2同时产生10.9 J的热量。故呼吸热的理论计算式为：呼吸热（J）＝10.9（J/mg）×呼吸强度[mg/(kg·h)]×产品重量（kg）×时间（h）。则1 t果蔬1 d内释放的呼吸热可简算为：呼吸热（kJ）＝呼吸强度×261.6。

（3）外界传入的热。当库房内外的温度不相等时，高温处的热就会通过库体（墙壁、库顶和库底）向低温处传导。这部分热的计算，涉及构成冷库与外界的接触面（暴露面）的导热率（即建筑材料的导热率）及其厚度、总的暴露面积及平均内外温差。冷库的不同部分所处的温度条件不同，须分别计算。

此外，还有库内工作人员释放的热量、照明灯释放的热量、机械动力释放的热量等。

由表6-3中的数据可以看出，各种材料的绝缘性能不同。软木板、聚氨酯泡沫塑料等材料的隔热性能较好，但价格较高，应根据经济实力及取材的便利情况而定。

常见的绝缘材料的形态分两种类型：一种是加工成固定形状的板块，如软木板、聚苯乙烯板等；另一种是颗粒状松散的材料，如木屑、稻壳等。

聚氨酯喷涂发泡，可以在已经建成的砖或混凝土仓库中进行。当在墙壁上同时喷涂异氰酸酯和聚醚之后即会发生化学反应而发泡，随之定形后既防潮又隔热，是当前冷库建筑中较为常用的技术。

聚氨酯泡沫
喷涂

固定形状的绝缘材料在敷设后，能经常维持其原来的状态，持久性良好。松散的颗粒状材料，一般是填充于两层墙壁之间，填充的密度控制较难。因为颗粒之间无固定联系，重力的影响会使其逐渐下沉，使绝缘层的上部空虚，形成漏热的渠道，增加冷冻机的负荷。因此，要设法随时补充颗粒材料下沉所形成的空隙，以减少漏热。

以易腐材料做绝缘层时，要适量加入防腐剂，并且要分层设置，以免下沉。同时必须敷设好隔潮材料，绝缘材料一经吸湿，其隔热能力会大大降低。

敷设绝热材料时，板块材料要分层进行。第一层用胶黏剂加上必要的钉子，牢固地敷设在建筑物的墙壁、天花板和地面上，每块板应与相邻的绝热板紧密连接。第二层板材要紧密黏合在第一层绝缘板上，两层板的接头位置必须错开，以免形成热的通道。绝热材料的敷设应使绝热层成为一个完整连续的整体，不能让阁栅、屋梁和支柱等参与到绝热层中，以防破坏隔热层的完整性。

（三）冷库的防潮系统

冷库的防潮系统是阻止水汽向保温系统渗透的屏障，是维持冷库良好的保温性能和延长冷库使用寿命的重要保证。冷库的防潮系统主要是由良好的隔潮材料敷设在保温材料周围，形成一个闭合系统，以阻止水汽的渗入。防潮系统和保温系统共同构成冷库的围护结构。

在绝热材料内部，水汽的凝结会降低其隔热效能。水蒸气能够通过建材如砖、木材等，在蒸气压内外有差异时，在毛细管的作用下，由表层渗入墙壁中。越靠近内层墙温度越低，水蒸气逐渐达到饱和，并凝聚成水，积留于绝热层中，绝缘材料因而降低其隔热性能。同时也使隔热材料受到侵蚀或发生腐败。因此，在绝缘材料的两面与墙壁之间要加一层障碍，阻止水分进入隔热材料。用作隔潮的材料有塑料薄膜、金属箔片、沥青等。无论何种防潮材料，敷用时要使其完全封闭，不能留有任何微细的缝隙，尤其是在温度较高的一面。如果只在绝热层的一面敷设防潮层，就必须敷设在绝热层温度较高的一面。

果蔬冷库一般维持的温度在 $-1\sim0$ ℃，而地温经常为 $10\sim15$ ℃，这就意味着一定的热量可能由地面不断地向库内渗透。因此，地板也必须敷设隔热层，通常地板的隔热能力要求相当于 5 cm 厚的软木板。

当建筑结构中导热系数较大的构件（如柱、梁、管道等）穿过或嵌入冷藏库房围护结构的防潮隔热层时，可形成"冷桥"，冷桥的存在破坏了隔热层和防潮层的完整性和严密性，从而使隔热材料受潮失效。因此，必须采取有效措施消除冷桥的影响。一般可采用外置式隔热防潮系统（隔热防潮层设置在地板、内墙和天花板外，把能形成冷桥的结构包围在其里面）和内置式隔热防潮系统（隔热防潮层设置在地板、内墙和天花板内）来排除冷桥的影响。钢架结构冷库的外置式和内置式隔热防潮系统示意见图 6-3。

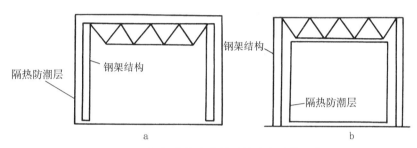

图 6-3 钢架结构冷库的隔热防潮系统示意
a. 外置式　b. 内置式

冷库地面要有一定的强度以承受堆积产品和搬运车辆的重量。采用软木板作隔热材料时，其上下须敷设 $7\sim8$ cm 厚的水泥地面和地基，地基下层须铺放煤渣或石子，以利排水。

冷库的设计和建筑除主体建筑外还有许多辅助建筑，主要有制冷机房、变电间、水泵房、控制间、包装整理间、产品检验室、工具库、装卸台以及穿堂、楼梯、电梯间、过磅间、办公室、更衣室、休息室、卫生间和食堂等。

（四）库址的选择

冷库的贮量一般较大，产品的进出量大而频繁。因此，库址要交通方便，利于新鲜产品的运输，还要考虑到产区和市场的联系，减少果蔬在常温下不必要的时间消耗。

冷库以建设在没有阳光直射和热风频繁的阴凉处为佳，在冷凉空气流通的位置较为有利。

在全年内，空气温度比土壤温度低的时间长，而且空气通过冷藏库的屋顶和墙壁的传热量也比土壤小。通常建设地下库所用绝缘材料的厚度与地上库是一样的，地下库的建设在经济上并不合算。地下库与外界的联系以及各种操作管理，均没有地上库方便。因此，冷库的建设大多采取地上式。

冷库所在地应有方便的水源和电源，周围应有良好的排水条件，地下水位要低，保持干燥对冷库很重要。

（五）装配式冷库

装配式冷库是一种根据需要灵活装配的新型冷库，主要用于食品、工业、医药、现代物流、超市商场、餐饮业等行业。它与传统的土建冷库相比有以下优点：具有良好的保温隔热和防潮防水性能，使用范围大而且灵活，可在 $-50\sim100$ ℃之间变动；重量轻，不易霉烂，阻燃性能好；抗压强度高，抗震性能好；组装灵活、方便，可根据用户需求配置制冷机组和控制元件。其缺点是造价较高。

装配式冷库为钢结构骨架，并辅以隔热墙体、顶盖和底架，使其达到隔热、防潮及降温等性能要求。装配式冷库保温主要由隔热壁板（墙体）、顶板（天井板）、底板、门、支撑板及底座组成，它们是通过特殊结构的子母钩拼装、固定，以保证冷库良好的隔热和气密性。

装配式冷库要求冷库门不但能灵活开启，而且还应关闭严密、使用可靠。另外，冷库门内的木制件应经过干燥防腐处理；冷库门要装锁和把手，同时要有安全脱锁装置；低温冷库门门框上要安装电压 24 V 以下的电加热器，以防止冷凝水和结露。库内装防潮灯，测温元件置于库内温度均匀处，其温度显示器装在库体外墙板易观察位置。所有镀铬或镀锌层应均匀，焊接件、连接件必须牢固、防潮。冷库底板除了应有足够的承受能力，大型的装配式冷库还应考虑装卸运载设备的进出作业。

装配式冷库一般有室内型和室外型两种建筑结构形式。室内型设于室内，采用可拆装结构，由顶板、墙板、底板组成，采用偏心钩连接或粘结，无框架，适用于 2～20 t 的冷库；室外型为独立建筑，有基础、地坪、站台、机房等辅助设施，库内净高大于 3.5 m，常用金属框架，也有用钢筋混凝土框架，多为外承重结构。

装配式冷库的安装流程如下：符合要求的环境条件场所→库体安装→风机安装→制冷系统安装→电气系统安装→装配式冷库。

二、机械冷库的制冷原理

（一）机械制冷的原理

机械制冷是通过压缩机组循环运动的作用，使制冷剂发生相变吸收热量、降低周围环境温度的过程。

热总是从温暖的物体上转移到冷凉的物体上，从而使热的物体降温。制冷就是创造一个冷面或能够吸收热的物体，利用传导、对流或辐射的方式，将热传给这个冷面或物体。在制冷系统中，这个接受热的冷面或物体正是系统中热的传递者——制冷剂，它是吸收冷库中热量的处所。液态制冷剂在一定压力和温度下汽化（蒸发）而吸收周围环境中的热量，使之降温。通过压缩机的作用，将汽化的制冷剂加压，并降低其温度，使之液化后再进入下一个汽化过程。如此周而复始，使冷库中的温度降低到适宜的贮藏温度。

压缩机组

冷凝器

机械冷库
风机

冷冻机是一个闭合的循环系统，分高压和低压两部分，制冷剂在机内循环，仅是其状态发生变化，即由液态到气态，再转化为液态，制冷剂的量并不改变。以制冷剂汽化而吸热为工作原理的冷冻机，以压缩式为多（图 6-4）。压缩式冷冻机主要由四部分组成：蒸发器、压缩机、冷凝液化器和调节阀（膨胀阀）。蒸发器是液态制冷剂蒸发（汽化）的地方。液态制冷剂由高压部分经调节阀进入处于低压部分的蒸发器时达到沸点而蒸发，吸收周围环境的热，达到降低环境温度的目的。压缩机通过活塞运动吸进来自蒸发器的气态制冷剂，并将其压缩，使之处于高压状态，进入到冷凝器里。冷凝器把来自压缩机的制冷剂蒸气，通过冷却介质——水或空气带走它的热量，使之重新液化。调节阀是用以调节进入蒸发器的液态制冷剂的流量。在液态制冷剂通过调节阀的狭缝时，产生滞流现象；运行中的压缩机，一方面不断吸收蒸发器内生成的制冷剂蒸气，使蒸发器内处于低压状态；另一方面将所吸收的制冷剂蒸气压缩，使其处于高压状态；高压的液态制冷剂通过调节阀进入蒸发器中，压力骤减而蒸发。

冷冻机的制冷能力通常以每小时从被冷却介质带走的热量来表示，单位常用 kJ/h 表示。冷冻机的制冷能力要在特定的蒸发温度及冷凝温度等条件下鉴定。

冷库在日常运行中须排除的热量称为冷冻机的热负荷。在冷库设计中，要进行冷冻机的匹配就需要知道每天应从库内排除的总热量。

在制冷系统中，制冷剂的任务是传递热量。制冷剂要具备沸点低、冷凝点低、对金属无腐蚀性、不易燃烧、不爆炸、无毒无味、易于检测和易得价廉等特点。常用制冷剂的物理特性见表6-4。

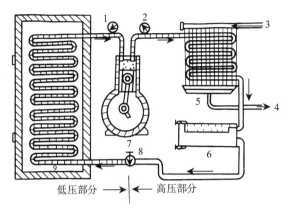

图6-4 压缩式冷冻机工作原理示意

1. 回路压力 2. 开始压力 3. 冷凝水入口 4. 冷凝水出口 5. 冷凝器
6. 贮液（制冷剂）器 7. 压缩机 8. 调节阀（膨胀阀）9. 蒸发器

表6-4 常用制冷剂的物理特性

制冷剂	化学分子式	正常蒸发温度/℃	临界温度/℃	临界压力/MPa	临界比热容/（m³/kg）	凝固温度/℃	$K=C_p/C_v$	爆炸浓度极限容积/%
氨	NH_3	-33.40	132.4	11.5	4.130	-77.7	1.30	16~25
二氧化硫	SO_2	-10.08	157.2	8.1	1.920	-75.2	1.26	
二氧化碳	CO_2	-78.90	31.0	7.5	2.160	-56.6	1.30	不爆
一氯甲烷	CH_3Cl	-23.74	143.1	6.8	2.700	-97.6	1.20	8.1~17.2
二氯甲烷	CH_3Cl_2	40.00	239.0	6.4	—	-96.7	1.10	12~15.6
氟利昂-11	$CFCl_3$	23.70	198.0	4.5	1.805	-111.0	1.13	不爆
氟利昂-12	CF_2Cl_2	-29.80	111.5	4.1	1.800	-155.0	1.14	
氟利昂-22	CHF_2Cl	-40.80	96.0	5.0	1.905	-160.0	1.12	不爆
乙烷	C_2H_6	-88.60	32.1	5.0	4.700	-183.2	—	
丙烷	C_3H_8	-42.77	86.8	4.3	—	-187.1	—	
水	H_2O	100						
空气		-194.44						

氨（NH_3）是利用较早的制冷剂，主要用于中等和较大能力的压缩冷冻机。作为制冷剂的氨，要质地纯净，其含水量不超过0.2%。氨的潜热比其他制冷剂高，在0℃时它的蒸发热是1 260 kJ/kg。而目前使用较多的二氯二氟甲烷的蒸发热是154.9 kJ/kg。但氨的比热容较大，10℃时为0.289 7 m³/kg，二氯二氟甲烷的比热容仅为0.057 m³/kg。因此，用氨作为制冷剂的设备较大，占地较多。此外，氨有毒，若空气中含有0.5%（体积分数）时，人在其中停留0.5 h就会引起严重中毒，甚至有生命危险。若空气中含量超过16%时，会发生爆炸性燃烧。氨对钢及其合金有腐蚀作用。

卤化甲烷族是指氟氯与甲烷的化合物，商品名通称为氟利昂。其中以二氯二氟甲烷（CF_2Cl_2，简称为F-12）应用较广，其制冷能力较小，主要用于小型冷冻机。

研究表明，大气臭氧层的破坏与氟利昂对大气的污染有密切关系，国际上正在逐步减少对氟利昂的使用。许多国家在生产制冷设备时已采用了氟利昂的代用品，如溴化锂、乙二醇、四氟乙烷（R134a，CF_3CH_2F）和三氟二氯乙烷（R123，$CHCl_2CF_3$）等，起到了减少对大气臭氧层的破坏、维护人类生存环境的良好作用。我国已生产出非氟利昂制冷的家用冰箱等小型制冷设备。

（二）库内冷却系统

机械冷库的库内冷却系统，一般可分为直接冷却（蒸发）和鼓风冷却两种。

1. 直接冷却系统　直接冷却系统也称直接膨胀系统或直接蒸发系统。把制冷剂通过的蒸发器直接装置于冷库中，通过制冷剂的蒸发将库内空气冷却。蒸发器一般用蛇形管制成，装成壁管组或天棚管组均可。直接冷却系统冷却迅速，温度较低。直接冷却系统的主要缺点：①蒸发器结霜严重，要经常冲霜，否则，会影响蒸发器的冷却效果；②库内温度不均匀，接近蒸发器处温度较低，远处则温度较高；③如果制冷剂在蒸发器或阀门处泄漏，会直接伤害贮藏产品。

2. 鼓风冷却系统　冷冻机的蒸发器或盐水冷却管安装在空气冷却器（室）内，借助鼓风机的作用将库内的空气吸入空气冷却器并使之降温，将已经冷却的空气通过送风管送入冷库内，如此循环不已，达到降低库温的目的。鼓风冷却系统在库内造成空气对流循环，冷却迅速，库内温度和湿度较为均匀。在空气冷却器内，可进行空气湿度的调节，如果不注意湿度的调节，该冷却系统会加快果蔬的水分散失。

北方在贮藏适宜温度为 10 ℃左右的果蔬如香蕉、甜椒、黄瓜等时，冬季如果需要加温，鼓风冷却系统的空气冷却室内安装电热设备即可实现加温。

制冷系统中的蒸发器必须有足够的表面积，使库内的空气与这一冷面充分接触，以使制冷剂与库内空气的温差不致太大。如果两者温差太大，产品在长期贮藏中就可能严重失水，甚至萎蔫。这是因为当库内的湿热空气流经用盘管做成的蒸发器时，空气中的水分会在蒸发器上结霜，降低空气湿度。与此同时，结霜还会降低空气与盘管冷面的热交换效率。因此，需要有除霜设备。除霜可以用水，也可以使热的制冷剂在盘管内循环，还可以用电热除霜。

具有盐水喷淋装置和风机的蒸发器，是以盐水或抗冻溶液构成冷却面进行冷却。先将盐水或抗冻液喷淋到有制冷剂通过的盘管上冷却，然后泵入中心盐水喷淋装置中，由管道将仓库内空气引入这一中心盐水喷淋装置，冷却后送回库内，循环往复。这种蒸发器虽然没有除霜的问题，但盐水或抗冻液体会被稀释，要注意适时调整。

三、机械冷库的管理

冷库是果蔬贮藏的处所，其管理工作包括温度、湿度、气体等多个方面。

（一）温度

温度是决定果蔬贮藏成败的关键因素。不同种类果蔬贮藏的适宜温度是有差别的，即使同一种类但品种不同其贮藏温度也存在差异，成熟度不同贮藏温度也会不同。大多数果蔬在入贮初期降温速度越快越好，入库产品的品温与库温的差别越小，越有利于快速将贮藏产品冷却到最适贮藏温度。延迟入库时间，或者冷库温度下降缓慢，不能及时达到贮藏适温，会明显地缩短产品的贮藏寿命。要做到温差小，就要从采摘时间、运输以及散热预冷等方面采取措施。

在安装冷冻机时，一方面可通过增加冷库单位容积的蒸发面积，另一方面可采用压力泵将数倍于蒸发器蒸发量的制冷剂强制循环。这样可以有效降低品温与库温的差别，并显著地提高蒸发器的制冷效率，加速降温。

对于有些果蔬由于某种原因应采取不同的降温方法，如中国梨中的鸭梨应采取逐步降温方法，避免因降温快而在贮藏中发生冷害。在选择和设定的贮藏温度适宜的基础上，需维持库房中温度的稳定。温度波动太大，贮藏环境中的水分会发生过饱和而产生结露现象，往往造成产品表面凝聚水膜。液态水的出现有利于微生物的活动繁殖，导致腐烂病害发生。因此，贮藏过程中温度的波动应尽可能小，最好控制在±0.5 ℃以内，尤其是相对湿度较高时更应注意。例如，0 ℃的空气相对湿度为95％时，温度下降至－1.0 ℃就会出现凝结水。此外，库房所有部分的温度要均匀一致，这对于长期贮藏的果蔬来说尤为重要。因为微小的温度差异，长期积累可明显影响产品的贮藏质量。

产品每天的入库量对库温有很大影响，通常设计每天的入库量占库容量的20％左右，超过这个限量，就会明显影响降温速度。入库时最好把每天放进来的果蔬尽可能地分散堆放，使其迅速降温。当入贮产品降到某一要求低温时，再将产品堆垛到要求高度。

在库内另外安装鼓风机械，或采用鼓风冷却系统的冷库，会加强库内空气的流通，利于入贮产品的降温。

包装在各种容器中的产品，堆集过大过密时，会严重阻碍其降温速度，堆垛中心的产品会较长时间处于相对高温下，缩短产品的贮藏寿命。因此，产品堆垛时须留出一定的通风间隙，以利散热。

综上所述，冷藏库温度管理的宗旨是适宜、稳定、均匀及产品进库时的合理降温。可采用自动化系统实施对冷藏库房内温度的监控。

（二）湿度

通常所说的环境湿度指的是相对湿度，相对湿度是指在某一温度下空气中水蒸气的饱和程度。空气的温度愈高则其容纳水蒸气的能力就愈强，贮藏产品在此条件下失重就会加快。对于绝大多数果蔬来说，相对湿度应控制在90％～95％，较高的相对湿度对于控制果蔬的水分散失十分重要。水分损失除直接减轻重量以外，还会使果蔬新鲜程度和外观质量下降（出现萎蔫等症状），食用价值降低（营养含量减少及纤维化等），促进成熟衰老和病害的发生。果蔬贮藏中相对湿度也要保持稳定。要保持相对湿度的稳定，维持温度的恒定是关键。库房建造时，增设能提高或降低库房内相对湿度的湿度调节装置是维持湿度符合规定要求的有效手段。当相对湿度低时需对库房增湿，可进行地面洒水、空气喷雾等。对产品进行包装，创造高湿的小环境，如用塑料薄膜单果套袋或以塑料袋作内衬等是常用的手段。库房中空气循环及库内外的空气交换可能会造成相对湿度的改变，管理时须引起足够的重视。蒸发器除霜时不仅影响库内的温度，也常引起湿度的变化。当相对湿度过高时，可以通过加强通风换气来达到降湿的目的。

（三）通风换气

通风换气是机械冷库管理中的一项重要工作。新鲜果蔬是有生命的活体，贮藏过程中仍在进行各种生命活动，需要消耗 O_2，产生 CO_2 等气体。其中有些气体对果蔬贮藏是有害的，如果蔬正常生命过程中形成的乙烯、无氧呼吸产生的乙醇、苹果中释放的α-法尼烯等。因此，应将这些气体从贮藏环境中除去，简单易行的办法是通风换气。通风换气的频率及持续时间视贮藏产品的种类和贮藏时间的长短而定。对于新陈代谢旺盛的产品，通风换气的次数要多一些。产品贮藏初期，可适当缩短通风间隔的时间，如10～15 d换气一次。当温度稳定后，通风换气可1个月一次。通风换气时间的选择要考虑外界环境的温度和湿度，理想条件是在外界温度和库温一致时进行。但这种情况比较少，故一般是在库内外温差最小时进行，如此可防止库房内外温差过大带入热量或过冷受冻而对产品带来不利影响。生产上常在每天温度相对最低的晚上到凌晨这段时间进行。雨天、雾天等外界湿度过大时不宜通风，以免库内湿度变化太大。

（四）库房及用具的清洁卫生和防虫防鼠

贮藏环境中的病、虫、鼠害是引起果蔬贮藏损失的主要原因之一。果蔬入库前，库房及用具均应进行认真彻底地清洁消毒，做好防虫、防鼠工作。用具（包括垫仓板、贮藏架、周转箱等）用漂白粉水溶液进行认真清洗，晾干后入库。库房在使用前须进行消毒处理，常用的方法有用硫黄熏蒸（10 g/m³，12～24 h），甲醛熏蒸（36%甲醛溶液 12～15 mL/m³，12～24 h），过氧乙酸熏蒸（26%过氧乙酸，5～10 mL/m³，8～24 h），0.2%过氧乙酸、0.3%～0.4%有效氯漂白粉或 0.5%高锰酸钾溶液喷洒等。将 80%～90%的乳酸和水等量混合，按乳酸 1 mL/m³的比例，将混合液置电炉上加热蒸发，待蒸发完之后关闭库门 6～12 h 即可使用。以上处理对虫害亦有很好的抑制作用，对鼠类也有驱避作用。

（五）产品的入贮及堆放

果蔬产品入库贮藏时，如果已经预冷，则可一次性入库贮藏；若未经预冷处理，则应分次、分批入库。除第一批外，以后每次的入贮量不应太多，以免引起库温的剧烈波动和影响降温速度。在第一次入贮前应对库房预先制冷并保持适宜贮藏温度，以利于产品入库后品温迅速降低。

猕猴桃冷库的堆码

库内产品堆放的合理性对贮藏效果有明显影响。堆放的总要求是"三离一隙"。"三离"指的是离墙、离地面、离天花板。一般产品堆垛距墙 20～30 cm。离地指的是产品不能直接堆放在地面上，要用垫仓板架空，以使空气能在垛下形成循环，利于产品各部位散热，保持库房各部位温度均匀一致。控制堆的高度不要离天花板太近，一般要求顶部的产品离天花板 0.5～0.8 m，或者低于冷风管道送风口 30～40 cm。"一隙"是指垛与垛之间及垛内要留有一定的空隙。"三离一隙"的目的是为了使库房内的空气循环畅通，避免死角的形成，及时排除田间热和呼吸热，保证各部分温度的稳定均匀。产品堆放时要防止倒塌情况的发生，可搭架或堆码到一定高度时（如 1.5 m）用垫仓板衬一层再堆放。仓库内的堆码也有严格的技术要求，千万不能轻视。

果蔬堆放时要做到分等级、分批次存放，尽可能避免混贮。不同种类果蔬的贮藏条件是有差异的，即使同一种类或品种的果蔬，其等级、成熟度、产地等不同，均可能对贮藏条件选择和管理产生影响。因此，混贮对于产品，尤其须长期贮藏或相互间有明显影响的产品、对乙烯敏感性强的产品等是不利的，会影响贮藏效果。

（六）贮藏产品的检查

果蔬在贮藏过程中，要对贮藏温度、相对湿度进行检查和控制，并根据实际需要记录和调整等。还要对贮藏的产品进行定期检查，了解其质量变化情况，做到心中有数，发现问题及时采取相应的措施。对于不耐贮的果蔬每间隔 3～5 d 检查一次，耐贮性好的可 15 d 甚至更长时间检查一次。此外，要注意库房设备的日常维护，及时排除各种故障，保证冷库的正常运行。

（七）贮藏产品的出库上市

当冷藏库的温度与外界气温有较大温差（通常超过 10 ℃）时，从 0 ℃冷库中取出的产品，与库外温度较高的空气接触，会在产品的表面凝结水膜，即产品通常所称的"出汗"现象。出汗现象既影响果蔬的外观，也使其容易受微生物的感染而发生腐烂。因此，经冷藏的果蔬在出库后及销售前，最好预先进行适当的升温处理，再送往批发或零售点。升温最好在专用升温间、周转仓库或在冷藏库房穿堂中进行。升温的速度不宜太快，一般可维持气温比品温高 3～5 ℃，直至品温比正常气温低 4～5 ℃即可。出库前须催熟的产品可结合催熟进行升温处理。升温的程度与库外空气湿度有关，可参考露点温度而定。不同品温下空气相对湿度对应露点温度见表 6-5。该表说明，一定温度的果蔬在不同相对湿度的空气中露点不同，即形成水膜的温度不同。例如，品温为 7 ℃，空气相对湿度为 82%，空气温度为 4.4 ℃时就会结露。如果品温升至 18 ℃，空气相对湿度为 57%时，空气温度升至 10 ℃以上，结露现象就可以避免。

冷库贮藏的果蔬，出库上市之前除了进行升温处理外，还应当进行分选、包装等处理，以保证产品安全上市，并具有较长的货架期。

表6-5　不同品温下空气相对湿度对应的露点温度

露点温度/℃	不同品温下空气相对湿度/%						
	35 ℃	30 ℃	24 ℃	18 ℃	13 ℃	7 ℃	2 ℃
0	10	15	20	28	40	60	87
4.4	15	20	28	40	57	82	
7.0	18	24	33	47	68	100	
10.0	21	29	40	57	82		
12.8	25	35	48	68	100		
15.6	30	42	58	83			
18.3	35	50	70				
21.1	43	60	80				

第三节　气调贮藏

　　气调贮藏即调节气体成分贮藏，是建立在 Kidd 和 West 研究基础上发展起来的，被认为是当代贮藏果蔬效果最好的贮藏方式。气调贮藏在 20 世纪 40～50 年代就在美、英等国开始商业运行，现在许多发达国家的多种产品尤其是苹果、猕猴桃等果品在长期贮藏中广泛采用了气调贮藏。据报道，对气调反应良好的果蔬，运用气调贮藏的寿命比机械冷藏增加 1 倍甚至更多。正因为如此，近年来气调贮藏发展迅速，贮藏规模不断扩大。在商业性气调普及的国家，对气调贮藏制定了相应的法规和标准，以指导气调技术的推广。在市场上凡是标有"气调"字样的果蔬，其售价比其他方法贮藏的同样产品要高。我国的气调贮藏始于 20 世纪 70 年代，经过 40多年的不断研究探索，气调贮藏技术得到迅速发展，现已具备了自行设计和建设各种规格气调库的能力。近年来全国各地兴建了一大批规模不等的气调库，气调贮藏果蔬的量不断增加，取得了良好效果。但是，与发达国家相比，我国气调贮藏技术还比较落后，还需要进一步完善和提高。

一、气调贮藏的原理

（一）气调贮藏的基本原理

　　气调贮藏（gas storage）是在冷藏的基础上通过改变贮藏环境中的气体成分（通常是降低 O_2 浓度和增加 CO_2 浓度），以实现长期贮藏果蔬的一种方法。

　　正常空气中，O_2 和 CO_2 的浓度分别为 21% 和 0.03%，其余的则为 N_2 等。采后的果蔬进行着正常的以呼吸作用为主导的新陈代谢活动。表现为吸收消耗 O_2，释放大约等量的 CO_2，并释放出一定的热量。适当降低 O_2 浓度和增加 CO_2 浓度，就改变了环境中气体成分的组成。在该环境下，果蔬的呼吸作用就会受到抑制，呼吸强度降低，推迟呼吸高峰出现的时间，延缓新陈代谢的速度，减少营养物质和其他物质的消耗，从而延缓了成熟衰老，为果蔬的质量保持奠定了生理基础。同时，较低的 O_2 浓度和较高的 CO_2 浓度能抑制乙烯的生物合成，削弱乙烯刺激生理作用的能力，有利于果蔬贮藏寿命的延长。此外，适宜的低 O_2 和高 CO_2 浓度具有抑制某些生理性病害和病理性病害发生发展的作用，减少产品贮藏过程中的腐烂损失。因此，气调贮藏能更好地保持产品原有的色、香、味、质地等特性以及营养价值，有效地延长果蔬的贮藏期和货架寿命。

　　需要强调说明的是，适宜的低 O_2 和高 CO_2 浓度的贮藏效果，是在适宜的低温下才能实现的。贮藏环境中的 O_2、CO_2 和温度以及其他影响果蔬贮藏效果的因素存在着显著的互作效应，它们保持一定的动态平衡，形成了适合某种果蔬长期贮藏的气体组合条件。不难理解，适合一种果蔬的适宜气体组合条件可能有多个。表6-6列出了部分果蔬的气调贮藏条件。

表6-6　部分果蔬的气调贮藏条件

果蔬种类	O_2/%	CO_2/%	温度/℃	备注
元帅苹果	2～3	1～2	−1～0	德国
元帅苹果	5.0	2.5	0	澳大利亚
金冠苹果	2～3	1～2	−1～0	美国
金冠苹果	2～3	3～5	3	法国
巴梨	4～5	7～8	0	日本
巴梨	0.5～1	5	0	美国
柿	2	8	0	日本
桃	3～5	7～9	0～2	日本
香蕉	5～10	5～10	12～14	日本
蜜柑	10	0～2	3	日本
草莓	10	5～10	0	日本
番茄（绿）	2～4	0～5	10～13	中国北京
番茄（绿）	2～4	5～6	12～15	中国新疆
番茄（半红）	2～7	<3	6～8	中国新疆
甜椒	3～6	3～6	7～9	中国沈阳
甜椒	2～5	2～8	10～12	中国新疆
洋葱	3～6	10～15	常温	中国沈阳
洋葱	3～6	8	常温	中国上海
花椰菜	15～20	3～4	0	中国北京
蒜薹	2～3	0～3	0	中国沈阳
蒜薹	2～5	2～5	0	中国北京
蒜薹	1～5	0～5	0	美国

（二）气调贮藏的类型

气调贮藏可分为两大类，即人工气调贮藏（controlled atmosphere storage，CA）和自发气调贮藏（modified atmosphere storage，MA）。

1. 人工气调贮藏　人工气调贮藏是指根据产品的需要和人的意愿调节贮藏环境中各气体成分的浓度并保持稳定的一种气调贮藏方法。人工气调贮藏由于O_2和CO_2的比例严格控制，而且能与贮藏温度密切配合，技术先进，贮藏效果好。

2. 自发气调贮藏　自发气调贮藏是利用贮藏产品自身的呼吸作用降低贮藏环境中的O_2浓度，同时提高CO_2浓度的一种气调贮藏方法。理论上有氧呼吸过程中消耗1%的O_2即可产生1%的CO_2，而N_2则保持不变（即O_2、CO_2的体积分数之和等于21%）。而生产实践中则常出现消耗的O_2多于产出的CO_2（即O_2、CO_2的体积分数之积小于21%）的情况。自发气调方法较简单，达到设定的O_2和CO_2浓度水平所需的时间较长，操作上维持要求的气体比例比较困难，因而贮藏效果不如人工气调贮藏。自发气调贮藏的方法多种多样，在我国多用塑料袋等包装密封产品后进行贮藏。

气调贮藏经过几十年的不断研究、探索和完善，特别是20世纪80年代以后有了新的发展，开发出了一些有别于传统气调的新方法，如快速CA、低氧CA、低乙烯CA、双维（动态、双变）CA等，丰富了气调贮藏的理论和技术，为生产提供了更多的选择。

（三）气调贮藏的条件

1. O_2、CO_2 和温度的配合 气调贮藏是在一定温度条件下进行的，在控制空气中的 O_2 和 CO_2 含量的同时，还要控制贮藏环境的温度，并且使三者得到适当的配合。

实践证明，气调贮藏果蔬时，在相对较高的温度下，也可能获得较好的贮藏效果。这是因为新鲜果蔬之所以能较长时间地保持其新鲜状态，是由于环境条件抑制了果蔬的新陈代谢，尤其是抑制了呼吸代谢过程。抑制新陈代谢的手段主要是降低温度、提高 CO_2 浓度和降低 O_2 浓度等。可见，这些条件均属于果蔬正常生命活动的逆境，而逆境的适度应用，正是保鲜成功的重要手段。任何一种果蔬，其抗逆性都各有限度。例如，一些品种的苹果常规冷藏时的适宜温度是 $0\,℃$，如果进行气调贮藏，在 $0\,℃$ 下再加以高 CO_2 和低 O_2 的环境条件，则苹果可能会承受不住这三方面的抑制而出现 CO_2 伤害等病症。因此，这些苹果在气调贮藏时，其贮藏温度可提高到 $2\sim3\,℃$，这样就可以避免 CO_2 伤害，同样取得良好的贮藏效果。绿色番茄在 $20\sim28\,℃$ 下气调贮藏的效果，与在 $10\sim13\,℃$ 下普通空气中贮藏的效果相仿。由此看出，气调贮藏对热带、亚热带果品蔬菜来说有着非常重要的意义，因为它可以采用较高的贮藏温度从而避免产品发生冷害。当然，这里的较高温度也是很有限的，气调贮藏必须有适宜的低温配合，才能获得良好的效果。

2. O_2、CO_2 和温度的互作效应 气调贮藏中的气体成分和温度等诸条件，不仅单个对贮藏产品产生影响，而且诸因素之间也会发生相互联系和制约，这些因素对贮藏产品起着综合的影响，即互作效应。贮藏效果的好与坏正是这种互作效应是否被正确运用的反映，气调贮藏必须重视这种效应。要取得良好的贮藏效果，O_2、CO_2 和温度必须有最佳的配合。当一个条件发生改变时，另外的条件也应随之做相应的调整，这样才可能仍然维持一个适宜的综合贮藏条件。不同种类、品种的果蔬，都有各自最佳的贮藏条件组合。

在气调贮藏中，低 O_2 有延缓叶绿素分解的作用，配合适量的 CO_2 则保绿效果更好，这就是 O_2 与 CO_2 两因素的正互作效应。当贮藏温度升高时，就会加速产品叶绿素的分解，也就是高温的不良影响抵消了低 O_2 及适量 CO_2 对保绿的作用。

3. 贮前高 CO_2 处理的效应 在气调贮藏前给以高浓度 CO_2 处理，有助于加强气调贮藏的效果。人们在实验和生产中发现，有一些刚采摘的果蔬对高 CO_2 和低 O_2 的忍耐性较强，而且贮藏前期的高 CO_2 处理对抑制产品的新陈代谢和成熟衰老有良好的效应。

美国华盛顿哥伦比亚特区贮藏的金冠苹果，1977 年已经有 16% 经过高浓度 CO_2 处理，其中 90% 用气调贮藏。另外，将采后的苹果放在 $12\sim20\,℃$ 下，CO_2 浓度维持在 90%，经 $1\sim2\,d$ 可杀死所有的介壳虫，而对苹果没有损伤。经 CO_2 处理的金冠苹果贮藏到 2 月，比不处理的硬度高 $1\,kg/cm^2$ 左右，风味更好。1975 年 Couey 等报告，金冠苹果在气调贮藏之前，用 20% CO_2 处理 $10\,d$，既可保持硬度，也可减少酸的损失。

4. 贮前低 O_2 处理的效应 气调贮藏前对贮藏产品施以低 O_2 处理，对提高贮藏效果也有良好的作用。澳大利亚 Knoxfield 园艺研究所 Little 等（1978）用斯密斯品种（Granny Smith）苹果作材料，在贮藏之前将苹果放在 O_2 浓度为 $0.2\%\sim0.5\%$ 的条件下处理 $9\,d$，然后继续贮藏在 CO_2 浓度：O_2 浓度为 $1:1.5$ 的条件下。结果表明，对于保持斯密斯苹果的硬度和绿色，以及防止褐烫病和红心病，都有良好的效果，与 Fidler（1971）在橘苹苹果上的试验结果相同。由此看来，低浓度 O_2 处理或贮藏，可能是气调贮藏中加强果实耐贮性的有效措施。

5. 动态气调贮藏条件 在不同的贮藏时期控制不同的气调指标，以适应果蔬从健壮向衰老不断地变化过程中气体成分也在不断变化的特点，从而有效地延缓代谢过程，保持更好的质量品质。此法称为动态气调贮藏（dynamic controlled atmosphere，DCA）。西班牙 Ahque（1982）在试验金冠苹果中，第一个月维持 O_2 浓度：CO_2 浓度 = 3:0，第二个月为 3:2，以后为 3:5，温度为 $2\,℃$，湿度为 98%，贮藏 6 个月时比一直贮于 3:5 条件下的果实保持较高的硬度，含酸量也较高，呼吸强度较低，各种损耗也较少。

二、气调贮藏的方式

气调贮藏的实施主要是封闭和调气两部分。封闭是杜绝外界空气对所创造的气体环境的干扰破坏。调气是创造并维持产品所要求的气体组成。目前国内外的气调贮藏方法按其封闭设施的不同分为两类，一类是气调冷藏库（简称气调库）贮藏法，另一类是塑料薄膜气调贮藏法。

（一）气调库贮藏

1. 气调库的构造 气调库首先要有机械冷库的制冷性能，还必须有密封的特性，以创造一个气密条件，确保库内气体组成的稳定。因此，气调库除了具有冷库的保温系统和隔潮系统外，还必须有良好的密封系统，以赋予库房良好的气密性。气调库的基本构造如图6-5所示。

气调保鲜库

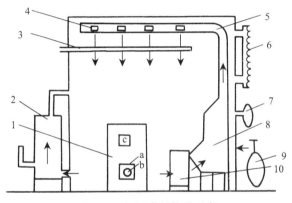

图6-5 气调库的构造示意

1. 气密门 2. CO$_2$吸收装置 3. 加热装置 4. 冷气出口 5. 冷风管
6. 呼吸袋 7. 气体分析装置 8. 冷风机 9. N$_2$发生器 10. 空气净化器

2. 气调库的设计与建造 气调库的设计与建造在遵循基本机械冷库的建设原则的同时，还要保证库房良好的气密性。在生产辅助用房上应增加气体贮存间、气体调节和分配机房。库房应易于脱除有害气体和取样观察，并能实行自动化控制等。因为一间库房在同一时间只能保持一种气体组合和温度、湿度条件。所以，通常将整座气调库分隔成若干可以单独调节管理的贮藏间，以满足气调贮藏产品多样化（种类、品种、成熟度、贮藏时间等）的要求。

良好的气密性是气调库的首要条件，它关系到气调库建设的成败。满足气密性要求的方法是在气调库房的围护结构上敷设气密层，气密层的设置是气调贮藏库设计和建筑中的关键。选择气密层所用材料的原则：①材质均匀一致，具有良好的气体阻绝性能；②材料的机械强度和韧性大，当有外力作用或变温时不会撕裂、变形、折断或穿孔；③性质稳定，耐腐蚀，无异味，无污染，对产品安全；④能抵抗微生物的侵染，易于清洗和消毒；⑤可连续施工，能把气密层制成一个整体，易于查找漏点和修补；⑥黏结牢固，能与库体黏为一体。气调库房建筑中作为气密材料的有钢板、铝合金板、铝箔沥青纤维板、胶合板、玻璃纤维、增强塑料及塑料薄膜、各种密封胶、橡皮泥、防水胶布等。

气密材料和施工质量决定了气调库性能的优劣。气密层巨大的表面积经常受到温度、压力的影响，若施工不当或黏结不牢时，尤其是当库体出现压力变化时，气密层有可能剥落而失去气密作用。根据气调库房的特点，土建的砖混结构设置气密层时多设在围护结构的内侧，以便检查和维修。对于装配式气调库的气密层则多采用彩镀夹心板设置。

　　预制隔热嵌板的两面是表面呈凹凸状的金属薄板（镀锌钢板或铝合金板等），中间是隔热材料聚苯乙烯泡沫塑料，采用合成的热固性黏合剂将金属薄板牢固地黏结在聚苯乙烯泡沫塑料板上。嵌板用铝制呈"工"字形的构件从内外两面连接，在构件内表面涂满可塑性的丁基玛蹄脂，使接口完全、永久地密封。在墙角、墙脚以及墙和天花板等转角处，皆用直角形铝制构件接驳，并用特制的铆钉固定。这种预制隔热嵌板，既可以隔热防潮，又可以作为气密层。地板是在加固的钢筋水泥底板上，用一层塑料薄膜（多聚苯乙烯等）作为隔气层（0.25 mm厚），一层预制隔热嵌板（地坪专用）隔热，再加一层加固的 10 cm 厚的钢筋混凝土为地面。为了防止地板由于承受荷载而使密封破裂，在地板和墙交接处的地板上留一平缓的槽，在槽内灌满不会硬化的可塑酯（黏合剂）（图 6-6）。

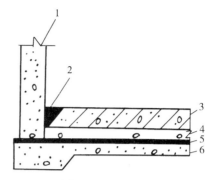

图 6-6　地坪结构
1. 墙体预制嵌板　2. 不凝固胶（黏合剂）
3. 素混凝土垫层　4. 塑料薄膜 0.25 mm
5. 预制嵌板（地坪专用）　6. 钢筋混凝土地面

　　在建成的库房内喷涂泡沫聚氨酯（聚氨基甲酸酯），可以获得性能良好的气密结构并兼有良好的保温性能，在生产实践中得到普遍应用。5.0～7.6 cm厚的泡沫聚氨酯可相当于 10 cm 厚的聚苯乙烯的保温效果。喷涂泡沫聚氨酯之前，应先在墙面上涂一层沥青，然后分层喷涂，每层厚度约为 1.2 cm，直到喷涂达到所要求的总厚度。

　　气调库的气密特性使其库房内外容易形成一定的压力差，为保障气调库的安全运行，保持库内压力的相对平稳，库房设计和建造时须设置压力平衡装置。用于压力调节的装置主要有缓冲气囊（呼吸袋）和压力平衡器。前者是一个具有伸缩功能的塑料贮气袋，当库内压力波动较小时（<98 Pa），通过气囊的膨胀和收缩平衡库内外的压力；后者为一盛水的容器，当库内外压力差较大时（>98 Pa），水封即可自动鼓泡泄气。

　　气调库的库门通常有两种设置方法：①只设一道门，既是保温门又是密封门，门在门框顶上的铁轨上滑动，由滑轮联挂。门的每一边有 2 个，总共 8 个插锁把门拴在门框上。把门拴紧后，在门的四周门缝处涂上不会硬化的黏合剂密封。②设两道门，第一道是保温门，第二道是密封门，通常第二道门的结构很轻巧，用螺钉铆接在门框上，门缝处再涂上玛蹄脂加强密封。

　　另外，各种管道穿过墙壁进入库内的部位都需加用密封材料，不能漏气。

　　气调库运行期间，要求稳定的气体成分，管理人员不能经常进入库房对产品、设备及库体状况进行检查。因此，气调库房设计和建造时，必须设置观察窗和取样（产品和气体）孔。观察窗一般设置在气调门上，取样孔则多设置于侧墙的适当位置。确因工作需要进库时，工作人员必须戴好氧气呼吸器面具进入，库外必须有专人监护。

　　3. 气调库的气密性　通常气调库难以达到绝对气密，允许有一定的气体通透性，但不能超出一定的标准。气调库建成后或在重新使用前都要进行气密性检验，检验结果如不符合规定的要求，应查明原因，进行修补使其密封，达到气密标准后才能使用。

　　气密性检验以气密标准为依据。联合国粮农组织（FAO）推荐的气调库气密标准见图 6-7。在气调库密封后，通过鼓风机等设备进行加压，库内压力超过正常大气压力达 294 Pa 以上时停止加压，当压力下降至 294 Pa 时开始计时，根据压力下降的速度判定库房是否符合气密要求。压力自然下降 30 min 后仍维持在 147 Pa 以上，表明库房气密性优秀；30 min 后压力为 107.8～147 Pa，则库房气密性良好；30 min 后压力不低于 39.2 Pa，则为合格；低于 39.2 Pa 时，则气密性不合格。气密性不合格的库房用于气调贮藏无法形成气调环境，应进行修复、补漏，直至合格为止。美国采用的标准与 FAO 略有不同，其限度压力为 245 Pa，判断合格与否的指标是半降压时间（即库内压力下降一半所需的时间）要求 30 min，大于和等于 30 min 即为合格，否则为不合格。

以上检测方法称为正压法。气密性检测还有负压法。与正压法相反，采用真空泵将气体从库房中抽出，使库内压力降低形成负压，根据压力回升的速度判定气密性。一般压力变化越快或压力回升所需时间越短，气密性越差。实践中气密性检测一般用正压法。

气调库的气密性能检验和补漏时要注意以下问题：①尽量保持库房处于静止状态（包括相邻的库房）；②维持库房内外温度的稳定；③测试压力应尽量采用 Pa 等微压计的计量单位，保证测试的准确性；④库内压力不要升得太高，保证围护结构的安全；⑤气密性检测和补漏要特别注意围护结构、门窗接缝处等重点部位，发现渗漏部位应及时做好标记；⑥气密性检验和补漏过程中要保持库房内外的联系，以保证人身安全和工作的顺利进行。找到泄漏部位后，通常进行现场喷涂密封材料补漏。

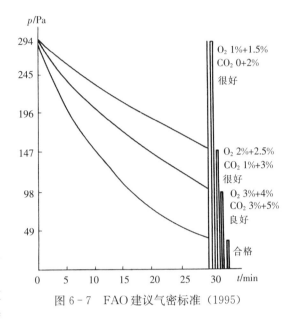

图 6-7　FAO 建议气密标准（1995）

4. 气调库的气体调节系统　气调库具有专门的气调系统进行气体成分的贮存、混合、分配、测试和调整等。一个完整的气调系统主要包括三大类设备。

（1）贮配气设备。包括贮配气用的贮气罐、瓶，配气所需的减压阀、流量计、调节控制阀、仪表和管道等。通过这些设备的合理连接，保证气调贮藏期间所需各种气体的供给，并以符合果蔬所需的速度和比例输送至气调库中。

（2）调气设备。包括真空泵、制 N_2 机、降 O_2 机、富 N_2 脱 O_2 机（烃类化合物燃烧系统、分子筛气调机、氨裂解系统、膜分离系统）、CO_2 洗涤机、SO_2 发生器、乙烯脱除装置等。先进调气设备的应用为迅速、高效地降低 O_2 浓度、升高 CO_2 浓度、脱除乙烯，维持各气体组分在符合贮藏对象要求的适宜水平上提供了保证。

（3）分析监测仪器设备。包括采样泵、安全阀、控制阀、流量计、奥氏气体分析仪、温湿度记录仪、测 O_2 仪、测 CO_2 仪、气相色谱仪、计算机等分析监测仪器设备，满足了气调贮藏过程中相关贮藏条件的精确检测，为调配气提供依据，并对调配气进行自动监控。

气调库还有湿度调节系统，这也是气调贮藏的常规设施。另外，气调库内的制冷负荷要求比一般的冷库大，这是因为装货集中，要求在很短时间内将库温降到适宜贮藏的温度。

（二）塑料薄膜气调贮藏

20 世纪 60 年代以来，国内外对塑料薄膜封闭气调贮藏法开展了广泛研究，并在生产中应用，在果蔬保鲜上发挥着重要的作用。塑料薄膜封闭形成了良好的气密环境，可设置在普通冷库内或常温贮藏库内，使用方便，成本较低，还可以在运输中使用。

塑料薄膜封闭贮藏技术能非常广泛地应用于果蔬的贮藏，是因为塑料薄膜除使用方便、成本低廉外，还具有一定透气性这一重要的特点。通过果蔬的呼吸作用，会使塑料袋（帐）内维持一定的 O_2 和 CO_2 比例，加上人为的调节措施，会形成有利于延长果蔬贮藏寿命的气体成分。

1963 年以来，人们开展了对硅橡胶在果蔬贮藏上的应用研究，并取得成功。使塑料薄膜在果蔬贮藏上的应用变得更便捷、更广泛。

硅橡胶是一种有机硅高分子聚合物，它是由有取代基的硅氧烷单体聚合而成，以硅氧键相连形成柔软易曲的长链，长链之间以弱电性松散地交联在一起。这种结构使硅橡胶具有特殊的透气性。首先，硅橡胶膜对 CO_2 的渗透率较高，是同厚度聚乙烯膜的 $200\sim300$ 倍，是聚氯乙烯膜的 20 000 倍。其次，硅橡胶膜具有选择性透性，对 N_2、O_2 和 CO_2 的透性比为 $1:2:12$，同时对乙烯和一些芳香成分也有较大的透性。利用硅橡胶膜特有的性能，在较厚的塑料薄膜（如 0.23 mm 厚聚乙烯）做成的袋（帐）上镶嵌一定面积的硅橡胶膜，就做成一个有硅橡胶膜气窗的包装袋（或硅窗气调帐），袋内果蔬呼吸释放出的 CO_2 通过气窗透出袋外，而消耗掉的 O_2 则由大气透过气窗进入袋内得到补充。由于硅橡胶膜具有较大的 CO_2 与 O_2 的透性比，且袋内 CO_2 的透出量与袋内的浓度成正相关，因而贮藏一定时间之后，袋内的 CO_2 和 O_2 含量就自然会调节到一定的范围。

有硅橡胶膜气窗的包装袋（帐）与普通塑料薄膜袋（帐）一样，主要是利用薄膜本身的透性自然调节袋中的气体成分。因此，袋内的气体成分必然与气窗的特性、厚薄、大小，袋的容量、装载量，产品的种类、品种、成熟度，以及贮藏温度等因素有关。要通过试验研究，最后确定袋（帐）的大小、装量和硅橡胶膜气窗的面积大小。

三、气调贮藏的管理

（一）气体指标及调节

1. 气体指标　气调贮藏按人为控制气体成分的多少可分为单指标、双指标和多指标三种情况。

（1）单指标。单指标调节是指仅控制贮藏环境中的某一种气体如 O_2 或 CO_2，而对其他气体不加调节。有些贮藏产品对 CO_2 很敏感，则可采用 O_2 单指标，就是只控制 O_2 的含量，CO_2 被全部吸收。O_2 单指标必然是一个低指标，因为当无 CO_2 存在时，O_2 影响果蔬呼吸的阈值大约为 7%，即 O_2 必须低于 7%，才能有效地抑制贮藏产品的呼吸强度。对于多数果蔬来说，单指标难以达到很理想的贮藏效果。需要注意的是被调节气体浓度低于或超过规定指标时，有导致生理伤害发生的可能。

蒜薹自发
气调保鲜

（2）双指标。双指标是指对常规气调的 O_2 和 CO_2 两种气体均加以调节和控制的气调贮藏方法。依据气调时 O_2 和 CO_2 浓度多少的不同又有三种情况：O_2、CO_2 的浓度和等于 21%，O_2、CO_2 的浓度和大于 21% 和 O_2、CO_2 的浓度和小于 21%。果蔬气调贮藏中以第三种应用最多。

第一种情况下，果蔬主要以糖为底物进行有氧呼吸，呼吸商约为 1。所以贮藏产品在密封空间内，呼吸消耗掉的 O_2 与释放出的 CO_2 体积相当，即二者之和近于 21%。如果把两种气体之和定为 21%，如 10% O_2、11% CO_2，或 6% O_2、15% CO_2，管理上就很方便，只要把果蔬封闭后经一定时间，当 O_2 浓度降至要求指标时，CO_2 也就上升达到了要求的指标。此后，定期地或连续地从封闭贮藏环境中排出一定体积的气体，同时充入等量的新鲜空气，就可以大体维持这个气体配比。这是气调贮藏发展初期常用的气体指标。缺点：如果 O_2 较高（$>10\%$），CO_2 就会偏低，不能充分发挥气调贮藏的优越性；如果 O_2 较低（$<10\%$），又可能因 CO_2 过高而发生生理伤害。将 O_2 和 CO_2 控制在相接近的水平（如二者各约 10%），称为高 O_2 和高 CO_2 指标，可用于一些果蔬的贮藏，但其效果大多情况不如低 O_2 和高 CO_2 好。这种指标对设备要求比较简单。

（3）多指标。多指标不仅控制贮藏环境中的 O_2 和 CO_2，同时还对其他与贮藏效果有关的气体成分如 C_2H_4、CO 等进行调节。这种气调方法贮藏效果好，但调控气体成分的难度提高，对调气设备的要求较高，设备的投资较大。

2. 气体的调节　气调贮藏环境中的气体成分，从刚封闭时的正常气体成分转变到要求的气体指标，是一个降 O_2 和升 CO_2 的过渡期，可称为降 O_2 期。降 O_2 之后，则是使 O_2 和 CO_2 稳定在规定指标的稳定期。降 O_2 期的长短以及稳定期的管理，与果蔬贮藏效果的关系很大。

（1）自然降 O_2 法（缓慢降 O_2 法）。封闭后依靠产品自身的呼吸作用使 O_2 的浓度逐步减少，同时积累 CO_2。具体做法如下：

①放风法：每隔一定时间，当 O_2 降至指标的低限或 CO_2 升高到指标的高限时，开启贮藏帐、袋或气调库，部分或全部换入新鲜空气，而后再进行封闭。

②调气法：双指标总和小于 21% 和单指标的气体调节，是在降 O_2 期去除超过指标的 CO_2，当 O_2 降至指标后，定期或连续输入适量的新鲜空气，同时继续吸除多余的 CO_2，使两种气体稳定在要求指标。

自然降 O_2 法中的放风法，是简便的气调贮藏法。此法在整个贮藏期间 O_2 和 CO_2 含量总在不断变动，实际不存在稳定期，在每一个放风周期之内，两种气体都有一次大幅度的变化。每次临放风前，O_2 降到最低点，CO_2 升至最高点，放风后 O_2 升至最高点，CO_2 降至最低点。即在一个放风周期内，中间一段时间 O_2 和 CO_2 的含量比较接近，在这之前是高 O_2 低 CO_2 期，之后是低 O_2 高 CO_2 期。这首尾两个时期对贮藏产品可能会带来很不利的影响。然而，整个周期内两种气体的平均含量比较接近，对于一些抗性较强的果蔬如蒜薹等，采用这种气调法，其效果远优于常规冷藏法。

③充 CO_2 自然降 O_2 法：封闭后立即人工充入适量的 CO_2（10%～20%），O_2 仍自然下降。在降 O_2 期不断吸除部分 CO_2，使其含量大致与 O_2 接近。这样 O_2 和 CO_2 浓度同时平行下降，直到两者都达到要求指标。稳定期管理同前述调气法。这种方法是借 O_2 和 CO_2 的拮抗作用，用高 CO_2 来克服高 O_2 的不良影响，又不使 CO_2 过高造成生理伤害。此法的贮藏效果接近人工降 O_2 法。

（2）人工降 O_2 法（快速降 O_2 法）。利用人为的方法使封闭后环境中的 O_2 迅速下降，CO_2 迅速上升。实际上该法免除了降 O_2 期，封闭后立即进入稳定期。具体做法如下：

①充 N_2 法：封闭后抽出气调环境中的大部分空气，充入 N_2，用 N_2 稀释剩余空气中的 O_2，使其浓度达到要求指标。有时充入适量 CO_2，使之也立即达到要求浓度。此后的管理同前述调气法。

②气流法：把预先由人工按要求指标配制好的气体输入封闭空间内，以代替其中的全部空气。在以后的整个贮藏期间，始终连续不断地排出部分气体和充入人工配制的气体，控制气体的流速而使内部气体稳定在要求指标。

人工降 O_2 法由于避免了降 O_2 过程的高 O_2 期，所以能比自然降 O_2 法进一步提高贮藏效果。然而，此法要求的技术和设备较复杂，同时要消耗较多的 N_2 和电力。

3. 塑料薄膜封闭方法和管理

（1）垛封法。果蔬用包装箱盛装，码成垛，垛外用塑料帐封闭的一种贮藏方法。垛底先铺一层垫底薄膜，在其上摆放垫木，使盛装产品的容器架空。码好的垛用塑料帐罩住，帐子和垫底薄膜的四边互相重叠卷起并埋入垛四周的小沟中，或用沙袋等重物压紧，使帐子密闭。也可以用活动贮藏架在装架后整架封闭。比较耐压的一些产品可以散堆到帐架内再封帐。帐子选用的塑料薄膜一般为厚度 0.10～0.20 mm 的聚氯乙烯。在塑料帐的两端设置袖口（用塑料薄膜制成），供充气及垛内气体循环时插入管道之用。可从袖口取样检查，活动硅橡胶膜气窗也是通过袖口与帐子相连接。帐子还要设取气口，以便测定帐内气体成分的变化，也可从此充入气体消毒剂，平时不用时把取气口扎紧封闭。为使凝结水不侵蚀贮藏产品，应设法使帐顶悬空，不使之贴紧产品。帐顶凝结水的排除，可加衬吸水层，还可将帐顶做成屋脊形，以免凝结水滴到产品上而引起腐烂。

塑料薄膜帐的气体调节可应用气调库调气的各种方法。帐子上设硅橡胶膜气窗的可以实现自动调气。

（2）袋封法。将产品装在塑料薄膜袋内，扎口封闭后放置于库房内。调节气体的方法如下：

① 定期调气或放风：用 0.06～0.08 mm 厚的聚乙烯薄膜做成袋子，将产品装满后入库，当袋

内的 O_2 减少到低限或 CO_2 增加到高限时，打开袋子放风，换入新鲜空气后再进行封口贮藏。

② 自动调气。用 0.03～0.05 mm 厚的塑料薄膜做成小包装，因为塑料膜很薄，透气性较好，在较短的时间内，可以形成并维持适当的低 O_2 高 CO_2 的气体成分，不致造成高 CO_2 伤害。该方法适用于对 CO_2 敏感的果蔬的贮藏，也适用于短期贮藏、远途运输或零售包装。

依据果蔬的种类和品种、成熟度及用途等，在塑料薄膜袋的中下部粘贴一定面积的硅橡胶膜后，也可以实现自动调气。

（二）温度、湿度管理

气调贮藏库的温度、湿度管理与机械冷库基本相同，可以借鉴。

值得指出的是，塑料薄膜封闭贮藏时，袋（帐）内部因有产品释放的呼吸热，所以内部的温度总会比外部高一些，一般有 0.1～1.0 ℃ 的温差。另外，塑料袋（帐）内部的湿度较高，经常接近饱和状态，塑料膜正处于冷热交界处，在其内侧常有一些凝结水珠。如果库温波动，则袋（帐）内外的温差会变得更大、更频繁，薄膜上的凝结水珠也就更多。袋（帐）内的水珠还溶有 CO_2，pH 约为 5，这种酸性溶液滴到果蔬上，既有利于病菌的活动，对果蔬也会造成不同程度的伤害。封闭空间内四周的温度因受库温的影响而较低，中部的温度则较高，这就会发生内部气体的对流。当较暖的气体流至冷处时，降温至露点以下便会析出部分水汽形成凝结水；这种气体再流至暖处，温度升高，饱和差增大，因而又会加强产品水分的蒸散。这种温度、湿度的交替变动，就像一台无形的抽水机，不断地把产品中的水"抽"出来变成凝结水。也可能并不发生空气对流，而由于温度较高处的水汽分压较大，该处的水汽会向低温处扩散，同样导致高温处产品的脱水而低温处的产品结露。所以，塑料薄膜封闭贮藏时，一方面是袋（帐）内部湿度很高，另一方面产品仍然有较明显的脱水现象。解决这一问题的关键在于力求库温保持稳定，尽量减小袋（帐）内外的温差。

第四节 减压贮藏

减压贮藏技术是果蔬保藏的又一项新技术，是气调贮藏技术的进一步发展。这一方法被称为减压贮藏（hypobaric storage）或低气压贮藏（low pressure storage）。

一、减压贮藏概述

减压贮藏是在冷藏基础上，将密闭环境中的气体压力由正常的大气状态降至负压，把果蔬放置其中的一种贮藏方法。减压贮藏是一种新的保鲜方法，它集真空速冷、气调贮藏、低温保存和减压技术于一体。将果蔬放在能承受的压力环境中贮藏，用真空泵抽空，维持正常气压的 1/5～1/2，温度为 15～24 ℃，抽出的空气同时也将贮藏产品所释放的挥发物质带走。由于部分的真空作用，易引起果蔬的脱水，故在空气进入低压环境以前，需先通过清水使之湿润。

1963 年，美国学者 Burg 建立了第一个减压贮藏保鲜设施，利用此减压保鲜设施最先在番茄、香蕉、莴苣、芹菜等果蔬产品上进行试验，尽管所用的减压程度很轻，但可使几种果蔬的贮藏期大大延长；1966 年，Burg 等提出了完整的减压保鲜理论，并获得美国专利。在此之后，科学家们对减压贮藏开展了广泛地研究。研究表明，减压贮藏不但可延长果蔬等产品的贮藏寿命，延缓绿色果蔬叶绿素的降解，推迟软化，还明显延长了畜禽等易腐产品的贮藏寿命，抑制了微生物的生长。另外一些试验也发现，减压贮藏还有减轻冷害和一些贮藏病害的效果。

我国果蔬的减压保鲜贮藏技术研究起步较晚。20 世纪 90 年代初，科技人员建成了第一座减压贮藏罐，它采用了增加罐体界面内部抗压措施，使制造成本和罐体自重都大大减小。90 年代末，我国建成了世界首座 JBXK - 2000 型千吨级减压贮藏库，使得国内减压贮藏保鲜研究进入快车道。至 21 世纪初，我国的科技工作者分别采用减压贮藏技术对苹果、梨、桃、黄瓜、茄子等进行了试验,结果表明减压贮藏可延长果蔬的保鲜期,并保持优良的商品特性。但是,减压贮藏库的设施总体投资大、工艺要求高,大面积推广应用受到一定限制,多年来发展不甚理想。

机械冷藏和气调贮藏中一般不进行经常性的通风换气,因而果蔬代谢过程中产生的 CO_2、C_2H_4、乙醇、乙醛等会逐渐积累到有害水平。而减压条件下,气体交换不间断,有利于有害气体的排除。同时,减压处理促使果蔬组织内的气态成分向外扩散,且速度与该气体在组织内外的分压差及扩散系数成正比。另外,减压使空气中的各种气体组分的分压都相应降低,如气压降至 10.13 kPa 时,空气中的各种气体分压也降至原来的 1/10。虽然这时空气中各组分的相对比例与原来一样,但它的绝对含量却只有原来的 1/10,如 O_2 由原来的 21% 降至 2.1%,这样就获得了气调贮藏的低 O_2 条件,兼容了气调贮藏的效果。因此,减压贮藏能显著减慢果蔬的成熟衰老过程,更好地保持产品原有的色泽和新鲜状态,延缓组织软化,减轻冷害等生理失调。在一定范围内,减压程度越大,作用越明显。在低压条件下,由于环境中低氧及其他条件的共同作用,真菌形成孢子受到抑制,气压愈低,抑制真菌的生长和孢子形成的作用愈显著。

二、减压贮藏库的结构

减压贮藏对库体设计和建筑提出了比气调贮藏库更严格的要求,表现在气密程度和库房结构强度要求更高。气密性不够,设计的真空度难以实现,无法达到预期的贮藏效果,还会增加维持低压状态的运行成本,加速机械设备的磨损。减压贮藏由于需要较高的真空度才会产生明显的效果,库房要承受比气调贮藏库大得多的内外压力差,库房建造时所用材料必须具有足够的机械强度,库体结构合理牢固。在减压条件下果蔬中的水分极易散失,为防止这一情况的发生,必须保持贮藏环境很高的相对湿度,通常应维持在 95% 以上。要达到如此高的相对湿度,减压贮藏库中必须安装增湿装置。因为减压贮藏可略去气调贮藏所必需的调气仪器设备,故减压贮藏库房的建造费用并非人们想象的那样昂贵。

一个完整的减压贮藏系统包括四个部分,即降温、减压、增湿和通风。减压贮藏库示意见图 6-8。果蔬置入气密性状良好的减压贮藏专用库房并密闭后,用真空泵连续进行抽气至达到所要求的指标,并维持稳定的低压状态。由于增湿器内安装有电热丝能使水加热而略高于空气温度,这样使进入库房的气体较易达到 95% 的相对湿度,且进入库房的新鲜高湿气体在减压条件下迅速扩散至库房各部位,从而使整个贮藏空间保持均匀一致的温度、

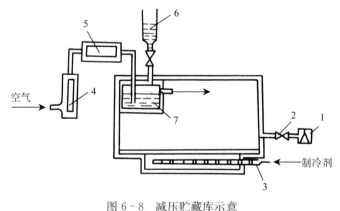

图 6-8 减压贮藏库示意
1. 真空泵 2. 气阀 3. 冷却排管 4. 空气流量调节器
5. 真空调节器 6. 贮水池 7. 水容器

湿度和气体成分。由于真空泵连续不断抽吸库房中的气体,果蔬新陈代谢过程中产生并释放出来的各种有害气体,迅速地随同气流经气阀被排出库外。减压过程中所需的真空调节器和气阀主要起调控贮藏库内所需的减压程度及库内气体流量的作用。

减压贮藏中为节省运行费用,可以间歇式操作,即在规定真空度的允许范围,当低于规定真空度下限要求时,真空泵开始工作,达到真空度上限则关闭真空泵。不管连续式还是间歇式减压操作均较简单,且建立和解除真空均很迅速。真空泵停止工作后,只要打开真空调节器,几分钟内即可解除真空状态,工作人员就可进入贮藏间工作。若要恢复低压,只要打开真空泵

即可。

虽然研究中用减压贮藏技术贮藏苹果、香蕉、番茄、菠菜、生菜、蘑菇等均获得了良好的效果，延长了产品的贮藏期和货架寿命，但由于减压贮藏库建筑有较高的难度，在目前技术水平下，该项技术的商业化应用受到了一定的限制。

减压贮藏果蔬的主要优点：①降低 O_2 的供应量从而降低了果蔬呼吸强度和乙烯产生的速度；②产品释放的乙烯随时被移至库外，从而排除了促进成熟和衰老的重要因素；③排除了果实释放的其他挥发物质如 CO_2、乙醛、乙酸乙酯和 α-法尼烯等，有利于减少果蔬的生理病害。

应该说，减压贮藏果蔬的生理效应远不限于上述几点。该项技术更深广的理论基础及应用技术研究，有待进一步加强。

第五节　冰温贮藏

冰温（controlled freezing point）是指从 0 ℃开始到生物体冻结温度为止的温度区域。在该温度区域进行果蔬贮藏即为果蔬的冰温贮藏。冰温下，果蔬的呼吸作用显著降低，能取得良好的贮藏效果。目前，冰温贮藏技术在日本已获得全面的发展，在韩国、美国及加拿大等发达国家也得到了应用。近年来，中国也对该项技术展开了研究。

冰温库

冰温贮藏技术的发明者——日本的山根昭美把冰温贮藏技术应用到了更广泛的食品保鲜中。若某些食品冰点偏高，可以应用符合食品安全要求的冰点调节剂渗入组织内，在一定程度降低其冰点。他将 0 ℃以下至食品冰点以上的温度区域称为冰温带，在该区域温度下贮藏的食品称为冰温食品。

生物的细胞中溶解了氨基酸、可溶性蛋白质、酸、盐类、肽类和糖类等多种成分，故细胞液不同于纯水，其冰点一般在 −3.5～−0.5 ℃，这是生物组织进行冰温贮藏的基础。由于细胞中的各种天然高分子复合物呈现立体网状结构，能起到一定阻碍水分子移动和接近的作用，从而产生所谓的"冻结回避"。因此，生物组织在 0 ℃与其生物冰点之间的温度带中仍可以保持细胞活性，并且其呼吸代谢以及衰老速度也大为减缓。冰温贮藏还对抑制有害微生物的滋生起到更好的作用。冰温贮藏仅仅是贮藏温度的调节，是一种无公害的果蔬贮藏方法。梨、葡萄、桃、樱桃、李、冬枣、草莓、蓝莓、生菜等果蔬在冰温条件下贮藏，都取得了很好的效果。

冰温贮藏技术要求对每种果蔬的冰温有精确的认定，要严格控制温度在其冰温±0.5 ℃，低于冰温果蔬有受冻害的危险。此外，适合该技术的配套设备的研究与开发滞后也限制了该技术的推广应用。为了进一步发展冰温技术，使其更好地应用于果蔬贮藏，应该加强冰温对果蔬原料品质影响和对各种原料的适用性的研究。同时，需要在冷源、蓄冷材料、冰点调节剂、贮藏环境的温湿度控制等技术领域做深入研究。开发成本低、适用性强的冰温贮运设备，是未来冰温技术应用和推广的基本工作。

第六节　果品蔬菜贮藏的辅助措施

果蔬贮藏的辅助措施是在入贮前或在贮藏过程中，通过物理、化学和生物的方法，对果蔬进行处理，以获得进一步延长果蔬贮藏期的良好效果。

一、物理方法

（一）辐射处理

从 20 世纪 40 年代开始，许多国家对原子能在食品保藏上的应用进行了广泛研究，取得了

电子加速器
X射线处理

电子束处理

电子束处理
生产线

辐照处理
模型

^{60}Co辐照
处理

重大成果。马铃薯、洋葱、大蒜、蘑菇、石刁柏、板栗等果蔬，经辐射处理后，作为商品已大量上市。辐射对贮藏产品的影响有以下几个方面。

1. 干扰基础代谢，延缓成熟衰老　各国在辐射保藏食品上主要是应用^{60}Co或^{137}Cs为放射源的γ射线、X射线或加速器产生的电子束来照射。γ射线、X射线和电子束均是一种穿透力极强的电离射线，当其穿过生活机体时，会使其中的水和其他物质发生电离作用，产生游离基或离子，从而影响机体的新陈代谢过程，严重时则杀死细胞。电子束辐照技术无须辐射源，射线的产生和消失可通过电子加速器的开关控制，能量利用率高，且造价较低，已成为一种理想的γ射线辐照替代技术。

由于照射剂量不同，所起的作用有差异：

低剂量：1 kGy以下，影响植物代谢，抑制块茎、鳞茎类发芽，杀死寄生虫。

中剂量：1～10 kGy，抑制代谢，延长果蔬贮藏期，阻止真菌活动，杀死沙门菌。

高剂量：10～50 kGy，彻底灭菌。

用射线辐射块茎、鳞茎类蔬菜可以抑制其发芽，剂量为0.05～0.15 kGy。用0.02 kGy辐射姜时抑芽效果很好，剂量再高反而引起腐烂。

2. 辐射对产品品质的影响　用0.6 kGy γ射线处理Carabao芒果，在26.6 ℃下贮藏13 d后，其β-胡萝卜素含量没有明显变化，其维生素C也无大的损失；同剂量处理的Okrong芒果在17.7 ℃下贮藏，其维生素C变化同Carabao芒果。与对照相比，这些处理过芒果的可溶性固形物，特别是蔗糖增加得较慢，可滴定酸和转化糖也减少得较慢。

对芒果辐射的剂量，从1 kGy提高到2 kGy时，会明显增强其多酚氧化酶的活性，促进酶促褐变反应，这是较高剂量使芒果组织变黑的原因。

用0.4 kGy以下的剂量处理香蕉，其感官特性优于对照。番石榴和人心果用γ射线处理后维生素C没有损失。0.50 kGy γ射线处理菠萝后，不改变其理化特性和感官品质。

3. 抑制和杀死病菌及害虫　许多病原微生物可被γ射线和电子束杀死，从而减少产品在贮藏期间的腐败变质。炭疽病菌对芒果的侵染是致使果实腐烂的一个重要因素。在用热水浸洗处理之后，接着用1.05 kGy γ射线处理芒果，能显著减少炭疽病的侵害。用热水处理番木瓜后，再用0.75～1 kGy γ射线处理，收到了良好的贮藏效果。如果单用此剂量辐射，则没有控制腐败的效果。较高的剂量对番木瓜本身有害，会引起表皮褪色，成熟不正常。用2 kGy或更高一些的剂量处理草莓，可以减少腐烂。1.5～2 kGy γ射线处理法国的多种梨，能消灭果实上的大部分病原微生物。

用1.2 kGy的γ射线处理芒果，在8.8 ℃下贮藏3个星期后，其种子内的象鼻虫全部死亡。河南和陕西等地用0.5～0.67 kGy的γ射线处理板栗，可杀死种子中的害虫。

（二）电磁处理

1. 磁场处理　产品在一个电磁线圈内通过，控制磁场强度和产品移动速度，使产品受到一定剂量的磁力线切割作用。或者流程相反，产品静止不动，而磁场不断地改变方向（S、N极交替变换）。据1975年日本公开特许公报介绍，水分含量较多的水果经磁场处理，可以提高生活力，增强抵抗病变的能力。水果在磁力线中运动，会产生生理变化，就同导体在磁场中运动会产生电流一样。这种磁化效应虽然很小，但应用电磁测量的办法，可以在果蔬组织内测量出电磁场反应的现象。

Boe和Salunkhe试验将番茄放在强度很大的永久磁铁的磁极间，发现果实后熟加速，并且靠近S极的比靠近N极的熟得快。他们认为其机制可能是：①磁场有类似激素的特性，或具有活化激素的功能，从而起到催熟作用；②激活或促进酶系统而加强呼吸，形成自由基，加速呼吸而促进后熟。

2. 高压电场处理　一个电极悬空，一个电极接地（或做成金属板极放在地面），两者间便形成不均匀电场，产品置于电场内，接受间歇的或连续的或一次的电场处理。可以把悬空的电极做成针状负极，由许多长针用导线并联而成。针极的曲率半径极小，在升高的电压下针尖附近的电场特别强，达到足以引起周围空气剧烈游离的程度而进行自激放电。这种放电局限在电极附近的小范围内，形成流注的光辉，犹如月环的晕光，故称电晕。因为针极为负极，所以空气中的正离子被负电极所吸引，集中在电晕套内层针尖附近，负离子集中在电晕套外围，并有一定数量的负离子向对面的正极板移动，这个负离子气流正好流经产品而与之发生作用。改变电极的正负方向，则可产生正离子空气。另一种装置是在贮藏室内用悬空的电晕线代替上述的针极，作用相同。

可见，高压电场处理，不只是电场单独起作用，同时还有离子空气的作用。另外，在电晕放电中还同时产生 O_3，O_3 是极强的氧化剂，有灭菌消毒、破坏乙烯的作用，这几方面的作用是同时产生、不可分割的。所以，高压电场处理产生的是综合效应，在实际操作中，有可能通过设备调节电场强度、负离子和 O_3 的浓度。

3. 负离子和 O_3 处理 据已有的研究报道，对植物的生理活动，正离子起促进作用，负离子起抑制作用。因此，在贮藏方面多用负离子空气处理。当只需要负离子的作用而不要电场作用时，可改变上述的处理方法，产品不在电场内，而是按电晕放电使空气电离的原理制成负离子空气发生器，借风扇将离子空气吹向产品，使产品在发生器的外面接受离子淋沐。

O_3 有灭菌消毒、破坏乙烯的作用，还能抑制细胞内氧化酶的活性，阻碍糖代谢的正常进行，有利于降低产品的代谢水平，延长产品的贮藏期。O_3 处理的效果与其浓度密切相关，浓度低效果不明显，过高则会损伤产品，一般使用浓度为 $1\sim10~\mu L/L$。

（三）短波紫外线照射处理

紫外线照射通常分为长波紫外线（$320\sim390$ nm，UV-A）、中波紫外线（$280\sim320$ nm，UV-B）和短波紫外线（$190\sim280$ nm，UV-C）三种类型。短波紫外线属于可杀菌波段范围，能杀死细菌和病毒。短波紫外线能穿透微生物的细胞膜，破坏脱氧核糖核酸（DNA）结构，在DNA分子中产生嘧啶二聚体，引发突变，使细胞遗传物质的活性丧失，导致微生物失去繁殖能力或死亡。紫外线照射对贮藏产品的影响有以下几个方面。

蘑菇的紫外线照射处理

1. 对果蔬病害的影响 UV-C作为新的使用方式在果蔬采后保鲜中成为研究热点，主要原因在于它刺激整个果蔬组织产生抗病效应，而不仅仅是表皮对微生物的抗性。大量研究表明，UV-C照射能够刺激植物组织抗真菌防御酶的合成与活性提高，抑制病原菌植保素的产生，诱导抗病基因表达等。$0.25\sim0.5~kJ/m^2$ 剂量的UV-C，能较好地减轻桃果实贮藏期的腐烂，推迟发病 $10\sim16$ d，显著降低发病率，诱导果皮多酚氧化酶的活性提高，同时 $0.5~kJ/m^2$ 剂量的UV-C能诱导 $\beta-1,3$-葡聚糖酶活性提高。

2. 对果蔬品质的影响 用UV-C处理葡萄柚，超过 $1.5~kJ/m^2$ 会导致果皮褐变和组织坏死。$4.9~kJ/m^2$ 的UV-C处理芒果，在 $5~℃$ 下贮藏14 d后于 $20~℃$ 下贮藏7 d，能够改善果实外观和质地，提高亚精胺和腐胺含量，剂量更高时导致衰老。用 $4~kJ/m^2$ 的UV-C处理香菇后于 $1~℃\pm1~℃$ 下贮藏15 d，能够有效保持香菇的硬度，并使总黄酮和维生素C含量更高，提高抗氧化酶、超氧化物歧化酶、抗坏血酸过氧化物酶、谷胱甘肽还原酶活性，延缓 O_2^- 和 H_2O_2 的生成速度。此外，也有研究表明，植物不含维生素D，但植物中的麦角固醇经紫外线照射后可转变为对人体十分重要的维生素D。

二、化学方法

（一）防腐剂处理

针对果蔬贮藏中的许多采后病害，要在采前或采后用化学防腐保鲜剂进行处理。这方面的内容在第四章、第七章均有介绍。使用化学防腐剂的针对性很强，要明确拟解决的问题，然后针对性地选择药物种类和剂量。充分了解化学防腐剂的性质、用途、卫生标准，保证使用安全。

（二）水杨酸处理

水杨酸（salicylic acid，SA）即邻羟基苯甲酸。自 1874 年 SA 首次被合成后，已在多种植物中分离出水杨酸及水杨酸类物质。SA 作为一种信号物质，参与植物生长发育、成熟衰老等多方面的生理调控。另外，在植物的抗逆性方面，SA 可诱导植物产生系统获得抗性，提高多种病程相关蛋白的表达，增强植物的广谱抗性，也可诱导植物对非生物胁迫产生耐性。SA 主要是通过采前处理或采后处理对果蔬进行保鲜的。

1. SA 采前处理　采前 SA 处理果实既可以提高抗病性，减少因后熟作用造成的果实腐烂，还可以增加果实可溶性糖含量，提高果实风味品质。分别在坐果期、膨大期、转色期及采收前 48 h 这四个时期，采用 1.0 mmol/L SA 对新疆'赛买提'杏的树上果实进行处理，能够显著提高果实中苯丙烷代谢关键酶、4-香豆酰-辅酶 A 连接酶和肉桂酸羟化酶的活性，促进总酚、类黄酮和木质素等抗性物质的积累，降低损伤接种的病斑直径和发病率，从而提高抗病性。

2. SA 采后处理　采后 SA 处理果实，可以通过降低氧化酶活性并提高相应防御酶活性以延缓果实褐变、增强抗病性、延长贮藏期。采后用 5.0 mmol/L SA 浸泡中华寿桃果实，在贮藏期间桃肉中多酚氧化酶和脂氧合酶活性降低，活性氧维持较高代谢水平，果肉褐变明显减慢。SA 处理还可以通过减少果实采后可溶性固形物和可滴定酸等物质消耗，减缓细胞壁的降解，延缓果实后熟软化。采后用 2.0 mmol/L SA 浸泡'台农'芒果 10 min，可减少可滴定酸、维生素 C 和可溶性糖的消耗，延缓果实软化进程。采用浓度不超过 0.5 mmol/L SA 浸泡处理 6 h，可以保持采后香蕉果实的硬度，降低果肉与果皮质量比以及淀粉向可溶性糖转化的速率。但 SA 浓度大于 1.0 mmol/L 时，则不利于香蕉贮藏。

三、生物方法

生物保鲜剂是指从动物、植物、微生物中提取或通过生物工程技术获取的安全、健康、无毒的保鲜剂。它是具有抑菌或杀菌活性的天然物质，配制成适当浓度的溶液，通过浸泡、喷淋或涂膜等方式应用于生鲜食品中，从而起到防腐保鲜的效果。其作用机理可概括为：抑制酶活性，防止果蔬变色，维持果蔬良好感官品质；抑制或杀死果蔬中的腐败菌，使果蔬保持新鲜；抗氧化，防止果蔬品质劣变；保护膜可防止微生物侵染，减少水分散失，保持果蔬良好品质。

生物保鲜剂主要有壳聚糖、植物精油、天然提取物及拮抗菌等。

1. 壳聚糖　壳聚糖一般作为涂膜剂来保鲜果蔬。将果蔬表面与空气隔绝，制造一个微气调环境来延缓呼吸，减少水分及营养物质损失；同时，壳聚糖可诱导果实内抗性酶活性提高，从而增强抗病性。

2. 植物精油　植物精油又称为挥发性芳香油，是植物的一种次生代谢产物。主要作用途径有两个：一是通过影响呼吸作用、能量代谢途径或改变微生物细胞和菌丝体结构来发挥作用；二是抑制孢子萌发从而达到较好的杀菌效果。

3. 天然提取物　天然提取物主要包含萜烯、醛、酯、酮等化合物，均为常见的植物源抗菌剂，具有很强的抗菌性和抗氧化性。

4. 拮抗菌　微生物菌体及其代谢产物因与果蔬中的致腐微生物进行拮抗或竞争而达到保鲜效果。另外，这些微生物菌体还可产生细菌素、有机酸、抗生素、溶菌酶、纳他霉素、乳酸链球菌素等，与致腐微生物竞争营养成分，或通过改变 pH，抑制或消除致腐微生物，从而达到保鲜效果。

思 考 题

1. 果蔬贮藏的方式有哪些? 各有什么特点?
2. 说明果蔬气调贮藏的基本原理。
3. 机械冷库、气调库、塑料薄膜封闭贮藏管理的技术要点各有哪些?
4. 说明贮藏库常用的消毒剂名称及其使用方法。
5. 果蔬贮藏的辅助措施有哪些? 各有什么特点?

第七章 CHAPTER SEVEN

果品蔬菜采后病虫害

【学习目标】掌握果蔬贮运期间侵染性病害病原菌侵染的特点、影响发病的因素及综合防治措施，生理性病害发生的原因及控制措施；了解部分果蔬贮运中主要侵染性病害和生理性病害的发生特点和防治措施；了解果蔬贮运中主要害虫的种类及其危害；掌握防治贮运中害虫的措施。

果蔬采后损失的原因可归纳为五个方面：果蔬组织的生理失调或衰老；采收及采后环节中引起的机械损伤；病原微生物侵染；昆虫危害；化学药物伤害等。其中，病原微生物侵染和果蔬组织的生理失调造成的损失最为严重。

果蔬采后病害指采收后发病、传播、蔓延的病害，包括田间已被侵染，但尚无明显症状，在采收后才发病或继续危害的病害。采后病害可分为两大类：一类是由病原微生物侵染引起的侵染性病害，如苹果的轮纹病和霉心病，香蕉的炭疽病等；另一类是由非生物因素如环境条件不适或营养失调引起的非侵染性病害，又称生理性病害，如苹果的苦痘病、水心病等。

第一节　侵染性病害

果蔬采后的侵染性病害是指果蔬由于病原微生物的入侵而导致其腐烂变质的病害。它可相互传染，有侵染过程，是果蔬和病原微生物在一定环境下相互作用的结果。认识病害的发生发展规律，必须了解病害发生发展的各个环节，并深入分析病原微生物、寄主和环境条件三个因素在各个环节中的相互作用。

一、病原微生物侵染特点

（一）病原微生物

1. 果蔬采后病害病原微生物的种类　引起果蔬采后腐烂的病原微生物包括病原真菌、细菌和病毒，但贮运期间病害的病原微生物绝大多数是真菌和细菌。其中水果采后的侵染性病害大多由真菌引起，一般认为这与水果组织多呈酸性不适宜细菌生长有关；而大多数蔬菜的腐烂多由细菌引起。许多引起贮运期间病害的真菌和细菌来源于田间。

病原微生物侵入果蔬后有多种摄取营养的方式，只能从寄主组织或细胞中吸收营养的叫专性寄生；只能从死亡的组织或细胞中吸收营养的叫专性腐生；既可以营寄生生活，在某种条件下也可以营腐生生活的为兼性寄生。根据其寄生能力的强弱又可分为强寄生和弱寄生。强寄生菌能适应寄主发育阶段的变化而改变寄生特性，当寄主处于生长阶段营寄生生活，当寄主进入休眠阶段则转营腐生生活，同时，真菌的发育也从无性阶段转入有性阶段；而弱寄生菌只侵染生活力弱的活体寄主或处于休眠状态的组织或器官。危害采后果蔬的病原菌以兼性寄生菌与腐生菌居多。有些贮运病害，开始是被一个或多个较专化的病原菌侵染，但接着很易被那些广谱性的腐败菌危害。这些腐败菌大多致病性很弱，但其所造成的危害有的可超过第一次入侵的病原菌。如软腐细菌继细菌黑斑病后侵入花椰菜，危害性更大。许多第二次入侵的病原菌本身就是果蔬正常微生物群落中的一员，条件适合时就大量繁殖，造成贮藏期间果蔬的大量腐烂。

病原菌入侵的主要途径是伤口，如碰撞磨损、昆虫造成的伤口、冷害冻伤、果实采摘造成的果蒂伤口等。如柑橘青霉、绿霉病菌是从伤口侵入，焦腐病菌主要从果蒂细胞受损处侵入。

（1）真菌。真菌是果蔬多种侵染性病害的病原菌。

①疫霉属（*Phytophthora*）：属鞭毛菌亚门。可分别侵染瓜类、茄果类、葱蒜类及马铃薯等引起病害，如草莓疫病、黄瓜疫病、辣椒疫病、冬瓜疫病、茄子绵疫病、马铃薯早疫病、马铃薯晚疫病、洋葱白疫病等。感病后，起初产品病部呈水渍状，局部变色，后扩大至整个瓜果腐烂，并长出白霉状物。在高温下，疫霉传播侵染和病症发展很快，但 4 ℃以下几乎不发病。在潮湿条件下，病部表面产生棉絮状白色菌丝。疫霉病通常是通过土壤传播，在湿润的果蔬表面可直接穿透健康表皮或通过自然孔道侵入果蔬。

甜瓜真菌
腐烂

②根霉属（*Rhizopus*）：属接合菌亚门。该亚门中的真菌绝大多数是腐生菌，广泛分布于土壤和粪肥中，少数为弱寄生菌。可侵染苹果、梨、葡萄、桃、李、樱桃、香蕉、草莓、甜瓜、南瓜、番茄、甘蓝等果蔬，引起软腐病。主要引起瓜类和菜豆荚绵腐病。重要病原菌有南瓜软腐病菌（*R. nigricans*）、桃软腐病菌（*R. schizans*）。常在采收期间或采后侵入，引起果实贮藏期的腐烂。其症状在瓜果上与疫霉症状颇相似，产品病部组织软化、变褐、腐烂、有酸味，病斑表面长出白色至灰色的棉毛状物，上有黑霉或褐霉，并常使病瓜果腐烂流汁。根霉分布在土壤中，不能直接穿透寄主的表皮细胞，只能通过机械损伤的伤口进入果蔬组织。在 0 ℃下仍可造成危害。

③小丛壳属（*Glomerella*）：有性态为子囊菌亚门中的小丛壳属，无性态为半知菌亚门腔孢纲的刺盘孢属。其无性阶段非常发达，形成各种形状的分生孢子。病害的流行主要就由这些分生孢子的多次侵染造成。主要危害果品、瓜类和茄果类蔬菜，如苹果炭疽病菌（*G. cingulata*，*Colletotrichum gloeosporioides*）。感病果表面产生黑褐色凹陷病斑，病斑深入扩展，果实腐烂。春秋多雨天气往往严重流行。重病田地的果实有的在田间腐烂，有的虽无病症，但往往已被感染，贮藏中则造成大量腐烂。

④链核盘菌属（*Monilinia*）：属子囊菌亚门。可侵害蔷薇科植物，造成果实褐腐病，如桃褐腐病菌（*M. fructicola*，*M. laxa*）、苹果和梨褐腐病菌（*M. fructigena*）、苹果花腐病菌（*M. mali*）。主要危害成熟果，是果实生长后期和贮藏期间的主要病原菌之一。果实受害初期病部为浅褐色软腐状小斑，几日后迅速扩展至全果。病果果肉松软，呈海绵状，略有弹性，病斑表面长出灰褐色绒状菌丝，上面产生褐色或灰白色孢子，呈轮纹状排列。该菌在 0 ℃下也生长较快，可通过接触传染。

⑤核盘菌属（*Sclerotinia*）：属子囊菌亚门。可侵染危害柠檬、板栗及茄科、葫芦科、十字花科、百合科、伞形科等果蔬。常见病害有板栗黑腐病、大葱菌核病、胡萝卜菌核病、洋葱菌核病、甘蓝菌核病、芹菜菌核病。菌丝为棉絮状白色物，其蔓延生长部位的组织呈褐色，变软后腐烂，汁液外流，无臭味。发育成熟时产生鼠粪状黑色菌核。葱蒜的菌核产生在叶鞘间。胡萝卜感病后，肉质根软腐，外部缠有大量白色棉絮状菌丝体和鼠粪状颗粒（初白色，后黑色）。板栗黑腐病的发生一般在贮藏 1～2 个月以后，初始于栗果尖端或顶部，呈黑斑状，后不断扩展，使被侵染的果肉组织松散，由白变灰，最后全果腐烂，变为黑色。板栗黑腐病的病菌于采前或落地后侵入果实。20 ℃左右适合此病发展，－2 ℃下核盘菌属仍能生长并致病。病果是主要病源，可通过接触传染。

⑥盘长孢属（*Gloeosporium*）和刺盘孢属（*Colletotrichum*）：属半知菌亚门。果树上常见的病原菌有盘长孢刺盘孢菌（*C. gloeosporioides*）和香蕉盘长孢菌（*G. musarum*），分别引起苹果、芒果和香蕉炭疽病。蔬菜上常见的病原菌有辣椒炭疽病菌（*C. capsici*）、瓜类炭疽病菌

（*C. orbiculare*）、白菜炭疽病菌（*C. higginsianum*），分别引起辣椒、西瓜及甜瓜、白菜等果蔬炭疽病的发生。病菌在田间侵入果实，主要危害成熟或即将成熟的果实，病菌从皮孔侵入呈被抑状态，贮运期间发病。发病初期果面出现浅褐色圆形病斑，迅速扩大，呈深褐色，稍凹陷，上生小黑粒呈轮纹状排列，湿度大时溢出橙红色黏液，果肉发苦，故又称"苦腐病"。一旦出现炭疽病斑，腐烂迅速。

⑦青霉属（*Penicillium*）：属半知菌亚门，是最常见的采后病原菌。青霉属种类多，对寄主有一定的专一性，如指状青霉（*P. digitatum*）和意大利青霉（*P. italicum*），主要侵染柑橘类果实，造成柑橘绿霉病菌（*P. digitatum*）、柑橘青霉病菌（*P. italicum*）；扩展青霉（*P. expansum*）主要侵染苹果、梨、葡萄及核果类，而不侵染柑橘；多毛青霉菌（*P. hirsutum*）则侵染大蒜。青霉属病菌主要在采收和采后通过伤口侵入，也可通过果实衰老后的皮孔侵入。青霉病和绿霉病是果实贮运中最常见的世界性病害。侵染初期组织呈水渍状，后在病部长出青、蓝、绿色霉状物，腐烂十分迅速。病果是重要的病源，如消毒不彻底，贮藏、包装的环境及用具也会成为主要病源。

⑧链格孢属（*Alternaria*）：属半知菌亚门。可造成采前和采后多种果蔬腐烂，如贮运中的苹果、柑橘、樱桃、柠檬、黄瓜、甜瓜、番茄、甜椒、茄子、马铃薯、甘薯、洋葱等均可感染该病原菌。病原菌常在采前侵染，潜伏到成熟衰老时发病。症状通常为褐色或黑色的扁平或凹陷的斑点，斑点带有明显的边缘或表现为大的弥散腐烂区，深入到果蔬肉质部分。腐烂区域表面通常先是白色菌丛，后变褐发黑，呈黑色或墨绿色霉状，如柑橘和苹果心腐病。该病原菌在−2～0℃也能发展，在遭受冷害的番茄、甜椒的冷害斑上普遍覆盖链格孢丛，是冷害的标志性病原。

⑨葡萄孢属（*Botrytis*）：属半知菌亚门。几乎危害各种果蔬，是造成果蔬田间及采后灰霉病的主要菌属，是葡萄、草莓、苹果、柑橘、桃、杏、番茄、蒜薹、洋葱、生菜、大白菜、甜椒等的主要病原菌。腐烂从果实的花蒂或茎端开始，或从伤口、裂纹侵入。感病后，初期表现为水渍状，后变为淡褐色，迅速扩展到组织内部。潮湿条件下，腐烂部位表面长灰色霉层，最终软腐，故常称灰霉病。主要病原菌为灰葡萄孢（*B. cinearea*），其耐低温，在0℃下也可缓慢发展，常被称为冷藏库中的"灰色幽灵"。

⑩镰刀菌属（*Fusarium*）：属半知菌亚门。多侵染根菜类、鳞茎类、块茎类及果菜类中的黄瓜、甜瓜、番茄。病状表现为粉红色、黄色或白色霉状物。番茄、黄瓜等组织较软，腐烂发展较快，出现粉红色菌丝体或粉红色腐烂组织；马铃薯长期贮藏出现的干腐病，受害组织呈褐色，并皱缩、凹陷，出现淡白色、粉红色或黄色的霉层。镰刀菌侵染多发生在采前或采收期间，但危害可发生在田间，也可发生在贮藏期间。

（2）细菌。细菌属原核生物界的单细胞生物，为异养生物。植物病原细菌大多数有鞭毛，可游动。以裂殖方式繁殖，速度快，一般一小时分裂一次，条件适宜时，有的只需20 min就能分裂一次。

大多数病原细菌都为好气性细菌，在中性或微碱性的基物上生长良好。例如，白菜软腐病菌（*Erwini carotovara* var. *carotovora*）最适pH为7.2，最高可以达9.2。细菌一般以26～30℃为生长适温，如番茄果实感染细菌性软腐病，在温度高于20℃的条件下，24 h内即可蔓延到健康果实。同时，其又耐低温，但对高温敏感，一般致死温度为50℃左右。

细菌不能直接入侵完整的植物表皮，一般通过自然孔口和伤口侵入。病原细菌大多数腐生，只有部分寄生于植物体内成为病原菌，为非专性寄生。果树上细菌病害较少，较为重要的果树细菌病害有柑橘溃疡病、桃细菌性穿孔病、果树根癌病等。蔬菜中细菌病害较多，尤以十字花科和茄科蔬菜上发生的细菌病害较为严重。另外，生姜软腐病、马铃薯环腐病、黄瓜细菌性角斑病也是较为严重的病害。细菌在采后引起的病害多见于蔬菜上。

大多数植物病原细菌都能游动，因此环境湿度高，果蔬表面出现结露现象，出现自由水是细菌性软腐病发生的主要条件；另外，含水量高、田间施氮太多的果蔬产品，细菌性软腐病比较容易发生。

细菌病害症状主要表现为斑点、腐烂、畸形，产生脓状物。果实上病斑一般呈圆形，柔软多汁的果实感病后，由于细菌分泌的果胶酶分解寄主细胞的中胶层，使细胞组织崩溃，造成软腐；软腐病部表皮破裂，汁液外流而感染相邻果蔬，造成成片腐烂；同时，在腐烂过程中遭受腐败性细菌的侵染，分解蛋白胨产生吲哚类物质而伴有臭味。感病组织常呈水渍状，病部透光并常有细菌溢脓等。辨别不清时，可切取新鲜受害组织，在显微镜下观察有无大量细菌从组织中溢出（溢菌现象），以诊断是否为细菌病害。

危害果蔬的细菌主要有欧氏杆菌属、边缘假单胞杆菌属和黄单胞杆菌属。

①欧氏杆菌属（*Erwinia*）：分泌果胶酯酶及若干类型的果胶裂解酶和果胶水解酶。其中危害严重的有软腐病杆菌（*Erwinia carotovora* var. *carotovora*）和黑胫病杆菌（*Erwinia carotovora* subsp. *atroseptica*）。前者可直接引起多种新鲜蔬菜软腐，如白菜软腐病、萝卜软腐病、辣椒软腐病、生姜腐烂病、洋葱软腐病、莴苣腐烂病等。后者可引起马铃薯黑胫病，还可使多种叶菜败坏，也可危害水果。果蔬遭受侵染后，若温度、湿度适宜，病菌可迅速扩展使产品组织软化腐烂。病菌主要在采前侵染，贮藏期间也可侵染发病，腐烂组织产生不愉快的气味。

②边缘假单胞杆菌属（*Pseudomonas*）：分泌两种分解组织的胞外酶，即果胶酯酶和果胶裂解酶。可侵染大多数蔬菜及部分果品，如侵染黄瓜、番茄、芹菜、莴苣、甘蓝等引起腐败，还可引起莴苣组织维管束褐变。

③黄单胞杆菌属（*Xanthomonas*）：危害萝卜、胡萝卜、甘蓝等，造成黑腐病。病菌经伤口侵入，在维管束组织中扩展，发病组织先呈黄色，最后变成黑色。萝卜肉质根和甘蓝根茎部呈黑腐状，甘蓝叶片呈黑线状分布。感病的萝卜直根、甘蓝叶球腐烂前外表正常，不易发现。病菌主要在生长期侵染，收获时造成的伤口也是重要传播侵染途径，所以要注意种子消毒和轮作。

另外，枯草芽孢杆菌在30～40 ℃引起番茄软腐，多黏芽孢杆菌在37 ℃左右引起马铃薯、洋葱、黄瓜腐烂，一些低温的梭状芽孢杆菌可使马铃薯腐烂。

（3）病毒。病毒病害包括由病毒、类菌原体及类病毒等病原物侵染所致的病害。

各种作物几乎都发生病毒病。果树上主要的病毒病有苹果花叶病、苹果锈果病、柑橘衰退病、柑橘裂皮病、香蕉花叶心腐病、番木瓜环斑（花叶）病及潜隐性病毒所致的病害。果树上常潜带一些病毒，虽不显症，但可作为果树病毒病的感染源。蔬菜作物中以茄科、瓜类、豆科、十字花科等感染病毒的种类较多，受害也较重。最适条件下，病毒侵入所需时间最短，细菌侵入所需时间不超过几十分钟，大多数真菌则需几个小时，但很少超过24 h。

不同病原菌、不同寄主、不同环境条件下，表现出不同的病症；不同病原菌在某种寄主和某种环境条件下，也可能出现相同的病症。所以，病原菌的鉴别要通过病症观察、镜检和人工接种鉴定等综合鉴定技术才能确定病害种类及其株系。

2. 菌源 果蔬采后病害的菌源主要有以下几类。

（1）产品上携带的带菌土壤和病原菌。

（2）田间已被侵染但未表现症状的果蔬产品。有些是病原菌侵入较晚，因外界环境条件不适合而未发病，如荔枝的霜疫病，但这种病害在贮运过程中如果条件适宜，便大量发病，造成损失；有些是病原菌本身就有潜伏侵染或被抑侵染的特性，如香蕉的炭疽病、葡萄的灰霉病；有些是在花期已经侵入，贮藏后陆续发病，如苹果的霉心病、柑橘黑腐病等。

（3）田间已被侵染并已发病却混进贮藏库的果蔬产品。

（4）分布在采收工具、分级包装间、贮藏库及贮藏用具上的某些腐生菌或弱寄生菌，主要通过自然孔口和表面伤口侵入，如青霉、根霉等。

3. 病原菌数量和发病的关系　通常病原菌数量越大，扩展蔓延就越快，越容易突破寄主的防御体系，发病越快而且严重。原则上讲，病原菌单个个体都有侵染潜力，但实际上除少数外，多数病原菌的单个个体很难成功地侵染植物。如在成熟苹果上接种炭疽病菌，当孢子悬液中孢子数为每毫升 10^7 个时发病率为 65%，10^6 个时为 25%，$10^3 \sim 10^4$ 个时不发病（Noe，1982）。采前栽培管理措施的好坏直接关系到产品带菌的种类和数量，采后处理及时与否也直接关系到处理效果的好坏。

（二）病原菌入侵途径及侵染过程

病原菌从接触、侵入到引致寄主发病的过程称为侵染过程（简称病程）。病程一般分为四个阶段：侵入前期、侵入期、潜育期和发病期（显症期）。

1. 侵入途径　病原真菌大都是以孢子萌发以后形成的芽管或以菌丝通过自然孔口或伤口侵入，有些真菌还能穿过表皮的角质层直接侵入；病原细菌可由自然孔口或伤口侵入。有的病原菌既可在采前侵入也可在采后侵入。栽培期间病源过多，病害防治不及时是采前病害侵染的主要原因。采收时造成的损伤，采后处理中的碰撞、摩擦造成的机械损伤，采后不良环境造成的生理伤害，成熟衰老带来的组织细胞的变化，以及贮藏环境通风不良、贮藏温度上下波动过大等，都是采后病害侵染的诱因。某些典型采后病害的侵染部位和时间见表 7-1。

（1）直接侵入。有些病原菌直接穿透果蔬器官的角质层或细胞壁侵入，如炭疽病菌和灰霉病菌。

（2）自然孔口侵入。自然孔口是多种病原菌的侵入门户，如气孔、皮孔、水孔、花器等，其中以气孔和皮孔侵入最常见。如葡萄霜霉病和蔬菜锈病病菌的孢子从气孔侵入，苹果花腐病菌从柱头侵入，柑橘溃疡病菌能从气孔、水孔和皮孔侵入，马铃薯收获后的细菌性软腐病菌一般从块茎的皮孔侵入，苹果贮藏期间的皮孔病菌从皮孔侵入。苹果采前 3 个月雨水多会加重贮藏期皮孔病引起的腐烂；马铃薯收获后因为贮藏环境通风不良，贮藏温度上下波动过大，表面出现结露现象，导致马铃薯皮孔内充满自由水而缺氧，从而增加腐烂。

（3）伤口侵入。果蔬表面的伤口是病原菌入侵的主要途径。采收及采后处理中所造成的各种创伤都为病原菌的入侵创造了良好的条件，如引起青霉病、绿霉病、酸腐病、黑腐病的真菌及许多引起细菌性软腐病的细菌均从伤口侵入。

（4）生理性病害创伤处侵入。果蔬发生生理性病害，如冷害、高温伤害、CO_2 伤害、药害及其他不良因素造成的伤害，降低了果蔬本身的抗病能力，也为病原菌从创伤处的入侵提供了通道。

表 7-1　某些典型采后病害的侵染部位和时间

（张维一等，1996）

	病害	病原菌	侵染部位与途径
采前侵染	苹果皮孔病	盘长孢（*Gloeosporium*）	皮孔
	香蕉炭疽病	刺盘孢（*Colletotrichum*）	表皮
	桃褐腐病	链核盘孢（*Monilinia*）	表皮
	柑橘茎端腐	色二孢（*Diplodia*）	花萼
	葡萄灰霉病	葡萄孢（*Botrytis*）	花萼、花瓣、幼果
	草莓灰霉病	葡萄孢（*Botrytis*）	花萼、花瓣
	甜瓜黑斑病	链格孢（*Alternaria*）	表皮裂纹
	甜瓜白霉病	镰刀菌（*Fusarium*）	表皮裂纹
	马铃薯干腐病	镰刀菌（*Fusarium*）	表皮或损伤处

（续）

病害	病原菌	侵染部位与途径
香蕉冠腐病	刺盘孢（Colletotrichum）	冠垫
菠萝黑腐病	根串珠菌（Thielaviopsis）	果柄
桃根腐病	根霉（Rhizopus）	表皮损伤
番茄酸腐病	地霉（Geotrichum）	表皮损伤
柑橘青（绿）霉病	青霉（Penicillium）	表皮损伤
马铃薯软腐病	欧氏杆菌（Erwinia）	表皮损伤或皮孔
马铃薯干腐病	镰刀菌（Fusarium）	表皮损伤
甜瓜软腐病	根霉（Rhizopus）	表皮损伤
甜瓜黑斑病	链格孢（Alternaria）	冷害斑
香梨青霉病	青霉（Penicillium）	果柄损伤

采收或采后侵染（此列为表格左侧跨行列）

2. 侵染过程

（1）侵入前期。从病原菌与寄主接触到病原菌向侵入部位生长或活动，并形成侵入前的某种侵入结构为止。病原菌通过各种途径（如振动、露珠等）进行传播，与寄主接触，通过生长活动如真菌的休眠结构或孢子的萌发、芽管或菌丝体的生长、细菌的分裂繁殖等进行侵入前的准备，并到达侵入部位，侵入前期即完成。

侵入前期病原菌除了受寄主的影响外，还受到生物、非生物的环境因素的影响。生物因素如果蔬表面存在的拮抗微生物、寄主分泌物、渗出物等，可以明显抑制病原菌的活动；非生物因素中以湿度、温度对侵入前期病原菌的影响最大。所以，侵入前期是病原菌侵染过程中的薄弱环节，也是防止病原菌侵染的关键阶段。

（2）侵入期。从病原菌开始侵入，到病原菌与寄主建立寄生关系为止。侵入期湿度和温度对病原菌的影响最为关键。湿度可左右真菌孢子的萌发、细菌的繁殖，同时还可影响果蔬愈伤组织的形成、气孔的开张度及保护组织的功能；温度则影响孢子萌发和侵入的速度。所以，控制贮藏环境适宜的湿度和温度对于抑制病原菌侵入起着至关重要的作用。

（3）潜育期。从病原菌侵入与寄主建立寄生关系开始，直到表现明显症状为止。症状的出现就是潜育期的结束。在一定范围内，潜育期的长短受温度的影响最大，而湿度对其的影响此时则显得次要，因为此时病原菌已侵入寄主组织内部，可以从寄主获取充足的水分，所以不受外界湿度的干扰。在一定低温下，甚至可以完全抑制某些病原菌的繁殖扩展，使潜育期无限延长。

有些病原菌侵入寄主后，经过一定程度的发展，由于寄主抗病性强或其生理条件不利病原菌的扩展，使病原菌在寄主体内潜伏而不表现症状，但当寄主抗病性减弱时，它可继续扩展并出现症状，这种现象称为"潜伏侵染"。最典型的如苹果的炭疽病和霉心病、香蕉的炭疽病等，均是潜伏性侵染病害。

病原菌在寄主体内的繁殖扩展与寄主体内的抗病机制的发挥，二者的平衡决定了潜育期的长短。因此，不同的病原菌和寄主，其潜育期不同。一般采前侵入的潜育期较长，而采后侵入的则较短。病原菌中，潜育期较长的有盘长孢和刺盘孢，为30～90 d，链格孢为30～60 d，葡萄孢和镰刀菌为15～30 d，青霉较短为7～10 d，而根霉可短至36～48 h。

（4）发病期（显症期）。寄主受到侵染后，从出现明显症状开始进入发病期，此后症状不断加重。随着症状的扩展，有再侵染特性的病原真菌会在受害部位产生大量无性孢子；细菌病害则在显症后，病部产生脓状物，它们是再侵染的菌源；病毒是细胞内的寄生物，在寄主体外无表现。

（三）病害的侵染循环

病害从前一个侵染周期开始发病到下一个侵染周期再度发病的全部过程，称为病害的侵染循环。它包括两个时期，即生长期和休眠期，三个环节，即病原菌的越冬（越夏）、病害的初侵染和再侵染、传播。病害的侵染循环见图7-1。研究病害的侵染循环是研究病害防治方法的依据，抓住其中薄弱环节，中断病害循环，就可起到事半功倍的效果。

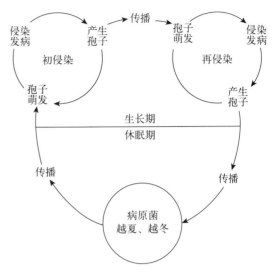

图7-1 果蔬病害侵染循环示意

1. 病原菌的越冬（越夏） 大多数病原菌来自田间已被侵染的果蔬，其在越冬（越夏）场所与果园、菜地里发病的病害相似。虽然贮藏库有时也可能有烂果存在，成为下一次贮藏的病害隐患，但一般贮藏库都经过清扫和消毒，所以病原菌在贮藏库内潜伏至下一个贮藏周期的可能性很低。

少数病原菌来自贮藏库本身，如引起果实腐烂的匍枝根霉及柑橘青霉、绿霉等一些非专性寄生菌。虽然这些寄生菌的寄生性极弱，但一旦侵入，其造成的危害往往更大。所以，贮藏库的及时清扫和消毒（包括果蔬完全出库后及入库前的清扫和消毒），对于减少菌源、降低菌群基数、防止大量腐烂显得尤为重要。

2. 病害的初侵染和再侵染 病原菌越冬或越夏后对寄主的初次侵染称为初侵染。初侵染发病后所产生的病原菌通过传播引起的再次或多次侵染称为再侵染。病原菌在寄主个体上通过侵染、扩展、症状出现，就能形成病害，但不一定造成严重危害。大多数病害只有在群体中不断传播蔓延发生多次侵染，使大量个体发病，才能在经济上造成严重损失。

一些来自田间的侵染性病害，如苹果和梨的锈病、轮纹病、炭疽病，苹果霉心病，葡萄白腐病，柿角斑病等在贮藏期间一般无再侵染，贮藏期间发病的程度取决于栽培期间菌源的多少，所以防治的关键是在栽培管理期间加强病虫害防治；而梨黑星病，柑橘溃疡病、疮痂病，枣锈病，桃褐腐病，荔枝霜疫病，草莓灰霉病，葡萄炭疽病，十字花科蔬菜的软腐病，番茄炭疽病、轮纹病，茄子绵疫病等在贮藏期间有再侵染，其发病的程度则不仅取决于栽培期间菌源的多少，也取决于再侵染的次数，所以采前采后的防治同等重要。

许多来自贮藏库本身的弱寄生菌再侵染频繁，这类病原菌往往产孢量大，容易成熟，侵染过程短，适应范围广。再侵染的次数取决于病原菌侵染过程的长短、产孢量的大小、产品的成熟度、贮运的环境条件及贮运时间等。其中贮运条件即温度、湿度、气体成分等的控制是限制再侵染的关键因子。贮藏中无再侵染特性的病害发生时一般比较稳定，发病率不会继续增加。这类病害的流行，取决于初侵染源的多少和初侵染的效率。有再侵染特性的病害发病初期零星发生，随后通过不断地再侵染，使发病面积逐渐扩大，病害数量急剧增加。

3. 传播 采后贮藏、运输、销售期间，病害的主要传播途径有接触传播、气流传播、水滴传播、土壤传播和昆虫传播等。

（1）接触传播。感病产品和健康产品的接触使病原菌传播。如青霉侵入果皮后，可分泌一种挥发物质，将接触到的健康果的果皮损伤从而引起接触传染。

（2）气流传播。许多小囊菌或半知菌主要靠振动产生的气流传播。产品在堆放、装卸、运输过程中不断受到振动，由振动造成的局部小气流使病原菌孢子得以飞散，到处传播，如草莓和葡萄的灰霉菌，许多蔬菜的白粉病菌和霉霉病菌等。

（3）水滴传播。产品在贮运过程中，塑料包装袋内壁或产品表面常产生许多水滴，水滴的流动和滴落常将病原菌传播到健康产品上，如炭疽病菌、荔枝霜疫病菌、苹果和黄瓜疫病菌等。

（4）土壤传播。果蔬采收时黏上了带菌的土壤，而带菌的果蔬又可将病原菌传给健康的果蔬。

（5）昆虫传播。昆虫的口器和足部可附着细菌和真菌，其活动可将病原菌带到健康产品上，如荔枝霜疫病与荔枝椿象危害、柑橘酸腐病与吸果夜蛾或果蝇危害都有着密切的关系。

了解病原菌的传播途径，可以为实施采后病虫害防治技术提供重要依据。

二、影响发病的因素

（一）机械损伤

果蔬贮运中的许多腐烂病害，均是组织遭受机械伤害而引起病原菌侵染所致。果蔬在采收时所用工具的种类、人员操作的水平等都直接关系到产品机械损伤的多少。粗放采收的果蔬在贮藏中造成的腐烂率可达 70%～80%，所以无论国内还是国外，用于贮藏运销的果蔬均要求人工精细采收。另外，采后的分级、打蜡、包装、运输、装卸等也会对产品造成不同程度的损伤，如碰伤、擦伤、压伤等。这些损伤均会使产品呼吸强度升高，水分丧失增加，乙烯大量产生，同时损伤还会使细胞破裂、果肉松懈，外部的伤口还使微生物入侵造成腐烂。

梨的
机械损伤

（二）温度

温度影响病原菌孢子的萌发、侵染和侵入速度。适宜的低温环境可强烈抑制真菌孢子萌发和菌丝生长，减少侵染并抑制已形成的侵染组织的发展，如灰葡萄孢在 5℃时到第 7 天旺盛生长，2℃时到第 9 天旺盛生长，0℃时到第 12 天旺盛生长，−2℃时到第 17 天旺盛生长。Nelson 和 Richardson（1967）报道汤普森无核葡萄在 1.7℃或 3.9℃贮藏与在 −0.5℃贮藏相比，因灰葡萄孢引起的腐烂要高出 2～3 倍。据张维一等（1989）研究发现，葡萄在 0～2℃条件下，灰葡萄孢和链格孢是主要病原菌；甜瓜在低温下贮藏，由链格孢引起的黑斑病成为主要病害。此外，梨形毛霉在 0℃条件下，也会导致苹果、草莓等的腐烂，而另一些真菌孢子需要在较高温度下才可萌发，如盘长孢、刺盘孢、根霉、地霉、疫霉等在 0℃左右，孢子萌发及菌丝生长均受到强烈抑制。

黄桃的
机械损伤

在 0℃左右时，温度的微小变化对微生物生长的影响比其他任何范围内温度波动的影响更明显。同时，在 0℃左右贮藏可在一定程度上控制病菌侵染，但并不能完全控制，而且低温贮藏的果蔬在低温解除后往往腐烂加重，使常温下货架期缩短。

低温范围内温度增高将使果蔬呼吸强度比室温贮藏的成倍增加，果蔬易衰老，本身抵抗能力下降，同时病原菌在较低温度范围内生长速度的增加要比在较高温度范围内的增加快得多。

若温度过低，会造成冷害或冻害，遭受低温伤害后的果蔬组织抗病性大大降低，造成大量腐烂。如茄子在 5℃以下，甜椒在 7℃以下，番茄和甘薯在 10℃以下，均可能发生冷害，对链格孢、灰葡萄孢变得非常敏感；蒜薹的灰霉病、甜椒的灰霉病、番茄的酸腐病等在不适低温下发病更严重。

适当的高温可以杀灭病原菌，如 38～43℃热风处理洋葱数小时，可杀灭洋葱茎腐病菌；38℃热空气处理（饱和湿度下）草莓 8 h，可预防腐烂；44℃水蒸气处理草莓 30～60 s，可防治葡萄孢和根霉引起的腐烂病害；50～60℃热水浸蘸处理草莓 30 s，可有效杀灭葡萄孢。但高温处理对产品的不良影响不能不考虑在内，如过度的热处理会导致草莓花萼受损、风味劣变。

（三）湿度

湿度影响真菌孢子的萌发和侵入。大多数果蔬贮藏均要求高湿条件，而大多数真菌孢子的萌发也要求高湿度，尤其在有水滴存在时，萌发最快。此外，细菌的繁殖及游动孢子和细菌的游动，都需要在水滴里进行，因此，果蔬表面出现结露现象是导致细菌性软腐病发生的主要条件。有时湿度相差不大，而引起的效果却不同，如温度为$-1.1\ ℃$时，灰葡萄孢的分生孢子在相对湿度100%下能够萌发，而在相对湿度97%下不能萌发。另外，高湿条件下，果蔬组织的膨压加大，容易造成微小的机械伤，为病原菌侵入打开方便之门。

但近年有研究表明，对有些蔬菜而言，当贮藏的相对湿度饱和时，反而比相对湿度低时腐烂少，认为叶菜类蔬菜如甘蓝、大白菜、芹菜、韭菜等在高湿条件下，可推迟叶片的衰老，提高其对灰葡萄孢和其他病原菌的抗性。对水果贮藏也有类似的看法，如甜橙在$30\ ℃$下，高相对湿度（$90\%\sim100\%$）与低相对湿度（75%）贮藏比较，几天后绿霉病腐烂明显减少，认为高湿度促使果实外果皮细胞层中合成木质素及酚类的前体，对贮藏有轻微机械损伤的水果特别重要。

（四）气体成分

一般认为，提高贮藏环境中CO_2浓度对某些好气性真菌如链格孢、镰刀菌、灰霉和根霉等的发育及其菌丝生长有较强的抑制作用。例如，当CO_2浓度为10.4%时，葡萄孢、青霉、根霉的菌丝生长和孢子形成均受到抑制，意大利青霉菌丝干物质较对照减少32%，在CO_2达20%时菌丝干重降低到78%。但是，当CO_2浓度超过10%时，大部分果蔬即发生生理损伤，腐烂速度加快。通常高浓度CO_2对真菌性腐烂的抑制优于对细菌性腐烂的抑制。

降低O_2浓度可抑制真菌的生长。O_2浓度低于2%时，葡萄孢、链核盘菌和青霉的生长减弱。随着O_2浓度由21%降至零，由根霉造成的草莓腐烂率呈线性减少，但根霉菌丝并未死亡，一旦恢复正常气体组成又可继续生长。所以，仅仅靠增加CO_2或降低O_2浓度达到抑制腐烂的目的是不可能的。

乙烯会促进果实的成熟和衰老，使产品抗病能力下降，并诱发病原菌在果蔬组织内生长。所以，抑制乙烯产生及脱除乙烯的措施对防病抗病均有利。

（五）采前田间病源状况

田间栽培管理、病虫害防治状况直接影响到果蔬带菌的种类及带菌量，尤其对于一些在贮运期间无再侵染的病害，如苹果炭疽病和霉心病、葡萄白腐病等，其发病的严重程度取决于田间侵染状况，如果田间病害严重，贮运期间发病也多。另外，采前天气状况直接影响病原菌侵染过程，如采前阴雨或晴朗，温度高低等。那些在田间已感病但尚未显症的病害大多数将在贮运期间发病，如梨黑斑病、番茄晚疫病、荔枝霜疫病等。一些典型的采后病原菌如青霉等只能通过伤口侵入果蔬体内，但如果田间有大量这类病原菌存在的话，采收时产品表面便会有许多病原菌孢子附着，病原菌就很容易通过采收及采后处理过程中形成的各种伤口侵入产品内部，进而增大引起腐烂的机会。所以，采前田间病害的防治，果园病枝、病果、病叶的有效清除，以及避免果实与土壤接触均可有效减少果实带菌的数量。另外，果园或菜园覆膜或套袋也可大大减少病原菌侵染果实的机会，如辣椒覆膜栽培。

（六）采后病原菌的传播

贮运的温度、湿度、气体成分等条件决定了采后初侵染、再侵染的速度及再侵染的次数。如柑橘青霉、绿霉，在$25\sim30\ ℃$条件下从感病到形成大量的孢子需$5\sim7\ d$，$21\sim27\ ℃$下从感病到全果腐烂约$7\ d$。柑橘酸腐病在$24\sim30\ ℃$和较高湿度下，$5\ d$内感病果即完全腐烂，并使邻近健康果接触感病。荔枝霜疫病在贮运期间，若温度和湿度适宜，一个侵染循环为$2\sim3\ d$。

（七）果蔬的生物学特性及营养状况

果蔬的抗病性与其种类、品种、自身的组织结构和生理代谢有关，也与其成熟度、伤口和生理性病害类型等有关。

不同种类和品种的果蔬抗病性差异很大。如浆果类和核果类果实易感染腐烂病，而仁果类和柑橘类发病相对较少。苹果霉心病多发生在萼筒开张大且长的元帅系苹果中；萼筒呈漏斗状、萼片长且翻卷的富士系苹果也易发病；而萼筒半开张的金冠苹果发病较轻；萼筒短且几乎闭合的祝光苹果则不发生霉心病。

不同成熟度的果蔬对病原菌的反应也有差异。一般来说，幼果"不抗侵入抗扩展"，而成熟果则"抗侵入不抗扩展"。所以一些潜伏性侵染病害，常常是幼果期感病，成熟期显症。

不同种类的果蔬在受到机械损伤时，愈伤的难易程度差异很大。仁果类、瓜类、根茎类蔬菜一般具有较强的愈伤能力，柑橘类、核果类、果菜类愈伤能力较差，浆果类、叶菜类受伤后一般不形成愈伤组织。愈伤能力强的果蔬在适宜的温度、湿度、通风状况下，轻微受伤部位可形成新的保护组织，抵御病原菌侵入。而愈伤能力弱的果蔬受伤后不愈合，伤口易感染病原菌而引起腐烂。

大部分原产热带、亚热带的果蔬对低温敏感，贮藏环境中不适宜的低温造成的冷害会使其失去对病原菌的抵抗力；而某些耐低温的果蔬，如大枣、蒜薹等则可以用接近冰点的低温来抑制病原菌。另外，遭受生理性病害后的果蔬抗病性均降低而易感病。

果蔬的营养状况直接影响其贮藏性和抗病性。研究表明，果蔬中氮和钙这两种元素的含量与产品贮藏性和抗病性密切相关。如生长期间施用氮肥过多，会增加果蔬采后对病害的敏感程度；而适量增钙不仅可消除因含氮量高造成的不良影响，增强细胞的生活力，还可抑制果蔬体内某些酶引起的降解过程，降低病原菌在寄主体内分泌的降解酶的活性。

三、侵染性病害的诊断及其综合防治措施

（一）侵染性病害的诊断

1. 侵染性病害的发生发展特点　贮藏中侵染性病害的病原菌主要是真菌和细菌，这些病原菌所致的病害都具有传染性，具有明显的由点到面的特点，即由一个发病中心逐渐向四周扩大的发展过程。

2. 侵染性病害的诊断　确定侵染性病害首先进行症状观察及鉴别，然后再做病原鉴定。

（1）病害的病症。真菌病害的病症很明显，在病部表面可见粉状物、霉状物、粒状物、锈状物等各种特有的物质。细菌病害在潮湿条件下，一般在病部可见滴状或一层薄膜的脓状物，通常呈黄色或乳白色，干燥时呈小球状、不定型粒状或发亮的薄膜。

病症表现不够明显不易区别时，一方面可继续观察发病情况，另一方面可将病果带回实验室，用清水洗净后置于保温保湿条件下，促使症状充分表现后再做鉴定。

（2）病原的鉴定。一般来说，病原不同，症状也不同。但有时相同的病原在不同部位、不同发病时期和不同条件下所致病害症状各异；也有病原不同，症状相似的情况。例如，柑橘炭疽病在果实上可分为炭疽干疤、泪痕和果腐三种类型；石榴腐烂病可分为干腐、湿腐、软腐等。故仅以症状为依据，往往不能对病害做出确切诊断，必须进一步做病原鉴定，才可得到可靠的结果。

对病原的鉴定一般都遵循柯赫氏法则（Koch's postulate）。具体步骤如下：①致病的生物必须与症状同时存在；②对具有症状的病组织进行分离培养，并将获得的病原菌做纯培养；③将所得的纯培养的病原菌接种到相同的健康植物上，并给予适宜发病的条件，促使发病，可引起与原来症状相同的病害；④从接种后发病的组织上可再分离到这种病原菌。

通过这一系列试验得到证实的病原菌才是真正的病原。但这一法则是建立在微生物学基础上，而且只注意到一种病害是由一种病原菌引起的。因此，对非生物因素、生物因素有两种或多种相结合而诱发的病害，就不能鉴定出真正的病原。同时，对于那些不能进行人工培养的专性寄生物，分离就无法实现。这就需要做出方法上的修正，使之既适于这些生物的特性，在原则上又符合柯赫氏法则的基本精神。比如，接种时必须进行不接种对照以及多次重复接种试验，以确定其致病性等。诊断时应注意：

①症状的复杂性：植物病害的症状不是固定不变的，同一病原菌在不同植物上、同一植物上的不同部位、不同发育时期或不同的环境条件下，都可表现不同的症状；相反，不同病原菌在同一植物上也可能引起相似的症状。因此，诊断病害时对症状应做详细观察和记载。

②区分病原菌和腐生菌：植物受害组织死亡后，腐生菌就可能侵入，因此镜检时应注意排除杂菌干扰，在检查枯死病组织时更应注意排除其干扰。

进行显微镜检查时，一般根据病症出现的规律性，严格选择新鲜组织进行检查，可区分病原菌及腐生菌。病症出现的规律性指同一病例病症的出现具有普遍性、一致性和大量性。

③鉴别并发性病害与继发性病害：两种或两种以上病原菌同时侵入寄主，引起的病害比单独病原菌引起的症状严重。一种病原菌先侵入寄主，另一种病原菌随之侵入。病原菌的入侵往往使寄主的抵抗能力下降，二次入侵者（广谱性的腐生菌、弱寄生菌）往往对果蔬的危害更大。而且，有些腐生菌本身就是健康产品上微生物群落中的成员，一旦条件适宜，也可侵入果蔬。因此，要控制果蔬贮藏中的病害，首先要掌握贮藏果蔬的微生物区系，乃至各类果蔬的内部和外部微生物区系，在此基础上进一步研究其生物学特性和有关影响因素，对控制贮藏病害具有重要意义。

另外，也可采用酶联免疫吸附法进行病原的鉴定，该法具有快速、灵敏、特异、操作简便等优点。

（二）侵染性病害的综合防治措施

侵染性病害的防治是在充分掌握病害发生发展规律的基础上，抓住关键时期，以预防为主，综合防治，多种措施合理配合，以达到防病治病的目的。

1. 重视田间农业防治，减少田间潜伏侵染　在果蔬生产中，采用农业措施，创造有利于果蔬生长发育的环境，增强产品本身的抗病能力，同时创造不利于病原菌活动、繁殖和侵染的环境条件，减轻病害的发生程度，这些方法称为农业防治。农业防治是最基本、最经济的病害防治方法，也是减少潜伏侵染的主要途径。常用的措施有培育无病苗木、保持田园卫生、科学施肥、合理修剪、果实套袋与病虫害防治相结合等。

2. 重视采收环节及采后处理环境消毒，减少病原菌来源　适期、无伤采收，严格选果入库，合理包装，文明装卸，是保证果蔬安全贮运的基础。另外，包装、贮运场所的卫生和消毒，贮藏容器、传送带等所有与产品接触的用具的消毒，对防治贮运病害也起到间接或直接的作用。

3. 充分利用物理防治，提高果蔬贮藏性　改善贮藏环境条件，尤其是控制温度、湿度和空气成分的含量，或应用热力、辐射处理等方法来防治果蔬贮运病害，均称为物理防治。物理防治技术使用得当，可以无公害、不污染环境，是研究的重点。

（1）控制温度。

①利用适宜的低温抑制病害：适宜的低温可以提高产品本身的抗病能力，抑制病原菌的生长、繁殖、扩展和传播，减少腐烂率。冷链技术的运用则最大限度地限制了病原菌的活动，提高了产品的抗病能力，尤其对于代谢旺盛而贮运寿命短的果蔬，如桃、草莓、荔枝、芒果、石刁柏、甜玉米、豇豆等尤其重要。

②采后热处理控制病害：采后热处理是用热蒸汽或热水对果蔬进行短时间处理，为杀死或抑制果蔬表面病原菌及潜伏在表皮下的病原菌而采取的一种控制采后病害的方法。这种方法对于低温下易受冷害的热带、亚热带果蔬如芒果、番木瓜等效果较好。热水处理的有效温度为45～60 ℃，时间为0.5～10 min；热空气处理的有效温度为43～55 ℃，时间为5～60 min。处理温度高时，时间可适当短些；处理温度低时，时间可适当长些。热处理配合其他处理，如在热水中加入杀菌剂、$CaCl_2$则效果更佳。

（2）控制湿度。高湿度有利于病原菌孢子萌发、繁殖和传播，如发生结露现象，腐烂更为严重。所以，入贮的果蔬不宜在雨天或雨后立即采收；若用药剂浸果，必须在晾干后方可包装入库；贮藏时要严格控制贮藏适温，以免温度上下波动过大而造成结露现象。另外，采用塑料膜单果包装或使用表面涂膜剂，既可减少水分蒸腾，也可防止病原菌蔓延。

（3）控制气体成分。用高浓度 CO_2 短时间处理及采用低浓度 O_2、高浓度 CO_2 的贮藏环境，对许多采后病害都有明显的抑制作用，尤其是高浓度 CO_2 处理对抑制某些贮藏病害十分有效。例如，用 30% CO_2 处理柿 24 h，可以防治黑斑病；用 60%～75% CO_2 处理柿 48～72 h，可防治贮藏期间黑霉病的发生。

应该注意的是，控制贮藏环境中气体成分对果蔬防腐效果的影响是很复杂的，某种气体有效组成对防治某种果蔬某种病害是有效的，而对另一种果蔬和另一种病害则可能无效，甚至增加腐烂。例如，在 6% CO_2 下可防治花椰菜黑斑病，但由假单胞细菌引起的腐烂则会增加。而且气体组成对寄主的保鲜作用和对病原菌的抑制作用往往不同步，即适于果蔬贮藏的气体组成可能对抑制病原菌无效，而可有效抑制病原菌的气体组成往往会对新鲜果蔬造成伤害。所以，适宜的气体组分必须和适宜的温度、湿度合理配合，才能降低果蔬的呼吸作用，提高产品本身的贮藏性和抗病性，抑制微生物的生长发育，收到最佳效果，否则将适得其反。

此外，对果蔬进行辐射处理和紫外线处理，也可抑制微生物的生长发育，提高果蔬贮藏性，这些内容在第六章中已有述及，此处不再赘述。

4. 合理利用化学防治 使用杀菌剂杀死或抑制病原菌，对未发病产品进行保护或对已发病产品进行治疗；或利用植物生长调节剂和其他化学物质，提高果蔬抗病能力，防止或减轻病害造成损失的方法，称为化学防治。低温贮运果蔬并不能完全抑制某些病原菌的生存和发展，尤其在脱离低温环境后，曾被部分抑制的病原菌以更快的速度发展，化学防治则可弥补这一不足，尤其对于应用简易方式贮藏的产品和不耐低温贮运的果蔬更为重要。

化学防治要掌握病害侵入的关键时期。对于生长期侵入的病害，如苹果炭疽病、霉心病、心腐病，柑橘蒂腐病、褐腐病，香蕉和芒果的炭疽病等具有潜伏侵染特性，病原菌多于幼果期侵入，但由于果实本身的抗病性而未发病，其防治关键时期是从花期或坐果后一周开始到果实膨大结束时为止；有些果实病害如褐腐病、黑腐病、酸腐病都是近成熟期才侵染发病的，防治的关键时期是果实着色期；有些病害是生长期感病，但病斑不明显而混入贮藏场所，在贮运期间继续扩展危害，如荔枝霜疫病、柑橘酸腐病，防治的关键时期也在生长期间；也有些病害是因为果面沾染病原菌而进入贮藏场所，条件适宜便侵染发病，如青霉、灰霉、酸腐菌、镰刀菌等，其防治应采用采前喷药与采后浸药相结合，以降低带菌量，防治效果更好。对于在采后贮藏期间侵染为主的病害，应注意贮藏环境的消毒。

在贮运期间进行化学防治，可利用防腐剂抑制或杀灭病原菌，利用植物生长调节剂或其他化学物质提高产品的抗病性。防腐保鲜剂主要包括杀菌防腐剂、乙烯脱除剂、乙烯受体作用抑制剂、气体调节剂、涂膜剂、库房消毒剂等。利用防腐剂抑制或杀灭病原菌的关键是准确鉴定引发病害的病原菌，以指导科学用药。运用防腐剂时要注意：处理的时间越早，效果越好，一般要求采后 2 d 之内进行处理；处理的浓度应使其农药残留量保持在许可范围内。部分果蔬产品防腐剂、环境消毒剂的使用方法见表 7 - 2。另外，国家卫生健康委员会、农业农村部与国家市场监督管理总局联合发布的《食品安全国家标准 食品中农药最大残留限量》（GB 2763—2019）于 2020 年 2 月 15 日起实施。标准的制定为规范科学合理用药和农产品质量安全监管提供了法定的技术依据，为广大农产品生产、加工企业提供了确保产品质量安全进行农药残留监测的指标，食品相关企业及工作人员应及时了解新标准的限值要求，杜绝非法使用和滥用农药的行为。

利用化学方法防治病害时，应注意病原菌的抗药性问题。例如，病原菌抗多菌灵，则对其他苯并咪唑类药剂如硫菌灵、噻菌灵、苯菌灵等也具有抗性，应选择作用机制不同的杀菌剂交替使用或混配的方法。

利用植物生长调节剂或其他化学物质也可提高果蔬的贮藏性。例如，植物生长调节剂

2,4-D 在柑橘贮藏上已广泛应用；GA_3、6-BA、多效唑等在果蔬贮藏保鲜中的作用也逐渐显现出来；多效唑最大残留量为 0.5 mg/kg（苹果等），2,4-D 最大残留量为 0.2 mg/kg（大白菜）和 0.1 mg/kg（果菜类）；乙烯受体抑制剂 1-MCP、乙烯吸收剂 $KMnO_4$ 及一些涂膜剂等对于延缓果蔬衰老、提高抗病性、减少病原菌侵染也起到了一定作用。

表 7-2　部分果蔬产品防腐剂、环境消毒剂的使用方法

药名	剂型	剂量	使用方法	允许残留/(mg/kg)	附注
次氯酸钠		100～200 mg/L 有效氯	浸果 10 min	—	先清洗后进行浸泡消毒，消毒后将残留消毒剂冲净
二氧化氯		100～150 mg/L	浸泡 10～20 min	—	食品加工管道、器具设备、瓜果蔬菜等消毒
亚硫酸盐或其络合物	粉剂或片剂	参照相关保鲜剂产品使用说明	预冷后放入果实上部，扎口封袋	—	处理葡萄，主要用于防治灰霉病
乙醛	液	0.25%～3%	熏蒸	—	处理果类 0.5～120 min
邻苯基苯酚（OPP）、联苯酚钠盐（SOPP）	盐	0.2%～2%	浸、洗	10	洗果及包装材料消毒
氯硝胺	可湿性粉剂	900～1 200 mg/L	喷、浸	10～20	处理桃根霉、丛梗孢药效中等
克菌丹	可湿性粉剂	1 200～1 500 mg/L	洗、浸、喷	25～100	
噻菌灵	45%悬浮剂　柑橘	300～450 倍液（1 000～1 500 mg/L）	浸果 1 min	柑橘类全果≤10，果肉≤0.4	浸果 1 min 后取出晾干贮藏，处理后距上市时间≥10 d；药效较高，与苯并咪唑类交互抗性不明显
	香蕉	600～900 倍液（500～750 mg/L）	浸果 1 min	香蕉≤5	
	40%可湿性粉剂　香蕉	500～1 000 倍液（400～800 mg/L）		≤5	浸果 1 min，处理后距上市时间≥14 d
多菌灵	可湿性粉剂	500～1 000 mg/L	浸、喷	梨果类、葡萄≤3，其他水果、番茄、黄瓜≤0.5，石刁柏、辣椒、甜菜≤0.1	连续多年应用，易使青霉、绿霉产生抗药性，有交互抗性反应
抑霉唑	22.2%乳油	444～888 倍液（250～500 mg/L）	浸果 1 min	柑橘类全果≤5，果肉≤0.4	浸果 1 min 后取出，处理后距上市时间≥60 d 对抗苯并咪唑的青、绿霉有效
	50%乳油	1 000～2 000 倍液（250～500 mg/L）			
异菌脲	25%悬浮剂	167 倍液（1 500 mg/L）	浸果 2 min	柑橘全果≤10，番茄、梨果类水果≤5，黄瓜≤2，香蕉全果≤10	浸果 2 min 后取出晾干贮藏，处理后距上市时间≥4 d；在英联邦不仅用于水果，还用于叶菜采后处理；测定方法按 SN/T 4013—2013 规定的方法进行

（续）

药名	剂型	剂量	使用方法	允许残留/ (mg/kg)	附注
甲霜灵	可湿性粉剂	600~1 000 倍	浸、喷	黄瓜≤0.5，葡萄≤1	对疫霉特效，测定方法按 SN/T 3642—2013 规定的方法进行
三乙膦酸铝	可湿性粉剂	0.1%~0.2%	浸、喷	—	对疫霉有效
咪鲜胺	45%乳油	450~900 倍液 (500~1 000 mg/L)	浸果 1 min	柑橘类水果≤5，食用菌类≤2，香蕉≤5，芒果≤2	浸果 1 min 取出晾干贮藏，处理后距上市时间≥7 d；残留量检测方法依据 NY/T 1456—2007
	45%水乳剂	900~1 800 倍液 (250~500 mg/L)	浸果 1 min	香蕉<5	浸果 1 min，用于防治香蕉的冠腐病和炭疽病
	25%乳油 柑橘	500~1 000 倍液 (250~500 mg/L)	浸果	<5（柑橘） <0.5（柑汁）	防治柑橘炭疽病、蒂腐病、青霉病、绿霉病；处理后距上市时间≥14 d
	芒果	250~1 000 倍液 (250~1 000 mg/L)	浸果或喷雾	≤2	防治芒果的炭疽病；处理后距上市时间≥20 d
咪鲜胺锰盐	50%可湿性粉剂 柑橘	1 000~2 000 倍液 (250~500 mg/L)	浸果 1 min	≤5	浸果 1 min；处理后距上市时间≥15 d
	芒果	500~2 000 倍液 (250~1 000 mg/L)	浸果或喷雾	≤2	处理后距上市时间≥10 d

注：以上各防腐剂若与涂料或果蜡混用时要增加用药量［参考黄健坤（1987）、《农药合理使用准则》（GB/T 8321.1~10）、二氧化氯消毒剂卫生标准（GB 26366—2010）、《次氯酸钠发生器卫生要求》（GB 28233—2020）、《鲜食葡萄冷藏技术》（GB/T 16862—2008）］。

5. 生物防治是方向 生物防治是在农业生态系统中调节寄主植物的生物环境，使其利于寄主而不利于病原菌，或者使其对寄主与病原菌的相互作用发生利于寄主而不利于病原菌，从而达到防治病害的目的。所以，生物防治是借助多种因素来创立一个有利于寄主而不利于病原菌或病害发展的生物环境，来达到防治病害的目的，而不单纯是依靠拮抗性微生物来控制病原菌或病害。该方法作为综合治理的一个环节，是最有前途的一种方法，具有不污染环境、无农药残留、生产使用相对安全、病原菌不产生抗性等优点。尤其用于果蔬采后贮运过程中，更具有大田不可比拟的优点。因为果蔬贮藏环境小，条件容易控制；没有外界不可控因素，如紫外线、干燥等的破坏作用；产品相对集中，处理容易，成本低。所以，利用生物防治技术可对某些病害进行有效的控制。

（1）利用拮抗菌防病。

①拮抗菌来源：环境中有相当丰富的抗生菌源，果蔬表面也存在有天然拮抗菌，而且将天然产生于果蔬表面的拮抗菌再用于果蔬腐烂的控制，效果更好。目前主要有三种拮抗菌：细菌拮抗菌、酵母拮抗菌和真菌拮抗菌。细菌作为拮抗菌主要是利用其很强的竞争作用，如芽孢杆菌（*Bacillus* spp.）、假单胞杆菌（*Pseudomonas* spp.）、土壤放射杆菌（*Agrobacterium radiobacter*）以及其他一些细菌。例如，采用一种枯草芽孢杆菌（*B. subtilis* B-3）的水悬液或

营养液在贮运前处理桃、李、杏，获得显著效果；从苹果上分离的一种假单胞杆菌，可以控制扩展青霉造成的贮藏期果腐。酵母拮抗菌主要有季也蒙毕赤酵母（*Pichia guilliermondii*），可用于防治番茄的根腐病；季也蒙假丝酵母（*Candida guillermondii*）可用于防治桃的灰霉病；罗伦隐球酵母（*Cryptococcus laurentii*）用于防治桃灰霉病、根腐病、褐腐病及樱桃的褐腐病；橄榄假丝酵母（*Candida olephila*）可用于防治香蕉的茎腐病、木瓜的炭疽病及桃的灰霉病；红冬孢酵母（*Rhodosporidium paludigenum*）用于防治樱桃番茄的灰霉病；汉逊德巴利酵母（*Debaryomyces hansenii*）用于防治苹果、葡萄、番茄的灰霉病，桃、葡萄、番茄的软腐病以及柑橘的青霉病、绿霉病及酸腐病等。真菌拮抗菌主要有木霉菌（*Trichoderma* spp.）。例如，在法国波尔多城，花期三次喷洒哈茨木霉（*T. harzianum*）孢子液控制葡萄灰霉（*B. cinerea*）引起的采后果腐；康宁木霉（*T. Koningii*）对甜瓜采后主要病原菌（*Alternaria* spp.）具有很强的拮抗作用。目前许多国家已经有商品化木霉制剂在生产上应用。

②拮抗菌防病机理：拮抗菌可以产生抗生素，直接作用于病原菌；有些拮抗菌可与病原菌在营养及空间方面产生竞争；也有一些拮抗菌可能在与寄主的相互作用中，诱导寄主产生大量抗病性次生代谢物质，如诱导苯丙氨酸解氨酶（PAL）的活性，在莽草酸途径中，该酶催化苯丙氨酸向肉桂酸转化，进一步合成与诱导抗病性有关的酚类物质、植保素和木质素（Kuc，1982），导致抗病性的增强。有些拮抗菌也可直接寄生于病原菌，如拮抗酵母 US-7 可附着在匍枝根霉的菌丝上，可能产生葡聚糖酶和几丁质酶，而使病原菌菌丝发生溶解现象。

③影响拮抗菌防治效果的因素：利用拮抗菌控制果蔬采后病害的效果很大程度上取决于拮抗菌和病原菌的相对浓度。拮抗菌的浓度一定时，病原菌的浓度越低，防病的效果越好。许多研究证实，越早使用拮抗菌，其控制病害的效果越好；若拖延使用，则防治效果显著下降。因为延迟拮抗菌的使用时间，会使病原菌的基数增加。

拮抗菌和病原菌的最适生长温度与果蔬贮藏的适温往往是不同的，所以选择适应果蔬贮藏的最适温度的拮抗菌，才能充分发挥拮抗菌的作用。

另外，拮抗菌的防病效果与果实的矿质元素含量、采收成熟度、栽培措施、果园的消毒、贮藏库及器具的消毒，均有一定的关系。

应该注意生物防治局限性的一面：生物制剂对采后病害的防治效果不如化学防腐剂，不能直接杀死病原菌，只能保护尚未感染的商品；有效性是不稳定的，受很多因素的影响。更应该指出的是，使用生物制剂作为采后处理药剂之前，必须经过严格的毒理和环境试验，以确保不对环境和人体造成任何的危害。

（2）利用诱导因素诱导果蔬对病原菌产生抗性。

①利用低致病力的病原菌、无致病力的病原菌的近种或无致病力的其他腐生菌，预先接种或混合接种在果蔬上，诱发果蔬先天的抗病性。果蔬先天的抗病性包括组织结构的抗病性和生物化学的抗病性两类。前者如角质层和细胞壁的厚薄、表皮毛等，后者如单宁以及某些挥发性抑菌物质等。研究认为，低致病力病原菌或非病原菌接种后会诱发寄主产生植物保卫素，或堵塞病原菌的侵入部位，或使寄主中的抗病物质如酚类化合物迅速积累，或是激活了某些与抗病性有关酶的活性。但这类抗病性往往和人们的美食标准相悖，所以不被人们所重视。有研究表明，CO_2 含量高的贮藏库中某些浆果可以产生乙醛和乙酸以抵抗根霉和灰霉等引起的果腐；桃成熟后可以产生挥发性抑菌物质苯甲酸等，对抑制果实链核盘菌（*Monilinia fructicola*）孢子萌发有明显的效果。

②通过一些物理、化学、生物因子诱导果蔬产生抗性。例如，用低剂量紫外线照射可诱导甘薯和洋葱对采后腐烂的抗性，热水处理也可诱导果实产生抗性，丛赤壳产生的蛋白酶可诱导苹果果实产生对病原菌具有杀伤力的苯甲酸。

③利用基因工程方法导入抗病基因：从同一种类不同品种或品系对同一病原物的敏感程度

有所差异来看，果蔬本身的遗传特性决定了其采后抗病与否。例如，不同桃品种对链核盘菌、不同的甘蓝品种对灰葡萄孢、不同的草莓品种对根霉及灰葡萄孢的敏感性差异很大，所以对抗性遗传性不同的品种可以通过某些育种技术，有效转移这一抗性。例如，Austin 等（1988）利用胞质融合技术成功地将不结薯的二倍体野生种 *Solanum brevidens* 对细菌性软腐病的抗性转移至四倍体马铃薯体内，这一抗性可通过有性过程传至后代。

（3）利用天然抗病物质。天然抗病物质以其低毒、高效、易降解和对环境污染小的特点而受到关注。目前有研究报道的天然抗病物质有植物源性、微生物源性和动物源性三种。植物源性天然抗病物质有风味化合物、精油、乙酸、茉莉酸类化合物、硫代葡萄糖苷、植物提取物等；微生物源性有醋酸瓜类萎蔫醇等；动物源性有壳聚糖、蜂胶等。

研究发现，乙醛、己烯醛、苯甲醛、肉桂醛、乙醇、苯甲醇、橙花叔醇、2-壬酮、乙酸等挥发性物质均可有效抑制果蔬病原菌的生长。乙醛是植物天然产生的次生代谢物质。据 Avissar 和 Pesis 报道，乙醛蒸气可降低葡萄柚灰葡萄孢（*Botrytis cinerea*）、软腐根霉（*Rhizopus stolonifer*）、黑曲霉（*Aspergillus niger*）及链格孢（*Alternaria alternata*）引起的腐烂，经 0.5%乙醛蒸气处理 24 h 后放在 20 ℃条件下 8 d，可完全抑制软腐病的发生；Wyatt 和 Lund 报道，用 30 mL/L 乙醛蒸气处理马铃薯块茎 4 h，可有效减少细菌性软腐病的发生；曲凤静等用 0.5 mL/kg 和 1 mL/kg 乙醛处理桃果实，可以抑制果实的呼吸速率，并能提高果胶甲酯酶的活性，降低 β-半乳糖苷酶的活性。（E）-2-己烯醛可有效抑制灰葡萄孢和扩展青霉孢子的萌发和菌丝的生长，而且对空气中的细菌和真菌都有一定的抑制作用，可用于鲜切水果的保鲜。苯甲醛处理苹果和桃可有效控制贮藏期间的发病率。

精油是植物中可随水蒸气蒸馏且具有一定气味的挥发油状液体的总称，其杀菌活性具有一定的普遍性。王宏年等（2007）报道，樟油和肉桂油对番茄灰霉病菌的菌丝生长和孢子萌发表现了较好的抑制作用，且对番茄灰霉病表现了较好的防治效果。Mansour F.（1986）等从百里香精油中分离得到的单萜类化合物——麝香草酚，Chu C. L. 等（2001）用 30 mg/L 麝香草酚熏蒸樱桃可有效防治由美澳型核果褐腐病菌（*Monilinia fructicola*）引起的褐腐病，发病率仅为 0.5%，而对照可达 35%；Liu W. T. 等（2002）用 2 mg/L 麝香草酚熏蒸李子可减少采后腐烂，也可有效控制杏褐腐病的发生。Hartmans K. J. 等（1995）从藏茴香精油中分离得到的单萜类化合物——香芹酮，可用来防治马铃薯块茎的腐烂，降低其发芽率。由十字花科植物中提取的芥子油苷类化合物，对采后病害具有理想的抑制效果，尤其是异硫氰酸盐类可有效减少水果采后褐腐病的发生。

食品酸味剂乙酸不仅可作为表面消毒物质，还可通过熏蒸杀灭水果表面微生物。王向阳等（2008）用 0.01%乙酸有效抑制胡萝卜软腐病；Venditti T. 等（2005）用 100 mg/L 乙酸处理无花果，使其发病率减少至 2.4%；Cetiz K. 等（2007）用 4 mg/L 的乙酸熏蒸猕猴桃 6 min，可有效减少灰葡萄孢引起的腐烂病害；Wijeratnam R. S. W. 等（2006）将菠萝用 4%乙酸浸泡 3 min，可有效防治黑腐病。

植物群体是一个含有自然杀菌成分的巨大资源库，到目前为止，至少有 2%的高等植物中含有具有明显杀菌作用的成分。Wilson 等研究发现有 43 个科 300 多种植物对 *B. cinerea* 病菌具有拮抗作用；1959 年 Ark 和 Thompson 报道大蒜的提取物可抑制引起桃采后腐烂的 *M. fracticola* 病菌；日本柏树的提取物日柏醇可有效控制 *B. cinerea*、*M. fructicola* 和 *P. expansum* 病菌孢子的萌发，防治草莓和桃采后病害；Wilson 等报道，以红棕榈、红百里香、樟树叶和三叶草为原料制作的烟熏剂，可有效减少果蔬的采后病害。另外，Dubey 和 Kishore（1988）从白千层、樟脑罗勒和枸橼叶片中提取的精油在 500~2 000 μg/g 范围内抑菌活性较好。柚子外皮组织提取物的主要成分是香豆素，其可有效抑制指状青霉菌丝的生长（Agnioni A. et al.，1998）；阿拉伯金合欢水提取物可有效抑制意大利青霉菌丝的生长，甲醇提取物中含有山奈酚、谷甾醇、α-香树脂醇等化合物，其中山奈酚可有效抑制意大利青霉菌丝的生长（Tripathi P. et al.，2002）。

从动物中提取天然防腐保鲜剂用于果蔬的贮藏保鲜也取得了一定的进展。例如，从昆虫甲壳中提取的壳聚糖不仅可有效抑制病原菌的繁殖和生长，还可在较低浓度下诱导植物对病原菌的防御机制。蜂胶是蜜蜂从植物花苞及树干上采集的树胶混入其腭腺分泌物和蜂蜡等物质而形成的一种具有芳香气味的胶状固体物质，具有广谱抗菌性。蜂胶70%乙醇提取物在 10 μg/mL 浓度下可完全抑制指状青霉孢子的萌发并有效防治柑橘绿霉病（Soylu E. M. et al.，2008），还可保持樱桃不被真菌侵染而腐烂（Candir E. E. et al.，2009）。Ojeda - Contreras 等（2008）发现，蜂胶可有效防治番茄采后腐烂病害而不影响果实生理品质。

四、主要侵染性病害实例

（一）苹果炭疽病（apple bitter rot）

苹果炭疽病又名苦腐病，是世界性病害。此病主要在生长期侵染果实，采收后于贮藏期间发病，在贮藏期间一般很少再侵染。

苹果炭疽病

1. 症状 常于贮藏前期呈现症状。果实发病初期病斑呈针头状褐色小点，单个病果上病斑数不定，多数病斑发生在果实肩部。当病斑直径至 1～2 cm 时，中心开始出现小粒点（分生孢子盘），初为褐色，后变为黑色，很快突破表皮，常呈同心轮纹状排列。潮湿条件下，其上产生橙红色黏质团（分生孢子团）。腐烂部呈圆锥状，一般不深入果心，果肉褐色、较硬、味苦。

2. 病原菌 有性阶段为子囊菌亚门球壳菌目小丛壳属围小丛壳 ［*Glomerella cingulata* (Stoneman) Schrenk et Spauld］，无性阶段为半知菌亚门半知菌目刺盘孢属胶孢炭疽菌 ［*Colletotrichum gloeosporioides* (Penz.) Penz. et Sacc.］。

3. 防治措施 苹果炭疽病为潜伏侵染病害，故应以田间防治为主。

（1）清除侵染源。以中心病株为重点，结合冬季修剪清除僵果，剪除病虫枝、干枯枝，集中深埋或烧毁；发芽前喷布一次铲除剂，如 5 波美度石硫合剂、五氯酚钠 50～100 倍液；生长季节发现病果及时摘除深埋。

（2）加强栽培管理。合理密植和整形修剪，及时中耕除草，改善果园通风透光条件，合理施用氮、磷、钾肥，健全排灌设施，不使雨季积水。

（3）喷药保护。50%硫菌灵可湿性粉剂 500 倍液、50%多菌灵可湿性粉剂 1 000 倍液、75%百菌清可湿性粉剂 600 倍液、64%噁霜·锰锌 600 倍液、95%三乙膦酸铝 800 倍液等防治效果均佳。在果实生长初期喷布无毒高脂膜 200 倍液，间隔 15 d 左右喷一次，连续喷 5～6 次，可保护果实免受炭疽病菌的侵染。

（4）果实套袋。一般在 5～6 月生理落果后 1 个月内完成，套袋前先喷一次杀菌剂。

（5）采收及采后防治。适期无伤采收，采收后运输前严格剔除伤果、病果；贮运前用仲丁胺 100 倍液，或 70%甲基硫菌灵 800～1 000 倍液，或 50%多菌灵 1 000 倍液浸果或喷果；加强贮运期间温度、湿度的控制，维持 0～1 ℃贮温的防病效果最佳。

（二）苹果轮纹病（apple ring rot）

苹果轮纹病又称轮纹褐腐病，是我国苹果主要病害之一。主要在田间感染，采收前后及贮藏期发病。病果在贮藏期间基本不形成孢子，所以基本无再侵染。

苹果轮纹病

1. 症状 果实染病初期病斑以皮孔为中心，生成水渍状褐色腐烂斑点，很快呈同心轮纹状向四周扩展，在 25～30 ℃下 5～6 d 即可使全果腐烂。病斑不凹陷，烂果不变形，病组织呈软腐状，常发生酸臭气味。病果失水后成黑色僵果，贮存后期多被其他腐生菌二次寄生。

2. 病原菌 梨生囊孢壳（*Physalospora piricola* Nose），属子囊菌亚门，无性阶段为轮纹大茎点菌（*Macrophoma kuwatsukai* Hara），属半知菌亚门。

3. 防治措施　参考苹果炭疽病。

（三）苹果褐腐病（apple brown rot）

苹果褐腐病又名菌核病。该病主要危害成熟果实，是果实生长后期和贮运期间的主要病害之一。病原菌可经皮孔入侵果实，但主要通过各种伤口入侵，贮运期间可接触传播或昆虫传播。

1. 症状　初期果实表面产生浅褐色软腐状小斑，然后病斑迅速向外扩展，在 10 ℃约经 10 d 即可使整个果实腐烂，高温下腐烂更快，在 0 ℃下病原菌仍可活动扩展。病果果肉松软，海绵状，略有弹性。后期病斑中心部逐渐形成同心轮纹状排列的灰白色、绒球状菌丝团，这是褐腐病的典型症状。病果后期成黑色僵果。

2. 病原菌　是仁果链核盘菌 [*Monilinia fructigena*（Aderh. et Ruhl.）Honey]，异名仁果核盘菌（*Sclerotinia fructigena* Aderh. et Ruhl），属子囊菌亚门；无性阶段为仁果丛梗孢（*Monilia fructigena* Pers.），属半知菌亚门。

3. 防治措施　除加强果园卫生管理，及时清除病果、落果等菌源外，可于花前、花后各喷一次内吸性杀菌剂，成熟前后 9 月上中旬和 10 月上旬各喷布一次 1∶（1～2）∶（160～180）波尔多液保护果实，第二次也应在采前喷药，可防治贮运期发病。注意适期无伤采收，入贮产品应严格剔除各种病伤果。采后防治措施参考苹果炭疽病。

（四）苹果霉心病（apple mouldy rot）

苹果霉心病又名心腐病、果腐病。各品种因其果实结构及组织的差异使其感病性有所不同。萼心间组织存在孔口或裂缝、呈开放状且组织疏松的元帅系品种易感病；富士系和金冠等品种其次；而萼心间组织无孔口或裂缝、呈封闭状且组织紧密的国光品种不易感。萼心间组织带菌量高或萼心间组织发生褐变，则导致心室发病；萼心间组织带菌量极低或萼心间组织为绿色，心室不致发病。

苹果霉腐病

1. 症状　霉心病表现为心室霉变和果心腐烂两种类型，这实际是发病的前期与后期的不同表现。发病初期，心室壁出现淡褐色、褐色、点状或条状小斑，随病情发展，逐渐扩展融合成褐色斑块，有的病果在心室内出现橘红、灰黑或白色菌丝丛，随后有些病果中菌丝突破心室壁侵入果肉引起果心腐烂，呈现粉红色干腐或褐色软腐。在苹果采收期，病果主要表现心室霉变症状，进入贮运期，若条件适宜，则逐渐发展呈现果心腐烂症状。

病原菌在苹果开花期开始侵染花柱等花器，继而通过萼筒或萼筒与心室间的组织进入心室，并扩展致病。花期大量侵入，于生长后期发病，但外表不易识别，条件适宜时，病果内腐烂扩展到果面方可显症。

2. 病原菌　苹果霉心病的病原菌有多种，不同症状果实出现的真菌种类不同。心室霉变果以链格孢（*Alternaria alternata*）出现率最高，其症状多局限于心室，生长期和贮藏期均可发病，一般不影响食用价值；果心腐烂果中出现的真菌有粉红单端孢菌（*Trichothecium roseum* LK. et Fr.）、串珠镰孢（*Fusarium moniliforme* Sheld.）、棒盘孢（*Coryneum* sp.）、狭截盘多毛孢（*Truncatella angustata*）、青霉（*Penicillium* sp.）、拟青霉（*Paecilomyces* sp.），均属半知菌亚门。

3. 防治措施　生长期预防侵染；冬季做好果园清园工作；花期前后为防治关键时期，从萌芽开始，于蕾期、初花期、盛花期及花后各喷一次内吸性杀菌剂，防止病菌侵入，喷药时加入 0.2% 硼砂，效果更好，或于花期喷施短芽孢杆菌 B - 319 菌株进行生物防治（傅学池等，1998）；贮藏期控制温度为 0～1 ℃，可抑制病原菌蔓延。

（五）荔枝霜疫霉病（litchi downy blight）

荔枝霜疫霉病是荔枝上最重要的病害。我国广东、广西、福建和台湾等荔枝产区均危害较严重,引致的损失可达30%～80%。该病主要危害接近成熟的果实,也危害嫩梢、叶片、花穗、结果小枝、果柄及幼果。在结果期遇上连续阴雨天气,发病更为严重。

1. 症状 果实感病时,病斑多从果蒂开始发生,最初在果皮表面出现褐色或黑色、不规则、无明显边缘的病斑,随后病斑迅速扩展蔓延,呈黑褐色,果肉腐烂,有酒酸味,流黄褐色汁液。若连续阴雨或空气湿度大时,病果表面长出白色的霜状霉层。幼果感病后很快脱落,造成大量落果。

2. 病原菌 荔枝霜疫霉(*Peronophythora litchii* Chen ex Ko *et al.*),属卵菌门的霜疫霉菌属。

病菌能以菌丝体和卵孢子在土壤内或病残果皮、病叶上越冬,为初侵染源;次年春在适温高湿条件下,卵孢子萌发产生孢子囊并形成大量的游动孢子,成为再侵染源;其游动孢子或萌发的芽管在侵入果实、花穗、叶片后,一般经1～3 d的潜伏期即引起发病,病部再产生孢子囊,借风、雨、昆虫传播进行再侵染,扩大传播危害。

此类病菌适合在高湿条件下生长,湿度是影响本病发生和流行的最主要因素。病原菌在11～30 ℃下均可形成孢子囊,22～25 ℃形成最多,8～22 ℃均能萌发形成游动孢子,但在26～30 ℃时则直接萌发形成芽管,游动孢子的形成在14 ℃下只需20 min,从形成至释放只需10 min。高温或低湿均不利于病菌的侵染。在广州地区,4～6月若雨水多、土壤湿润、枝叶繁茂、通风透光差的果园发病早而重。果园地势低洼、荫蔽、排水不良、土质黏重、土壤湿润肥沃或冬春多施氮肥,树势壮旺,密植或枝叶繁茂,结果多的大树、老树和密闭的荔枝园,发病较多且较重。生长在树冠下部和荫蔽处的果实发病最早、最严重。结果期若降雨次数多和雨日多,雾水重,特别是久雨不晴或经常雷阵雨以及台风雨后,该病将会大规模发生。

3. 防治措施

(1)消灭菌源,减少初次侵染菌源。做好清园工作,尤其是冬季清园。采果后结合修剪,剪除阴生枝、下垂枝、病虫枝和枯枝,清除落叶落果。翌年开春后,可用1%硫酸铜溶液或30%氢氧化铜悬浮剂300倍液喷洒地面,并撒石灰,尤其是树盘,进行土壤消毒,杀死部分病原菌。

(2)栽培期间进行化学防治,培育健康优质果实。在晴天或在多雨季节抢晴天,对花果期的花穗、花蕾、幼果、近成熟果及成熟果喷药保护。可用30%氢氧化铜悬浮剂600倍液或70%氢氧化铜可湿性粉剂800倍液,在抽梢期进行整株喷施;花蕾发育期、始花期采用氢氧化铜70%可湿性粉剂800倍液、或80%代森锰锌可湿性粉剂600～800倍液、或64%噁霜·锰锌可湿性粉剂800倍液,进行叶面喷施;幼果期、转色期可叶面喷施64%噁霜·锰锌可湿性粉剂800倍液、或50%烯酰吗啉可湿性粉剂2 000倍液、或58%甲霜·锰锌600倍液。

(3)适时采收,及时预冷。贮藏的荔枝应在晴天露水干后或阴天进行采收,不宜在烈日中午、雨天或雨后采收;采后要及时预冷或结合防腐处理进行预冷,预冷至适宜温度后再码垛冷藏;荔枝适宜的贮藏温度为3～5 ℃,也可采用冰温贮藏,控制贮藏环境温度为-1 ℃±1 ℃,以低温来抑制霜疫霉的生长和繁殖。

(4)采后化学药剂浸果 采果后可用50%三乙膦酸铝可湿性粉剂500～1 000倍液浸果1～3 min,或45%噻菌灵悬浮剂500～1 000倍液或60%噻菌灵可湿性粉剂2 000倍浸果1～5 min,或25%甲霜灵可湿性粉剂600～1 000倍液浸果1～5 min,充分沥干后用薄膜袋密封包装,或直接用内衬薄膜密封或半密封包装。

(六)柑橘青霉病、绿霉病(blue mold and green mold of citrus fruits)

柑橘青霉病、绿霉病是柑橘贮运期间危害性很大的两种病害。一般低温下以青霉病为主,较高温度下以绿霉病为主。绿霉病发展较快,7 d内便全果腐烂,青霉病14 d可使全果腐烂。

1. 症状 两种病症状相似,初期为水渍状淡褐色圆形病斑,软腐状。青霉病病部稍陷,表面稍皱缩,指压易破裂;绿霉病则较紧实,不皱缩。病部均先产生白色霉状物,很快转变为青色或绿色粉状霉层，此后病部不断扩大，很快全果腐烂。病果果肉发苦，干燥时可干缩成僵果。通常青霉病在贮藏前期发生，绿霉病在后期发生，青霉病烂果不黏附包果纸而绿霉病黏附包果纸。

2. 病原菌 青霉病由意大利青霉（*Penicillum italicum* Wehmer）引起，绿霉病由指状青霉（*Penicillum digitatum* Sacc.）引起，均属半知菌亚门。

3. 防治措施 病菌通过各种伤口及果蒂剪口侵入，引起果腐。病部可产生大量分生孢子进行再侵染，病果和伤果接触也可传播病害。

（1）做好贮藏库和用具消毒，切断侵染循环。果实进库前 10～15 d，按每立方米用硫黄粉 5～10 g 燃烧熏蒸 24 h，或用 1∶40 倍甲醛溶液每立方米喷洒 30～50 mL，密闭熏蒸 2～3 d，然后打开门窗通气 2 d，待药味充分散发后，方可入库贮藏。

（2）适期采收和防止果实受伤。下雨时、雨后或重雾、露水未干时不要采果，采收时要防止果实遭受机械伤，运输过程中要轻装轻卸。

（3）采后预贮。采后果实宜堆放在阴凉通风处预贮 4～6 d，待果皮稍变软后再入库贮藏。预贮期间，果实失重 3%～5%。

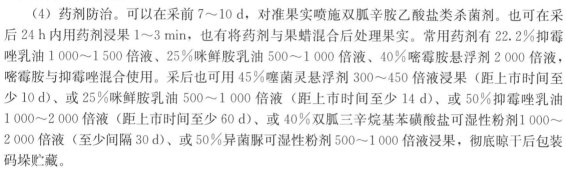

柑橘青绿霉病

（4）药剂防治。可以在采前 7～10 d，对准果实喷施双胍辛胺乙酸盐类杀菌剂。也可在采后 24 h 内用药剂浸果 1～3 min，也有将药剂与果蜡混合后处理果实。常用药剂有 22.2%抑霉唑乳油 1 000～1 500 倍液、25%咪鲜胺乳油 500～1 000 倍液、40%嘧霉胺悬浮剂 2 000 倍液，嘧霉胺与抑霉唑混合使用。采后也可用 45%噻菌灵悬浮剂 300～450 倍液浸果（距上市时间至少 10 d）、或 25%咪鲜胺乳油 500～1 000 倍液（距上市时间至少 14 d）、或 50%抑霉唑乳油 1 000～2 000 倍液（距上市时间至少 60 d）、或 40%双胍三辛烷基苯磺酸盐可湿性粉剂 1 000～2 000 倍液（至少间隔 30 d）、或 50%异菌脲可湿性粉剂 500～1 000 倍液浸果，彻底晾干后包装码垛贮藏。

（5）单果包或含药薄膜、含药纸包。用塑料薄膜单果包要比用纸单果包的防腐保鲜效果好。也可用含有挥发性联苯的药纸，或用联苯和聚乙烯为原料经混合加工成的含药薄膜，防腐效果良好。

（6）控制贮藏环境条件。适宜的贮藏温度：甜橙 1～3 ℃，蕉柑 7～9 ℃，温州蜜柑、芦柑 7～11 ℃，柠檬 14 ℃。空气相对湿度控制在 80%～85%，并注意适当通风换气。

（七）香蕉炭疽病（banana anthracnose）

香蕉炭疽病属潜伏性侵染病害，是香蕉贮运中的首要病害。

1. 症状 主要在近成熟的果实上显症，初为近圆形暗褐色凹形斑，随果实的成熟衰老，病斑迅速扩展，常在 3～5 d 内全果变黑，果肉腐烂软化，湿度大时病斑上生出许多橙红色黏质粒。有些品种病斑初期细小，但数量较多，甚至布满全果，呈梅花点状，被称为"芝麻点香蕉"或"梅花点香蕉"；有些品种只发生油渍状斑点，其上形成分生孢子盘；有些品种病斑呈梭形，中央开裂。

香蕉炭疽病

2. 病原菌 香蕉刺盘孢［*Colletotrichum musae*（Bark. et Curt.）Arx］，为半知菌亚门腔孢纲真菌，*Gloeosporium musarum* Cke. et Mass. 为异名。

3. 防治措施 炭疽病属典型的潜伏性侵染病害，故应采取控制田间侵染为主，采后药剂处理为辅的防治原则。

清洁蕉园，集中病枯叶、花、果等烧毁，减少病源。从抽蕾开花起，喷施 4 次 1 000 mg/L 多菌灵、噻菌灵、苯菌灵或抑霉唑，间隔时间 10 d 左右，只喷果穗不喷叶片，可有效降低炭疽病危害。果实成熟度为七八成时采收为宜，采后 24 h 内用防腐剂处理，以 0.1%的多菌灵、噻菌灵或抑霉唑浸果，或用 0.05%的异菌脲和 0.05%的噻菌灵混合液处理。包装袋内可加入乙烯吸收剂，以延缓衰老进程，抑制病害发生。

香蕉适宜的贮藏温度为 12 ℃±1 ℃。若温度过低，会产生冷害；温度过高，则成熟加快，抗病性下降，炭疽病症状会提前显现。

葡萄灰霉病

（八）葡萄灰霉病（grape gray mold rot）

葡萄灰霉病是葡萄的主要病害，主要危害花序、幼果和已经成熟的果实。

1. 症状 病果初期呈水渍状凹陷小斑，后迅速扩及全果而腐烂，同时在病果上长出浓密的灰色霉状物。果柄受害后变黑，病斑形状不定，后期表面常生黑色块状菌核。

2. 病原菌 由半知菌亚门丝孢纲的灰葡萄孢（*Botrytis cinerea* Pers.）引起。

3. 防治措施 加强果园栽培管理，注意消灭病源。生长期药剂防治应以花前为主，花前7 d 喷1次药，临近开花时再喷1次，花期停止喷药，花后立刻喷药，以后每10 d 左右喷1次药，即可控制发病。药液主要用1∶2∶200 波尔多液，或45%～50%多菌灵800～1 000倍液，或50%甲基硫菌灵500～600倍液。

葡萄采后应迅速用 SO_2 熏蒸。第一次一般用500 μL/L SO_2 熏蒸20 min，贮藏期间每隔7～10 d 用100～200 μL/L SO_2 熏蒸30～60 min。近年来生产上将亚硫酸盐或焦亚硫酸盐制成的药片投放到葡萄塑料薄膜包装袋内，可抑制灰葡萄孢的生长。为控制 SO_2 释放速度，可在熏蒸药物中添加适量缓释剂，如淀粉、硬脂酸、硬脂酸钙等，效果更佳。应注意的是，美国食品和药物管理局（FDA）和美国环保局（EPA）联合规定，鲜食葡萄的 SO_2 残留允许量为10 mg/kg。

贮藏中温度维持在0～0.5 ℃。低温结合防腐剂处理，防治病害效果更好。

（九）猕猴桃蒂腐病（pedicle rot of kiwifruit）

猕猴桃蒂腐病又称贮藏果腐病，是猕猴桃果实贮藏期间发生的病害。

1. 症状 初期在果蒂处出现明显的水渍状，以后病斑均匀向下深入扩展，从果蒂处的果肉开始腐烂，蔓延至全果，腐烂处有酒味。果皮上出现一层不均匀茸毛状的灰白霉菌，以后变成灰色。该菌也可导致其他部位发病。受害果在0 ℃下贮藏4周左右出现病症，贮藏12周后，未发病的果实一般不会再发病。

2. 病原菌 半知菌亚门丝孢纲的灰葡萄孢（参考葡萄灰霉病）。病原菌主要通过伤口及幼嫩组织侵入。

3. 防治措施 该病一年有两次侵染期。第一次在花期前后，引起花腐；第二次在果实采收、分级、包装过程中，由于贮藏温度低，开始时症状不明显，贮藏数周后发病。可于开花前后、采收前各喷一次杀菌剂，如65%代森锌可湿性粉剂500～600倍液等，防止果实发病。采果后24 h 内用60%噻菌灵可湿性粉剂700～1 000倍液、或50%甲基硫菌灵可湿性粉剂1 000倍液、或50%多菌灵1 000倍液浸果1 min，晾干后贮运效果较好。

（十）蒜薹灰霉病（gray mold of garlic bolt）

蒜薹贮藏中以蒜薹灰霉病发生较多，在贮藏期间可再侵染。

1. 症状 蒜薹先由薹梢发病，后向下蔓延，造成薹条腐烂。病斑初呈水渍状、椭圆形到不规则形，以后变为白色或浅灰褐色，最终软化腐烂，以致蒜薹烂梢、烂基、断条。

2. 病原菌 由半知菌亚门丝孢纲中葡萄孢属真菌引起。我国已报道有两种，即 *Botrytis cinerea* Pers.（参考葡萄灰霉病）和 *B. squamosa* Walker。

3. 防治措施

（1）消灭菌源。病原菌在蒜田中过冬越夏，应选用抗病品种栽培。生长期间加强管理，减少病源。贮藏库及包装用具在入贮前要彻底消毒。

（2）减少机械损伤。灰霉主要通过幼嫩组织和伤口侵入，一旦侵入，病原菌在蒜薹上迅速产孢，并不断再侵染。所以在采收、整理、包装、运输过程中应尽量避免机械伤。薹梗断茬处要避免污染土壤，剪出的新茬适当晾干后方可包装入贮。

（3）采后管理。入贮前要充分预冷，包装内可放入含熏蒸剂仲丁胺的棉球，抑制病原菌发展。贮藏温度控制在0 ℃±0.5 ℃为宜，高温导致的老化和低温造成的冻害会使蒜薹失去抗病力。库温波动导致的结露现象，也利于孢子萌发和菌丝扩展。气体成分不宜，如长期 O_2 浓度低于 1%、CO_2 高于 15%，蒜薹更易感病。

（十一）马铃薯干腐病（potato dry rot）

马铃薯干腐病是贮藏期间较普遍发生的侵染性病害，通常贮藏 1 个多月便会出现干腐，到翌年早春播种期达到发病高峰。

1. 症状 初期块茎病斑较小，呈褐色；后缓慢扩展、凹陷并皱缩，有时病部出现同心轮纹，病斑下组织坏死，发褐变黑，呈干燥性腐烂，严重者出现裂缝或空洞。其间可长出白色或粉红色的菌丝体和分生孢子，病斑外部还可形成白色绒团状的分生孢子座，侧壁呈深褐色或灰褐色，后期病薯干缩、干腐。此时若环境湿度大，极易使软腐细菌从干腐的病斑处侵入，迅速腐烂，甚至整个块茎烂掉。

2. 病原菌 由半知菌亚门丝孢纲内多种镰刀菌（*Fusarium* spp.）引起。病菌主要生存在土壤或病薯上，故病菌主要来自混进库内的病薯、污染病土的健全薯块及收获用具，可经接触传染。

3. 防治措施 收获、运输、装卸时要严格避免机械损伤。薯块入贮前要经过愈伤处理，入库前要严格挑选薯块，剔除病薯、虫薯和伤薯。贮藏前可用 1 500 mg/L 克菌丹、1 000 mg/L 噻菌灵或 50% 多菌灵 500 倍液浸泡 1～2 min。贮藏期间要维持适宜的贮藏温度 3～5 ℃，并严格进行质量监控，发现病薯及时剔除，减少再侵染。

（十二）十字花科蔬菜软腐病（crucifers soft rot）

十字花科蔬菜软腐病又称烂葫芦、水烂等。以白菜产区危害最重，在田间、窖内、运输途中或市场上均能发现。贮藏中会引起全窖腐烂，损失极大。另外，甘蓝、萝卜、花椰菜感染此病也较为严重。

1. 症状 软腐病症状因寄主和环境条件不同而略有差异。一般柔嫩多汁的组织开始受害时，呈半透明状，后变褐色，随即变为黏滑软腐状，同时产生不愉快的气味。较坚实少汁的组织受侵染后，也先呈水渍状，逐渐腐烂，最后病部水分蒸发，组织干缩。

白菜、甘蓝等多在包心末期开始发病。先表现在茎基部，出现水渍状微黄色病斑，随病情发展，白天植株外叶呈萎蔫下垂，但早晚可恢复。几天后，植株外叶萎蔫，平贴地面，或失水变干后呈薄纸状，紧贴叶球，叶球外露；严重时叶柄茎或根茎处溃烂，流出黏液，并散发出臭味。腐烂发生有的从根髓或叶柄基部向上蔓延，引起全株腐烂；也有的从外叶边缘或心叶顶端开始向下发展，或从叶片虫伤处向四周蔓延，最后造成整个菜球腐烂。

萝卜染病常始于根尖，初呈水渍状褐色软腐，病健部分明显，常有汁液渗出，逐渐向上扩展，使心部软腐溃烂成一团。

2. 病原菌 由欧文菌属的细菌（*Erwinia carotovora* var. *Carotovora*）引起。

3. 防治措施 贮藏期间的病害多由田间感染。因病原菌在土壤中或随病株在菜窖中越冬，春季通过雨水、灌溉水、带菌肥料、昆虫等传播，一般通过自然孔口和伤口侵入。

（1）减少白菜生育后期植株上的伤口。自然裂口、虫伤、病伤和机械伤均易感染病害。叶柄上的自然裂口是软腐病发病率最高的部位，久旱降雨后多发生纵裂；其次是虫伤，应注意菜虫的防治，减少虫伤发生。

（2）选栽抗病品种。直筒品种比外叶贴地的球形和牛心形品种发病轻，柔嫩多汁的白帮品种不如青帮品种抗病，一般抗病毒病和霜霉病的品种也抗软腐病。

（3）间作与轮作。十字花科蔬菜栽培时，与大麦、小麦、豆类轮作，栽培的蔬菜发病轻，与茄科和瓜类等蔬菜轮作，则发病重。

第二节 生理性病害

果蔬在采前或采后，由于不适宜的环境条件或理化因素造成的生理障碍，称为生理性病害。生理性病害是由非生物因素诱发的病害，无侵染蔓延迹象和病征，只有病状。其病状因病害种类而异，大多是果蔬表面褐变或凹陷，黑心、异味，不能正常成熟等。

有些生理性病害容易识别，如苹果虎皮病、苦痘病，柑橘褐斑病，梨黑心病，大白菜干烧心等。大多数生理性病害初期症状容易识别，但不久就被病原菌侵入而成为侵染性病害；或被一些腐生菌腐生，加速了败坏，以致症状难以辨认，如冷害常与各种腐烂病、灰霉病、菌核病混生就是一例。所以，分析病害发生的初始病因及腐坏的进程极其重要。

生理性病害的病因很多，可分为收获前因素和收获后因素两大类。收获前因素如果实生长发育阶段营养失调、栽培管理措施不当、收获成熟度不当、气候异常等；收获后因素如贮运期间的温度、湿度失调，气体成分控制不当引起的气体伤害等。

一、致病因素

（一）收获前因素

1. 果实生长发育期间营养失调　营养失调指营养物质的含量在总体上或果实的某一部分偏高或偏低，以及元素之间的比例失调，平衡关系遭到破坏。

（1）钙营养失调。钙营养失调对果蔬品质的影响最大。钙存在于细胞壁中，与中胶层的果胶酸起作用形成难溶解的果胶酸钙，增加了果实的硬度；还可与草酸、琥珀酸等有害酸结合成盐，解除酸害。

钙与多种金属阳离子发生对抗，缓冲高浓度金属离子对细胞的伤害，增加果实的抗逆性，提高果实对高 CO_2 的耐受性。钙离子有两个电荷，可将生物膜中带负电荷的拟脂和蛋白质结合在一起，这种功能对生物膜的结构完整性具有重要作用，也增强了其生理功能的稳定性。

钙在细胞内可使原生质活性降低，而与钙有明显对抗关系的钾可使原生质活性提高。如果钾钙比值增大，原生质活性得不到有效控制，采后的呼吸高峰就不能降低和延缓。果实的呼吸强度与含钙量呈负相关，当钙含量降低到 110 mg/kg 以下时，呼吸作用显著升高。

钙还为几种酶的活化剂和抑制剂。例如，钙是山梨糖醇脱氢酶的活化剂，是多酚氧化酶的抑制剂。果实缺钙时，山梨糖醇脱氢酶不能有效地将山梨糖醇转化为果糖，而导致苹果水心病；缺钙时多酚氧化酶的活性不能得到有效的控制，往往导致果实褐变。如果钙含量低，氮钙比大，会使苹果发生苦痘病、鸭梨发生黑心病、芹菜发生褐心病、青椒发生蒂腐病、莴苣发生黑心病等。

由于钙参与细胞壁、生物膜和功能酶的组成，所以当钙营养失调时便产生组织坏死、粉绵、软腐、变色、开裂等缺钙症。

（2）氮营养失调。氮超过一定限度时，会使果实成熟推迟，着色差，甜度下降，酸度升高，生理性病害加重，贮藏性状变差。如7、8月重施氮肥，苹果苦痘病严重，梨黑斑病侵染率上升，柑橘则浮皮果增加。

氮过量还可使红色发育受到抑制，而花青素是多酚类化合物，是天然抗氧化剂，其具有抗乙烯和 α-法尼烯氧化的能力，所以着色不良的果实易发生 α-法尼烯危害，且果肉易粉质化，苹果虎皮病是典型的例证。

（3）硼营养失调。硼在果实体内含量甚微，但生理功能显著，对细胞壁的形成、核糖核酸的形成、糖的运输均有重要作用。缺硼往往使糖的运转受阻，叶片中糖积累而茎中糖减少，分生组织变质退化，薄壁组织变色、变大，细胞壁崩溃，维管束发育不全，果实发育受阻。表现为果小、畸形、木质化；果实、块茎或肉质根内部出现褐色坏死点、龟裂、维管束变色，茎端枯死，茎梗开裂；叶片增厚、变脆、皱缩，出现坏死点等。发生如花椰菜褐变病、芹菜裂茎病、苹果缩果病和栓斑病、柑橘硬化病等。缺硼还可加重钙营养失调病状的出现。

但硼施入过量，也会造成硼伤害症。病状为：果实早熟，不耐贮藏，采前落果重，由绿转黄快，红玉等品种苹果水心病加重，坏死增多。

（4）钾营养失调。钾对果实的直接作用是使果实肥大。使用合理，可促进花青素的形成，增强果实组织的致密性，增大细胞的持水力，部分抵消高氮产生的消极影响。但钾过多，可降低植物对钙的吸收率，结果使缺钙性生理性病害发生的可能性增大，如使苹果苦痘病发生率增加；含量过低时，抑制番茄红素的生物合成，从而延迟番茄的成熟。

2. 栽培管理措施不当 栽培管理措施如施肥、灌溉、修剪、喷药等不当，往往直接或间接地造成营养失调，从而引起一些生理性病害。

收获前大量灌水或遇阴雨天气，会使果实组织含水量过大，含钙量相对较低，加重苦痘病、果肉褐变等生理性病害发生。在土壤长期缺水的情况下，果实因发育不良而个体小、着色不佳，易发生虎皮病；长期缺水会导致果实中钙的吸收减少，而且钙会随蒸腾拉力向叶片移动，果实含钙量的减少，易导致发生钙缺乏症。干旱缺水情况下栽培的直根类蔬菜，贮藏中易发生糠心。

果树修剪不当，直接影响树体营养分配，间接对一些生理性病害产生影响。修剪过重，可刺激枝叶徒长，从而加剧果实营养失调症，如植株上结果过少，果型偏大，果实贪青生长，氮钙比失调，贮藏中易发生缺钙病状或氮素过多病状。适当的疏花疏果使苹果的叶果比值增大，苹果含糖量高，有利于花青素的形成，贮藏中虎皮病发生率减少。生产中生长调节剂的应用直接调节了营养的分配，使用得当，可以增产增收，但使用不当，会使产品贮藏性和抗病性下降，如猕猴桃幼果期用膨大素蘸果，可使果型显著增大，但果实在贮藏中易软化而不耐贮藏。

3. 采收成熟度不当 长期贮藏的果蔬，如果采收成熟度把握不当，在贮藏中会出现一些生理性病害。如苹果采收过早，易发生虎皮病、果皮易萎蔫发皱；但采收过晚，常常导致水心病、果肉粉绵病等。梨采收过早，果皮褐变发生严重。芹菜采收过晚，叶柄中心组织变软并呈海绵状，严重者叶柄中空，且纤维化程度增大。大白菜和甘蓝收获过早，叶球松软，易失水萎蔫甚至干缩；但收获过晚，贮藏中发芽早，易出现叶球开裂现象。

4. 气候异常

（1）温度。收获前数周酷热干旱，可促使苹果发生水心病和苹果红玉斑点病，使河北鸭梨、山东长把梨、山西大黄梨在成熟采摘期就有营养饥饿、果心褐变或糠心发生；而收获前长时间持续阴雨和低温寡照天气，则使贮藏中苹果虎皮病发生严重。果实田间生长期间遭受冷害，则与菠萝贮藏期间黑心病的发生有关。

（2）光照。果实在田间接受高温强光照射后，很快会出现"日灼症"。苹果日灼表现为灼烫状圆形斑，在绿色果面上呈黄白色，在红色果面上呈浅白色，斑块无明显边缘；葡萄果粒的日灼，在其向阳面形成淡褐色干疤；石榴果面形成浅褐色到深褐色斑，灼伤部分内部籽粒呈白色。

而光照不足，果蔬中的可溶性固形物积累减少，着色不良，也会诱发一些生理性病害，如苹果内膛果实因光照不足在贮藏中易发生虎皮病，且果肉易粉质化。

（3）降水。土壤水分缺乏时，果蔬的正常生长发育受阻，表现为个体小，着色不良，品质不佳，成熟期提前。如干旱年份生长的苹果含钙量低，果实易患苦痘病等缺钙性生理病害。在干旱缺水年份或在轻质壤土中栽培的萝卜，贮藏中容易糠心。降水不均衡，久旱后遇骤雨或者连阴雨，也会诱发生理性病害的发生。例如，甜橙旱后遇骤雨，果实短期内骤然猛长，果皮组织变得疏松，枯水病发生就严重；石榴、番茄、小国光苹果，易发生裂果现象。

降水过多，贮藏中易诱发多种生理性病害和侵染性病害，如苹果果肉褐变病、虎皮病、低温伤害和多种腐烂病害。

（二）收获后因素

1. 贮运温度不适

（1）温度过高。贮运温度过高往往会导致果实呈现过早衰老现象，如糠心、内部褐变、粉绵化等病状，这些现象多发生在简易贮藏的果蔬中。

温度过高也会影响某些果蔬的正常催熟。如香蕉催熟时，一般于20～22℃下即可变黄；但当温度高于28℃时，便可抑制有关酶的活性，使果皮颜色难以转黄（青皮熟）。长期贮藏的番茄一般于绿熟期采收，在正常温度下，半个月左右就可达到完熟，而放于30℃以上催熟时，番茄红素的形成将受到抑制而影响其脱绿变红。

（2）冷害和冻害。若贮运温度过低，易发生低温伤害，包括冷害和冻害。

①冷害：指果蔬组织冰点以上的不适低温造成的危害，一般出现在0～10℃。这种低温伤害多出现在原产于热带、亚热带的果蔬上，常见果蔬的冰点温度及贮藏适温见表7-3。一般说来，原产于热带的果蔬，如香蕉、芒果、菠萝、甘薯、番茄、甜椒、茄子、黄瓜、南瓜、冬瓜、菜豆等对低温特别敏感，其冷害临界温度为10℃左右；原产于亚热带的果蔬，如柑橘、荔枝、龙眼、佛手瓜等次之，冷害临界温度为5～7℃；温带果实如苹果、梨、桃的部分品种在0～2℃下也会遭受冷害。

表7-3 常见果蔬的冰点温度及贮藏适温

果蔬种类	最高冰点/℃	贮藏适温/℃	果蔬种类	最高冰点/℃	贮藏适温/℃	果蔬种类	最高冰点/℃	贮藏适温/℃
苹果	-1.5	-1～4	葡萄柚	-1	10～15	甘薯	-1.3	13～16
梨	-1.5	-0.5～0	柠檬	-1.4	13～14	甜椒	-0.7	7～13
桃/油桃	-0.9	-0.5～0	芒果	-0.9	13	绿熟番茄	-0.5	10～12
杏	-1	-0.5～0	菠萝	-1.1	7～13	黄瓜	-0.5	10～12
草莓	-0.7	0	番木瓜	-0.9	7	茄子	-0.8	8～12
甜樱桃	-1.8	-1～-0.5	阳桃		9～12	西瓜	-0.4	10～15
欧洲葡萄	-2.1	-1～-0.5	大白菜	-0.9	0	菜豆	-0.7	4～7
美洲葡萄	-1.2	-0.5～0	胡萝卜	-1.4	0	新疆早熟甜瓜		6～7
李	-0.8	-0.5～0	生菜	-0.2	0	新疆晚熟甜瓜		2～3
猕猴桃	-1.9	-0.5～0	芹菜	-0.5	0	生姜		13
无花果	-2.4	-0.5～0	夏南瓜	-0.5	5～10	大蒜	-0.8	0
绿色香蕉	-0.7	13～14	冬南瓜	-0.8	10	洋葱	-0.8	0

冷害症状多表现为内部组织变黑和干缩，外表出现凹陷斑，表皮局部组织坏死、变色，呈水渍状、有异味，有的绿熟果不能正常成熟。通常受到冷害之后，易被腐生菌寄生造成大量腐烂。

由于果蔬种类、组织结构、生理生化特点不同，其所能忍受的最低温度和低温伤害的表现各有不同（表7-4）。低温伤害症状的出现与低温的程度及在低温下持续的时间有关。应该注意的是，有些果蔬虽然在不适低温下一定时间不会表现内冷害症状，但一旦将其置于常温货架上，就会迅速出现不良症状，如褐变、腐烂等，大大缩短其货架寿命。

表7-4 部分果蔬冷害症状及最低安全温度

果蔬种类	最低安全温度/℃	冷害症状
香蕉	11.5～13	成熟后皮色发暗，严重者全部变黑
红熟番茄	7～10	水渍状变软、腐烂
绿熟番茄	13	水渍状斑点，不能正常成熟
甘薯	13	腐烂、凹陷，内部变色，蒸熟后硬心
西葫芦	10	凹陷、腐烂

（续）

果蔬种类	最低安全温度/℃	冷害症状
石榴	4.5	外部、内部变褐
菠萝	7~10	成熟时呈暗绿色
番木瓜	7	凹陷，不能成熟，风味失调，腐烂
橘子	7	凹陷，褐斑
西瓜	4.5	凹陷，风味变劣
芒果	10~13	表皮呈灰色疤状变色，成熟不一致
新疆早熟甜瓜	4~5	水渍状凹陷斑，表面腐烂
新疆晚熟甜瓜	2~3	水渍状凹陷，后变褐色、腐烂
柠檬	11~13	凹陷
葡萄柚	10	疤痕，凹陷，水烂
番石榴	4.5	果肉受伤，腐烂
甜椒	7	表面凹陷，果皮和花萼处腐烂，种子变黑
茄子	7	表面凹陷斑，腐烂，种子变黑
黄瓜	7	凹陷，水渍斑，腐烂
菜豆（食荚）	7	凹陷和锈斑
鳄梨	4.5~13	果肉灰褐色
石刁柏	0~2	色暗，灰绿，顶部变软

同一品种，成熟度较低的果蔬对冷害更加敏感。如红熟番茄适宜贮藏温度为 7~10 ℃，绿熟番茄则应在 10~13 ℃下贮藏，如果温度低于 10 ℃，绿熟番茄就不能正常成熟。这是因为不同成熟度番茄，其末端氧化酶不同，成熟度较低番茄的细胞色素氧化酶很活跃，但该酶不耐低温；而红熟番茄中黄素氧化酶很活跃，该酶对低温不敏感，在较低温度下照常催化有关的生化反应。

②冻害：指果蔬在冰点以下低温时由于冻结对果蔬组织造成的伤害。原因是冻结形成的冰晶体对细胞组织结构乃至原生质造成机械损伤，同时也造成原生质脱水，破坏了细胞原生质胶体体系，发生不可逆的胶体物质凝固。解冻之后，水分不能被细胞吸收，从而造成大量汁液流失现象。

菠菜冻害

不同种类、品种果蔬对冻害的敏感性不同。大多数果蔬不能够在冰点以下进行贮藏，而柿、菠菜、芫荽等可用冻藏法贮藏。但冻藏温度不宜过低，因为过低的温度同样会对产品造成不可逆的损害。

适宜温度冻藏的产品组织虽已冻结，但原生质及组织结构并未受到破坏，缓慢解冻时，原生质还可吸收解冻水分而恢复正常状态。若解冻过快，融化的水分来不及被细胞吸收，同样会伤害组织结构，一般在 4.5~5 ℃下解冻较为适宜。但缓慢解冻之前切不可随意搬动，因为已经冻结的产品非常容易遭受机械伤害。

此外，贮藏期间温度波动过大，也易造成早衰和腐烂增多现象。

2. 湿度失调　为了保持果蔬的新鲜度，通常要求 85%~95% 高湿条件。湿度过低，将引起生理性病害。如苹果、梨失水过多，可使果皮皱缩；鳄梨在高温干燥条件下，外观差，软化不齐，并产生异味，使果实不适口，果皮和果肉都产生黑棕色斑点，甚至使果肉呈橡皮状，果皮出现凹陷的症状；荔枝在干燥条件下贮藏，先是小瘤的顶端发生果皮褐变，逐渐向下扩展覆盖鲜红的果面，后期果壳表面会转变为褐色；甜橙在低湿度下果皮失水皱缩，果皮上易产生干疤病；萝卜、胡萝卜在低湿度下容易糠心；叶菜类容易萎蔫。

但是，对于某些果蔬，湿度过高也会诱发生理性病害，如宽皮柑橘类的枯水病，在相对湿度90％以上时发病严重。相对湿度90％以上也会加重苹果褐斑病的发生。

3. 气体伤害

（1）CO_2中毒。气调贮藏中CO_2浓度过高，可强烈抑制线粒体和琥珀酸脱氢酶的活性，干扰有机酸代谢，引起有机酸特别是毒性很强的琥珀酸的积累；对末端氧化酶和氧化磷酸化也有抑制作用，从而导致呼吸异常，产生大量乙醛和乙醇。高浓度的琥珀酸、乙醛和乙醇使组织受毒害而致病，严重者造成整批果蔬腐烂变质。

各种果蔬对CO_2的敏感性差异很大，鸭梨、结球莴苣在CO_2浓度超过1％时就可受害；芹菜、胡萝卜、柑橘、香蕉对CO_2也较敏感，如芹菜对CO_2的耐受度为2％，蕉柑在7～9℃、3％～6％ CO_2浓度条件下贮藏45 d出现水肿，香蕉在5％ CO_2浓度下就受伤害；而樱桃、油橄榄、菜豆、黄瓜、甜瓜、石刁柏、洋葱、大蒜、马铃薯等对CO_2的耐受度为10％；草莓、无花果、绿叶甘蓝、菠菜、甜玉米等对CO_2的耐受度高达20％。

CO_2中毒常见的病状有：草莓、香蕉、柑橘、苹果、梨的风味和气味恶化，表皮褐烫状褐变，果心和果肉水渍状透明，严重者出现褐变、果皮凹陷。柑橘水肿、鸭梨和马铃薯黑心、青椒的软烂、石刁柏的表皮褐变、甜瓜变味等病状，均为CO_2中毒所致。受高CO_2伤害严重的猕猴桃、香蕉等不能够正常成熟。

（2）低O_2伤害。低O_2伤害和高CO_2伤害症状相似，主要表现为局部凹陷、褐变、软化、不能正常成熟、产生酒精味或异味。浓度为1％～2％的O_2能使多种果蔬呼吸异常，导致组织中乙醇、乙醛积累而发生病害。苹果发生低O_2伤害时，果皮易呈现界限明显的褐色斑，由条状向整个果面发展，内部伤害呈褐色软木斑和形成空洞，或发生腐烂，但总保持一定的轮廓。

果蔬种类及贮藏温度不同，O_2的临界浓度会有差异。一般菠菜和菜豆进行无氧呼吸的O_2临界浓度为1％～2％，石刁柏为2.5％，豌豆和胡萝卜为4％。

气调贮藏中，果蔬因O_2和CO_2的浓度组合改变而表现出对低O_2和高CO_2的耐受度的变化，而且低O_2伤害和高CO_2伤害往往相伴发生，不易区分二者的病状。贮藏中一般高CO_2伤害比低O_2伤害发生得更为普遍和严重。

（3）乙烯伤害。由乙烯导致的果蔬衰败和病害称为乙烯伤害。多由催熟时使用乙烯浓度不当引起。若贮藏库温度偏高又通风不良，乙烯积累也会出现这种现象。病状通常是果皮变暗变褐，失去光泽，外部出现斑块，甚至软化腐败。元帅苹果在乙烯利浓度超过500 mg/L时，果实很快软绵化，称为苹果粉绵病。20～35 mg/L的乙烯可使莴苣叶脉两侧或叶身出现褐斑。

（4）SO_2伤害。SO_2常用于贮藏库消毒或将其作为保鲜剂用于葡萄等的贮藏中。SO_2熏蒸消毒库房时浓度过高或消毒后通风不彻底，易引起入贮果蔬中毒现象。如出现漂白或变褐，形成水渍斑点，微微起皱，严重时以气孔为中心形成许多坏死小斑点，布满果面，皮下果肉坏死，深约0.5 cm。葡萄保鲜剂的主要成分是焦亚硫酸盐，焦亚硫酸盐遇水会释放SO_2，而当贮藏温度波动过大而产生露珠时，常造成SO_2的大量释放，使葡萄从果蒂端开始漂白，随贮藏时间的延长，漂白部分逐渐向果顶部延展，最终导致受害果实失水皱缩。

（5）NH_3伤害。除O_2、CO_2、C_2H_4、SO_2外，NH_3也可能诱发生理性病害。以氨为冷媒的冷藏库中，如果制冷系统泄露NH_3，极易与产品接触引起变色和产生坏死现象。如红色苹果和葡萄接触NH_3后红色减褪；洋葱接触NH_3后，红皮、黄皮和白皮洋葱分别变为黑绿色、棕黄色和绿黄色洋葱，湿度高时，变色加快，在1％NH_3中经1 h即可变色；接触NH_3后番茄不能正常变红而且组织破裂；蒜薹的薹条出现不规则的浅褐色凹陷斑，浓度高时整个薹条很快黄化。

二、控制生理性病害的措施

控制生理性病害首先要进行正确的判断。生理性病害一般表现为较大面积的均匀发生，发病程度由轻到重，没有由点到面即由发病中心向周围逐步扩展的过程。

生理性病害表现出的症状只有病状而没有病征。通常为了确定是否有病征，可取新鲜病组织进行表面消毒并放在 $25\sim28\,℃$ 条件下诱发，若 $24\sim28\,h$ 后仍无病征产生，即可初步确定该病不是真菌病害或细菌病害，而为生理性病害或病毒性病害。

还可进一步解剖检验以确定病原。用新鲜幼嫩的病组织或剥离表皮的病组织制作切片，并采用染色法处理，然后镜检有无病原菌及内部组织有无病理变化。镜检时注意排除次生病原菌的干扰。

确证无病原菌后，则可确定为生理性病害。具体病因需结合贮藏环境条件及管理进行判断，主要从病状上分析判断。如同样是内部组织变褐，冷害引起的褐变与气体伤害引起的褐变是不同的，因为冷害造成的组织褐变没有 CO_2 中毒的硬度高，与低 O_2 伤害相比缺少绿色，与乙烯伤害相比无组织粉绵等病状。CO_2 伤害发生在表皮时出现表皮褐烫，这种表皮褐烫往往与乙烯伤害造成的果皮褐变从外部不易区别，但乙烯伤害形成的果皮褐变往往伴随果肉粉绵和果实硬度大幅度下降。

当生理性病害外观病状十分相似时，诊断时还需要重视分析采前的气候因素、栽培管理措施、采收成熟度，以及采后的温度、湿度、气体成分的水平和管理，才能最终判断病因。病因确定之后，方可对症施治。

在贮运过程中出现的生理性病害也可采用人工诱发法及排除病因法进行检验。即根据初步分析的可疑病因，人为提供类似的发病条件，如对果蔬进行低温、高 CO_2、高 SO_2 等处理，观察其是否发病；或采取治疗措施排除病因，观察是否可以减轻病害或恢复健康。

若初步诊断是由缺素等原因引起的病害，可测定病果中相关成分的含量与正常果相比较，以进一步确定病因，此方法为化学诊断法。

三、主要生理性病害实例

（一）香蕉冷害（banana chilling injury）

香蕉冷害是在冰点以上温度所受到的低温伤害，是香蕉贮藏和在北方销售过程中容易出现的主要生理性病害。

1. 病状 受害香蕉果皮变为暗灰色，严重的表现为灰黑色；也有的出现水渍状暗绿色斑块，表皮内有褐色条纹。中心胎座变硬，成熟延缓，未熟果不能正常成熟，经催熟处理后，皮色深黑，并长出白霉，皮肉难分离，肉质较硬，食之无味。温度越低或在低温下持续的时间越长，冷害的症状就越严重。有时冷害症状在低温下并不表现，但在正常温度下一段时间后可显现。

香蕉冷害

2. 病因及其发生机制 冷害发生因品种、成熟度、温度、低温下持续时间长短而异。冷敏型品种在 $10\,℃$ 下短时间即发生冷害。一般情况下，在 $5\sim7\,℃$ 下 $6\,d$，$8\,℃$ 下 $20\,d$，大部分香蕉品种均出现严重冷害症状。果实成熟度越高，对低温的忍受度越大。据 Remedios 等（1968）报道，香蕉冷害发生与温度、相对湿度及气体成分有关，75%饱满度的拉加丹蕉在温度$8.3\,℃$、相对湿度 100% 下，冷害较轻；而在相对湿度为 58%、37% 时则很快发生冷害。所有成熟果在 $8.3\,℃$ 下冷害严重，但较高相对湿度下冷害有所减轻。另外，在 $10\,℃$ 下，控制 O_2 浓度在$3\%\sim4\%$，CO_2 浓度小于 5% 的贮运条件，可明显减轻冷害发生。

香蕉所处的温度低于一定限度，首先导致香蕉细胞膜由液相变为液晶相；膜发生相变后，随着产品在冷害温度下时间的延长，脂质凝固黏度增大，原生质流动减缓或停止。膜的相变引起膜吸附酶活化能增加，加重代谢中的能负荷，造成细胞的能量短缺。同时，与膜结合在一起的酶活性的改变引起细胞新陈代谢失调，有毒物质积累，最终使细胞中毒。Murata 和 Ku（1966）发现受冷害的香蕉果皮比正常的含有较多的酪氨酸和多巴，而且过氧化氢酶的活性增强，这可能是果皮褐变的原因。膜的褐变还使膜的透性增加，导致溶质渗漏及离子平衡的破坏，引起代谢失调。据报道，在受冷害的组织中乙醛和乙醇的含量随冷害的发展而增加。受冷害的组织中有较高含量的矿物质（Ca^{2+}、K^+、Na^+），Ca^{2+}和K^+可激发转化酶的活性，抑制淀粉酶的活性，这可能是导致受冷害的香蕉不能正常成熟的原因。

3. 控制措施 在适温（12～13 ℃）下贮运，尤其冬季运往北方的香蕉，应特别注意保暖。使用塑料薄膜袋包装香蕉，袋内有较高的湿度，可减轻冷害的发生。另外，采取低温锻炼法、逐步降温法、间歇升温、调节气体成分、化学物质（$CaCl_2$、水杨酸）处理等方法，也可减轻冷害的发生或提高香蕉的抗冷性。

（二）苹果虎皮病（apple superficial scald）

苹果虎皮病又称褐烫病，是苹果贮藏后期发生最严重的生理性病害。

1. 病状 初期果皮呈不规则的浅黄色，后变为褐色至暗褐色，微凹陷，严重时病斑连成大片如烫伤状，影响外观。但病变仅发生在靠近果皮的6～7层细胞，不深入果肉。严重时病部果皮可成片撕下，果肉发绵，略带酒味。虎皮病多发生在未着色背阴面（严重时也可扩展到着色部分）或绿色品种上，成熟度低的果实较成熟度高的果实发病多。病果易受病菌感染而腐烂。

2. 病因 迄今为止，对虎皮病的发病机制尚无定论。Huelin（1970）对苹果产生的挥发性物质及天然蜡质层进行研究，发现一种倍半萜烯结构化合物α-法尼烯。α-法尼烯的过氧化产物共轭三烯与虎皮病的发生密切相关，可能是共轭三烯聚合成不透气的膜，阻碍了气体交换，导致表皮中乙醛、乙醇等呼吸产物的积累，使表皮细胞液胞膜遭破坏，相关酚类物质发生不可逆的氧化。苏联学者 B. A. 古德科夫斯基的研究也证明了此观点（表7-5）。

澳洲青苹的
虎皮病

表7-5 α-法尼烯氧化物浓度对虎皮病发生率的影响

（B. A. 古德科夫斯基，1980）

品种	α-法尼烯氧化物浓度/（mL/100 cm²）	虎皮病率/%	
		采收当天	在18～20 ℃下贮藏7 d后
阿拉木图·凤凰卵	0	0	0
	1.01	0	0
	2.13	0	0
	3.41	0.2	16.7
	5.11	5.4	40.0
	7.31	57	100
	14.92	88.4	100
	14.01	93.6	100
白色罗兹马林	2.93	13.1	100
	3.19	29.6	100

此外，还有多酚氧化酶及醇类酯化作用失调的致病理论。前者认为虎皮病的果皮褐变与多酚物质氧化产物积累有关，后者提出乙醇酯化作用失调是虎皮病的致病原因（Wills，1977）。

虎皮病的发生与品种、果皮中含钙量、栽培技术、采收成熟度及贮藏环境均有一定的关系。苹果虎皮病以元帅系发病最重，金冠、青香蕉、印度青等发病次之，秦冠、富士系等贮藏后期发病也很严重。果实钙含量与虎皮病发生呈负相关。多雨年份和多灌溉果园的果实易发病。过量施氮肥，树冠郁闭，着色不良的果实发病较重。采收过早也是虎皮病发病的重要原因。

贮藏后期温度回升过快，或贮藏库通风不良，发病严重。冷藏苹果出库后，环境温度过高，则易感此病。常温贮藏的苹果，在后期随气温回升，库内温度也回升，若温度回升过快，则发病严重。果垛中空气不流通的中心部位或死角，发病往往比其他部位严重。

3. 控制措施

（1）加强果园管理。控制氮肥施入量，合理修剪使树冠通风透光，促进果实着色。

（2）适期采收。采收过早，成熟度不够，容易造成虎皮病的发生。故应根据品种特性，适期采收。

（3）控制贮藏条件。稳定贮藏温度，尤其是贮藏后期，避免温度波动太大。加强通风，促使 α-法尼烯挥发，减少氧化产物积累。采用低 O_2 和高 CO_2 气调贮藏，也可提高防治效果。

（4）化学药剂处理。用含有 1.5～2 mg 二苯胺或 2 mg 乙氧基喹啉的包果纸包果；或用 0.2%～0.4% 的二苯胺溶液浸果，果实残留量不超过 4～5 μg/g；或用 0.25%～0.35% 的乙氧基喹啉溶液浸果，晾干后包装贮藏，均可有效防病。

（三）苹果水心病（apple water core）

苹果水心病又称蜜果病，商业上常称为"冰糖心"，是苹果果实的主要生理性病害之一。在我国高纬度地区及黄土高原苹果产区，水心病的发生比较常见，个别高温干旱季节水心病的发生比例高。发病初期果实风味尚佳，但病部在贮藏过程中容易发生褐变。

1. 病状 病果内部组织呈半透明体状且坚硬，通常果心及其附近组织较多出现这种病状，即病果先从靠近果心的部位或维管束四周的果肉开始糖化，细胞间隙充满细胞液而出现水渍状。发病初期外观正常，发展到一定程度，会在果面上出现小面积病状。发病果实密度偏大，病组织含酸量较低，味甜。病部在贮藏过程中容易发生褐变，从而影响到苹果的商品质量。

2. 病因 果实采收之前就可发生水心病，之后导致腐烂而影响贮藏寿命。品种不同，水心病发病程度不同，金富苹果水心病发病最为严重，金冠较轻。该病在严重缺水的干旱条件下发生最为普遍，尤以日光曝晒的果实感病严重。有研究认为，水心病的发生与果实的含钙量有关，果实含钙量偏低则容易发生水心病，极度干旱条件下，水分少，从根部运送到树体上部或果实的钙就少；也有研究认为，水心病的发生是由于山梨糖醇、钙和氮营养失调，而高氮和低钙则加速了水心病的发生；另有研究认为，由于山梨糖醇不能正常转化为果糖及其代谢物，导致其在细胞间隙集中后，积累了有毒的挥发性物质醇、乙醛等破坏物质的代谢而导致水心病发生；此外，研究也发现，叶果比大，水心病发生的可能性也越大，当叶果比接近 30 时，就有 30% 的苹果出现此病。水心病的发展在不同的品种上表现不同，对于富士、醇露、牛顿等苹果品种，如果仅有轻微的水心病发生，在贮藏中有可能自行消失；如果是软肉型苹果品种，如元帅、红玉、瑞光等，若患有水心病则可能产生果肉腐烂，不能长期贮藏。

苹果的水心病

3. 控制措施

（1）加强田间管理。秋施基肥要及时，将钙肥混合进基肥中，利用秋季根系的吸收高峰吸收贮存钙；也可在花后果实吸收钙的关键时期进行叶面喷钙，喷施有机钙效果要优于无机钙。岳冠苹果喷施糖醇螯合钙效果要优于喷施氯化钙，时间以在盛花后 15 d、75 d、135 d 三个阶段喷施效果最好（王颖达，2018）；喷施氨基酸钙，喷施时间以初花期、末花期、幼果期、果实膨大期、果实着色期 5 次喷施为宜，果实膨大期前期、成熟前一个月的果实着色期是防治苹果水心病的关键时期。此外，增加水分供应，防病保叶，避免阳光曝晒也可防止水心病的发生。

（2）适当早采。水心病的发生与果实的成熟度成正比。贮藏用果宜在水心病发病之前采收。

（3）采取适宜的贮藏方式。普通冷藏和气调贮藏条件下，随着贮藏时间的延长，水心病均有减少甚至消失的趋势。

（四）苹果衰老褐变病（apple senescence browning）

1. 病状与病因 衰老褐变病是由果实后熟衰老引起的果心果肉褐变。一种是果肉粉绵病，特点是果肉变软，内部变成干而易碎的粉质状，后期变褐色，果皮及外部果肉破裂。果实贮藏期过长，发病严重。元帅、金冠等中熟品种易生此病。另一种是果实褐变病（或称内部溃败），病变从维管束或靠近果皮处开始，果肉变为浅褐色，病变部分界限不明显，果肉不变绵且果皮不破裂。秦冠、红富士等品种易生此病，果实向阳面和靠近萼洼处更易发病，同一品种大果发病率高。

衰老褐变病是苹果过熟老化的象征。因此，凡促进成熟、衰老的因素都能加速该病的发生与发展。过晚采收、采后延迟冷藏、贮温较高、贮期过长等，均可加速此病的发展。

2. 控制措施

（1）果实适时采收，采后迅速预冷并维持适宜贮温。

（2）采前喷钙。如红元帅苹果在 7～8 月喷 4 次 0.38% $CaCl_2$ 溶液，或喷波尔多液（含 1.2%石灰乳），或在 9 月份喷布 2 次 0.38%的 $CaCl_2$，均可显著减轻贮藏时的衰老褐变病。

（3）采后浸钙。采后在真空或加压条件下用 3%～5% $CaCl_2$ 溶液浸果约 1 min，有良好的防病效果；若在 $CaCl_2$ 溶液中加入 0.05%苯菌灵和 0.1%二苯胺，防治效果更好。

（五）梨褐变病（pear browning）

鸭梨、酥梨、雪花梨和长把梨等贮藏过程中，均有褐变的发生，有的表现为果皮褐变，有的表现为果心褐变。

1. 梨果皮褐变（pear peel browning） 也称黑皮病。鸭梨、酥梨贮藏中后期极易发生。

（1）病状与病因。病果呈褐色或褐色网状斑纹，严重时连接成不规则的片状斑块，直至整个果面褐变。春季气温回升后，市场营销过程中果皮褐变的发生非常普遍，严重降低了果实的商品质量。

梨果皮褐变的发病机制与苹果虎皮病相似，采后在果皮中逐渐形成并积累了 α-法尼烯，采后 80～120 d 进入积累高峰期，其氧化产物共轭三烯等物质积累的高峰期在采后 130～160 d，随后进入果皮褐变的发病期。

贮藏期间温度过高或过低、CO_2 偏高、贮藏期不适当地延长、采收偏早、田间大量施入氮肥、采前灌水或遭遇连阴雨天气等，均会加重果皮褐变的发生。尤其是低温、高浓度 CO_2、采摘成熟度偏低对果皮褐变的发生影响更大。

（2）控制措施。

①重视果实的采摘成熟度，不可采收过早。

②控制贮藏温度，特别是冷藏时，初期采用缓慢降温措施，对预防果皮褐变有一定的效果。

③严格控制气调环境中的 CO_2 等气体成分，加强贮藏库内通风，用专用保鲜纸包裹等。

2. 梨果心褐变（pear core browning） 又称黑心病。雪花梨、长把梨、安久梨、茌梨、香梨、金川雪梨等品种上均有发生。鸭梨最为严重，一般在 0 ℃冷库贮藏 30～50 d 果心就会发病。

（1）病状与病因。果心褐变病分为早期果心褐变（入库后 30～50 d）和晚期果心褐变（次年 3～4 月）两种类型。早期果心褐变病状果肉为白色，而果心出现不同程度的褐色斑块，病果风味劣变，严重影响梨的贮藏寿命，但在外表通常看不到症状，故不易发现。晚期果心褐变病状为果心及其周围的果肉变为褐色，褐变果肉和正常果肉之间界限不分明，果肉组织比较疏松，果皮色泽暗淡。

据研究报道，前期果心褐变是因低温伤害所致，后期果心褐变与果实的自然衰老有关。另外，果实中氮素高而钙素过低、采摘过早或过晚、贮藏环境中 CO_2 浓度偏高，均可促进和加重果心褐变的发生。褐变的发生是因为在不良条件下，膜结构的完整性遭到破坏，导致酶与底物充分接触，多酚类物质被氧化而引发褐变。据 Veltman R. H. 等（2003）报道，在低氧条件下，果心褐变在肉眼可见之前，抗坏血酸含量先下降，CO_2 浓度越高，果心褐变越严重，同时，抗坏血酸含量降低得也越多，对 ATP 的产生也有影响。而无 CO_2 或 CO_2 浓度较低时，果心未褐变，抗坏血酸含量也没有降低。因此，也支持了果心褐变是因为氧自由基和能量缺乏导致细胞膜破坏的这一论断。

（2）控制措施。

①根据品种特性，确定适宜贮藏期限可预防后期果心褐变的发生。

②加强栽培措施。生长前期应多施有机肥和复合肥，促使树体健壮；生长后期控制氮肥用量，并向树上喷洒钙盐溶液或波尔多液，可减轻果心褐变的发生。

③适时采收，采后缓慢降温。据报道，在河北沧州、石家庄地区，适合冷库贮藏的鸭梨应于 9 月 7 日至 9 月中旬采收，常温贮藏的应于 9 月中下旬采收。采后将果实先在 10～12 ℃放置 7～10 d，然后每 3 d 降 1 ℃，经 35～40 d，将贮温降至 0 ℃，是控制前期果心褐变的有效措施。

④控制 CO_2 浓度。鸭酥、酥梨、雪花梨、库尔勒香梨等品种贮藏时，应严格控制 CO_2 和 O_2 浓度，一般 CO_2 浓度不超过 2％，O_2 不低于 3％，这样有利于减轻后期果心褐变的发生。

（六）柑橘褐斑病（citrus brown spot）

柑橘褐斑病又称干疤病，是柑橘类果实贮藏中发生的重要生理性病害。

1. 病状 病变多发生在果蒂周围，初期果皮出现浅褐色不规则斑点，以后病斑扩大，颜色变深。病斑处油囊破裂，凹陷干缩，呈硬革质，发病部位仅限于有色皮层，后期斑下白皮层变干，果肉风味变淡。发病果易受霉菌感染引起腐烂。

2. 病因 多数研究认为，褐斑病是低温生理失调病害，低温较常温下贮藏的果实有较高的发病率。甜橙分别在 3～5 ℃和常温下贮藏 120 d，褐斑病果率分别为 72.2％和 8.1％。但也有报道指出，甜橙在 1～3 ℃褐斑病发病率最低，4～8 ℃发病率最高，7～9 ℃以上发病率则随温度升高而降低。不适宜的低温是引起果面凹陷、点状和蒂缘褐斑的主要原因。而在常温贮藏中，褐斑病的发生率随库温升高而增多。所以，高温也是促进褐斑发生、发展的条件。此外，褐斑病与品种、采收成熟度及贮藏湿度等也有关。褐斑病对甜橙类危害最严重，柑及柠檬次之，橘最轻。果实成熟度越高，贮藏中褐斑率越高。贮藏环境湿度较低，果皮易失水皱缩，是网状、片状等褐斑形成及发病的原因，较高湿度可降低发病率。例如，锦橙和温州蜜柑贮藏 5 个月，当相对湿度大于 95％时，发病率分别是 18.4％和 8.3％，而当相对湿度为 70％～90％时，发病率则分别为 86.4％和 96.7％。

3. 控制措施 果实适期采收，不宜过晚；采收和贮运过程中避免擦伤；维持适宜的贮藏温度和较高的相对湿度（甜橙类和柠檬 90％～95％，宽皮柑橘类和柚类 85％～90％）；避免贮藏温度偏低，O_2 浓度过低，CO_2 浓度过高。

（七）柑橘枯水病（citrus fruit granulation）

柑橘枯水病是柑橘类果实贮藏后期易发生的病害，宽皮柑橘类果实中发生较严重。

1. 病状 枯水病在宽皮柑橘上表现为果皮发泡、皮肉分离、柑橘瓣沙、失水干缩、重量减轻、糖酸含量下降等病状，逐步失去固有风味，严重者食之如败絮。甜橙果皮呈不正常的饱满、油胞突出、色泽变淡无光泽、手触坚实无柔软感，失水严重时果实显著变轻，果皮变厚，白皮层疏松，油皮层与白皮层分离，中心柱空隙增大，囊瓣壁变厚变硬，汁胞粒质化，失去固有的口感及风味，颜色由橙黄转为黄白。随枯水加重，果实失去食用价值。

2. 病因 病因尚无定论。目前普遍认为，柑橘果肉组织的衰老和果皮组织相对再生长，是柑橘枯水的根本原因。贮藏中果皮存在二次生长以及果皮细胞分裂，引起果皮增厚、增重和干物质增加；同时，同位素示踪试验表明，柑橘枯水病中存在糖分、水分从果肉向果皮转移的现象。柠檬、甜橙等紧皮橘果实不易枯水，而宽皮橘果皮疏松易发病。此外，生长期昼夜温差小、过量使用氮肥、采收过迟及贮藏环境湿度高（RH＞90％），均可促使枯水病的发生。

3. 控制措施 采前 1~2 个月用 20 mg/L 赤霉素（GA_3）喷果。但也有研究认为喷施 GA_3 对胡柚有效，但对红橘、琯溪蜜柚效果不佳。适当早采，采后将果实置于 7~8 ℃、RH75%~80%条件下预贮发汗，可使果实预冷、愈伤，并蒸发果表部分水分使果皮软化，减少枯水发生，通常使果实失重 3%~4%即可。也可采用高温高湿（如 30 ℃，RH>90%）处理温州蜜柑 3~5 d（Burdon J.，2007），或 0 ℃冰水或冰水结合涂膜处理抑制柚果枯水（文泽富，1999；彭述辉，2005）。控制贮藏环境湿度不要太高。以上措施均有利于控制枯水病的发生。

（八）柑橘水肿病

柑橘水肿病是柑橘贮藏期间的主要生理性病害之一。

1. 病状 初期果皮无光泽，颜色变淡，手按有软绵感，稍有异味。随着病情发展，果皮转为淡白色，出现不规则半透明水渍状，食之似煤油味。柑类则出现不规则的浅褐色斑点，病情严重时，整个果实呈半透明水渍状，表面肿胀，用手按时感到松浮；橙类按压时感到绵软，白皮层和维管束变为浅褐色，果皮易剥离，食之有浓厚的酒精味。

2. 病因 贮藏环境温度偏低，通风不良及 CO_2 积累较多，均易发生水肿病。芦柑在 7~9 ℃下贮藏 90 d，未发生水肿病，而 3~5 ℃下短期即发病。

3. 控制措施 根据柑橘的品种特性，保持适宜贮藏温度（甜橙类和宽皮柑橘类 5~8 ℃，柚类 5~10 ℃，柠檬类 12~15 ℃）和适宜的气体成分（O_2 为 10%~15%，CO_2 甜橙类不超过 3%、宽皮柑橘类、柚类和柠檬不超过 2%），加强通风，排除过多的 CO_2（使库内 CO_2 不超过 1%）和乙烯，对柑橘水肿病有较好的预防作用。

（九）马铃薯黑心病（potato black heart）

马铃薯黑心病是马铃薯贮运中常见的一种生理性病害。通常在马铃薯堆贮后，由于 O_2 不足或 CO_2 过多引起。

1. 病状与病因 被害薯块中央的薯肉变黑，甚至变成蓝黑色。变色部分形状不规则，与正常部分界限分明，虽然变色，但组织仍然脆硬，但若置于室温下就会变软。一般在低温下形成黑心的时间较长，0~25 ℃变温下比 5 ℃恒温下贮藏发病严重。马铃薯黑心病多因堆放后空气流通不畅，导致缺氧呼吸和 CO_2 浓度过高所致。例如，在 30~40 ℃下，薯块呼吸强度急剧上升，而块茎内部组织中需要的 O_2 不能及时得到补充，产生的 CO_2 又不能及时扩散出去，最终导致出现缺氧伤害或 CO_2 中毒，出现黑心。

2. 控制措施 贮藏马铃薯时不能堆积过高过厚，薯堆中应留足空隙以利于通风；保持适宜贮温（3~5 ℃），避免温度过高（>20 ℃）或过低（<0 ℃）。

（十）蒜薹 CO_2 伤害（carbon dioxide injury of garlic bolt）

1. 病状与病因 蒜薹贮藏中，当袋内 CO_2 浓度长时间高于 10%~13%时，薹梗会出现黄色小斑点，然后扩大成不规则凹陷，逐渐连接成片，使薹梗变软或凹陷加深，蒜薹断条；薹苞绿色褪减变灰白，严重时苞片呈水渍状，气生小鳞茎亦变成淡黄色，似水煮过状，称"薹苞灰死"。症状继续发展，则整个蒜薹组织坏死呈水渍状，色暗，透明，表皮轻触即会脱落，并有浓烈的酒精味和蒜薹的腐臭气味，俗称"水煮蒜薹"。

2. 控制措施 维持稳定的库温（0 ℃±0.5 ℃）；选择 0.06~0.08 mm 厚聚乙烯硅窗袋或蒜薹专用保鲜袋包装，严格控制装袋量；当袋内 CO_2 浓度高于 10%~13%时，立即开袋放风。

第三节 果品蔬菜的虫害

果蔬生产和贮运过程中发生的虫害是引起采后果蔬商品质量下降和腐烂的原因之一。被害果蔬轻则表面不洁，出现孔眼、疤痕，重则内部被蛀食一空，降低甚至失去食用价值和商品价值。一些害虫还能传播病害，造成更大损失。另外，由于海关植物检疫的需要，进出口的果蔬均需将目标害虫提前杀死，以防止检疫性害虫的传播蔓延。

果蔬害虫主要是在生长期侵入或潜入，而在贮运期间继续危害，其防治应将生长期的综合防治与采后处理相结合。

一、主要害虫的种类及危害

（一）果品主要害虫及危害

1. 苹果和梨害虫 苹果和梨贮运中发生的虫害很多，危害较严重的有食心虫类、象鼻虫类、卷叶蛾类和介壳虫类。其中桃小食心虫、梨小食心虫、桃蛀螟等采后危害严重，应加强杀虫处理，并及时清除贮运场所幼虫和虫果。

（1）桃小食心虫（*Carposina niponensis* Walsingham）。该虫寄主广泛，除危害苹果、梨外，还蛀食桃、杏、李、枣、山楂、海棠等多种果品。严重时产区苹果虫果率达40%～50%，枣、桃虫果率高达70%～90%。

成虫产卵于苹果、梨的萼洼和枣的梗洼处，孵化后，幼虫先在果面爬行啃咬果皮，后蛀入果肉纵横串食成黄褐色条状虫道，被害果内充满虫粪，似"豆沙馅"，严重影响果实的产量和质量；蛀孔周围果皮略下陷，变成畸形"猴头"果，孔口流出乳白色果胶。

中晚熟品种采收时有部分幼虫在果内继续危害，并随果实带入贮藏场所。

（2）梨小食心虫（*Grapholitha molesta* Busck）。危害梨、桃、李、杏、苹果、山楂、樱桃等。

每年8～9月，幼虫多从梗洼或萼洼处蛀入，孔小微凹陷，呈青绿色，早期被害果蛀孔外有虫粪排出，晚期被害多无虫粪。幼虫蛀入直达果心，高湿情况下蛀孔周围常变黑、腐烂、凹陷并逐渐扩大，俗称"黑膏药"（梨危害状）。后期果实蛀果孔较小，孔口周围绿色，多无虫粪，果面不凹陷变形。果实越近成熟，受害越重，受害果实易脱落腐烂。苹果蛀孔周围不变黑，李幼果被害易脱落，蛀食桃、李、杏多危害果核附近果肉。

（3）苹果小食心虫（*Grapholitha inopinata* Heinrich）。主要寄主有苹果、梨、沙果、山楂、海棠等，俗称"干疤虫"。

成虫产卵多产于果实的胴部，孵化幼虫在果面略爬行即蛀入果内啃食果肉，在果皮浅层危害，不深入果心，危害小型果如山楂时可达果心。在苹果上危害时，蛀孔初为白色小点，数天后蛀孔周围渐呈红色小圈。随着幼虫长大，被害处向四周扩展，被害部位果皮变褐、干裂，形成直径约1 cm的圆形干疤，周围有少量细粒虫粪和果胶。如果刚蛀入果内的幼虫死亡，入果孔周围果皮变青，形成"青疔"。在梨果上危害时，蛀果孔初呈白色小点，数天后蛀孔周围渐呈青绿色，随幼虫长大，被害处向四周扩展，被害部位变褐并堆积少许细粒虫粪。

（4）苹果蠹蛾（*Laspeyresia pomonella* L.）。危害苹果、梨、桃、杏等的毁灭性蛀果害虫，1996年被列入国内植物检疫对象名单，严重影响苹果、梨的出口。

该虫主要以幼虫蛀食果实，并有偏嗜种子和转果危害的习性。幼虫一般从萼洼处、果柄周围、两果相交处蛀入，后深达果心。幼虫偏食种仁，蛀孔外可见其排出的褐色虫粪，虫粪以丝相连缀成串，挂在虫果下。一般每只幼虫可危害3～4个果实。随虫龄的不断增大，转果危害的蛀入孔不断增大，造成大量虫害果，导致果实采收前大量落果和腐烂。严重者蛀果率可达70%～100%。有部分幼虫采收后继续在果实中取食危害，直到在贮藏场所及包装物上做茧越冬。该虫蛀食香梨时排出黑色虫粪；蛀食杏果时排泄褐色虫粪，但多留在杏果内。其田间最大飞行距离不超过500 m，主要以幼虫依托果品及果品包装物随运输工具远距离传播。

苹果和梨贮运中的害虫除上述4种外，还有吸果夜蛾、梨园介壳虫、梨黄粉蚜、梨椿象等，不再一一介绍。

2. 柑橘类害虫 柑橘害虫种类很多，对果实危害较大的有柑橘锈壁虱、柑橘大实蝇、地中海实蝇、吸果夜蛾、蚧类、卷叶蛾等，其中地中海实蝇和柑橘大实蝇是柑橘类果实的检疫对象。

（1）柑橘锈壁虱 ［*Phyllocoptruta oleivora*（Ashmead）］。又称锈螨，仅危害柑橘类植物，尤以柑橘、橙、柠檬受害最重，而柚、金柑受害较轻。

若虫和成虫刺破果皮吮吸汁液，使被害果油胞破裂，溢出芳香油，经空气氧化后，果皮变成污黑色，危害严重时果面失去光泽似蒙上一层灰尘（脱壳虫体），果皮呈深红褐色至黑褐色，俗称"灰铜""红铜""黑铜"，果皮硬化、木栓化，出现许多纵横交错裂痕，经氧化后变为褐色。果肉质地粗糙，含糖量下降，风味变酸，贮藏时易腐烂。6月高温干旱有利于柑橘锈壁虱的发生，7、8月出现危害高峰。

（2）柑橘大实蝇 ［*Bactrocera minax*（Enderiein）］。是柑橘的毁灭性害虫，国外国内重要检疫对象。其幼虫被称为"柑蛆"，被害果被称为"蛆柑"。此虫只危害柑橘类果实，以甜橙、金柑受害最重。

柑橘大实蝇一年发生一代，成虫将卵产于幼果内，产卵部位及症状随柑橘种类不同而有差异。在甜橙、酸橙上卵产于果脐和果实胴部之间，产卵孔周围呈乳突状隆起；在红橘上卵产于近脐部，产卵孔呈黑色圆点；在柚子上卵产于果蒂处，产卵孔呈圆形或椭圆形内陷的褐色小孔。卵在果实内孵化后，幼虫蛀食果肉和种子，使果实未熟先黄、黄中带红，并大量脱落。若果内虫少，果实可正常生长，但后期易腐烂，果肉呈糊状。迟发生的幼虫和蛹，能在果实贮藏运输中继续危害。

（3）地中海实蝇 ［*Ceratitis capitata*（Weidemann）］。是一种毁灭性的水果害虫，国外国内重要检疫对象，有"水果头号杀手"之称。主要危害柑橘、苹果、梨等水果和茄科蔬菜。

雌虫将卵产于幼果内，在甜橙或其他柑橘类青果上，产卵孔周围常呈现黄斑。成虫有趋光性，常在树冠外围活动，造成外围果实受害严重。幼虫在果实内危害，发育成熟后脱果，潜入土中化蛹。幼虫除食害果肉外，还导致细菌和真菌病害的发生，使整个果实腐烂。地中海实蝇的繁殖能力非常强，一头雌蝇一生可产卵 300 粒以上，一年可繁殖 3~10 代。主要以幼虫和卵随果实进行传播。

3. 其他果实常见害虫

（1）桃蛀螟 （*Dichocrocis punctiferalis* Guen.）。主要危害桃、李、杏、柿、板栗、苹果、梨、石榴、龙眼、荔枝等。

桃、杏、李等果实被害时，常从蛀孔流出胶质物，与粪便黏结而附着于果面。幼虫危害板栗时，先在栗蓬上刺孔产卵，随后蛀入蓬内危害栗果，蛀食种仁成大孔洞，粪便常排至蛀孔外，并以丝互相粘连。

（2）栗实象甲 （*Curcurlio dentipes* Roel.）。又称板栗象鼻虫，是板栗果实的主要害虫，板栗产区的危害率高达 20%~40%。

幼虫取食嫩枝和幼果，并在栗蓬皮上咬孔产卵，早期果实受害后易脱落。采后流通、贮运过程中，幼虫继续蛀食种仁，并将粪便排泄在种仁内，使受害果内充满虫粪，且易霉烂，完全丧失商品价值。

（3）栗实蛾 （*Laspeyresia splendana* Hübner）。又名栗子小卷蛾、栎实卷叶蛾、栎实小蠹蛾，是蛀食板栗的主要害虫，一些产区栗果受害率达 30%~40%，严重影响板栗产量和质量。

以幼虫咬破栗蓬，蛀入果内取食危害。果外常有白色和褐色颗粒状虫粪堆积。树上危害时常咬伤果柄，使板栗未成熟即脱落。

（二）蔬菜主要害虫及危害

1. 豇豆荚螟 （*Maruca vitrata* Fabricius） 别名豇豆螟、豆荚野螟、豆野螟等。

成虫将卵产在豆荚、花苞或残留的花器上，幼虫危害叶、花及豆荚，常卷叶危害或蛀入荚内取食幼嫩的种粒，豆粒被咬成沟或吃去大半，被害荚内充满虫粪，蛀孔外堆积粪粒。每头幼虫能转荚危害1～3次。受害豆荚味苦，不堪食用。

2. 棉铃虫（*Helicoverpa armigera* Hübner） 别名棉铃实夜蛾、钻心虫等。属鳞翅目夜蛾科，主要危害棉花、玉米、番茄、茄子、辣椒等作物，蔬菜作物中以番茄、辣椒受害较重。

成虫在番茄的果萼、嫩梢、嫩叶及茎上产卵；初孵幼虫啃食嫩叶尖及幼小花蕾；2～3龄时吐丝下垂转株危害，蛀食蕾、花、果实，花蕾受害后易脱落。幼虫多由果蒂部钻入果实内，在果实内吐丝，留下虫粪，造成果实腐烂。

3. 烟青虫（*Helicoverpa assulta* Guenee） 别名烟夜蛾、烟实夜蛾。属鳞翅目夜蛾科，主要危害辣（甜）椒、番茄、南瓜等作物，尤以辣（甜）椒受害最重。

成虫前期多将卵产在辣椒上中部叶片的叶脉处，后期产在萼片和果实上。2龄幼虫可蛀果危害，3龄后转株、转果危害，每头高龄幼虫可转株蛀果8～10个。幼虫蛀入果内，啃食果皮、胎座，并在果内缀丝，排留大量粪便，使果实不能食用。

4. 甜菜夜蛾（*Spodoptera exigua* Hübner） 危害甘蓝、花椰菜、白菜、萝卜、莴苣、番茄、青椒等多种蔬菜。

初孵幼虫群集叶被，吐丝结网，在其内取食叶肉，残留表皮成透明小孔；3龄后可将叶片吃成孔洞缺刻，严重时仅余叶脉和叶柄；大龄幼虫可钻蛀青椒、番茄等果实。

二、综合防治措施

果蔬害虫主要在生长期侵入危害，部分可在采后继续危害，防治措施应贯彻"预防为主，综合防治"的原则。以采前防治为主，结合采后杀虫处理，利用各种经济、安全、有效的技术手段，降低果蔬的受害程度，提高商品质量，并为采后贮运奠定良好的基础。

害虫防治的措施主要包括植物检疫、农业防治、生物防治、化学防治及物理机械防治。

（一）植物检疫

植物检疫是用法律的手段，禁止或限制危险性病、虫、杂草人为地通过种子、苗木、果实以及包装材料等从国外进入国内，或从国内传到国外，或传入以后限制其在国内传播的一种措施。植物检疫是从根本上杜绝危险性病虫、杂草危害的基本措施之一。果品害虫如桃小食心虫、苹小食心虫、柑橘大实蝇、柑橘小实蝇、地中海实蝇等是我国对外检疫的主要对象。

加强对果蔬调运的检查，禁止疫情发生区内果蔬及相关产品的调入和调出，严禁从疫区各国进口果蔬等有关植物及其繁殖材料，对疫区来的其他物品的包装物实行严格的检疫，并进行产地检疫，以防检疫害虫随果蔬调运而传播蔓延。对于特许进口或调出疫区的果蔬，必须严格检疫，并进行消毒处理。同时通过检疫证书等文件追查疫情的来源及去向，加强对当地果蔬市场或集散地的监测力度，集中处理果蔬集散地上所有的废弃果蔬。

（二）农业防治

农业防治是综合利用各项农业措施，创造不利害虫发生的环境，达到消灭和抑制害虫发生的目的，具有经济、有效、简便等特点。例如，果园中应避免苹果、梨、桃、李的混栽；及时进行清园工作，清除落叶杂草，刮除老翘树皮，摘除、捡拾虫果等农业措施，都有减少或消灭田间虫源和清除越冬场所的作用。果实生长季节对果实适时套袋，防止蛀果；果实贮藏前，严格挑选，防止幼虫随蛀果入库越冬。对于检疫害虫疫情发生区，还要考虑次年春季对果树加强疏花、疏果工作，降低或停止该年的水果生产，全力进行检疫害虫的消灭。对于蔬菜，实行合理的轮作或间作套种，加强田间肥水管理，选择抗虫品种，适时采收等，对减轻虫害也有一定作用。

（三）生物防治

生物防治是利用有益生物或生物的代谢产物来控制害虫种群数量，达到消灭害虫的目的。

包括以虫治虫、以菌治虫及其他生物物质的利用。在害虫生物防治中，常使用的微生物有苏云金杆菌、白僵菌等，天敌昆虫有赤眼蜂、寄生蝇、草蛉、胡蜂等，昆虫激素如性信息素等。生物防治可为消费者生产出新鲜优质、无公害的果蔬，是果蔬害虫防治的发展方向之一。

（四）化学防治

尽管化学农药给生态环境带来了不少麻烦，但迄今为止，应用化学杀虫剂仍是防治果蔬害虫的重要手段。

根据不同果蔬发生的害虫类型、种群特点及生物学特性，选择防治的有利时机和虫态，进行相应化学药剂处理，可减少果园、菜园田间害虫的发生。常用的果蔬田间杀虫剂如有机磷类、氨基甲酸酯类、菊酯类、杀螨剂等。

果蔬贮运时，多采用挥发性杀虫剂熏蒸处理，可防止板栗象鼻虫、栗食蛾和桃蛀螟等幼虫贮藏期间继续在果内蛀食危害。生产上常在贮运前用 $40\sim60\ g/m^3$ 溴甲烷或二溴乙烷熏蒸，时间 $3.5\sim10\ h$。也可用 $40\sim50\ g/m^3$ 的二硫化碳熏蒸，时间 $24\sim48\ h$，杀虫效果良好。

化学药物的使用应根据国家卫生健康委员会、农业农村部与国家市场监督管理总局联合发布的《食品安全国家标准　食品中农药最大残留限量》（GB 2763—2019）实行。出口产品应注意进口国允许的残留量范围。

（五）物理机械防治

用一些简单机械和多种物理因素（光、热、电、温度、气调、辐射等）来防治害虫的方法称为物理机械防治。如常用的捕杀、诱杀、阻隔、低温、高温、辐照、低氧、高 CO_2 灭虫等方法。目前，控制果蔬采后害虫的方法主要有适宜的低温、热处理、气调、辐射等。

目前在苹果、桃、葡萄等生产上实行的果实套袋，既控制了害虫危害，也减少了农药污染。在果园装黑光灯或挂糖醋液可诱杀桃蛀螟等害虫，利用黑光灯也可诱杀棉铃虫、烟青虫及甘蓝夜蛾。在温室内挂黄色板或在黄色塑料条上涂机油，可诱杀蚜虫、温室白粉虱。

采收后可以采用低温、热处理、气调、辐射等方法控制害虫。低温处理可控制一些害虫的活动，如果蝇，一般 $0\ ℃$ 下处理 10 d 或 $1.7\ ℃$ 处理 14 d 即可，该方法只适合不发生冷害的果蔬。热水浸泡或热空气处理可直接控制采后害虫，如芒果可采用 $46.4\ ℃$ 处理 $65\sim90\ min$ 以控制虫害。但应注意，热处理主要用于即将销售的果蔬，而且热处理后应尽快冷却到适宜的温度。用 5% 以下的低 O_2 或 40% 以上的高 CO_2 可以控制一些害虫，如将板栗堆垛，罩上塑料薄膜帐，然后充分降氧，使 O_2 浓度降至 $3\%\sim5\%$，4 d 后栗果内害虫全部死亡。气调处理杀虫的效果取决于温度、相对湿度、暴露时间及昆虫的生活阶段，如 $25\ ℃$ 条件下，浓度为 0.5% 的 O_2 和 10% 的 CO_2 处理 $2\sim3$ d（成虫或卵）或 $6\sim12$ d（蛹），可控制苹果中的小苹果蛾。辐射也可杀灭果蔬采后携带的害虫，如用 1 200 Gy 的 γ 射线照射芒果，在 $8.8\ ℃$ 下贮藏 3 周后，芒果种子内的象鼻虫全部死亡；用 600 Gy 和 900 Gy 剂量照射芒果，贮藏 5 周后象鼻虫才全部死亡；$504\sim672$ Gy 的 γ 射线照射板栗可杀死害虫。

思 考 题

1. 为什么说果蔬贮藏运销过程中的病虫害防控是一个系统工程？

2. 从果蔬采后侵染性病害发生发展的影响因素来分析，在采前、采后应采取哪些措施控制腐烂的发生？

3. 诱发果蔬采后生理性病害的因素主要有哪些？如何确定果蔬采后生理性病害发生的诱因？

4. 主要果蔬采后害虫的种类及危害特点是什么？综合防治措施有哪些？

第八章 CHAPTER EIGHT

果 品 贮 藏

【学习目标】掌握主要果品的贮藏特性、商业化贮藏的主要方式及贮藏技术要点；能够制订出果品贮藏运输的技术方案。

2016年我国水果种植面积达到1 298万 hm²，产量18 119万 t，位居世界前列。果品种类和品种繁多，分布广泛，生长发育特性各异，其中很多特性都与其采后成熟衰老变化密切相关，因而对贮藏产生一定的影响。由于产地和成熟期相对集中，我国果品生产的地域性和季节性问题越来越突出，甚至出现了相对过剩的矛盾。为了搞好果品的贮藏保鲜，首先要根据各种果树的生物学特性，选择优良的品种并给予适宜的栽培条件，以获得优质、耐藏的产品。其次是搞好采收、运输、采后商品化处理以及贮藏管理等各项工作，才能取得延缓衰老、降低损耗、保持质量的效果。

本章主要介绍生产中栽培数量较大、市场上比较常见的果品贮藏知识与技术。

第一节　苹果贮藏

苹果是世界上重要的落叶果树，与柑橘、葡萄、香蕉共同称为世界四大果品。苹果原产于欧洲、中亚细亚和我国新疆，在我国大面积栽植仅有100多年历史。近30年来我国苹果生产发展速度极快，已成为我国第一大果品，2018年全国总产量约4 000万 t，约占世界苹果总产量55%，居世界各国之首，成为内销外贸的大宗果品。

苹果的贮藏特性比较好，市场需求量大，是以鲜销为主的主要果品。因此，搞好苹果的贮藏保鲜，对于促进生产发展、繁荣市场以及扩大外贸具有重要意义。

一、贮藏特性

（一）品种特性

苹果的品种很多，全国目前有几十个栽培品种，其中主栽品种有十几个。各品种由于遗传性所决定的贮藏性和商品性状存在着明显差异。早熟品种（7～8月成熟）如嘎拉、藤牧1号等采后因呼吸旺盛、内源乙烯发生量大等，后熟衰老变化快，表现为不耐贮藏，一般采后立即销售或者在低温下只进行短期贮藏。中熟品种（8～9月成熟）如元帅系、金冠、乔纳金、千秋、葵花等是栽培比较多的品种，其中许多品种的商品性状可谓上乘，贮藏性优于早熟品种，在常温下可存放2周左右，在冷藏条件下可贮藏2个月，气调贮藏期更长一些。但由于不宜长期贮藏，故中熟品种采后也以鲜销为主，有少量的进行短期或中期贮藏。晚熟品种（10月以后成熟）由于干物质积累多、呼吸水平低、乙烯发生晚且较少，因此一般具有风味好、肉质脆硬且耐贮藏的特点，如红富士、秦冠、王林、北斗、秀水、胜利、小国光等目前在生产中栽培较多，其中红富士以其品质好、耐贮藏而成为我国苹果产区栽培和贮藏的当家品种。2018年通过国家审定，在生产中推广的瑞阳、瑞雪两个晚熟品种，其商品性状和耐藏性均表现上乘。其他晚熟品种都有各自的主栽区域，生产上也有一定的贮藏量。晚熟品种在常温库一般可贮藏 $3\sim4$ 个月，在冷藏或气调条件下，贮藏期可达到 $5\sim8$ 个月。

果实的商品性状如色泽、风味、质地、形状等对其商品价值及销售影响很大。因此，用于长期贮藏的苹果品种不仅要耐贮藏，而且必须具有良好的商品性状，以求获得更高的经济效益。

（二）呼吸跃变

苹果属于典型的呼吸跃变型果实，成熟时乙烯生成量很大，呼吸高峰时一般可达到 $200\sim800\ \mu L/L$，由此而导致贮藏环境中有较多的乙烯积累。苹果是对乙烯敏感性较强的果实，贮藏中采用通风换气或者脱除技术降低贮藏环境中乙烯含量很有必要。另外，采收成熟度对苹果贮藏的影响很大，对计划长期贮藏的苹果，应在呼吸跃变启动之前采收。在贮藏过程中，通过降温和调节气体成分，可推迟呼吸跃变发生，延长贮藏期。

（三）贮藏条件

1. 温度　大多数苹果品种的贮藏适宜温度为 $-1\sim0\ ℃$。对低温比较敏感的品种如红玉、旭等在 $0\ ℃$ 贮藏易发生生理失调现象，故推荐贮藏温度为 $2\sim4\ ℃$。苹果气调贮藏温度应较冷藏高 $0.5\sim1\ ℃$，有助于减轻气体伤害。

2. 湿度　在低温下应采用高湿度贮藏，库内相对湿度保持在 $90\%\sim95\%$。如果是在常温库贮藏或者采用 MA 贮藏方式，库内相对湿度可稍低些，保持在 $85\%\sim90\%$，以降低腐烂损失。

3. 气体　控制贮藏环境中的 O_2、CO_2 和 C_2H_4 含量，对提高苹果贮藏效果有显著作用。对于大多数苹果品种而言，$2\%\sim5\%\ O_2$ 和 $3\%\sim5\%\ CO_2$ 是比较适宜的气体组合，个别对 CO_2 敏感的品种，如目前生产上贮藏量最大的红富士，应将 CO_2 控制在 2% 以下，否则易发生果肉褐变型 CO_2 伤害。大型现代化气调库一般都配有 C_2H_4 脱除机，将 C_2H_4 控制在 $10\ \mu L/L$ 以下对苹果贮藏非常有利。苹果部分品种的贮藏条件和贮藏期见表 8-1，供应用时参考。

表 8-1　苹果部分品种的贮藏条件和贮藏期

（杜玉宽等，2000）

品种	温度/℃	相对湿度/%	O_2/%	CO_2/%	贮藏期/月
元帅	$0\sim1$	95	$2\sim4$	$3\sim5$	$3\sim5$
红星	$0\sim2$	95	$2\sim4$	$3\sim5$	$3\sim5$
金冠	$0\sim2$	$90\sim95$	$2\sim3$	$1\sim2$	$2\sim4$
旭	3.5	$90\sim95$	3	2.5	$2\sim4$
红玉	$2\sim4$	$90\sim95$	3	5	$2\sim4$
橘苹	$3\sim4$	$90\sim95$	$2\sim3$	$1\sim2$	$3\sim5$
赤龙	0	95	$2\sim3$	$2\sim3$	$4\sim6$
老特兰	3.5	95	3	$2\sim3$	$4\sim6$
国光	$-1\sim0$	95	$2\sim4$	$3\sim6$	$5\sim7$
富士	$-1\sim1$	95	$3\sim5$	$1\sim2$	$5\sim7$
青香蕉	$0\sim2$	$90\sim95$	$2\sim4$	$3\sim5$	$4\sim6$

二、贮藏方式

苹果的贮藏方式很多，短期贮藏可采用堆藏、窖窖贮藏、通风库贮藏等方式，贮藏期较长的应采用冷藏或者气调贮藏。各种贮藏方式的具体管理可参照第六章中的相应内容，此处仅对苹果的冷藏和气调贮藏管理技术做简要叙述。

（一）机械冷库贮藏

苹果冷藏的适宜温度因品种而异，大多数品种以库温－1～0 ℃、空气相对湿度 90％～95％为宜，苹果采后应尽快入库降温，最好在采后 3 d 内入库，入库后 3～5 d 降温至贮藏要求的温度。

（二）塑料薄膜封闭贮藏

塑料薄膜封闭贮藏主要有塑料薄膜袋贮藏和塑料薄膜帐贮藏两种方式。在冷藏条件下，此类方式贮藏苹果的效果较常温贮藏更好。

1. 塑料薄膜袋贮藏 在苹果箱或筐中衬以塑料薄膜袋，装入苹果，缚紧袋口，每袋构成一个密封的贮藏单位。一般用低密度聚乙烯或聚氯乙烯薄膜制袋，薄膜厚度为 0.02～0.05 mm，红富士苹果以 0.02 mm 厚薄膜袋为宜。薄膜袋包装贮藏，一般初期 CO_2 浓度较高，以后逐渐降低，这对苹果贮藏是有利的。冷藏条件下袋内的 CO_2 和 O_2 浓度较稳定，在贮藏初期的 2 周内，CO_2 的上限浓度 7％较为安全，但富士苹果的 CO_2 浓度应不高于 3％。

2. 塑料薄膜帐贮藏 在冷库用塑料薄膜帐将果垛封闭起来贮藏苹果，目前在生产上应用较普遍。薄膜帐一般选用 0.1～0.2 mm 厚的高压聚氯乙烯薄膜黏合成长方形的帐子，可以装果几百到数千千克，有的还可达到上万千克。控制帐内 O_2 浓度可采用快速降氧、自然降氧和半自然降氧等方法。在大帐壁的中、下部粘贴硅橡胶扩散窗，可以自然调节帐内的气体成分，使用和管理更为简便。硅窗的面积是根据贮藏量和要求的气体比例，经过实验和计算确定。例如贮藏 1 t 金冠苹果，为使 O_2 维持在 2％～3％，CO_2 维持在 3％～5％，在大约 5 ℃条件下，硅窗面积为 0.6 m×0.6 m＝0.36 m² 较为适宜。

苹果冷库
码垛

以上两种塑料薄膜封闭贮藏方式经常因袋/帐内湿度高而在内壁上出现凝水现象，凝水滴落在果实上易引起腐烂病害。凝水产生的原因固然很多，其中果实装袋/罩帐前散热降温不彻底、贮藏中环境温度波动过大是最主要的原因。因此，减少帐内凝水的关键措施是果实装袋/罩帐前要充分冷却和保持库内稳定的低温。

苹果冷藏
码垛

（三）气调库贮藏

气调库是密闭条件很好的冷藏库，设有调控气体成分、温度、湿度的机械设备和仪表，管理方便，容易达到贮藏要求的条件。对于大多数苹果品种而言，控制 2％～5％ O_2 和 3％～5％ CO_2 比较适宜。苹果气调贮藏的温度可比一般冷藏高 0.5～1 ℃，对 CO_2 敏感的品种，贮温还可再高些，因为提高温度既可减轻 CO_2 伤害，又对易受低温伤害的品种减轻冷害有利。

M4V00690
苹果商品化
处理

三、贮藏技术要点

要搞好苹果的贮藏保鲜，为内销外贸提供优质的货源，应按照农业系统工程原理，做好采前、采收、采后等方面的工作。

（一）选择品种

选择商品性状好、耐贮藏的中晚熟品种。苹果作为一种商品，尤其是果品生产发展到现今买方市场的情况下，贮藏时绝不可只追求品种的贮藏性而轻视其商品性，必须选择贮藏性与商品性兼优的品种，红富士是近 20 年来最具代表性的品种。

（二）适时采收

根据品种特性、贮藏条件、计划贮藏期长短而确定适宜的采收期。常温贮藏或计划贮藏期较长时，应适当早采；低温、气调贮藏或计划贮藏期较短时，可适当晚采。采收时尽量避免机械损伤，并严格剔除有病虫、冰雹、日灼等伤害的果实。

（三）产品处理

产品处理主要包括分级和包装等。严格按照市场要求的质量标准进行分级，出口苹果必须按照国际标准或者协议标准分级。包装采用定量的小木箱、塑料箱、瓦楞纸箱包装，每箱装

10 kg左右。机械化程度较高的仓库，可用容量大约300 kg的大木箱包装，出库时再用纸箱分装。不论使用哪种包装容器，堆垛时都要注意做到堆码稳固整齐，并留有一定的通风散热空隙。

（四）贮藏管理

在各种贮藏方式中，都应首先做好温度和湿度的管理，使两者尽可能达到或者接近贮藏要求的适宜水平。对于CA和MA贮藏，除了温度和湿度条件外，还应根据品种特性，控制适宜的O_2和CO_2浓度。根据品种特性和贮藏条件，控制适当的贮藏期也很重要，千万不要因等待商机或者滞销等原因而使苹果的贮藏期不适当延长，以免造成严重变质、生理病变或腐烂损失。

（五）产地选择

在苹果贮藏中，产地的生态条件、田间农业技术措施以及树龄树势等是不可忽视的采前因素。选择优生区域、田间栽培管理水平高、盛果期果园的苹果，是提高贮藏效果的重要先天性条件。我国陕西、山东、山西、河南、辽宁、甘肃等苹果主产省中，都有苹果的优生区域，贮藏时可就近选择产地。就全国而言，西北黄土高原地区具有适宜苹果生长发育的光、热、水、气生态资源，是我国乃至世界的苹果优生区域，如今已为内销外贸提供大量的鲜食苹果货源。

第二节　梨贮藏

梨在我国有"百果之宗"的称谓，远在公元前1 000多年，我们的祖先就已经把野生梨树进行驯化栽培，因而我国被世界公认为梨的故乡。梨在我国栽培极为广泛，南起海南，北至黑龙江，东自沿海各省，西达新疆地区，到处都有蔚然成林的梨树栽培。尤其在我国北方，梨是仅次于苹果的第二大类果品，2018年我国梨产量约为1 600万t，约占世界当年梨产量的一半。因此，梨不仅在国内市场上占有重要地位，在国际市场上也举足之重。

一、贮藏特性

（一）种类和品种

我国栽培梨的种类和品种很多，其中作为经济栽培的有白梨、秋子梨、砂梨和西洋梨四大系统。各系统及其品种的商品性和贮藏性有很大的差异。

1. 白梨系统　主要分布在华北和西北地区。果实多为近卵形或近球形，果柄长，多数品种的萼片脱落，果皮黄绿色，皮上果点细密，肉质脆嫩，汁多渣少，采后即可食用。生产中栽培的鸭梨、酥梨、雪花梨、长把梨、秋白梨、库尔勒香梨等品种均具有商品性状好、耐贮运的特点，因而成为我国梨树栽培和贮运营销的主要品系，其中许多品种在常温库可贮藏3~4个月，在冷库可贮藏6~8个月。

2. 秋子梨系统　主要分布在东北地区。果实近球形或扁圆形，果柄粗短，果皮黄色，果肉石细胞多，肉质硬，味酸涩，采后经过后熟方可食用。其中品质好的品种有京白梨和南果梨，其次为秋子梨、鸭广梨、香水梨、花盖梨、尖把梨等。近年来，京白梨、南果梨和花盖梨栽培面积逐年增加。果实常温下迅速后熟软化，货架期短，冷藏条件下可贮藏2~5个月。

3. 砂梨系统　主要分布在淮河流域和长江流域以南地区。果实多为近球形或扁圆形，果柄较长，萼片脱落，果皮为浅褐、浅黄或褐色，果肉乳白色，脆嫩多汁，石细胞较少，甜酸适口，采后即可食用。主要品种有早三花、苍溪梨、晚三吉、菊水等。此系统各品种的贮藏性较差，采后即上市销售或者只进行短期贮藏。

4. 西洋梨系统　西洋梨原产欧洲的中部、东南部以及中亚地区，1870年前后引入我国栽培，目前主要在消费比较集中的城市郊区和工业区附近栽培。果实多呈葫芦形，果柄长而粗，果皮黄色或黄绿色，果皮上果点细密，果肉质细多汁，石细胞少，香气浓郁，采后需经后熟软化方可食用。主要品种有巴梨（香蕉梨）、康德梨、茄梨、日面红梨、三季梨、考密斯梨等。该系统的品种一般具有品质好但不耐贮藏的特点，因而通常采后就上市销售，购买者在后熟过程中逐渐消费，也可在低温下进行短期贮藏，待果实后熟至接近食用但肉质尚硬时上市。

根据果实成熟后的肉质硬度，可将梨分为硬肉梨和软肉梨两大类，白梨和砂梨系统属硬肉梨，秋子梨和西洋梨系统属软肉梨。一般来说，硬肉梨较软肉梨耐贮藏，但对 CO_2 的敏感性强，气调贮藏时易发生 CO_2 伤害。

（二）呼吸跃变

国内外研究一致认为，西洋梨是典型的呼吸跃变型果实，随着呼吸跃变的启动，果实逐渐成熟软化。国内有关鸭梨、酥梨等品种采后生理特性的研究表明，白梨系统也具有呼吸跃变，但其呼吸跃变特征如乙烯发生、呼吸跃变趋势不似西洋梨、苹果、香蕉、猕猴桃那样典型，其内源乙烯发生量很少，果实后熟变化不甚明显。

梨的冷藏

（三）贮藏条件

1. 温度 梨大多数品种贮藏的适宜温度为 $0℃±1℃$，愈接近冰点温度，贮藏效果就愈好。但是鸭梨等个别品种对低温比较敏感，采后若迅速降温至 $0℃$ 贮藏，果实易发生黑心病。采用缓慢降温或分段降温，可减轻黑心病发生。南果梨长时间低温冷藏，容易发生果皮褐变，也可采用缓慢降温或阶段升温冷藏。

梨的冷藏
堆码

2. 湿度 梨果皮薄，表面蜡质少，并且皮孔非常发达，贮藏中易失水萎蔫。因此，高湿度是梨贮藏的基本条件之一，在低温下的适宜相对湿度为 $90\%～95\%$。

3. 气体 梨贮藏中的低 O_2（$3\%～5\%$）几乎对所有品种都有抑制成熟衰老的作用。但是，品种间对 CO_2 的适应性却差异甚大，除少数品种如巴梨、秋白梨、库尔勒香梨等可在较高 CO_2（$2\%～5\%$）条件下贮藏外，大多数品种对 CO_2 比较敏感，在低 O_2 条件下当 CO_2 浓度在 2% 以上时，果实就有可能发生生理障碍，出现果心褐变。目前全国栽培和贮藏量比较大的鸭梨、酥梨、雪花梨对 CO_2 的敏感性比较突出。表 8-2 列出部分常见梨品种贮藏性、贮藏条件与贮藏期，供应用时参考。

二、贮藏方式

梨同苹果一样，短期贮藏可采用沟藏、窑窖贮藏、通风库贮藏。在西北地区贮藏条件好的窑窖，晚熟梨可贮藏 3～4 个月。拟中长期贮藏的梨，则应采用机械冷库贮藏，这是贮藏梨的主要方式。

鉴于目前我国主产的鸭梨、酥梨、雪花梨等品种对 CO_2 比较敏感，所以塑料薄膜密闭贮藏和气调库贮藏在梨贮藏上应用不多。如果生产上要采用气调贮藏方式，应该有脱除 CO_2 的有效手段。

表 8-2 梨主要品种的贮藏性、贮藏条件与贮藏期

（杜玉宽等，2000）

品种	贮藏性	贮藏温度/℃	贮藏期/月	备注
南果梨	较耐贮藏	0～2	1～3	不耐后熟，果肉易变软
京白梨	较耐贮藏	0	3～5	O_2 2%～4%，CO_2 2%～4%，后熟期 7～10 d 缓慢降温，对 CO_2 和低 O_2 敏感，不适宜气调贮藏
鸭梨	耐贮藏	0～1	5～8	
酥梨	较耐贮藏	0～5	3～5	相对湿度要小于 95%，一般以 90% 为宜

（续）

品种	贮藏性	贮藏温度/℃	贮藏期/月	备注
茌梨	较耐贮藏	0～2	3～5	对低温和 CO_2 较敏感
雪花梨	耐贮藏	0～1	5～7	对 CO_2 敏感，可直接入 0 ℃冷库
秋白梨	耐贮藏	0～2	6～9	可气调贮藏
库尔勒香梨	耐贮藏	0～2	6～8	相对湿度 90%，可气调贮藏
栖霞大香水梨	耐贮藏	0～2	6～8	相对湿度 90%～95%
三季梨	耐贮藏	0～1	6～8	相对湿度 90%，可气调贮藏
苍溪梨	较耐贮藏	0～3	3～5	相对湿度 90%～95%
二十一世纪梨	较耐贮藏	0～2	3～4	可气调贮藏，O_2 4%～5%，CO_2 3%～4%
二宫白梨	耐贮藏	0～3	1～2	相对湿度 90%～95%
巴梨	较耐贮藏	0	2～4	CO_2 2%～5%，O_2 1%～4%
安久梨	不耐贮藏	−1～2	4～6	可气调贮藏
长把梨	耐贮藏	0～2	4～6	对 CO_2 敏感
蜜梨	耐贮藏	0～1	4～6	相对湿度 90%～95%

三、贮藏技术要点

（一）选择品种

梨各系统均包括许多品种，中晚熟品种较早熟品种耐贮藏。虽然有些晚熟品种极耐贮藏，但是由于肉粗渣多，商品质量不佳，经济价值不高，这类品种没有贮藏的必要。当前我国栽培的众多品种中，鸭梨、酥梨、雪花梨、库尔勒香梨、秋白梨、苹果梨等都是贮藏性好、经济价值高的品种，可进行长期（＞4 个月）贮藏；京白梨、茌梨、苍溪梨、二十一世纪梨、巴梨等品质也比较优良，在适宜条件下可贮藏 3～4 个月。

（二）适期采收

采收期对梨的贮藏效果影响很大，采收过早或者过晚的梨均不耐贮藏。采收过早，果肉中的石细胞多，风味淡，品质差，贮藏中易失水皱缩，贮藏后期易发生果皮褐变。采收过晚，秋子梨和西洋梨系统的品种采后会很快软化，不但不宜贮藏，甚至长途运输都很困难，往往由于软化变质而造成极大损失；白梨和砂梨系统的品种采收过晚，虽然肉质不会明显软化，但果肉脆度明显下降，贮藏中后期易出现空腔，甚至果心败坏，同时对 CO_2 的敏感性增强。

适宜采收期可根据品种特性和贮藏期长短而定。对于白梨和砂梨系统的品种，当果面呈现本品种固有色泽、肉质由硬变脆、种子颜色变为褐色、果柄容易脱落时即可采收。对于西洋梨和秋子梨系统的品种，由于有明显的后熟变化，故可适当早采，即果实大小已基本定型、果面绿色开始减退、种子尚未变褐、果柄容易脱落时采收为好。

（三）产品处理

梨的分级、包装可参照苹果进行。由于白梨和砂梨系统的品种对 CO_2 敏感，因而生产中一般不采用塑料薄膜袋密封贮藏的方式。但是如果用 0.01～0.02 mm 厚的聚乙烯小袋单果包，既能起到明显的保鲜效果，又不至于使果实发生 CO_2 伤害，是一种简便、经济、实用的处理措施。

（四）贮藏管理

梨的贮藏管理与苹果基本相同。这里需要强调的是：①贮藏初期对低温比较敏感的品种如鸭梨、京白梨等开始降温时不能太快，应缓慢降温，即果实入库后将温度迅速降至12℃，1周后每3d降低1℃，至0℃左右时贮藏，降温过程总共约1个月。②目前长期贮藏的梨大多数为白梨系统的品种，它们对CO_2比较敏感，易发生果心褐变，故气调贮藏时必须严格控制CO_2小于2%。普通冷库或常温库贮藏时，贮藏期间也应定期通风换气，以免库内CO_2和其他气体积累到有害的程度。③梨的贮藏期应适当，贮藏期过长不仅使果肉组织出现蜂窝状空腔，严重的话会使表皮细胞膜透性增强，酚类物质氧化而使果皮发生褐变。这种褐变有时在库内发生，有时在上市后很快发生，对销售造成极为不利的影响。例如，2007年陕西蒲城县、乾县的酥梨贮藏至五一节前后，由于贮藏时间偏长等原因，导致在库内发生严重的果皮褐变和腐烂。

（五）产地选择

梨的品种很多，分布区域广泛，我国南北各地都有梨树栽培，但每个品种都有其主要栽培的区域。主产区栽培的梨之所以高产、优质并且耐贮藏，就在于当地具有适宜该品种生长发育的生态条件，再加上精耕细作、科学管理等人为条件的影响，二者缺一不可。例如，鸭梨、雪花梨是河北省主栽的优良品种；酥梨是安徽、陕西、辽宁、山西、山东、甘肃等地主栽的优良品种；苹果梨原产吉林延边地区，库尔勒香梨原产新疆库尔勒地区，由于这两个品种对生态条件的特殊要求，苹果梨的主产区仅限于沈阳以南、内蒙古通辽、河北承德、甘肃河西走廊等气候冷凉干燥区域，库尔勒香梨的主产区仍限于其原产区。总之，选择优生区栽培、田间管理精细科学、品质优良的果实进行贮藏，是保证梨贮藏成功的重要条件。

第三节　柑橘贮藏

柑橘富含多种营养成分，是我国主要水果之一，南方各省普遍栽培。柑橘的采收期因地区、气候条件和品种等而异。通过贮藏保鲜结合种植不同成熟期的品种，可显著延长柑橘鲜果供应期。

一、贮藏特性

（一）属于非呼吸跃变型水果

柑橘类果实属非呼吸跃变型水果，在树上成熟所需的时间相对较长，成熟过程的变化不如呼吸跃变型果实（如香蕉）那样急剧。柑橘果实缺乏贮备型碳水化合物，而是以积累可溶性糖为主，果实成熟时糖含量为10%左右。可溶性糖主要有蔗糖、葡萄糖和果糖3种，这3种组分的比例在不同柑橘种类中不同。随着果实成熟，可溶性固形物含量逐渐增多，有机酸含量逐渐减少，叶绿素逐渐消失，类胡萝卜素形成。柑橘类果实可溶性固形物、糖和酸含量因种类和品种而异，可溶性固形物含量一般为5%～15%，酸含量为0.3%～1.2%。柑橘类果实在贮藏过程中，由于呼吸作用的消耗，糖和酸含量不断减少，特别是酸含量下降较为明显，固酸比发生明显变化。椪柑果实中柠檬酸约占有机酸含量的90%，在采后3个月贮藏期内，约下降50%。

（二）耐藏性因种类或品种不同而异

柑橘类，包括柠檬、柚、橙、柑、橘五个种类，每个种类又包含许多品种。不同种类或不同品种的柑橘，其果实组织结构、成熟期、内含物含量、抗病性都有所不同，因而其耐藏性必然会有较大差异。一般而言，成熟期晚、果心小而充实、果皮细密光滑、海绵组织厚而且致密、呼吸强度较低的品种较耐贮藏，反之则不耐贮藏。例如，甜橙比椪柑耐贮藏，在20℃下，甜橙的呼吸强度较低 [51.4 mg/(kg·h)]，椪柑的呼吸强度较高 [80.96 mg/(kg·h)]。甜橙类、葡萄柚、柚类的果面蜡质层较发达，果实水分蒸腾速率比宽皮柑橘类低。一般来说，柠檬、柚耐贮藏性最强，其次为橙类，再次为柑类，橘类最不耐贮藏。晚熟品种比早熟品种耐贮藏，有核品种比无核品种耐贮藏。

（三）果实大小、结构与耐藏性密切相关

同一种类或品种的果实，通常是大果型不如中等大小果实耐贮藏。宽皮柑橘类的果皮宽松易剥离，故称为宽皮柑橘，主要包括蕉柑、椪柑、砂糖橘和橘子等。枯水是柑橘贮藏后期容易发生的生理病害，宽皮柑橘类容易出现枯水，尤其是大果、果皮粗糙的果实更容易出现枯水。随着成熟度提高，果皮的蜡质层增厚，有利于防止水分的蒸腾和病菌的侵染。因此，成熟度较低的青果往往比成熟度高的果实更容易失水。通常柑橘果实白皮层厚而致密者较耐贮藏，如甜橙比宽皮柑橘类耐贮藏，据测定，甜橙类的白皮层厚 0.22 cm，而宽皮柑橘类的白皮层仅厚 0.07 cm。

（四）侵染性病害导致柑橘采后严重腐烂

柑橘类果实在贮藏运输中果实表面易被腐败菌侵染而导致货架期和贮藏时间缩短。柑橘果实在贮藏期间由于腐烂造成的损失非常严重，引起腐烂的病原菌主要包括青霉菌、绿霉菌、蒂腐菌、黑腐病菌、酸腐菌等，其中以青霉菌引起的病害最为严重。柑橘青霉病、绿霉病、酸腐病和黑腐病等是柑橘常见的贮藏病害。

（五）生理病害导致贮藏期间品质劣变

柑橘是亚热带水果，由于果实生长发育处在高温多湿的气候环境中，对低温较为敏感，贮藏温度过低易发生冷害而影响果实品质。柑橘类果实对低温的敏感性因种类和品种而异。柑橘贮藏中的主要生理性病害有枯水病、水肿病、褐斑病等。

（六）对气调贮藏的适应性

许多报道认为，柑橘类果实不适宜气调贮藏。据美国农业部农业研究署（1986）的资料，甜橙气调贮藏尚未成功，适合苹果的气体成分并不适用于甜橙，反而会引起甜橙果皮损伤，果肉异味和腐烂；低浓度的 CO_2（2.5%～5%）对风味有不良影响，特别是与 5%～10% O_2 结合时，效果更差。

尽管有不少关于柑橘类果实不适宜气调贮藏的报道，但也有一些柑橘气调贮藏效果好的报道，这可能是品种的差异和气体比例的原因。伏令夏橙在 15% O_2、无 CO_2 和 1.1 ℃条件下贮藏 12 周，然后再放在 21.1 ℃的空气中存放 1 周，其风味和品质比贮藏在其他空气组合或正常空气中好；10% CO_2 可以减少由于低温所引致的 Marsh 葡萄柚的褐斑。

二、贮藏方式

根据当地的实际情况、贮藏期的长短、市场的需求等，柑橘可采用常温贮藏、低温贮藏、留树贮藏等方式来延长其供应期。

（一）常温贮藏

常温贮藏是我国目前柑橘贮藏较为普遍的方式，包括通风库贮藏、窖藏等。如能做好贮藏的各个技术环节，贮藏期可长达 3～5 个月。

通风库是利用冷热空气的对流作用来保持室内较低和较为稳定的温度。通风库能有效地利用冬季自然低温及昼夜温差的变化，操作方便，只要具备隔热保温和通风换气两个条件，都可以用来贮藏柑橘。通风库贮藏的季节主要在晚秋至次年春季。

（二）低温贮藏

机械冷藏库可以通过人为的调节，对库内的温度、湿度以及通风换气进行严格的控制，可显著延长柑橘贮藏期并有效地保持果实新鲜。低温贮藏的管理关键是控制适宜的温度和湿度，

并且要注意通风换气。柑橘在适宜的温度和湿度下贮藏 4 个月，风味正常，可溶性固形物、酸和维生素 C 含量无明显变化。不同种类、品种及发育条件的柑橘其适宜的贮藏温度也不同。几种柑橘果实低温贮藏条件见表 8-3。

表 8-3　几种柑橘果实低温贮藏条件

（华南农学院，1979）

品种	贮藏适温/℃	相对湿度/%	贮藏期/月
甜橙	1～3	90～95	4
伏令夏橙	1～3	90～95	4
化州橙	1～3	90～95	4
蕉柑	7～9	80～90	4
椪柑	10～12	80～90	4

三、贮藏技术要点

（一）重视采前管理

重视采前田间综合管理，生产优质耐贮藏的果实，可提高果实的抗病性和耐藏性。采前应了解果园的栽培情况和果实的来源，采自生长势衰弱、病虫害多的果园或幼年树的果实，以及粗皮大果，不宜长期贮藏。注意适时修剪、疏花、疏果。应加强田间病虫害防治，减少病菌采前潜伏侵染，注意施用有机肥或磷钾肥，切忌偏施氮肥和采收前 2～3 周灌水，灌水过多会使果实成熟延迟、着色差，并且不耐贮藏。

（二）适时采收

用于长期贮藏的果实，以果皮颜色基本转黄、果实较坚实时采收为宜，成熟度过高或过低的果实不耐贮藏。雨、雾、露水未干或中午光照强烈时均不宜采收。一般当果实着色面积大于 3/4，果实具有一定弹性，糖酸比达到一定比例，表现出其固有风味时采摘。采收后剔除病虫果、畸形果和伤果。我国柑橘主产区主栽柑橘品种的采收期和贮藏期限见表 8-4。

表 8-4　我国柑橘主产区主栽柑橘品种的采收期和贮藏期限

（孙华阳，1993）

产区	品种	采收时期	贮藏期限
四川	甜橙	11 月中旬～12 月上中旬	到次年 4 月初
	红橘	11 月上中旬	到次年 1 月
	柠檬	10 月下旬～11 月下旬	到次年 5 月
浙江	早熟温州蜜柑	10 月中旬～11 月上旬	到 12 月下旬
	本地早	11 月上旬～11 月中旬	到次年 1 月上中旬
	早橘	10 月下旬～11 月初	到次年 1 月上旬
	普通温州蜜柑	11 月上旬～11 月底	到次年 3 月下旬
	蔓橘	11 月下旬～12 月初	到次年 3 月底 4 月初
	椪柑	11 月中旬～12 月初	到次年 3 月底 4 月初
	瓯柑	11 月下旬～12 月上旬	到次年 5 月底～6 月上旬
	甜橙	11 月中旬～12 月初	到次年 4 月底
	439 橘橙	11 月中下旬～12 月初	到次年 6 月中旬

（续）

产区	品种	采收时期	贮藏期限
湖南	甜橙	11月下旬～12月上旬	到次年4月
	南橘	10月中下旬	到12月底～次年1月
	温州蜜柑	10月上旬～11月中旬	到12月～次年3月
	椪柑	11月中下旬	到次年3月底～4月初
福建	蕉柑	次年1月中旬	到次年3月底
	椪柑	11月中下旬	到次年3月底4月初
	红橘	12月	到次年1月底
广东	蕉柑	12月中旬～次年1月上旬	到次年3月底
	椪柑	11月中下旬～12月上旬	到次年4月初

（三）采收方法

采收和采后处理及贮运的全过程均应做到装载适度、轻装轻卸，运输过程中严防机械损伤。采摘者最好戴手套，以免指甲刺伤果皮。采收要用专门的采果剪，采果剪必须是圆头且刀口锋利、合缝，以利剪断果柄，又不刺伤果皮。通常采用两剪法剪果，第一剪剪下果实，第二剪齐果蒂剪平，以免果蒂刺伤其他果实。

（四）及时防腐处理

采收后应马上进行药剂防腐处理，应在采收当天浸药处理完毕。浸药处理越迟，防腐效果越差。目前，防腐处理常用200 mg/L 2,4-D混合各类杀菌剂。常用杀菌剂有苯并咪唑类，如噻菌灵、硫菌灵，参考用药浓度为500～1 000 mg/L，抑霉唑500～1 000 mg/L，咪鲜胺250～500 mg/L。

（五）选果、分级

剔除机械损伤、病虫害、脱蒂、干蒂等果实后，按分级标准或不同销售对象进行分级。我国目前一般按果实横径或重量分为若干等级。近年广东、湖南等地已研制成功适合我国国情的柑橘采后防腐、分级、涂蜡的生产线，可大大加快采后处理的效率。果型中等、果皮光滑、果身紧实的果实较耐贮藏，厚皮果、大果、脱蒂果和软果不耐贮藏。

（六）打蜡

打蜡处理在柑橘类果实上应用较普遍。果实表面涂一层涂料，可起到增加果皮光泽、提高商品价值、减少水分蒸腾、抑制呼吸和减少消耗等作用。打蜡处理后的果实不宜长期贮藏，以防产生异味。涂料的种类很多，主要有果蜡、虫胶涂料、蔗糖脂肪酸酯等。一般打蜡后30 d内将果实销售完毕。

（七）包装

良好的包装不但可起到保护、减少水分蒸腾、抑制呼吸等保鲜作用，而且还可提高果实的商品档次、增强柑橘在国内外市场的竞争力。柑橘果实的内包装主要有薄膜袋单果包装，一般为厚度0.015 mm的聚乙烯薄膜，薄膜袋内的O_2为19%～20%、CO_2为0.2%～0.8%，可以保持果实的新鲜饱满和风味正常。外包装主要有纸箱和竹箩，以薄膜袋单果包装结合纸箱外包装的商品防护性更好。

（八）贮藏管理

不论采用哪种贮藏方式，都应根据果实种类和品种的贮藏特性，尽可能控制适宜的温度条件，并注意对库房进行适当的通风换气。另外，应特别注意，在贮藏后第一周左右检查的重点是柑橘青霉病和绿霉病，此时这两种病害发生严重，应及时剔除烂果；贮藏中后期重点检查柑橘的黑腐病，对检查结果进行认真分析，提出对产品的处理意见，是否可继续贮藏或及时出库销售。柑橘长期贮藏要密切注意果实品质的变化。一般而言，清明节前后是柑橘长期贮藏的临界点。虽然使用杀菌剂能有效减少柑橘果实腐烂，但在清明节前后，果实的品质变化较大，应加强检查，及时出库销售。

第四节　香蕉贮藏

香蕉属芭蕉科芭蕉属植物，为热带、亚热带水果，在我国的水果生产中占有重要的位置。我国香蕉的主产区是广东、广西、福建、海南、云南和台湾等地区。香蕉生产的最大特点是周年生产，四季收获。因此，香蕉采后在产地贮藏保鲜的不多，主要应解决流通和销售中的保鲜问题。香蕉果实不耐贮运，在流通过程中很容易成熟、品质劣变及腐烂，如果缺乏科学的贮运保鲜技术，可导致采后损失严重。

一、贮藏特性

（一）呼吸跃变和乙烯释放量较高

香蕉是典型的呼吸跃变型果实，容易成熟变软，不耐贮藏和运输，呼吸跃变是其重要的采后生理转折点。香蕉果实采收后，经过催熟或自然后熟才能达到最佳食用状态。香蕉果实长到七至八成饱满度时采收，刚采收的香蕉果肉硬，果皮绿色，呼吸速率较低。随着香蕉果实的呼吸速率提高和呼吸跃变到来，果实生理生化和色、香、味会发生一系列明显的变化：果皮颜色逐渐由绿转黄，果实质地逐渐由硬变软，果实风味由酸涩逐渐变甜，果实的挥发性香气逐渐变浓郁。这一系列的变化，均随其呼吸跃变和乙烯释放相伴发生。

（二）易受冷害和高温伤害

香蕉对低温很敏感，在秋冬季节北运北销过程中极易受到低温的影响而发生冷害，造成品质劣变。香蕉贮运温度或田间生长温度低于 11 ℃时会导致果实遭受冷害。香蕉冷害的典型症状：果皮变暗无光泽，暗灰色，严重时则变为灰黑色；催熟后果肉不能变软，果皮不能正常转黄；或虽然能成熟转黄，但果皮暗黄光泽差，表皮内有褐色条纹，乳汁变清，丧失风味；淀粉到可溶性糖的转化变慢，抗坏血酸水平下降。冷害严重影响商品的质量和档次，我国有些香蕉经营者用加冰保温车运香蕉，由于加冰量太多，车厢内温度低于 10 ℃，导致香蕉冷害严重，损失很大。但过高温度也会对香蕉造成伤害。当温度高于 25 ℃时，香蕉虽软但果皮不能正常转黄，俗称"青皮熟"，病状与严重冷害相似。

（三）适合气调贮藏

香蕉适合气调贮藏，典型的香蕉气调贮藏条件是 12～16 ℃、2%～5% CO_2 和 2%～5% O_2（Bishop，1996；Kader，1985，1992）。Hardenburg 等（1990）报道，5% CO_2 和 4% O_2 可延长香蕉的保鲜时间 2～3 倍。生产上香蕉贮运时普遍使用聚乙烯薄膜袋包装的自发性气调贮藏，效果也很好。若使用塑料袋密封的自发性气调贮藏结合使用乙烯吸收剂，效果更佳，可延长贮运期 2～5 倍。

二、贮藏运输方式

（一）低温贮藏运输

低温贮藏运输是香蕉最常用、效果最好的方式，在国外已成为一种常规的商业流通技术。我国香蕉有一部分采用机械保温车和加冰保温车运输。机械保温车可严格控制温度，但加冰保温车不能严格控温，如果加冰量过多，香蕉易发生冷害，目前我国加冰保温车运输香蕉不多。冷藏集装箱具有控温准确和使用方便等优点，在国内外越来越多用于香蕉的冷链物流。

香蕉在低温贮运前最好进行预冷，以便迅速除去果实所带的田间热，使冷藏车船上的香蕉能尽快降到适宜的冷藏温度，避免温度波动。香蕉保鲜最适温度为 12～13 ℃，低于 11 ℃ 会发生冷害。

（二）常温贮藏运输

目前，由于冷藏运输设备不足或冷藏运输成本较高等原因，我国香蕉的贮运经常在常温条件下进行。香蕉常温贮藏运输一般只可用于短期或短途的贮运，并要注意防热防冻。在常温贮运中，配合使用乙烯吸收剂，可显著延长贮运时间。

（三）气调贮藏

香蕉果实在高 CO_2 和低 O_2 贮藏条件下，呼吸作用受到抑制，呼吸跃变启动推迟，甚至不出现跃变。香蕉气调贮藏适宜的气体比例是 2％～5％ CO_2 和 2％～5％ O_2。华南农业大学已成功地把香蕉自发气调贮藏结合使用乙烯吸收剂的技术在商业上应用，可使保鲜时间延长 2～4 倍。

三、贮藏技术要点

（一）加强科学栽培管理，生产优质耐贮运的香蕉果实

提高科学栽培管理水平，生产优质耐贮运的香蕉是做好香蕉贮运保鲜工作的重要前提。科学合理施肥，有机肥与化肥相结合施用，保证植株有足够和健康的绿叶数量及果实发育所必需的养分，提高香蕉果实的品质和耐藏性。植株上喷杀菌剂并结合套袋，可显著减少香蕉果实的田间潜伏侵染，提高果实的耐藏性。果实采收时植株仍有 8～12 片绿叶，这样的果实较耐贮运，货架寿命较长。

（二）采收

根据香蕉采后贮运期的长短，选择适宜饱满度的果实采收。若要长途运输或长期贮藏，其采收饱满度一般在七至八成，饱满度越高，越接近成熟，越不耐贮运。香蕉采收时要尽量避免机械伤，国内外香蕉企业也有在果园架起索道，从索道把整穗香蕉运至加工厂，采后的全过程香蕉不着地，能有效防止机械伤。香蕉采后当天要保鲜处理完毕。不要在雨天或台风天气采收。在采后处理及贮运过程中，香蕉很容易受到机械损伤，故防止机械损伤是香蕉保鲜技术的重要措施。

（三）去轴落梳

蕉轴含有较高的水分和营养物质，而且结构疏松，易被微生物侵染而导致腐烂，并且带蕉轴的香蕉运输、包装均不方便。因此，香蕉采收后一般要进行去轴落梳，落梳后用利刀修整好切口，当天采收的香蕉一般当天加工完毕。

（四）清洗

由于香蕉在生长期间可能已附生大量的微生物，这些微生物可能会导致香蕉在贮运期间腐烂。因此，落梳后的香蕉在包装前要进行清洗，清洗时可加入一定量的次氯酸钠溶液，同时除去果指上的残花。果实落梳时会流出大量乳汁，应清洗乳汁以改善商品外观。

（五）杀菌处理

生产上一般用 500 mg/L 的咪鲜胺＋1 000 mg/L 的异菌脲浸泡果实 1 min 或喷淋果实，晾干后包装。

（六）包装

香蕉包装宜采用天地盖的双瓦楞纸箱，要求纸箱结实和防潮，以防其吸潮变软压坏香蕉。装箱时先在纸箱内垫一聚乙烯薄膜袋，高温季节薄膜厚度 0.030～0.035 mm，冬季厚度 0.04 mm。一般每箱香蕉重量 13.5 kg，装 4～6 梳（把）香蕉。每梳果实之间垫珍珠棉、海绵纸或光滑的白纸等。最后抽去塑料袋空气，密封塑料袋。包装香蕉时不能大力挤压，纸箱内的

香蕉果实不能高于包装纸箱。在包装内加入乙烯吸收剂，可显著延长香蕉的贮藏期。

（七）贮藏

香蕉的最适贮运条件：温度 $11\sim13\ ℃$，空气相对湿度 $85\%\sim90\%$，O_2 和 CO_2 浓度均为 $2\%\sim5\%$。依据香蕉的贮藏条件，加强各项管理措施，尽可能地保持适宜的贮藏条件，以提高贮运效果。在加有乙烯吸收剂时也可在常温下贮藏，夏季常温下可贮藏 $15\sim30\ d$，冬季常温下可贮藏 $1\sim2$ 个月，贮藏寿命因香蕉的品种及饱满度不同而有较大的差异。

（八）催熟

香蕉催熟要求掌握四个基本条件：一是适当的香蕉果实饱满度，饱满度以七成半至八成为宜，饱满度太高，香蕉催熟过程中，果皮容易裂开；二是适当的催熟剂浓度，乙烯气体使用浓度为 $100\sim200\ \mu L/L$，乙烯利的使用浓度为 $500\sim1\ 000\ \mu L/L$，催熟剂浓度可根据香蕉果实的饱满度、催熟温度及催熟天数做适当调整；三是适当的催熟温度，以果肉温度达 $16\sim20\ ℃$ 为宜，催熟温度越高，成熟越快，但货架寿命较短；四是掌握适当的湿度，相对湿度以 $85\%\sim90\%$ 为宜，湿度过低，果皮颜色光泽较差。

第五节　葡萄贮藏

葡萄是世界四大水果之一，历年来其产量仅次于柑橘和苹果。世界葡萄总产量的 80% 用于酿酒，10% 用于制汁和制干，其余 10% 用于鲜食。我国葡萄生产的显著特点是始终以鲜食为主、加工为辅，鲜食量占葡萄年产量的 $70\%\sim80\%$。但葡萄属浆果类水果，皮薄多汁，贮运过程中存在的主要问题是腐烂、脱粒、干梗等。近年来，随着鲜食葡萄产量的逐年增加和巨大的市场需求，葡萄保鲜技术已愈来愈受到人们的重视。

一、贮藏特性

（一）品种

葡萄栽培品种很多，耐藏性差异较大。一般晚熟品种强于早、中熟品种，深色品种强于浅色品种。晚熟、皮厚、果肉致密、果面富集蜡质、穗轴木质化程度高、果刷粗长、糖酸含量高等是耐贮运品种应具有的性状。如龙眼、牛奶、保尔加尔、玫瑰香、粉红太妃、意大利等品种耐藏性均较好。近年来引进的红地球、秋黑、秋红、拉查玫瑰等品种已显露出较好的耐藏性，果粒大抗病性强的黑奥林、夕阳红、巨峰、瑞必尔、先锋、京优等品种耐藏性中等，而新疆的无核白、木纳格等品种贮运中果皮极易擦伤褐变、果柄断裂、果粒脱落，耐藏性较差。

（二）采后生理特性

葡萄是以整穗体现商品价值，其中果柄和穗轴占果穗重量的 $3\%\sim5\%$，故耐藏性应由浆果、果梗和穗轴的生物学特性共同决定。有研究认为，整穗葡萄为非呼吸跃变型果实，采后呼吸呈下降趋势，成熟期间乙烯释放量少；但在相同温度下穗轴和果梗的呼吸强度比果粒高 10 倍以上，且出现呼吸高峰，果柄及穗轴中的 IAA、GA 和 ABA 的含量水平均明显高于果粒。葡萄果梗、穗轴是采后物质消耗的主要部位，也是生理活跃部位，故葡萄贮藏保鲜的关键在于控制果梗和穗轴的衰老、失水变干及腐烂。只要果梗和穗轴保持新鲜状态，果粒无病虫和机械损伤，葡萄贮藏就比较安全。

（三）适宜贮藏条件

1. 温度　大多数葡萄品种的适宜贮温为 $-1\sim0\ ℃$，保持稳定的贮温是葡萄贮藏的关键。

2. 湿度　与苹果、梨等果实比较，葡萄更易在贮藏中失水，其中 $70\%\sim80\%$ 的水分是由果梗和穗轴散失掉的。保持适宜湿度，是防止葡萄失水、干缩和脱粒的关键。高湿度有利于葡萄保水、保绿，但却易引起霉菌滋生，导致果实腐烂；低湿可抑制霉菌，但易引起果皮皱缩、穗轴和果梗干枯。故采用低温、高湿（90%～98%），结合防腐剂处理，是葡萄贮藏保鲜的主要措施。

据报道，贮藏欧洲种葡萄的适宜相对湿度为92%～95%，而美洲种或欧美杂种以相对湿度95%～98%为宜，过低易引起干梗。国内常用纸箱或木箱内衬塑料袋包装贮藏葡萄，控制相对湿度在95%以上，以袋内不结露为最佳。

3. 气体　葡萄是非呼吸跃变型果实中可采用气调贮藏的果实。在适宜的温度和湿度条件下，控制O_2 2%～5%、CO_2 1%～3%，可进一步提高贮藏效果。在实际应用中，最适宜的气体组合因品种、贮藏期长短等而有所不同。

二、贮藏方式

（一）冷藏

采摘后将葡萄尽快入库，迅速降温。贮藏条件随品种和贮藏期长短有所不同，一般温度保持在$-1\sim 0$ ℃，相对湿度维持在90%～95%。

在冷库贮藏时，采用SO_2熏蒸处理能够得到比较满意的效果。具体做法：葡萄入冷库后将其码成花垛，然后罩上塑料薄膜帐，在帐内以每立方米用硫黄2～3 g的剂量燃烧，熏蒸20～30 min，然后揭帐通风。经过10～15 d再熏一次，此后间隔1～2月熏一次，这样可在0 ℃左右和90%以上的相对湿度下长期贮藏。也可在库房内直接燃烧硫黄熏蒸，这种库房的金属管道必须有防锈漆保护。

（二）低温简易气调贮藏

葡萄采收后，剔除病粒、小粒并剪除穗尖，将果穗装入内衬0.03～0.05 mm厚的聚氯乙烯袋的箱中，聚氯乙烯袋敞口，经预冷后放入保鲜剂，扎口后码垛贮藏。贮藏期间维持库温$-1\sim 0$ ℃，相对湿度90%～95%。定期检查果实质量，发现霉烂、裂果、药害、冻害等情况，应及时处理。

三、贮藏技术要点

（一）采前管理

葡萄的品质是环境条件和栽培技术的综合体现，贮藏中出现的裂果、脱粒、腐烂等均与栽培措施不当有关。

1. 肥水管理　施肥种类及配比对葡萄品质与贮藏性有密切关系。葡萄有"钾素植物"的特性，浆果上色始期追施硫酸钾、草木灰或根外追施磷酸二氢钾（0.1%～0.3%），有利于果实增糖、增色，提高品质。

灌溉条件下生长的葡萄，其耐藏性不如旱地条件下生长的葡萄，生产上采前7～15 d应停止灌水。采前连阴雨天气易导致葡萄贮藏期大量腐烂，因此，雨后必须在3～5 d晴好天气后再采收。

2. 合理负载量　用于贮藏的葡萄，产量应控制在每公顷22 500～30 000 kg。结果量过大，果实糖分含量低，着色差，不耐贮藏。合理负载量是葡萄稳产优质及提高贮藏性的保证（表8-5）。

除控制树体的负载量外，保证树势中庸健壮，架面通风透光，夏季进行合理修剪，及时防治病虫害，适时套袋解袋等，对葡萄贮藏均十分重要。

果实采前3 d用50～100 mg/L的萘乙酸或萘乙酸＋1～10 mg/L的赤霉素处理果穗，可防止脱粒；用1 mg/L的赤霉素＋1 000 mg/L的矮壮素在盛花期浸蘸或喷洒花穗，可增加坐果率，减少脱粒。

表 8-5 负载量对巨峰葡萄果实贮藏效果的影响

(辽宁北镇，1994)

年份	产量/kg （以 667 m² 计）	粒重/ （g/粒）	可溶性固形物 含量/%	损耗率/ %	果梗保绿率/ %	好果率/ %
1991	1 750	11.5	16.9	4.9	80.0	95.0
	2 450	9.8	15.1	15.0	76.0	85.0
1992	1 754	11.9	17.2	5.2	92.0	94.8
	2 585	9.2	15.2	13.0	73.0	87.0
1993	1 740	12.1	17.0	8.0	95.0	92.0
	2 820	9.5	14.5	1.8	82.0	82.0

注：表中数据为贮藏 120 d 的结果。

（二）适时采收

葡萄属非呼吸跃变型浆果，在成熟过程中没有明显的后熟变化。因此，在气候和生产条件允许的情况下，采收期应尽可能延迟。充分成熟的葡萄含糖量高，着色好，果皮厚，韧性强，且果实表面蜡质充分形成，能耐久藏。果实糖分积累在迅速增长以后趋于稳定，可作为葡萄浆果充分成熟的一个判断标准。在北方葡萄主产区，许多品种的果粒含糖量达 15%~19%、含酸量达 0.6%~0.8%时，即进入成熟期。

葡萄采收宜在天气晴朗、气温较低的清晨或傍晚进行。采摘时用剪刀小心剪下果穗，剔除病粒、破粒、青粒，剪去穗尖成熟度低的果粒。采收后按质分级，分别平放于内衬有包装纸的筐或箱中，包装时果穗间空隙越小越好，然后置于阴凉处或运往冷库。

（三）预冷

葡萄采后带有大量田间热，不经预冷就放入保鲜剂封袋，袋内将大量结露使袋内积水。故按照每箱 5~10 kg 将葡萄装入内衬有 0.03~0.05 mm 厚的聚氯乙烯或聚乙烯袋的箱内，入库后应敞口，待果温降至 0 ℃左右，再放药剂封口。快速预冷对任何品种均有益。例如，巨峰等欧美杂种葡萄预冷超过 24 h，贮藏期间易出现干梗脱粒，超过 48 h 更严重，故预冷时间以不超过 12 h 为宜。而欧洲种晚熟葡萄品种预冷时间可延续至 2~3 d。美国有研究指出，采后经过 6~12 h 将品温从 27 ℃降至 0.5 ℃效果最好。为实现快速预冷，应在葡萄入贮前 2~3 d 开机，使库温降至 0 ℃左右。

葡萄保鲜
包装

（四）防腐处理

防腐处理是葡萄贮运保鲜的关键技术之一。目前国内外使用的葡萄保鲜剂的商品名称很多，但无一例外的都是以 SO_2 为保鲜剂的有效成分。SO_2 对葡萄常见的真菌病害如灰霉菌有较强的抑制作用，同时还可降低葡萄的呼吸率。葡萄贮藏中用 SO_2 进行防腐保鲜的具体做法如下：

1. 燃烧硫黄熏蒸 在密闭的库房或将果筐、果箱堆垛罩上塑料大帐封闭，每立方米空间用硫黄 2~3 g，使之燃烧熏蒸 20~30 min，然后揭帐通风。为使硫黄充分燃烧，每 30 份硫黄可拌 22 份硝石和 8 份锯末。也可从钢瓶中直接通入 SO_2 气体，0 ℃下 SO_2 的体积为 0.35 m³/kg，可直接以 SO_2 占 0.3%~0.5%的帐内容积比例进行熏蒸。

2. 亚硫酸氢盐熏蒸 用亚硫酸氢钠、亚硫酸氢钾或焦亚硫酸钠与硅胶混合，使之缓慢释放 SO_2。将亚硫酸氢盐 2~3 份、硅胶 1 份研碎混合后包成小包，每包 3~5 g。按葡萄重量，亚硫酸氢盐约占 0.3%左右的比例放入混合药物。葡萄箱、筐上面盖 2~3 层纸，将药包均匀放在纸上，然后堆码。

3. 葡萄专用保鲜剂 国家农产品保鲜工程技术研究中心（天津）生产的 CT-2 葡萄专用保鲜剂，具有前期快速释放和中后期缓慢释放的杀菌特点，药效可达 8 个月。每千克果实用 2

包药，每包用大头针扎 2～3 个孔。一般在入库预冷后，放入药剂，扎口封袋。若进行异地贮藏或经较长时间运输，采后立即放药效果更好。国内目前还有其他品牌的葡萄专用保鲜剂，只要用法得当效果也很好。

进行硫处理时应注意药剂用量。葡萄成熟度不同，对 SO_2 的忍耐性不同。SO_2 浓度过低，达不到防腐目的，过高易使果实褪色漂白，果粒表面生成斑痕。一般以葡萄中 SO_2 的残留量为 10～20 $\mu g/g$ 比较安全。此外，使用熏硫法常出现袋内空气与 SO_2 混合不均匀，局部 SO_2 浓度偏高的现象，使葡萄果皮出现褪色或产生异味。

SO_2 溶于水生成 H_2SO_3，易对库内的铁、铝、锌等金属器具和设备产生腐蚀，故应在每年葡萄出库后检查清洗。SO_2 对人体呼吸道和眼睛黏膜有强烈地刺激作用，对人体危害较大，工作人员应戴防护面具，注意安全。

出于食品安全考虑，近年日本、美国、西欧等国家禁止或限制用硫制剂作为葡萄的保鲜剂。但由于硫制剂在葡萄上的保鲜效果在国际上被公认且目前无其他产品可替代，故生产中仍广泛使用。

第六节　猕猴桃贮藏

猕猴桃是原产于我国长江流域的一种藤本果树，其果实名为中国鹅莓。20 世纪初引入新西兰，目前全世界有 30 多个国家栽植猕猴桃，都是直接或间接引自中国。猕猴桃属浆果，外表粗糙多毛，颜色青褐，其貌不扬，但是其风味独特，营养丰富，维生素 C 含量 100～420 mg/100 g，是其他常见水果的几倍至数十倍，以富含维生素 C 而被誉为"水果之王"或"长生果"。

我国从 20 世纪 70 年代开始重视猕猴桃资源的开发、保护及发展，现在已成为世界上栽培面积最大、总产量最高的国家。近年陕西、河南、四川、湖北等省猕猴桃人工栽培发展很快，在陕西秦岭北麓至渭河流域已建成全国规模最大的猕猴桃商品生产基地。随着猕猴桃栽培面积和产量的逐年扩大，其贮藏保鲜及加工受到社会的关注。

一、贮藏特性

（一）种类和品种

猕猴桃种类很多，我国现有 54 个种或变种，其中有经济价值的 9 种，以中华猕猴桃（又称软毛猕猴桃）和美味猕猴桃（又称硬毛猕猴桃）在我国分布最广，经济价值最高。主栽品种中，传统的美味猕猴桃如秦美、海沃德、米良 1 号、贵长等品种栽培面积较大；中华猕猴桃的品种有魁蜜、庐山香、武植 3 号等。目前，一些猕猴桃品种如红阳、徐香、翠香、翠玉、金艳等，发展迅速，栽培面积日益增大。

各品种的商品性状、成熟期及耐藏性差异甚大。早熟品种 9 月初即可采摘，中、晚熟品种的采摘期在 9 月下旬～11 月上旬。从耐藏性看，晚熟品种明显优于早、中熟品种，其中秦美、海沃德等是商品性状好、比较耐贮藏的品种，在最佳条件下能贮藏 5～7 个月。

（二）呼吸跃变

猕猴桃是具有呼吸跃变的浆果，采后必须经过后熟软化才能食用。刚采摘的猕猴桃内源乙烯含量很低，一般在 1 $\mu g/g$ 以下，并且含量比较稳定。经短期存放后，迅速增加到 5 $\mu g/g$ 左右，呼吸高峰时达到 100 $\mu g/g$ 以上。与苹果相比，猕猴桃的乙烯释放量是比较低的，但对乙烯的敏感性却远高于苹果，即使有微量的乙烯存在，也足以提高其呼吸水平，一旦贮藏环境中的乙烯浓度达到 0.02 mg/kg，就会诱发果实的呼吸跃变，促进果实软化衰老，并且会使果心出现白色内含物。

（三）贮藏条件

1. 温度 温度对猕猴桃的内源乙烯生成、呼吸水平及贮藏效果影响很大，乙烯发生量和呼吸强度随温度上升而增大，贮藏期相应缩短。猕猴桃贮藏的适宜温度范围为 $-0.5\sim0.5$ ℃。为了保证猕猴桃的贮藏效果，在贮藏前期，温度控制在 $0.5\sim1$ ℃，贮藏后期温度范围控制在 $-0.8\sim0$ ℃。

2. 湿度 空气湿度是贮藏猕猴桃的重要条件之一，适宜湿度因贮藏的温度条件而稍有不同，常温库相对湿度 85%～90% 比较适宜，冷藏时相对湿度 90%～95% 较为适宜。

3. 气体 对猕猴桃贮藏而言，控制环境中的气体成分较之其他种果实显得更为重要。由于猕猴桃对乙烯非常敏感，并且易后熟软化，只有在低 O_2 和高 CO_2 的气调环境中，才能明显使内源乙烯的生成受到抑制，呼吸水平下降，果肉软化速度减慢，贮藏期延长。猕猴桃气调贮藏的适宜气体组合是 2%～3% O_2 和 3%～5% CO_2，CO_2 伤害阈值为 8%。气体浓度不当，即 CO_2 过高或 O_2 过低时，长时间贮藏的猕猴桃出库后不能正常成熟软化。此外使用乙烯脱除剂（$KMnO_4$ 饱和溶液）来吸附脱除环境中产生的乙烯，或者采用乙烯合成抑制剂（1-MCP）抑制猕猴桃果实中内源乙烯的生成，也是行之有效的保鲜措施。

猕猴桃采后处理生产

二、贮藏方式

猕猴桃的贮藏方式有机械冷库贮藏、塑料薄膜封闭贮藏和气调库贮藏。

（一）机械冷库贮藏

对计划贮藏期较长（3～4 个月）即春节前上市的猕猴桃，只要控制库温在 0 ℃左右、相对湿度 90%～95%，再加上适宜的采收期和果实完整无伤，就会使晚熟品种获得满意的贮藏效果。这种方式的贮藏期虽然比气调贮藏短一些，但是却具有贮藏费用低、管理简便、无气体伤害等优点。

猕猴桃冷藏包装

（二）塑料薄膜封闭贮藏

在机械冷库内用塑料薄膜袋或帐封闭贮藏猕猴桃，是当前生产中应用较普遍的方式。此种方式与气调库的贮藏效果相差无几，晚熟品种可贮藏 5～6 个月之久，果实仍然新鲜并保持较高的硬度。

塑料薄膜袋用 0.03～0.05 mm 厚聚乙烯袋，每袋装果 5～10 kg；塑料薄膜帐用厚度 0.2 mm 左右的无毒聚氯乙烯制作，每帐贮量一吨至数吨。贮藏中应控制库温在 $-1\sim0$ ℃、库内相对湿度 85% 以上，并使塑料袋/帐中的气体达到或接近猕猴桃贮藏要求的浓度（2%～3% O_2 和 3%～5% CO_2）。

（三）气调库贮藏

气调库贮藏猕猴桃是最理想的贮藏方式。在严格控制温度（0 ℃左右）、相对湿度（90%～95%）、气体（2%～3% O_2 和 3%～5% CO_2）条件下，晚熟品种的贮藏期可达到 6～8 个月，果实新鲜、硬度好，贮藏损耗在 3% 以下。如果气调库配置有乙烯脱除器，贮藏效果会更好。

三、贮藏技术要点

（一）选择品种

目前全国范围内，作为商品栽培的猕猴桃品种有十几个，其中秦美、海沃德、金魁、亚特等以其品质好、晚熟（9 月下旬以后成熟）、耐贮藏而成为近年栽培和长期贮藏的主要品种，海沃德和秦美是当家品种，约占全国猕猴桃总产量的一半。

（二）适时采收

猕猴桃成熟后组织变软，软化的猕猴桃不能贮藏，也不便运输，只能及时食用或加工处理。因此，用于贮藏的猕猴桃必须在未完全成熟时采收。采收适期因品种、贮藏条件、计划贮藏期长短而异。

猕猴桃成熟时果皮颜色变化不甚明显，口感酸硬而难于咀嚼，故凭感官很难准确地判断其采收期。国内外普遍认为，以可溶性固形物含量作为判断猕猴桃采收成熟度的参数比较可靠。用于长期贮藏的猕猴桃，在可溶性固形物含量 6.5%～7% 时采收比较适宜；对于短期（1 个月左右）和中期（2～3 个月）冷库贮藏的猕猴桃，在可溶性固形物含量 8%～9% 时采收，既有利于提高产量和果品质量，又能获得较好的贮藏效果。可溶性固形物含量 10%～12% 为食用成熟度，大于 12% 为生理成熟度。

（三）产品处理

产品处理主要包括预冷、分级和包装。猕猴桃多采用冷库预冷。采收后应及时入库预冷，最好在采收当日入库，库外最长滞留时间不要超过 2 d，否则贮藏期将显著缩短。同一贮藏室应在 3～5 d 装满，封库后 2～3 d 将库温降至贮藏适温，即同一贮藏室从开始入库到装载结束并达到降温要求，应在 1 周内完成，时间拖延过长势必使前期入库果实软化而缩短贮藏期。采用塑料薄膜袋或帐贮藏时，必须在果实温度降低到或接近贮藏要求的温度时，才能将果实装入塑料袋或者罩封塑料帐。

猕猴桃分级主要是按果实体积大小划分。依照品种特性，剔除过小过大、畸形有伤以及其他不符合贮藏要求的果实，一般将单果重 80～120 g 的果实用于贮藏。

贮藏果用木箱、塑料箱或者纸箱装盛，每箱容量不超过 10 kg。也可在箱内铺设塑料薄膜保鲜袋，将预冷后的果实逐个装入保鲜袋。

（四）贮藏管理

对于贮藏期不超过 3 个月的中晚熟品种，控制贮藏要求的低温和高湿条件即可。对计划长期贮藏的猕猴桃，除控制适宜的温度和湿度条件外，还应采用人工气调或者自发气调贮藏方式，控制 O_2 和 CO_2 浓度，使二者尽可能达到或者接近贮藏所要求的浓度（2%～3% O_2 和 3%～5% CO_2），有条件时可在气调库配置乙烯脱除器。另外，许多研究与生产实践证明，猕猴桃不能与乙烯产生量大的苹果等产品同贮一室，以免其他果实产生的乙烯诱导猕猴桃成熟软化。

（五）产地选择

我国猕猴桃作为商品栽培的时间虽然比较短，但从各产区栽培情况来看，绝大多数栽培在优生区，少部分是在非优生区。毫无疑问，优生区栽培的猕猴桃不但产量高、品质好，而且耐贮藏。据刘兴华（2001）在国家猕猴桃商品基地陕西周至县的调查，秦岭北麓地带较之渭河流域栽培的猕猴桃，成熟软化后的可溶性固形物含量高 1%～2%，而且果实软化时间推迟约 1 个月。可见，选择优生区、栽培管理水平高、盛果期果园的果实，对猕猴桃贮藏也是不容忽视的采前因素。

第七节　鲜枣贮藏

枣原产我国，已有 3 000 多年的栽培历史，是我国独具优势的果品之一。主要分布在河北、河南、山东、山西、陕西、甘肃、新疆等省（区），主栽品种有赞皇大枣、灰枣、冬枣、壶瓶枣、梨枣等。鲜枣肉脆味美、营养丰富，维生素 C 含量达 400～600 mg/100 g（果肉），有"百果之冠"和"维生素丸"的美誉。

近年来国内市场鲜食枣需求量上升，国际市场更是供不应求。但采收后鲜枣极易出现失水皱缩、变褐、酒软、霉烂，并伴有维生素 C 的大量损失，货架期仅 3～5 d。生产上通常将其制成干枣或其他加工品，显著降低了枣的商品性状和经济价值。故贮运保鲜已成为推动枣产业持续健康发展的重要途径。

一、贮藏特性

（一）品种

枣的品种很多，大多是在产地长期栽培过程中选择保留下来的地方品种。在各地的主要栽培品种中，冬枣、蛤蟆枣、临汾团枣、襄汾圆枣、运城相枣、西峰山小枣、西峰山小牙枣、灵宝大枣等较耐贮藏；相枣、坠子枣、婆婆枣、赞皇大枣、金丝小枣次之；骏枣、壶瓶枣、郎枣、梨枣、板枣等不耐贮藏。目前贮藏的鲜枣品种中，冬枣被认为是最耐藏的品种。

（二）生理特性

有关鲜枣的呼吸类型报道不一。绝大多数研究认为，枣在采后无明显的呼吸高峰，乙烯释放量少，属非呼吸跃变型果实。但也有研究表明，部分品种如冬枣、大荔圆枣、狗头枣以及八成熟的灵武长枣，采后具有明显的呼吸跃变和乙烯释放高峰。因此，不同地区枣品种的呼吸类型及乙烯生成规律尚有待进一步研究。

伴随贮藏期延长和果实衰老，枣果易发生褐变现象。一般认为枣果褐变是其对 CO_2 敏感，鲜枣果肉中乙醇含量显著提高的结果。因此，延缓和控制枣果软化、褐变，是鲜枣贮藏保鲜的关键。

（三）贮藏条件

1. 温度 温度是影响鲜枣贮藏寿命最重要的环境因素。一般认为，枣多数品种贮藏的适宜温度为 $-1\sim0\ ℃$，冬枣因其可溶性固形物含量高可贮于 $-3\sim-2\ ℃$。具体的贮藏温度根据不同年份、不同产地结合可溶性固形物含量高低而定。

2. 湿度 枣果采收后极易失水，导致果实皱缩、软化。据报道，在库温 $6\sim10\ ℃$、相对湿度 $70\%\sim80\%$ 条件下，同时存放 14 d 的郎枣、苹果和山楂的失重率分别为 22.2%、1.2% 和 11.2%，因此，极易失水是枣果的特征之一。枣果实构造与其他核果不同，枣外果皮有气孔，中果皮有气室，极易与外部发生气体交换，引起失水皱缩或软烂变质。而低温和高湿可有效抑制枣失水变软，使贮藏期显著延长。

3. 气体 鲜枣呼吸旺盛，对贮藏环境中的 CO_2 特别敏感。研究认为，在 O_2 $3\%\sim8\%$、$CO_2<2\%$ 条件下，可明显抑制枣果实转红，提高好果率。当 $CO_2>2\%$ 时，易引起果肉褐变，导致 CO_2 中毒。贮藏过程中乙醇含量的高低与果实衰老有密切关系，乙醇含量变化虽因品种而异，但均呈上升趋势。在密闭和通风较差的环境条件下，CO_2、乙醇的存在都会导致枣果的发酵软化，果肉褐变，最终导致鲜枣腐烂。

（四）贮藏病害

枣果贮藏中发生的生理性病害主要有苦痘病、酒化褐变病和冷害。苦痘病是一种缺钙症状，病果表面出现深褐色和红褐色不规则斑块，稍凹陷，皮层下的部分果肉海绵状坏死。酒化褐变病为高浓度 CO_2 或低 O_2 伤害所致，枣果果肉有浓厚的酒糟味并伴随褐变软化，呼吸强度也明显降低。冷害是由于在果实冰点以上的不适低温所造成的伤害，表现为水渍状凹陷斑点，果肉变软变褐。

冬枣的腐烂过程

鲜枣贮藏中极易发生腐烂病害。发生的侵染性病害主要有黑斑病和由机械伤造成的病害。黑斑病有三种类型：红褐斑型、灰褐斑型和干斑型。由机械伤口引起的软腐病，是冬枣贮藏期间的主要病害。病果病斑红褐色或淡褐色，呈不规则斑块，不凹陷，病组织黏稠状软烂。若成熟前受到机械伤，则果皮下组织干缩失水，或成为网状空洞。

二、贮藏方式

（一）简易贮藏

由于鲜枣贮藏难度大，简易贮藏场所不易调控温度，所以鲜枣不宜在简易贮藏场所内较长时间贮藏。但在 10 月以后枣采收时，我国北方的窖温一般不高于 12 ℃，可进行短期临时贮藏。

适时采收的鲜枣经过挑选后，在窖内预冷 12 h，然后装入 0.01～0.02 mm 厚的无毒聚氯乙烯或聚乙烯袋中，每袋不超过 2.5 kg，然后将袋竖放在货架上。定期观察袋内果实情况，若发现个别果实红色变浅或出现病斑，说明果实已开始变软，应及时出库销售。

（二）低温自发气调贮藏

机械冷库加微孔膜袋包装，采用近冰点温度冷藏，是我国目前贮藏鲜枣中应用最普遍的方式。挑选初红至半红枣，在冷库经充分预冷后，装入 0.03～0.05 mm 厚的聚乙烯保鲜袋中，袋两侧各打 2 个对孔（$\phi 5$ mm），每袋装量为 2.5～5 kg；也可在箱内衬 0.01～0.02 mm 厚的聚乙烯微孔袋，每袋装量不超过 10 kg。待果温降至与库温基本相同时，掩口封箱，码垛贮藏。贮藏期间维持库温－1～0 ℃。

（三）冰温贮藏

将枣果置于冰点温度范围内进行贮藏，可以更好地延缓枣果的成熟和衰老。冬枣因可溶性固形物含量高，所以冰点温度较低，故可在－3～－2 ℃冰温范围内贮藏。具体温度参数以冬枣不受冻但温度最低为原则。

一般情况下，枣果的冰点随其可溶性固形物含量的增加而降低。因此，影响可溶性固形物含量积累的因素都影响其冰点，如品种、产地、年份、栽培技术、采收时期等，同时也影响着适宜贮藏温度的确定。

（四）气调贮藏

适时采收的枣果经防腐处理后，装箱进入气调库贮藏。贮藏期间维持库温－1～0 ℃，相对湿度 95% 以上，O_2 3%～5%，$CO_2 < 2\%$。此条件下，可将襄汾圆枣、临汾圆枣、永济蛤蟆枣、尖枣、西峰山小枣、冬枣、大雪枣等品种贮藏约 3 个月，金丝小枣、赞皇大枣贮藏约 2 个月。韩海彪等（2007）采用 2% CO_2＋7% O_2＋91% N_2 的气体组合贮藏灵武长枣，可使其贮藏 120 d 时硬果率 50.5%、商品果率 96.3%。

（五）减压贮藏

减压贮藏大大加速组织内乙烯及其他挥发性产物如乙醛、乙醇等向外扩散，因而可减少这些物质引起的衰老和生理性病害。郝晓玲等（2004）将冬枣和梨枣贮藏于 20.3 kPa 减压条件下，温度为 0 ℃±1 ℃，发现冬枣贮藏至 90 d 时，好果率比对照高 40%，梨枣贮藏至 75 d 时，好果率比对照高 23%，且明显延缓了枣果的转红速度。

三、贮藏技术要点

（一）适时采收

采收成熟度直接影响枣的耐藏性。在一定的成熟时期内，成熟度愈低，果实耐藏性愈好。但早采枣的果皮蜡质层薄，贮藏中易失水皱皮，含糖量低，口感差。随成熟度提高，果实风味变好，但果肉软化褐变加快，保脆时间短，耐藏性下降。故长期贮藏的枣应适期采收。枣的成熟期分为以下 4 种，可根据需要适期采收。

白熟期：果实大小形态基本形成，果皮由绿转黄白。此时糖分积累最快，维生素 C 含量不断增加。

初红期：果柄基部的果皮开始着色（红圈），也有品种从果顶开始着色，此时糖仍在不断积累。

半红期：果皮着色面积达到 50%～80%，风味、口感基本能表现出该品种的特点。

全红期：果面全部着色，由浅红色变为深红，糖分和维生素 C 含量达最大值，之后果肉逐渐软化变褐。

鲜枣贮藏一般应在初红期至半红期采收，果实品质和耐藏性均较好。

同一株树上，枣的成熟度差异较大时，可人工分期采摘，保留果柄，尽可能减少机械伤。

果实采后及时剔除伤果、病虫果及无柄果，经分级后进行包装。

（二）采前及采后处理

采前 15 d 对树冠喷 0.2% $CaCl_2$ 溶液，或采后用 2% $CaCl_2$＋30 mg/kg GA_3 浸果 30 min，有利于果实保脆和减少果肉变软腐烂。李宁等（2010）对沾化冬枣采用 2% $CaCl_2$ 溶液 45 ℃热水浸果 6 min，处理后置于 0 ℃±1 ℃、相对湿度 90%～95% 条件下贮藏，可有效抑制贮藏期冬枣的呼吸跃变，保持冬枣的可滴定酸、可溶性固形物、维生素 C 的含量及果实硬度，显著抑制冬枣贮藏期腐烂和转红指数的升高。采前对西峰山小枣进行 150 倍高脂膜或 1 000 倍甲基硫菌灵等杀菌处理，贮藏 45 d 后好果率分别比对照提高 29.6% 和 24.8%。此外，贮藏过程中用 2～3 g/m³ 噻菌灵熏蒸，可抑制霉菌繁殖生长，显著提高好果率。

1 - MCP 采后熏蒸处理，对泗洪大枣和灵武长枣的保鲜效果良好。每 10 kg 泗洪大枣放置 1 片保鲜剂，1 - MCP 有效质量浓度为 0.9 mg/L。保鲜剂放置在果实上方，中间衬以白纸，不与果实直接接触，且整个过程中均放置保鲜片，处理后的枣果置于 1 ℃±1 ℃ 低温下贮藏。此法可抑制枣果呼吸速率，贮藏 15 d 和 45 d 的呼吸速率分别为对照的 53% 和 50%；可以延缓果实硬度的下降；减少枣果维生素 C 的损失，贮藏 60 d 时维生素 C 保存率高达 84.3%，是对照果的 2 倍；降低枣果细胞膜透性，延缓果实的衰老；抑制果实腐烂，对照 30 d 时出现腐烂，处理果 60 d 才开始腐烂（颜志梅等，2007）。对于灵武长枣，采用 1 μL/L 1 - MCP 熏蒸 24 h 处理的果实，用保鲜袋包装并置于 0 ℃ 贮藏，可使灵武长枣保鲜 90 d（班兆军等，2009）。

（三）包装

鲜枣呼吸旺盛且易失水，对 CO_2、乙烯等气体敏感，果皮薄不抗挤压碰撞。故常采用 0.03～0.05 mm 厚的聚乙烯或无毒聚氯乙烯打孔塑料小包装贮藏，装量以每袋 2.5～5 kg 为宜，每千克打孔（ϕ5 mm）3～4 个，若采用 0.01～0.02 mm 厚的聚乙烯微孔膜包装效果更佳。也可将袋子对折掩口，以防发生 CO_2 伤害。裸果贮藏时应注意库内加湿，保持 90%～95% 相对湿度。

（四）鲜枣贮藏技术路线

选耐贮品种→采前处理→适时无伤采收→剔除病果、虫果、伤果→采后处理（防腐、分级）→快速预冷至 0 ℃→微孔膜包装或者打孔袋贮藏→出库前果温缓慢回升→适时出库销售。

第八节　核果类贮藏

桃、李、杏、樱桃属于蔷薇科李属植物，果实分类上为核果类果实。核果类果实色鲜味美，肉质细嫩，营养丰富，且成熟期早，对调节晚春和伏夏的果品市场供应起到了重要作用。但桃和李皮薄、肉软、汁多，收获又多集中在 6～8 月的高温季节，容易软化腐烂，采后贮运中易受机械损伤，低温贮藏易产生褐心冷害。因此，核果类是适于短期贮藏的果实。

一、桃贮藏

（一）贮藏特性

1. 品种　桃品种间耐藏性差异较大，早熟品种一般不耐贮运，而晚熟、硬肉或不溶质、粘核品种耐藏性较好。例如，早熟水蜜桃、五月鲜耐藏性差，而山东青州蜜桃、肥城桃、中华寿桃、河北晚香桃较耐贮运。此外，大久保、白凤、岗山白等品种也有较好的耐藏性。

2. 生理特性

（1）呼吸强度与乙烯变化。桃属呼吸跃变型果实，采后具双呼吸高峰和乙烯释放高峰，乙烯释放高峰先于呼吸高峰出现。果实呼吸强度是苹果的 3～4 倍，乙烯释放量大，果胶酶、纤维素酶、淀粉酶活性高，果实变软败坏迅速，这是桃不耐藏的重要生理原因。离核桃的呼吸强度大、酶活性高，而粘核桃的呼吸强度低、酶活性相对较低，故粘核桃贮藏性优于离核桃。

（2）果实软化和果胶类物质的变化。核果类果实大都在树上达到硬熟，采后迅速软化，这主要与果胶类物质的变化有关。七八成熟的果实果肉细胞壁的果胶酯化近 100%，采后当果实变软时，酯化度急剧下降，果胶类物质的这种水解过程是由于果胶甲酯酶（PME）和多聚半乳糖醛酸酶（PG）共同作用的结果。PG 又分为内切酶和外切酶，离核桃同时具有两种酶，因而成熟时可溶性果胶含量高；粘核桃的内切 PG 活性低，成熟时果胶类物质溶解较少，变软较慢。

（3）低温伤害。核果类果实对低温非常敏感，一般在 0 ℃贮藏 3～4 周即发生低温伤害，表现为果肉褐变、肉质生硬、木渣化、丧失原有风味。桃果实在冷藏中极易发生冷害，后熟过程中出现果肉质地发绵、汁液减少等絮败现象。絮败产生的主要原因是 PME 和 PG 活性变化不平衡，导致果胶类物质正常降解受阻，形成胶凝。茅林春等（2000）认为，低温抑制 PG 的活性，使细胞壁果胶类物质不能分解，从而造成果实不能正常软化，同时导致低甲氧基高分子质量的果胶类物质的大量积累；这些积累的果胶类物质与钙离子结合形成凝胶状结构，束缚了大量水分，从而造成果肉干化，出汁率下降。不同品种和成熟度的果实对低温的敏感性差异很大，如晚熟桃较中熟桃耐贮藏，且抗冷害能力强，低温对软溶质型桃品质的影响超过硬溶质型桃。低温褐变从果肉维管束和表皮海绵组织开始。Lee（1990）研究'Eden'等桃品种，发现果肉褐变程度与总酚含量、多酚氧化酶（PPO）活性呈正相关；0 ℃下贮藏 2 周后，桃果肉木渣化与果实组织果胶酯酶（PE）活性持续及内切 PG 活性受抑制有关。长期低温贮藏使桃丧失后熟能力的原因是 PE 失活、细胞壁结构物质代谢异常，进而导致果实生硬、冷害加剧。同时，果实内乙酸、乙醛等挥发性物质积累，促使果实产生异味。

有研究发现，桃果实冷害发生分为两个阶段，第一阶段为入贮 15 d 内，主要受品种、成熟度影响，可通过间歇升温来调节；第二阶段是第一阶段伤害积累造成的，果胶类物质代谢受干扰，难以控制。间歇升温（每隔 2 周将果实升温至 18～20 ℃，保持 2 d）可减轻低温伤害的发生。

（4）气体成分。桃对低 O_2 忍耐程度强于高 CO_2。例如，有研究者对大久保、绿化 9 号桃研究发现，0～1 ℃下控制气体浓度为（1%～3%）O_2＋（3%～8%）CO_2，贮藏 60 d 后，果实未发现衰败症状。

（二）贮藏方式

1. 冷藏 桃的适宜贮温为 0 ℃，相对湿度为 90%～95%，贮藏期可达 3～4 周。若贮期过长，果实风味变淡，发生冷害且移至常温后不能正常后熟。冷藏中采用塑料小包装，可延长贮藏期，获得较好的贮藏效果。

2. 气调贮藏 目前商业上一般推荐桃气调贮藏的条件为：0 ℃下（1%～2%）O_2＋（3%～5%）CO_2。但 Zoffoli（1997）研究认为，减少桃褐变、木质化的最佳气体成分为：（3%～8%）O_2＋（15%～20%）CO_2；在 0 ℃，1% O_2＋5% CO_2 贮藏油桃，贮藏期可达 45 d；'FiestaRed'油桃在 0 ℃、$15\%O_2$＋10% CO_2 的环境中贮藏 8 周，果肉不发绵。

国内桃贮藏多采用专用保鲜袋进行简易气调贮藏。将八九成熟的桃装入内衬聚氯乙烯或聚乙烯薄膜袋的纸箱、塑料箱或木箱内，运回冷藏库立即进行 24 h 预冷处理，然后分别放入一定量的仲丁胺熏蒸剂、乙烯吸收剂及 CO_2 脱除剂，扎紧袋口、封箱码垛后进行贮藏（0～2 ℃）。在此条件下，大久保和白凤桃贮藏 50～60 d 的好果率达 95% 以上，基本保持果实原有硬度和风味，深州蜜桃、绿化 9 号、北京 14 号的保鲜效果次之。

（三）贮藏技术要点

1. 适时无伤采收 桃的采收成熟度与耐藏性关系密切。采摘过早，产量低，果实成熟后风味差且易受冷害；采收过晚，果实软化快且易受机械伤害，变质腐烂严重，不耐贮运。用于贮运的桃应在果实生长充分、基本呈现本品种固有的品质且肉质尚硬时采收。

用于贮运的桃应在七八成熟时采收。采收时应带果柄，以减少病菌入侵机会。当果实成熟不一致时应分批采收。适时、无伤采收，是延长桃贮藏寿命的关键措施。

2. 预冷 桃采收季节气温高，采后果实软化腐烂很快。故一般应在采后 12 h 内、最迟 24 h 内将果实冷却到 5 ℃以下，尽快除去果实带有的田间热，抑制褐腐病和软腐病的发生。桃预冷的方式有风冷和水冷（0.5～1 ℃），后者的冷却效果更佳。快速预冷有利于保持果实硬度，减少失重，控制贮藏期病害。

3. 包装 桃包装容器不宜过大，以防重压、振动、碰撞与摩擦造成损伤。一般用浅而小的纸箱盛装，箱内加衬软物或隔板，每箱 5～10 kg。也可在箱内铺设 0.02 mm 厚低密度聚乙烯袋，袋中加乙烯吸收剂后封口，可抑制果实后熟软化。

4. 间歇升温控制冷害

（1）冷藏过程中定期升温。果实在 0 ℃±0.5 ℃下贮藏 15 d，然后升温至 18 ℃贮藏 2 d，再转入低温贮藏，如此反复。

（2）低温气调结合间歇升温处理。桃在 0 ℃下气调贮藏，每隔 3 周将其升温至 20 ℃空气中放 2 d，然后恢复到 0 ℃继续气调贮藏。9 周后出库，在 18～20 ℃放置后熟。采用此法，桃的贮藏期比一般冷藏延长 2～3 倍，且果肉褐变较轻。

此外，桃对 CO_2 比较敏感，当 CO_2 浓度高于 5%时易发生伤害。症状为果皮呈现褐斑、溃烂，果肉及维管束褐变，果实汁液少，肉质生硬，风味异常。因此，在气调贮藏中应注意保持适宜的气体指标。

二、李贮藏

（一）贮藏特性

1. 品种 晚熟品种耐藏性较强，如牛心李、冰糖李、黑琥珀李、黑宝石李、澳大利亚 14 号李、安哥诺李、龙园秋李等。

2. 生理特性 李属呼吸跃变型果实。采后软化进程较桃稍慢，果肉具有韧性，耐压性较桃强。其成熟的特征是绿色逐渐减退，显现出该品种固有的颜色。大部分品种的果面有果粉，有的有明显的果点。随着果实的成熟，花青素和可溶性固形物含量增加，黑色品种的果皮逐渐由绿转黄绿色、深紫色、甚至呈紫黑色；果实表面果粉逐渐增多，果肉硬度逐渐降低。李贮藏中 CO_2 浓度过高易引起褐心病，一般不宜超过 8%，低浓度（<1%）O_2 对果实也会产生生理伤害。

（二）贮藏方式

1. 冷藏 商业贮藏多以冷藏为主。在 0 ℃±0.5 ℃、85%～90%相对湿度下，贮藏期一般为 20～30 d，耐贮藏的品种可达 2～3 个月；若结合间歇升温处理，贮藏期可进一步延长。

2. 气调贮藏 有研究表明，用 0.02 mm 厚聚乙烯薄膜袋包装，每袋 5 kg，在 0～1 ℃、（1%～3%）O_2+5% CO_2 条件下，贮藏期可达到 10 周左右，腐烂率较低。以澳大利亚 14 号李为材料进行的研究表明（史辉等，2007），果实采收后在 4 ℃下预冷 12 h 后，在温度为 0 ℃±1 ℃、气体成分为（6%～8%）O_2+（4%～6%）CO_2 的条件下贮藏，可显著抑制采后李果实可滴定酸的下降和呼吸速率、固酸比的上升，延缓果肉褐变，延长贮藏时间，贮藏 50 d 果肉不褐变。

（三）贮藏技术要点

1. 适时无伤采收 李的采收成熟度与耐藏性关系密切。采摘过早，产量低，果实成熟后风味差且易受冷害，且贮藏中果肉会出现褐变现象；采收过晚，果实软化快且易受机械伤害，极易劣变腐烂，不耐贮运。用于贮运的李应在果皮由绿转为该品种特有颜色，表面有一薄层果粉，果肉仍较坚硬时采收。红色品种在果实着色面积占全果将近一半时为硬熟期，80%～90%

着色为半软熟期;黄色品种在果皮由绿转为绿白色时为硬熟期,果实呈淡黄绿时为半软熟期。应根据品种特性、采后的用途、贮藏方法、运输方式及市场需要等因素决定适宜的采收期。采收时应带果柄,以减少病菌入侵机会。当果实成熟不一致时应分批采收。适时无伤采收,是延长李贮藏寿命的关键措施之一。

2. 预冷 李采收季节气温高,采后果实软化腐烂很快。故一般应在采后 12 h 内、最迟 24 h 内将果实冷却到 5 ℃以下,尽快除去果实带有的田间热,抑制褐腐病和软腐病的发生。李预冷的方式有风冷、水冷(0.5~1 ℃)和 0 ℃的冰水混合冷却,后两者的冷却效果更佳。用冷水或冰水冷却后,在彻底晾干果面水分后方可包装入贮。

3. 包装 李包装容器不宜过大,以防重压、振动、碰撞与摩擦造成损伤。一般用浅而小的纸箱盛装,箱内加衬软物或隔板,每箱 5~10 kg。也可在箱内铺设 0.02 mm 厚低密度聚乙烯袋,袋中加乙烯吸收剂后封口,可抑制果实后熟软化。用于长期贮藏和长途运输时,应用钙塑瓦楞纸箱,箱内分格,将果实一果一格单独摆放。

4. 间歇升温 参照桃的间歇升温处理。李的冷害临界温度为 6~7 ℃,但适宜贮藏温度在 0 ℃会导致冷害而使果肉产生褐变,间歇升温可以提高果实的抗冷害能力。刚采收的果实置于 −0.5~0 ℃下贮藏,每 15 d 移至 18~20 ℃并保持 1 d,然后转回 −0.5~0 ℃下贮藏,冷害和褐变症状得以延缓或减轻。

5. 1‑MCP 熏蒸 用 1‑MCP 熏蒸处理具有价格低廉、使用方便、节能降耗等优势。把采摘后李果实平铺于事先搭好的一定体积密闭塑料帐内,然后对其进行 $1\mu g/L$ 1‑MCP 熏蒸,熏蒸 10~20 h。一般采摘当天熏蒸效果较好。

三、杏贮藏

(一)贮藏特性

1. 品种 品种对杏贮藏性影响较大,一般晚熟品种比较适合长期贮存。长期贮藏应选择果大、果皮厚、无茸毛、有蜡质或少量果粉、果汁中等或较少、果肉坚实的品种(王伟,2006),如河北巨鹿的串枝红杏、陕西华县的大接杏、山东招远的红金榛杏、河南渑池的仰韶黄杏、甘肃敦煌的李光杏等。

2. 生理特性 杏果实在生长发育时呈现双 S 形的生长曲线,具有呼吸高峰,因而属于呼吸跃变型果实。采后易软化腐烂,不耐贮藏,货架期较短。受季节性影响,杏果实多在 6~7 月间采收,采收期较集中,且呼吸强度较高,采后生理代谢旺盛。杏果实在成熟以后极易软化、失水,果肉易褐变。通常情况下,杏果实的采后货架期仅有 3~5 d。

杏的分级包装

(二)贮藏方式

1. 冷藏 低温贮藏能够有效地抑制杏果实的呼吸作用,降低乙烯的生成量,抑制果实内氧化还原酶的活性及病菌的生长繁殖,有利于杏的贮藏保鲜。杏果实常用机械冷库贮藏,冷库贮藏的适宜温度为 0~2 ℃,相对湿度为 90%~95%,在不造成低温冷害的前提下,尽量降低贮藏温度以减弱代谢活动。

2. 气调贮藏 气调贮藏的杏须适当早采,采后迅速将果实运回冷藏库进行预冷,预冷 12~24 h,待果温降到 3~5 ℃时,再转入气调库中贮藏。库温控制在 0 ℃左右,相对湿度 85%~90%,配以 5% CO_2 + 3% O_2 的气体成分。在这样的条件下,杏果实的贮藏效果最好,贮藏期可达 30~50 d。

(三)贮藏技术要点

1. 适时无伤采收 成熟度过高的杏果实容易软化衰老,而成熟度偏低时风味偏酸苦,食用品质差。用于贮藏的杏果应在果实达到本品种固有的大小,果面由绿色转为黄色(绿熟转色期),向阳面呈现品种固有的色泽,果肉仍然坚硬,营养物质已积累充分,略带有品种风味,大约八成熟时采收。果实采收时要带果柄，在成熟度不一致时要分批采收。采时要轻拿轻放，尽量保持果实完好无损。

2. 预冷 杏采后可直接放入低温冷库预冷。一般在果实采收后当日即入库预冷，预冷的终点温度为 2～3 ℃，预冷持续时间不超过 48 h，越快越好。

3. 包装 厚度 0.03 mm 聚氯乙烯袋密封包装，可以延缓杏果实硬度、维生素 C 和可滴定酸含量的下降。相较于普通纸箱包装，聚乙烯塑料网套配合泡沫箱的包装方式能够较好地保持杏果实的硬度和可溶性固形物含量，降低失重率和发病率，有效延长贮藏期。

4. 间歇升温 低温贮藏后的杏果实出售前应逐步升温回暖，在 18～24 ℃下后熟，有利于表现出良好的风味。

四、樱桃贮藏

樱桃经济价值高，果实晶莹艳丽，营养丰富，含铁量高，于四五月成熟。其成熟期正值春夏之交，是水果上市的淡季，极受消费者欢迎。但是，樱桃采收时节的气温高，成熟期短，采收期较为集中，采后极易过熟、褐变和腐烂。

（一）贮藏特性

1. 品种 我国的樱桃主栽品种可分为中国樱桃和甜樱桃。用于贮藏和远销的品种最好选用甜樱桃，因其含糖量高，果肉质地比较硬实，果实较大。其中那翁最耐贮运，其他耐贮运的品种还有先锋、萨米脱、拉宾斯、斯坦勒、友谊、滨库等。中国樱桃中的大多数品种个小、味酸，不耐贮运；早红、玛瑙、珊瑚、大鹰紫樱桃耐贮性居中。一般说来，早熟和中熟品种不耐贮运，晚熟品种耐贮运性较强。黄色品种贮藏后外观易产生锈色，可贮藏 10 d 左右，存放时间长的宜选择红色品种。一般北方产的樱桃比南方各品种稍耐藏。酸樱桃一般不作长期贮藏，多用于加工。

2. 生理特性 樱桃属于非呼吸跃变型果实，但乙烯对其采后衰老有一定的影响。樱桃采后可滴定酸和维生素 C 含量下降迅速，极易发生果肉褐变、果实失水、软化、腐烂等问题。采后浸钙、涂膜、气调贮藏等有利于保持其果柄及果实的颜色，减缓可溶性固形物、可滴定酸和维生素 C 含量的下降，减少失水和腐烂，延长其贮藏期，提高果实贮藏品质。

3. 采收及采后处理 樱桃的成熟度根据果面色泽、果实风味和可溶性固形物含量来确定。黄色品种，当底色褪绿变黄、阳面开始有红晕时，进入成熟期；红色品种或紫色品种，当果面已全面着色，即表明进入成熟期。樱桃果实发育期很短，果实从开始成熟到充分成熟，果实体积还能增长 35％左右，在此期间，果实风味变化很大。采收过早，果个小，糖分积累少，着色差，抗性也差，且贮运期间易失水、失鲜，易感病；采收过晚，有些品种易落果，果肉松软，贮运过程中易掉柄，果实极易软化、褐变、衰老。适宜成熟度的果实含糖量高，果皮厚韧，着色度好，且抗病性和耐藏性强。一般选择八九成熟、果实充分着色且尚未软化的果实采收，采收时要带果柄，尽量避免机械损伤。用于贮藏的樱桃要适当早采，一般提前 3～5 d 采收。宜选择晴天的 9 时以前、无露水或下午气温较低时采收，采前 7～10 d 不宜灌水。采收时注意用手捏住果柄轻轻往上掰，注意连同果柄一起采摘。盛果的容器内要有软衬，底部设置一出口，便于果实从底部倒出，容器不宜过大。

樱桃
采后包装

采后立即预冷至 0 ℃左右，并采用 0 ℃左右的冷藏车进行运输。由于樱桃果实小、皮薄、汁液多，极不耐压，故应采用较小的包装，一般每盒 2 kg 左右为宜。

（二）贮藏方式

1. 低温冷藏 樱桃适宜的贮藏温度为 0 ℃±0.5 ℃，相对湿度 90％～95％，贮藏期可达 30～40 d。

2. 气调贮藏 樱桃可耐较高浓度的 CO_2。气调贮藏的指标为：温度 0 ℃±0.5 ℃，相对湿度 90%～95%，CO_2 10%～20%，O_2 3%～5%，贮期可达 50～60 d。目前大规模气调库贮藏应用较少，大多采用自发气调贮藏方式。

3. 减压贮藏　减压贮藏可使果实色泽保持鲜艳，果柄保持青绿。与常压贮藏相比，果实腐烂率低，贮藏期长，果实的硬度、风味及营养损失均很小。试验表明，0 ℃、压力控制在 $5.3×10^4$ Pa，每 4 h 换气一次，可贮 50～70 d。

（三）贮藏技术要点

（1）选择耐藏品种。

（2）适时无伤采收。

（3）及时预冷，适当药剂处理，适宜包装。预冷是樱桃贮藏效果优劣的一个重要环节。尽快使果实温度降到 0 ℃±0.5 ℃，方可装袋（箱）贮藏运输。

（4）保证适宜温度、湿度。温度变动幅度不宜大于 0.5 ℃，以免出现结露现象，导致果实出现生理失调和病菌滋生。

（5）气调贮藏时，CO_2 浓度不宜超过 20%，以免引起 CO_2 中毒和产生异味。

第九节　坚果类贮藏

一、板栗贮藏

板栗营养丰富，种仁肥厚甘美，是我国特产干果和传统的出口果品，在国际市场上有"中国甘栗"的美称。板栗采收季节气温较高，呼吸作用旺盛，品质下降快，容易造成大量板栗因生虫、发霉、风干而损失掉。因此，搞好板栗贮藏保鲜十分重要。

（一）贮藏特性

1. 品种　目前生产中栽培的板栗多为地方品种，一般北方品种贮藏性优于南方品种，中晚熟品种强于早熟品种，嫁接板栗优于实生板栗。山东的晚熟品种焦扎、青扎、薄壳、红栗，陕西的镇安大板栗，湖南的虎爪栗，河南的油栗等贮藏性较强；而江苏宜兴、溧阳的早熟品种处暑红、油光栗等不耐贮藏。

2. 生理特性　板栗种仁内的成分主要是水（47%～56%）和淀粉。其种壳的结构为纤维状，不具备阻隔水分蒸腾的功能，极易失水。水分过多易被微生物侵染而使果实霉烂。水分蒸腾易引起种仁失水萎缩，如新鲜板栗在通风良好的室内堆放 30 d 后，其含水量可降为 24%，失重率高达 26.5%，果仁干硬，失去香甜风味。板栗贮藏过程中淀粉在酶的作用下水解而减少，糖含量逐渐增加。

板栗贮藏期间的生理活动主要表现为呼吸作用。板栗在 9～10 月采收，脱苞后由于果实含水量高和气温高，板栗中的淀粉酶、水解酶活性强，呼吸作用十分旺盛。故板栗脱苞后应及时进行通风、散热、发汗，使果实失重在 5%左右，以减少贮运中的霉烂。防止霉烂、失水、发芽和生虫是板栗贮藏的技术关键。

板栗种子具有生理休眠特性，休眠解除后即萌芽，在生理上表现为呼吸上升和内源激素的增加。板栗的休眠期长短因品种而异，短则 1 个月，长则 2 个月左右，如陕西镇安大板栗的休眠期为 2 个月（刘兴华，1980）。板栗采后的生命活动可分为 3 个阶段：第一阶段，从采收到 11 月中旬呼吸作用旺盛，淀粉降解快；第二阶段，11 月中旬至次年 2 月中旬处于休眠期，贮藏相对安全；第三阶段，2 月中旬后，休眠解除，生命活动再次活跃，是板栗贮藏的危险期。在板栗休眠解除前，将贮藏温度降至 -4～-2 ℃，可有效抑制呼吸上升和内源激素的增加，使板栗处于强制休眠状态而不发芽（王贵禧，1999）。

板栗贮藏中极易发生"石灰化"现象，即板栗在贮藏期间发生的生理紊乱现象，组织呈粉质状态，犹如石灰，民间称之为"石灰化"。石灰化的板栗食用品质显著劣变，而板栗外观正常，在入贮前难以辨认剔除。宋雯雯等（2006）研究发现，板栗贮前在一定温度范围内（20 ℃、30 ℃、35 ℃），温度越高，时间越长（4 d、8 d、12 d），板栗失水越多，石灰化发生的比例越大，冷藏期间石灰化发展程度越严重。因此，板栗采后在脱苞、运输和入库前，应尽量缩短不适宜高温的时间。

3. 采收期 板栗采收过早，气温偏高，坚果组织鲜嫩且含水量高，淀粉酶活性强，呼吸旺盛，不利贮藏。若采收过迟，坚果则自然脱落易造成损失。板栗成熟的标准为栗苞色泽由绿转黄，刺束先端枯焦，苞肉缝合线露出白色纵痕但未裂开，其内坚果红褐色，组织充实，全树 1/3 以上栗苞开始开裂时为适宜采收期。采收最好在晴天进行，用竹竿打落，或用铁钩夹折。将栗球收集堆放数天后，待栗苞全部开裂时及时取出栗果。

（二）贮前处理

1. 发汗、散热、脱苞 采收后的栗球温度高、水分多、呼吸强度大，不可大量集中堆积，否则容易引起发热腐烂。应选择凉爽通风场所，将栗球堆成约 50 cm 高的堆，不可压实，每隔 2～3 m 插一把小竹子或秸秆，以利通风、降温和散失水分，堆放时间 7～10 d，然后将坚果从栗苞中取出，剔除病虫及不合格果，再在室内摊晾 3～5 d 即可入贮。

2. 防虫 板栗贮藏中的主要害虫为栗实象甲和食心虫。成虫于 6～9 月发生，采收前产卵于果实上，幼虫孵化后进入果实内部蛀食。常用的防虫方法有浸水与熏蒸。

（1）浸水灭虫。将板栗浸没水中 3 d，每天换水一次，可使害虫窒息死亡。为了缩短浸水时间，可将板栗放入 50 ℃ 温水中浸 45 min，取出晾干后贮藏。

（2）熏蒸灭虫。根据栗果数量，可用塑料帐或库房密闭后进行熏蒸处理。常用药物为二硫化碳，用量为 20～50 g/m³，熏蒸时间为 18～24 h。因二硫化碳气体的密度较空气大，熏蒸时盛药液的容器应放在熏蒸室的上方。此外，也可用溴甲烷 40～56 g/m³、时间 5～10 h，或用磷化铝 18～20 g/m³、时间 18～24 h 进行熏蒸处理。

3. 防腐处理 贮藏中引起板栗腐烂的病原菌主要有青霉菌、镰刀菌、裂褶菌、红粉霉菌等。防止这些病原菌的有效措施：一是加强田间管理，防止生长期病原菌的入侵；二是在采收、包装、运输过程中尽量减少机械损伤，防止病原菌感染；三是采用适宜的低温抑制病原菌的生长和繁殖；四是采用高效低毒杀菌剂甲基硫菌灵、百菌清或多菌灵可湿性粉剂 500～600 倍液浸果 3～4 min 后立即取出，晾干后贮藏。

4. 防止发芽 贮藏中将温度控制在 0 ℃ 左右，即能有效地防止板栗发芽。常温贮藏时，可在栗果采后 50～60 d 即生理休眠即将结束时，用 0.05～0.10 kGy 的 ⁶⁰Co 射线照射处理，破坏坚果的生长点使其不能发芽。

5. 热处理 采用热水或热蒸汽处理，可抑制栗果贮藏过程中的呼吸强度、降低淀粉酶活性，显著抑制病害的发生和蔓延。可采用 50 ℃ 热水浸渍 60 min 后，于室温下摊开晾干，装入 0.05 mm 厚的打孔薄膜袋中，置于 0 ℃±1 ℃ 下冷藏，效果显著；若热处理结合壳聚糖涂膜剂浸蘸处理 15 s，效果更好（蒋依辉等，2003）。

（三）贮藏方式

1. 常温沙藏 我国南方板栗产区多在室内阴凉地面上铺一层高粱秆或稻草，然后铺沙约 6 cm 厚，沙的湿度以手握成团、手松散开为宜。然后以 1 份栗＋2 份湿沙混合堆放，或栗和沙交互层放，每层约 10 cm 厚，最上层覆沙 5～7 cm，最后用稻草覆盖，总高度约 1 m。每隔 20～30 d 翻动检查一次。要定期喷水增湿，以免出现失重风干现象。气温低（＜10 ℃）的场所，可贮藏 2～3 个月，此后，最好将板栗出库上市，以免发芽。

2. 冷藏 低温可有效降低板栗的呼吸作用，抑制微生物的生长。在库温 0～1 ℃、相对湿度 90%～95% 条件下，用尼龙编织袋包装（50 kg/袋），堆高 6～8 袋，堆中留出足够的空隙，以利通风降温。若湿度不够，可每隔 4～5 d 在库内洒水加湿，或在编织袋内衬 0.04 mm 厚的打孔聚乙烯袋，可减少栗果失水，延长贮藏期。

3. 变温冷藏 王贵禧等（2000）提出用保鲜袋包装并结合变温处理的方法可保持板栗的新鲜度。具体方法：板栗经冷库预冷后装入聚乙烯塑料薄膜保鲜袋中，再外套麻袋进行冷藏，库温在 10 月到 11 月中旬为 $-0.5\sim1.5$ ℃，11 月中旬到次年 2 月中旬为 $0\sim2$ ℃，2 月中旬后为 $-4\sim-2$ ℃。用此法在燕丰板栗和红油栗上进行试验，可使其贮藏期达 8 个月以上，干耗率为 $2.0\%\sim2.3\%$，腐烂率为 $0.6\%\sim1.6\%$，发芽率为 0，栗果好果率为 $92.1\%\sim97.4\%$，并较好地保持了板栗的淀粉、可溶性糖和蛋白质的含量，风味正常。鲁周民等（2003）提出的低温冷藏工艺参数为：在贮藏开始的 $10\sim15$ d，控制环境温度 0 ℃±1 ℃，相对湿度 85% 左右，之后调整温度到 -3 ℃±1 ℃，相对湿度 $93\%\sim95\%$，采用此法贮藏板栗 180 d，好果率达 98.7%。

4. 气调贮藏 气调贮藏可更好地抑制板栗的萌芽和腐烂，降低腐烂率和失重率，有效控制淀粉水解，保持更多支链淀粉的含量，细胞透性也相对降低，从而有效保持板栗的贮藏质量。气调贮藏的板栗出库后，"气调残效"有利于板栗的运输和货架期的延长，是理想的贮藏方法。杜玉宽等（2004）采用温度 $-2.5\sim0$ ℃、相对湿度 $93\%\sim96\%$、O_2 $2\%\sim5\%$、CO_2 $2\%\sim4\%$，经 180 d 气调贮藏，野生油栗外观饱满，风味正常，害虫全部窒息死亡，发芽被抑制，好果率达 96% 以上。

用硅窗气调袋包装或用密封或打孔塑料薄膜袋进行包装，结合一定的低温处理，也取得了良好的效果。用硅窗气调袋包装，结合投入高效除氧剂，可以在短时间内使袋内 O_2 浓度降至 3% 左右，并使 CO_2 浓度维持在适宜的范围，失重和腐烂率均大大降低，而蛋白质和脂肪含量基本不变。刘兴华等（1993）用密封或打孔塑料薄膜袋包装，在 $-1\sim0$ ℃贮藏，明显抑制了腐烂，并且未发生低氧伤害和高浓度 CO_2 伤害。

5. 辐射处理 辐射可有效抑制和减缓病害的发生发展，杀灭害虫，并对板栗的生理活动起到一定的抑制作用。陈云堂等（2003）采用 1 kGy ^{60}Co 处理、打孔聚乙烯袋包装、BK 保鲜剂处理和低温（0 ℃±1 ℃）贮藏，贮藏 330 d 的好果率为 97.5%，失水率为 3.8%，且辐照处理不影响板栗的营养成分。刘超等（2004）采用 $0.3\sim0.5$ kGy ^{60}Co 处理，结合 $0\sim4$ ℃冷藏（用聚乙烯袋包装），可使贮藏期达 300 d 以上，好果率达 95%，害虫全部被杀死，发芽率为 0。

二、核桃贮藏

核桃是一种营养价值极高的干果，其种仁芳香味美，营养丰富，具有很高的食用价值。核桃多分布在我国北方各省，如山西的光皮绵核桃和穗状绵核桃、河北的露仁核桃、陕西的商洛核桃、山东的麻皮核桃及新疆的薄皮核桃，均为皮薄、味美、出油率高的优良品种。核桃属于干果，含水量低（<10%），易于贮运。但目前采收、贮藏中因管理不当，常出现变色、发霉、变味、生虫等，使坚果及核桃仁品质降低，商品质量受到严重影响。

近些年来，核桃鲜食也形成了一定的消费市场，且销售量逐年增加，故对鲜食核桃的贮藏予以简要介绍。

（一）贮藏特性

1. 品种 核桃壳缝合线的紧密度、机械强度、硬壳的密度、硬壳的厚度、硬壳细胞的大小与虫果率、污染率、裂果率等密切相关。缝合线紧密度越大，虫果率、污染率、裂果率越小；硬壳越薄，缝合线越平，裂果率越高，种仁受污染概率越大，贮藏中发生虫果率也越高（赵悦平，2004）。但同时，核桃的出仁率与硬壳厚度、机械强度、缝合线紧密度达到极显著的负相关，核桃硬壳越薄，出仁率越高。但出仁率过高，说明硬壳很薄，缝合线不紧密，易出现裸仁、裂果。因此，在选择贮藏品种时，应选择贮藏性和商品性均良好的核桃品种。

2. 生理特性 核桃带青皮的鲜果为呼吸跃变型果实，采收后 5 d 内呼吸持续升高，呈现跃变型果实的特征（张志华等，2000）。马惠玲等（2012）对辽核 4 号的研究发现，$0\sim1$ ℃下贮藏 12 d 时出现第一个呼吸高峰，峰值为 115.87 mg/(kg·h)，42 d 时出现第二个高峰，峰值为 109.1 mg/(kg·h)，然后迅速下降。

核桃脱除青皮后其含水量在 17% 以上，此时核桃内种皮与种仁易剥离，具有鲜食水果的特征，称为鲜食核桃。鲜食核桃具有非呼吸跃变型果实的特征。刚脱青皮的鲜食核桃呼吸强度较高 [124.8～160.83 mg/(kg·h)]，入贮于 0 ℃±1 ℃下 15 d 内，呼吸强度迅速下降 [10.52～50.25 mg/(kg·h)]，并在此后的贮藏期内一直维持在较低水平（马艳萍等，2010）。袁德保等 (2008) 对鲜食核桃与干制核桃的呼吸强度进行了对比，发现鲜食核桃呼吸强度整体上呈下降趋势，尤其是贮藏的前 20 d，呼吸强度可由 90 mg/(kg·h) 左右下降至 5～18 mg/(kg·h)，此后一直维持在较低的水平；而干制核桃的呼吸强度则始终处于极低水平，远远低于鲜食核桃。

（二）采收、脱青皮、漂洗

1. 采收 外果皮由深绿色变为黄绿色、部分外果皮裂口、个别坚果开始脱落时即象征着核桃成熟。我国主要采用人工敲击方式采收，此法适于小面积的分散栽培。国外有采用振荡法振落采收，即当 95% 的外果皮与坚果分离时收获。若采收过早，外果皮则不易剥离，种仁不饱满，出仁率低，且品质不好，不耐贮藏；采收过迟则果实容易脱落，若不及时捡拾容易霉烂。

2. 脱青皮 适时采收的核桃约 50% 能够自然脱皮，可不用堆积处理。外皮尚未开裂的核桃则需堆起，促使其成熟脱皮。堆积脱皮过程中，应注意翻动，以免外果皮渗出的汁液污染种壳。通常 5～7 d 外果皮即可自然脱落。用水将坚果淘洗干净，晾干后即可贮藏。注意浸水时间不能过长，以免洗涤水渗入种壳内。国内有将带青皮的核桃放在 3 000～5 000 mg/kg 乙烯利溶液中浸 0.5 min 后捞出，然后在室内堆高 30～50 cm，上盖 10 cm 厚干草或塑料薄膜，3～5 d 后即可脱皮。也可采用人工或机械脱皮机进行脱皮。

3. 漂洗 脱皮后的湿核桃要及时用清水漂洗，一般脱皮与漂洗之间相隔不超过 3 h。时间长了，核桃的基部维管束收缩，漂洗时水分就会浸入，种仁容易变色，易于腐烂。经水洗过的核桃，外壳洁净，色泽鲜亮，商品外观好。因此，不少地方用漂白粉水溶液对核桃漂白处理，以提高商品价值。洗涤的方法是将脱皮的坚果装筐，把筐放在水池中，或放在流动水中搅拌清洗。在水池中搅拌时，应及时换清水，每次洗涤 5 min 左右。也可用机械洗涤，其效率更高。

（三）贮藏方式

通常采用冷库贮藏的方式。在温度 0～1 ℃、相对湿度 90%～95% 条件下，冷库核桃的贮藏期可达 3 个月左右。如果将鲜食核桃脱青皮后，用次氯酸盐溶液浸泡防腐处理，晾干后再用 0.02～0.03 mm 厚聚氯乙烯薄膜袋封闭包装，保鲜效果更好。

第十节 其他热带和亚热带果品贮藏

一、菠萝贮藏

菠萝为凤梨科凤梨属植物，原产南美洲的巴西。目前我国菠萝主要栽培地区有广东、广西、台湾、福建、海南等省（区）。菠萝为多年生单子叶常绿草本果树，聚合肉质复果是由肥厚的花序中轴和聚生周围小花的不发育子房、花被、苞片基部融合发育而成。从花序抽生到果实成熟需 120～180 d。果实以卡因种最大、皇后种较小。果形有圆筒形、圆锥形、圆柱形等。果肉因品种不同而有深黄、黄、淡黄、淡黄白等色。果肉脆嫩程度、纤维多少、果汁多少、香味浓淡等性状与其加工、鲜食、耐贮的关系很大。

（一）贮藏特性

菠萝果实的特点是皮薄、肉软、汁多、糖高、不耐贮运。

不同品种的菠萝，其耐藏性有所差别。神湾品种较耐藏，室温下贮藏 3 周未有明显变化，卡因类和菲律宾类耐藏性中等，本地种耐藏性较差。

菠萝贮运过程中易发生的病害主要有黑腐病、小果褐腐病等。黑腐病病原菌只能从伤口侵染，在运输与贮藏期间，通过接触传染而蔓延，其症状为被害果面初期出现暗色软斑，后变黑，散发出特殊气味。小果褐腐病又称黑心病，是世界菠萝种植区普遍发生的一种病害，以卡因类菠萝发生较普遍。该病主要危害成熟果，被害果的外观与健康果无区别，但剖开果实时，可见症状。被感染的小果变褐色或形成黑色病斑，感病组织略变干和变硬，一般不容易扩展到邻近的健康组织；另一种症状是剖开病果时，近果轴处变暗色，水渍状，以后变黑色。

（二）贮藏方式

菠萝在常温下，生理变化快，易被病菌侵染而腐烂，故多在冷库贮藏。菠萝经预冷后，在8~12 ℃下，相对湿度80%~90%，一般可贮藏2~3周。

南非推荐冷藏前或冷藏后用35 ℃干热处理24 h，可控制内部果肉褐变，贮藏温度为8.5 ℃。美国夏威夷对无刺卡因类品种采用7~12.5 ℃贮藏，可贮运2周，货架寿命1周。

菠萝的贮运期和货架寿命与品种、产地、成熟度、采后处理、包装以及贮运条件等因素有关。

（三）贮藏技术要点

菠萝在采收时和采后各环节处理不当所造成的损伤，都会导致果实快速腐烂。因此，采收时必须轻采轻放，避免损伤。根据鲜果用途，在晴天或阴天按成熟度分批采收，采后立即进行分级、剔除病虫害果和过熟果，用作鲜果销售的应放到临时包装棚再分级、预冷和包装。

菠萝的成熟度分为青熟、黄熟和过熟三种。用于贮藏或长途运输的，应选择青熟果；用于就地销售或短途运输的，选择黄熟果；黄熟果可用于加工果汁。

二、芒果贮藏

芒果为漆树科芒果属植物，是世界上五大名果之一，有"热带果王"之称，具有很高的经济价值。芒果果实为浆果状核果，色黄、绿或红，果形有象牙形、卵形、椭圆形、斜卵形、圆形等，单果重50~2 000 g，外果皮薄，中果皮即果肉富含淀粉，熟后由硬转为柔软，果肉微黄至橙红，具有浓香，部分品种富含纤维。

（一）贮藏特性

芒果果实是一种呼吸跃变型水果，成熟到一定程度后果实呼吸强度和乙烯产生量迅速上升，达到高峰后下降。此时果实的色香味发生显著的变化，果肉软化，皮色转黄，淀粉、维生素C及含酸量下降，可溶性固形物和可溶性糖含量增加，耐藏性和抗病性明显下降，果实极易腐烂变质。

芒果果实贮运期间可遭受多种真菌和细菌的危害而影响其商品价值和食用价值。其中最重要的是一些真菌的危害，如炭疽病、蒂腐病等。

（二）贮藏方式

1. 冷藏 芒果属热带果树，果实采后对低温极敏感，不同品种、不同产地芒果最适贮藏温度不同。一般认为，芒果的安全贮藏温度为10~13 ℃，低于此温度，果实易发生冷害。商业上的安全贮藏温度为8 ℃，可贮藏40 d。一般主张芒果经过预冷后在9~12 ℃，相对湿度85%~90%，空气循环率20%~30%的条件下贮藏。

2. 气调贮藏 冯双庆（1991）提出，芒果在13 ℃下适宜的气调贮藏气体比例为2%~5% O_2，1%~5% CO_2。

3. 自发气调贮藏 利用厚度0.01~0.02 mm的薄膜袋密封包装，可延长芒果的贮藏期。若在包装中加入乙烯吸收剂，贮藏效果更好。但若贮藏时间过长，果实易产生异味。

（三）贮藏技术要点

芒果采后贮藏保鲜处理流程：采前防病防虫→适时采收→选果→清洗→杀菌剂或热水处理→包装→贮藏或运输→催熟或自然后熟→销售。

1. 采前防病防虫 引起芒果采后腐烂的病菌大多在采前就已潜伏侵染在果实中，防治方法是彻底清园。采果后结合修剪，清除枯枝病叶，修剪后喷 1‰等量式波尔多液或 30%氧氯化铜胶悬剂 600～800 倍，花期和果实发育期加强常规的防病工作。如能在田间进行果实套袋，效果更好。

2. 适时采收 适时采收对芒果果实的风味和贮藏寿命有重要的影响。采收成熟度过低，果实内含物质积累未充分，风味淡；采收成熟度过高，果实易自然脱落，采后易黄熟腐烂，不耐贮运销售。判断芒果果实的成熟度，可根据果实外观颜色变化、硬度、可溶性固形物含量及开花至成熟期的天数等指标来判断。当满足可溶性固形物含量为 12%，果实沉水底（未成熟果浮水面），硬度为 1.75～2.0 kg/cm² 任一指标时，均表示果实可以采收。当果皮颜色由绿或深绿色转成淡黄绿色，由富有光泽转为暗淡，果肩由扁平转为浑圆，果体由薄转为厚，果皮花纹蜡层出现，皮孔微裂，斑点由不明显转为明显，果肉由白色转为黄色（白肉品种除外），也表明果实进入成熟阶段。采收时宜用"一果二剪"的方法，第一剪留果柄长约 5 cm，第二剪留果柄长约 0.5 cm。采收宜在晴天清晨进行，不宜风雨后采收。采收及采后处理过程中应尽量避免机械损伤。

3. 选果 采收后尽快将果实集中在阴凉的地方，剔除机械伤、病虫危害、畸形、过熟或过青果实，以免影响整批果实的贮藏效果。

4. 杀菌剂或热水处理 采后用杀菌剂或热水处理，可有效地减少芒果贮运销售过程中的腐烂。常用杀菌剂有 1 000 mg/L 的噻菌灵、250～500 mg/L 的咪鲜胺等。也可用 52～54 ℃的热水处理 5～10 min，可有效地减少芒果炭疽病的发生。但是必须注意，这些处理均对芒果果实蒂腐病没有效果。要减少蒂腐病，必须从采前加强栽培管理和防病措施着手。

5. 包装 芒果的外包装可采用纸箱、竹筐、塑料筐等，内包装可采用聚乙烯薄膜袋，最好用纸将单个果实包裹。包装时一定要注意不能堆叠太多层，以免压伤下部的果实。一般用瓦楞纸箱包装，只装一层果实，排列整齐。如果装两层，层之间一定要用柔软的衬垫隔开。

6. 运输 长距离运输芒果，应在适宜的低温条件下。如果在常温下运输，则要注意通风透气，防晒防雨。同时也要防止运输途中剧烈的振动引起芒果的机械损伤。

7. 催熟或自然后熟 芒果上市前可在自然条件下后熟，后熟时间与气温有关。但在商业操作上，为了让芒果成熟均匀一致，一般采用人工催熟的方法。催熟可使用 500～800 mg/kg 的乙烯利向果面喷雾或进行药浴，处理后必须将果面的药液晾干。催熟的适宜温度在 20～28 ℃，相对湿度 85%～90%。先在密闭环境中处理 24 h，然后打开通风换气，3～5 d 后果实即可达到半熟。

8. 销售 经过催熟处理的芒果，应及时上市销售。黄熟的程度越高，芒果的销售期越短。

三、荔枝贮藏

荔枝是原产于我国南方的一种名特优水果，广东、广西、福建、台湾、海南等省（区）是我国荔枝主产区。荔枝果实成熟于高温的夏季，采后生理代谢旺盛，极不耐贮运，在室温下 3～5 d 即变褐、腐烂。

（一）贮藏特性

1. 非呼吸跃变型果实，但代谢旺盛，极不耐贮运 荔枝属非呼吸跃变型果实，成熟衰老期间虽然不出现明显的呼吸跃变，但呼吸作用强，代谢旺盛，导致其采后品质迅速劣变，极难贮运，采收后在常温下 3 d 即变褐变质。适宜的低温可以有效地降低荔枝的呼吸速率，延长其贮运期，在 1～5 ℃下，荔枝可贮藏 1 个月，色、香、味基本不变。

2. 极易发生果皮褐变 荔枝果皮的褐变是影响其贮藏效果和贮藏寿命的一个重要原因。采收后在常温条件下，如果不经任何处理，一般 2～3 d 果实就会均匀变褐，虽然此时果肉仍然可以食用，但果实已失去商品价值。在低温条件下贮藏一段时间后，果皮也会变褐。国内外科技工作者对荔枝果皮褐变的原因和机理进行了大量的研究，目前认为，失水、酶促褐变、微生物、机械伤、冷害等均是导致荔枝果皮褐变的原因。

3. 腐烂是导致采后损失的重要因素 霜疫霉病、炭疽病、酸腐病等是导致荔枝果实采后损失的重要因素。有些在树上就已感染，在采后发病；有些在采后流通过程中感染，贮藏或流通过程中发病造成损失，失去食用价值和商品价值。

（二）贮藏方式

1. 低温贮藏 低温贮藏是目前生产上最常见的贮藏方式。适宜低温条件下，一般荔枝果实可贮藏 30～35 d。荔枝贮运保鲜的技术关键是采后快速预冷、防腐保鲜剂处理、保持稳定低温及较高湿度。荔枝贮藏适温一般为 3～5 ℃，相对湿度 90%～95%。温度过低易发生冷害，过高则腐烂增加，贮藏期缩短。

2. 常温贮藏 在没有低温贮运设施的情况下，常温贮藏是目前生产上短期贮藏或短途运输上常用的一种方法。常用泡沫箱加冰方式，即在泡沫箱中装入荔枝后，再装入一定比例的冰，密封，可在常温条件下保持荔枝果实颜色 3～5 d，满足短期贮藏或 3 d 左右的运输。

3. 气调贮藏

（1）自发气调贮藏。把荔枝置于密封的塑料薄膜袋内，利用果实呼吸改变袋内 O_2 和 CO_2 含量，抑制其呼吸作用，从而延长贮藏期。自发气调贮藏具有成本低、操作简单、保鲜效果好等特点，是一种较实用的贮藏方式。

（2）气调贮藏。通过改变贮藏环境气体成分，可以比冷藏更进一步延长荔枝的贮藏期和保持其果实品质，但不同品种荔枝适宜的最佳气体比例不同。据华南农业大学试验，糯米糍荔枝贮藏在 1～3 ℃条件下，以 5% O_2＋5% CO_2 为宜，30 d 后好果率达 91%；而淮枝荔枝的最佳气体组合为 10% CO_2＋3% O_2。气调贮藏荔枝虽有较好的保鲜效果，但存在贮藏后如何保证其货架期的问题。因此，目前生产上尚未有大规模的应用。

（三）贮藏技术要点

1. 选择适宜品种 虽然荔枝果实耐贮性较差，但品种间仍有一定差异，宜选择中、晚熟品种中耐贮性较好的淮枝、黑叶、桂味、双肩玉荷包、陈紫、大红袍等品种进行贮藏。

2. 适时无伤采收 掌握适宜的采收成熟度是荔枝贮藏的关键技术之一。荔枝为非呼吸跃变型果实，成熟度达八成时已基本发育完全，达到最佳食用阶段，此时大部分品种荔枝外果皮已完全转红，而内果皮仍为白色，这个成熟度的果实耐贮性好，适用于长途运输和长期贮藏。成熟度太高，部分品种荔枝开始出现退糖现象，糖度下降，风味变差，而且不耐贮运。成熟度过低时采收，果实尚未发育完全，品质差。采收应在晴天的清晨露水干后采收，不宜在中午或下午烈日曝晒下采收，也不宜在雨天或台风天采收。采收时应轻拿轻放，尽可能避免机械损伤。

3. 采后及时处理 采后应尽快使果实降温，排除田间热和呼吸热，降低果实的生理活动和抑制病原菌活动，可显著地延长荔枝保鲜期。也可采用冰水加杀菌剂，冰水药液控制在 1～4 ℃，浸果 5～10 min，一般果温会降到 10 ℃以下。采后预冷、包装、入贮越及时，保鲜效果越好，从采收到入贮一般应在 6 h 以内完成。荔枝采后常用杀菌剂有 500 mg/kg 抑霉唑或 1 000 mg/L 噻菌灵，也可用 500 mg/kg 咪鲜胺类杀菌剂等浸果。

此外，部分国家和地区荔枝采后也有使用熏硫的方法来延长其贮藏期。SO_2 是一种极为有效的食品保鲜剂，它能快速、有效地抑制果蔬食品中酶促褐变现象。目前一些荔枝生产国如南非、马达加斯加等采用熏硫技术对荔枝进行采后处理。以 100 g/m³ 燃烧硫黄产生的烟气熏荔枝 30 s，再浸盐酸 15 s，晾干后包装，1 ℃下可贮藏 40 d。但该技术存在 SO_2 残留问题。

4. 保持稳定的贮运条件　荔枝在贮运过程中尽量保持稳定的低温（3～5 ℃），运输最好用可控温的冷藏集装箱或机械冷藏车。如果贮运期较短，还可用泡沫箱包装中加冰的方法，用一般保温汽车运输。在销售过程中，不宜打开小包装，以延长荔枝的货架寿命。

四、龙眼贮藏

龙眼俗称桂圆，为无患子科龙眼属植物。龙眼是我国亚热带著名的特产水果，属核果状浆果，果皮薄，果肉多汁，含糖量高，含酸量低。我国龙眼的成熟期在 7～9 月，采收于高温多雨季节。果实采后生理代谢旺盛，又易受病原菌的侵染，采后迅速变色变味和腐烂，常温下 1 周左右即完全腐烂变质，失去商品价值和食用价值，也是极不耐贮运的水果之一。

（一）贮藏特性

1. 非呼吸跃变型水果，不耐贮运　龙眼虽然是非呼吸跃变型的水果，但采后果实常温条件下呼吸强度高，代谢旺盛，导致采后品质的迅速劣变。低温可有效抑制龙眼果实的呼吸强度，在贮藏过程中也维持较低的呼吸强度，从而延长贮藏期，保持果实的品质。

龙眼的品种很多，我国有 400 多个，目前生产中主栽的有十几个品种，不同品种的耐藏性不同，一般来说，厚壳、高糖的品种如石硖、储良、东壁、泉州本等较耐贮藏，薄皮、低糖的品种如福眼、赤壳、水涨、大乌圆等品种较不耐贮藏。

2. 采后果皮易发生褐变　龙眼贮藏期间，外观品质变化最明显的是果皮褐变，无论是常温还是低温贮藏、包装或者裸放，果实变质最初的表现都是果皮褐变。褐变是龙眼果实进入衰老阶段的第一表象，各品种发生时间的早晚和程度差异很大。韩冬梅等（2010）对 19 个品种的龙眼果实的贮藏性进行比较，发现贮藏 21 d 后，品种之间的褐变指数差异为 0.95～4.25。

3. 贮藏后期存在果肉自溶　自溶现象是龙眼果实贮藏后期影响其食用价值和商品价值的一个重要因素。引起自溶的原因，既有果实本身的生理失调因素，也与微生物的侵染有关。一般来说，不做保鲜处理，裸放或以 0.01 mm 厚度聚乙烯薄膜袋包装的龙眼果实，室温（≥30 ℃，广州）存放 3 d 左右，果肉开始出现自溶现象，耐贮品种会适当推迟，但到了第 5 天，绝大多数品种的果肉都开始自溶。用 0.02～0.04 mm 厚度聚乙烯薄膜袋包装，5 ℃低温贮藏，21 d 时少部分品种果肉开始轻度自溶；30 d 时品种之间自溶表现分化明显，但大多数都出现自溶；40 d 时几乎所有品种的果肉都自溶。总的来说，耐贮品种出现自溶的时间较不耐贮藏的品种晚，自溶程度也轻一些。

4. 微生物引起的腐烂是龙眼采后损失的重要因素　有报道称，从龙眼腐烂果实中分离出20 多种病原微生物，其中引起腐烂的主要有霜疫霉病菌和炭疽病菌等。龙眼霜疫霉病和炭疽病的主要症状与荔枝相似，在高温、高湿条件下发病严重，适宜低温可有效延缓病害的发生。采后喷杀菌剂是减少病原数量、减轻采后腐烂的有效手段，采后尽快预冷，再辅以相应杀菌剂处理和低温贮藏，可有效降低采后因腐烂引起的损耗。

（二）贮藏方式

1. 常温贮藏　龙眼在常温下只能短期贮藏，在 25 ℃时经 5～6 d 果壳即已变褐，果肉完全腐烂变质。所以，常温贮藏常需要与其他保鲜措施（硫处理、辐照、涂膜、气调等）结合，对龙眼保鲜才能有一定的效果。在目前的技术水平下，由于有效保鲜期短，一般在 1 周以内，因此常温条件不适宜长距离运输销售。

2. 低温贮藏　低温贮藏是目前延长龙眼贮藏期的一种有效方法。在适宜低温条件下，一般可贮藏龙眼 30～35 d，若结合熏硫处理，贮藏时间可延长到 40～50 d。此法要求完整配套的低温设备条件，即目前热推的冷链物流，其贮运保鲜成本高，故目前主要限于城镇消费中实施，不便于广大果农和经销者使用。尽管如此，低温贮藏保鲜龙眼仍是今后的主要手段。

（三）贮藏技术要点

1. 采收 作为长期贮藏或长途运输的龙眼果实宜在八成熟时采收，这时果皮由青色转褐色，由厚、粗糙转为薄、平滑；果肉由坚硬转为柔软，富有弹性，生青味消失，呈现浓甜味；果核充分硬化并变为黑色。此时果肉中的可溶性固形物、糖、维生素 C 含量已积累到高峰，有机酸保持稳定水平，这时采收的果实较耐贮藏。

采收应在晴天的早晨进行，一般整个果穗同时采摘，采收时应轻拿轻放，尽量避免机械损伤。避免在烈日曝晒的中午或下午采收，雨天和台风天也不宜采果。

2. 选果 龙眼在包装前必须剔除已破裂、机械损伤果和病虫果，选取成熟度较一致的果实，并摘掉果穗上的叶子及过长的穗梗，使果穗整齐，采后应当天处理。

3. 预冷 由于龙眼果实采摘时代谢旺盛，采后应尽快降温，预冷可以保持其贮藏性和果实品质，对龙眼果实的保鲜非常重要。可使用强制通风预冷、冰水预冷、冷库预冷等措施对龙眼果实进行预冷。

4. 保鲜处理

（1）熏硫。熏硫处理可有效抑制龙眼贮藏过程中果皮的褐变，抑制部分微生物的生长，保持果实的商品品质，延长贮藏期和货架期，目前在国内外龙眼生产和采后流通中较普遍应用。熏硫处理的关键是控制果肉 SO_2 的残留量。在熏硫室内通过燃烧一定量的硫黄或利用 SO_2 气体，熏蒸龙眼果实 30 min 左右，再利用强制通风和吸收装置吸收残余 SO_2。熏蒸时每 100 kg 龙眼的硫黄用量为 180～200 g，或熏蒸室每立方米用硫黄 90～100 g。熏硫处理后的果实不宜密封包装，但应注意贮藏环境的温度要低、湿度要高。在严格控制硫用量及熏蒸时间的条件下，果肉 SO_2 残留量可控制在国际标准允许范围内（$\leqslant$50 mg/kg）。

（2）热烫处理。此处理方法是借鉴民间传统的热烫方法。其原理是利用开水烫果起到消毒杀菌的作用，同时果穗挂在空气流通场所风干或吹干，可起到短期的保鲜效果。其技术流程为：采收→选果→整穗果实浸于沸水中 5～15 s→取出风干→包装→运输→销售。试验表明，此法处理后的果壳逐渐干硬，但果肉仍保持新鲜状态。虽然果肉蒸发掉一部分水，但并不影响其色、香、味。此法也可与低温贮藏结合进行，即把经过热烫处理、吹干、装箱的龙眼置于 1～3 ℃冷库贮藏。

（3）药物处理。采后药物处理包括杀菌剂处理、膜剂处理等，可抑制贮藏过程中致病微生物的生长，减少果实失水，减轻采后损耗。龙眼采后常用的杀菌剂有 500 mg/L 的咪鲜胺、1 000 mg/L 的噻菌灵或 500 mg/L 的抑霉唑等，膜剂有壳聚糖、蔗糖脂肪酸酯、水溶性果蜡等。

5. 包装 龙眼果实含水量高，部分品种的果皮易裂开、脱粒、受机械损伤。因此，包装容器对果实保鲜影响很大。生产上，龙眼的内包装一般采用 0.025 mm 厚聚乙烯薄膜袋，外包装可采用塑料周转箱、板条箱或纸箱。熏硫处理的龙眼果实，一般直接使用塑料框包装，不需要内包装。

6. 贮藏 龙眼果实的贮藏适宜温度一般在 3～5 ℃。温度过高，果实褐变和衰老加速，贮藏期和货架期缩短；温度低于 3 ℃，易发生冷害，首先表现为内果皮褐变，移至常温后果肉自溶加速。

五、火龙果贮藏

火龙果外形特异、营养丰富，含有植物性白蛋白、花青素、水溶性膳食纤维、多种维生素和矿物质等。近几年，火龙果产业在国内发展快速，其栽培已成为农业新、特、优、高开发项目。但由于火龙果成熟时正值夏秋高温多雨季节，果实含水量高，呼吸旺盛，采后在常温下贮藏极易失水皱缩，甚至腐烂而失去商品价值，故火龙果采后的贮藏保鲜值得关注。

（一）贮藏特性

1. 品种　火龙果按其果皮及果肉颜色可以分为三类：白肉火龙果，果皮为紫红色，果肉为白色，鲜食品质一般；红肉火龙果，果皮为红色，果肉也为红色，鲜食品质较好；黄肉火龙果，果皮为黄色，果肉为白色，鲜食品质最好。不同品种的火龙果耐贮性差异明显，红肉火龙果因果皮薄而比白肉火龙果耐贮性差。

2. 生理特性　火龙果为非呼吸跃变型果实，乙烯释放量也不高。常温贮藏 3 d 后果皮失水皱缩，贮藏 7 d 左右果实开始腐烂变质，出现霉变，严重影响火龙果的采后品质（李英，2018）。常温下火龙果在腐烂前其可溶性固形物、可溶性总糖、还原糖、可滴定酸、维生素 C、粗脂肪、粗蛋白、粗纤维等含量虽有下降，下降的幅度却不是很大（王彬，2009）。

（二）贮藏方式

1. 低温贮藏　一般 5 ℃贮藏环境有利于维持火龙果果实鳞片色泽，减缓失重，提高果实可溶性固性物和可滴定酸含量，降低果实腐烂率。但过低的温度会对火龙果造成冷害，导致火龙果表皮组织坏死，产生褐色凹陷斑，坏死的表皮组织又很容易引发炭疽病。不同品种火龙果对冷害温度存在差异，贮藏温度的选择应视品种的耐低温特性来确定（王奕文，2017）。

2. 辐照保鲜　低于 800 Gy 的 X 射线不会对火龙果的商品性状产生不利影响，却可有效控制果蝇、粉蚧等害虫的危害。400 Gy 和 600 Gy 剂量的辐照效果较佳。火龙果在 5 ℃下接受 400 Gy 辐射处理后，在 28～30 d 内新鲜度和质量都不会下降。

3. 热处理　火龙果对热处理有很高的忍耐性，热空气处理（果心温度 46 ℃达 20 min）能有效杀死果蝇，而不影响果实品质。将果实浸入 46 ℃的热水中热处理 20 min，后置于 7 ℃冷库中贮藏，有利于维持火龙果营养品质，降低果实腐烂率，能够延长贮藏期（王生有，2014）。

（三）贮藏技术要点

1. 确定采收期　花后 25 d 采收的果实，在常温贮藏期间呼吸强度较低，能保持相对较高的总糖、维生素 C 和可溶性固形物含量，失重率低，贮藏效果好，为最适宜的采收期。若供应当地市场，则采收时间可在谢花后 29 d。八成熟的火龙果果实风味及品质较佳，此阶段采收也能有效减缓果实的病变。

2. 贮藏　在 5 ℃左右温度下结合其他如热处理、保鲜剂、辐射保鲜等处理，有比较好的贮藏效果。

3. 包装　火龙果的包装基本上是保湿作用，多采用聚乙烯或聚丙烯袋单果包装，保鲜袋不扎口，通常需要在保鲜袋上打孔以增加透湿效果，避免环境湿度过高导致腐烂发生。

第十一节　其他浆果贮藏

一、柿贮藏

柿树是我国北方主要栽培果树之一，因其根系发达，耐涝抗旱，病虫害少，易管理，寿命长，已成为柿区的宝贵资源。柿果实颜色艳丽、营养丰富，深受消费者的青睐。柿属于呼吸跃变型果实，对乙烯敏感，采后常温下易软化，不耐贮藏；低温能够有效抑制甜柿果实的软化，但其对低温敏感，易受冷害，导致果实失去其商品价值。因此，柿的贮藏保鲜愈来愈受到重视。

（一）贮藏特性

1. 品种特性　柿的品种很多，一般分为甜柿和涩柿两大类。甜柿在树上能够自然脱涩，采收后即可食用。甜柿主产于日本，我国栽培的甜柿品种主要引自日本。甜柿在我国的栽培历史短，品种资源少，且多数品种品质较差，对成熟期的温度条件要求较高，目前有少量栽培。涩柿在软熟前不能食用，且不能在树上脱涩，采后必须经过人工脱涩或后熟作用才能食用，我国栽培的大多数品种属于这一类。

生产中栽培的柿树主要是地方品种。通常晚熟品种比早熟品种耐贮藏，含水量少的品种比含水量多的品种耐贮藏。如涩柿中陕西的七月燥柿、江西的于都盆柿等不耐贮藏，贮藏期仅约1个月；而广东、福建的元宵柿，河北赞皇等地的绵羊柿，河北、河南、山东、山西等省的大磨盘柿，陕西的火罐柿、鸡心柿、干帽柿、马奶头、大盖柿、莲花柿、牛心柿、镜面柿等，在低温气调条件下可贮藏3～4个月。甜柿中以日本的富有、次郎等品种贮藏性较好。

2. 呼吸跃变　柿属于呼吸跃变型果实。硬柿采收后经过一定时间可以自然软化，软化一旦发生就无法停止。柿的内源乙烯含量较低，在0℃下仅为0.1 μL/L。但柿对乙烯十分敏感，约0.01 μL/L的外源乙烯就可诱发呼吸高峰，导致果实软化。因此，柿可采用气调贮藏，并及时脱除贮藏环境中的乙烯。另外，柿的脱涩处理均促进果实后熟衰老，脱涩后极易软化，不耐贮藏和运销。因此，生产上长途运输或较长时间贮藏时，常采用先保硬后脱涩的方法。

3. 贮藏条件

（1）温度。柿贮藏的适宜温度为-1～0℃，温度变幅控制在0.5℃。为使柿逐渐适应这一贮藏温度，采收后应使果温降至5℃后入贮。因为在5℃时，细胞内的线粒体活性降低，呼吸水平相应降低。如果采收后立即放入0℃贮藏，因O_2的吸收受到抑制，造成柿中心部O_2不足，进而发生无氧呼吸，无氧呼吸产生的乙醇、乙醛促使果实脱涩成熟，反而不利于长期贮藏。

（2）湿度。空气湿度对贮藏柿很重要，适宜相对湿度为85%～90%。

（3）气体。柿对乙烯非常敏感，受乙烯影响易软化。但柿对高CO_2和低O_2有较高的忍耐性，而CO_2又具有保硬和抑制呼吸、延缓衰老的作用。柿气调贮藏的适宜气体组合是2%～5% O_2和3%～8% CO_2，CO_2伤害阈值为20%。

（二）贮藏方式

民间贮藏柿有缸藏、沟藏、冻藏等简易方式。柿在常温下各种贮藏方式的保硬期仅1个月左右。商业化贮藏目前采用的是冷藏和气调贮藏。

1. 冷藏　冷库贮藏是把装箱的柿子放入冷库，调温到0～1℃，库内相对湿度85%～90%，可以贮存50～70 d。

2. 气调贮藏　自发气调贮藏是用0.05～0.08 mm厚聚乙烯膜或硅窗袋包装，密封后置-1～0℃贮藏。气调库贮藏时，在0℃，5% O_2和5%～10% CO_2的条件下，可有效控制柿的软化。柿果硬度的变化与气体成分有关，北京大盖柿在4% O_2和10% CO_2条件下贮藏65 d，比在空气中贮藏的果实硬度高2.13 kg/cm²，柿的硬度随着O_2浓度升高而下降（表8-6）。

表8-6　不同气体组合对大盖柿贮藏效果的影响

气体组合		贮藏温度/℃	贮藏天数/d	硬度/(kg/cm²)	硬果率/%
O_2/%	CO_2/%				
4.0	9.9	0～3	65	2.23	42.1
13.5	7.4	0～3	65	2.10	4.9
21.0	0.0	0～3	65	0.10	0.0

（三）贮藏技术要点

1. 选择品种　柿品种很多，其中晚熟品种比早熟品种耐贮藏。涩柿和甜柿贮藏时要选择商品性状好、并且耐贮藏的晚熟品种。

2. 适时采收　以硬柿食用时，宜在果实充分长大，皮色金黄，种子橙褐色时采收；以软柿食用时，应当在树上充分转为红色即完熟再采。采收过早，果实品质差，果味淡，贮藏中易发生褐变；采收过晚，虽然色泽、风味较好，但由于果实已经开始软化，硬度很难保持。用于贮藏的柿果，一般在 9 月下旬到 10 月上旬采收，此时成熟度为八成左右，肉质脆硬。

柿的果柄短粗而且坚硬，在采收或装运时由于挤压或者振动，果实相互间易发生刺伤、摩擦等损伤，影响贮藏效果。因此，采收时必须保留柿蒂，在果实不遭受损伤的情况下，尽量保留萼片，果柄越短越好，以免刺伤其他果实。

3. 贮藏管理　在 CA 和 MA 贮藏时，首先应控制温度在 $-1 \sim 0\ ℃$，空气相对湿度为 $85\% \sim 90\%$。在此条件下，还应根据品种特性，控制适宜的 O_2 和 CO_2 浓度。虽然柿果能够忍受较高浓度的 CO_2，但品种间对 CO_2 的耐受性是不同的，O_2 浓度一般不低于 3%。

二、石榴贮藏

石榴原产伊朗和阿富汗等中亚地区。我国自汉代引种以来，首先在新疆叶城一带栽培，继之在陕西、河南、山东、安徽一带发展，后遍及我国亚热带及温带地区的 20 多个省份。石榴果实色泽鲜艳，籽粒营养丰富，鲜食味美可口，深受消费者喜爱。但石榴采后易发生果皮褐变和腐烂变质，果实籽粒颜色加深，风味寡淡，从而严重影响其商品价值。

（一）贮藏特性

1. 品种特性　目前生产中栽培的石榴多为地方品种，其耐藏性因产地及品种不同而异。如陕西临潼的大红甜、净皮甜、三白甜石榴，山东枣庄的大青皮甜、大马牙甜、青皮岗石榴，山西的水晶姜、青皮甜石榴，云南的青壳、糯米、绿皮石榴，安徽的玛瑙籽石榴，四川的青皮软籽石榴，新疆叶城的大籽甜石榴等，都是较耐贮藏的品种。

2. 无呼吸跃变　石榴属非呼吸跃变型果实，采后无呼吸高峰，自身乙烯产生量极少，对外源乙烯反应也不明显。

3. 贮藏条件

（1）温度。有研究表明，石榴在低温下易受冷害，适宜的贮藏温度为 $4\ ℃ \pm 1\ ℃$；石榴受冷害后表现为果皮褐变、凹陷，籽粒褪色，腐烂指数增大，严重者汁液外流。冷害的发生与发展程度依贮藏温度和持续时间而定，症状从冷藏条件下移入 $20\ ℃$ 环境后变得更为明显。石榴对冷害的敏感性因产地和品种有一定差异，对低温敏感性较低的品种可在一定时间内进行冷藏。据报道，北方栽植的有些品种可在 $0\ ℃$ 下贮藏 1 个月、在 $5\ ℃$ 下贮藏 2 个月而不发生冷害。

（2）湿度。石榴贮藏适宜的相对湿度为 $90\% \sim 95\%$。湿度过大，病原菌繁殖速度加快，腐烂率增加；湿度过低时，因果皮过度失水而表现为干缩、变薄、有棱角，果皮最终紧贴果肉。虽然此种状况对籽粒的食用品质尚无大碍，但商品外观受损严重。

（3）气体成分。由于石榴是非呼吸跃变型果实，对 CO_2 非常敏感，在不产生低 O_2 或高 CO_2 的条件下，采用透气性稍大的 $0.02 \sim 0.03\ mm$ 厚塑料薄膜保鲜袋贮藏，保鲜效果很好。石榴低温冷藏时可适当调节 O_2 与 CO_2 比例，来预防或减缓冷害的程度。

（二）贮藏方式

1. 冷藏　石榴入库后在 $24\ h$ 内将果实预冷至 $5\ ℃$，再用 $0.03\ mm$ 厚的聚乙烯塑料袋单果折口包装，在 $4\ ℃ \pm 1\ ℃$ 条件下贮藏 $90\ d$，果皮新鲜，籽粒饱满。如果贮藏时间延长，果皮会发生轻度褐变。

2. 气调贮藏　石榴是非呼吸跃变型果实，对 CO_2 比较敏感，不宜采取 CA 或 MA 贮藏。所以，一般采用 $2 \sim 3\ ℃$ 低温贮藏石榴。但低温贮后石榴籽粒晶莹如初，果皮却易产生褐斑，继而干缩，严重降低其商品质量。研究表明，降低 O_2 分压褐变被抑制，O_2 水平降得越低，褐变发展越慢。但当 O_2 分压低于 2% 时，果实内有明显的乙醇积累，再把温度降至 $2\ ℃$，果实风味显著改善，于是认为适当的温度和气体组合完全可以达到抑制果皮褐变而又不失其原有风味的良好效果。这种组合为：$2 \sim 4\ ℃$，$2\% \sim 4\%$ 的 O_2，$CO_2 < 2\%$。

石榴
采后病害

（三）贮藏技术要点

1. 选择品种 选择商品性状好、耐贮藏的晚熟品种。石榴作为一种兼具食用、观赏、祭祀等多用途的果品，用于贮藏时尤其要注意不可只追求品种的耐藏性而轻视其形状、色泽、品质等商品质量。

2. 适时采收 石榴花期长，开花与结果重叠现象很普遍，故同一棵树上果实的成熟期差异很大。应根据品种特性、果实成熟度及气候状况等分期及时采收。在北方产区，从秋分至寒露期间为采收适宜期，采收时应严格剔除病果、裂果、伤果及怀疑有内伤的果实。

3. 产品处理 产品处理主要包括分级和杀菌剂处理等。

根据单果重将石榴分成三级：特级（400 g以上），一级（350～400 g），二级（300～350 g）。

刘兴华等（2000）采前用甲基硫菌灵2 000倍稀释液在树上喷雾，或采后用1 500倍稀释液浸果处理1 min，可有效防治石榴贮藏中的腐烂病害。贮前用50%多菌灵1 000倍液或45%噻菌灵悬浮剂800～1 000倍液，浸果3～5 min，晾干后贮藏，也有一定的防腐效果。贮量大时，把上述药液喷到果面上，晾干后贮藏。

4. 贮藏管理 贮藏期间应特别注意温度管理。石榴贮藏保鲜对温度的依赖性极强，温度大于10 ℃时呼吸作用旺盛，温度过低会有冷害发生，严重影响商品质量。受冷害果实在常温下（20 ℃左右）的货架寿命仅3～4 d。石榴在常温下也可贮藏，但如果贮藏时间稍长，则石榴果皮变干，褐变和腐烂发生严重。

三、草莓贮藏

草莓为多年生草本植物，果实由花托发育膨大形成，植物学上称为假果，栽培学上称为浆果。草莓是一种聚合果，色泽鲜艳，柔软多汁，甜酸适口，有特殊的香味，是一种老幼皆宜的世界性水果。草莓营养丰富，钙、磷和铁的含量比苹果、葡萄多2～4倍，维生素C的含量也比较高，有消暑解热、生津止渴、利尿止泻的功效。但是草莓含水量高达90%～95%，组织柔嫩，易受伤害和微生物侵染而腐烂变质。在常温下果实放置1～3 d就开始变色、变味，贮藏保鲜较为困难。

（一）贮藏特性

1. 品种特性 草莓品种间的耐藏性差异较大，生育期长、肉质致密、糖酸含量高的品种具有较好的耐藏性。比较耐贮运的品种有鸡心、硕蜜、狮子头、戈雷拉、宝交早生等。在用速冻法贮藏保鲜时，宜选用肉质致密的宝交早生和布兰登保等品种。近年设施栽培草莓非常普遍，冬春季节成熟上市的草莓具有很好的商品性状和贮藏运输性。

2. 无呼吸跃变 草莓属非呼吸跃变型果实。草莓采后生命活动旺盛，并且依靠自身营养和水分维持生命进程。尽管草莓对气体反应不敏感，但仍然要及时进入气调状态，降低呼吸强度、抑制代谢过程、延缓衰老、减少营养物质消耗、避免微生物侵染和繁殖。

3. 贮藏条件

（1）温度。草莓0 ℃下一般仅贮藏7～10 d，接近冰点（-1.0 ℃）时可贮藏1个月左右。因此，草莓同其他果实一样，在不受冻害的前提下，贮藏温度越低越好。

（2）湿度。湿度对草莓贮藏十分重要，新鲜的草莓含水量高达90%以上，在低湿度环境下会失去水分，从而破坏草莓正常呼吸，导致酶活性增加，促进代谢过程趋向水解，加速草莓衰老。高湿或积水对草莓贮藏也极为不利，因为其组织柔嫩，贮运中极易产生机械伤害，高湿下易被病菌侵染而腐烂，并产生异味。相对湿度一般90%～95%较适宜。

（3）气体。草莓可耐高浓度CO_2，10%～20%的CO_2可降低呼吸强度，抑制微生物引起的腐烂，但长时间20%或更高浓度的CO_2会引起变味。一般2%～3% O_2和5%～6% CO_2较适于草莓的贮藏。

（二）贮藏方式

1. 冷库贮藏 草莓适宜的贮藏温度为 0 ℃，相对湿度为 90％～95％。所以草莓采收后应及时强制通风冷却，使果温迅速降至 1 ℃，再进行冷藏，效果较好。此外，由于草莓耐高 CO_2，在 0 ℃贮藏时，附加 10％CO_2 处理，可延长草莓的贮藏时间，并有较好的防腐效果。

2. 气调贮藏 草莓采收后应迅速运回贮藏库并预冷至 0 ℃，然后采用 CA 或 MA 贮藏方式。在 0 ℃±0.5 ℃，相对湿度 90％～95％，2％～5％ O_2 和 5％～6％ CO_2 条件下，耐藏品种可贮藏 30～50 d。用容量 1～2 kg、0.03～0.05 mm 厚的聚乙烯袋密封贮藏，是一种简便易行的贮藏方式。

3. 速冻贮藏 选八成熟（果面 4/5 着色）、大小适中、无损伤、新鲜的草莓，品种以果肉致密的宝交早生、戈雷拉等耐冻品种为宜，可避免冷冻时出现裂果。

速冻时在 −40～−35 ℃低温、风速 3 m/s 的条件下，20 min 内冻结完毕，然后在 −18 ℃下贮藏。出库前在 5～10 ℃下缓慢解冻 80～90 min，草莓品质保持较好。

（三）贮藏技术要点

1. 选择品种 一般生长发育期长、成熟期偏晚、质地致密的品种相对耐贮藏。例如，戈雷拉、宝交早生、鸡心、狮子头、绿色种子、布兰登保、硕丰和硕蜜等中、晚熟品种。

2. 适时采收 草莓最好分次分批采收，一般每日或隔天采收一次。一般在草莓表面 3/4 颜色变红时采收为宜，过早采收，果实颜色和风味都不好。

草莓果皮非常薄，极易受伤破损。因此，采收时应轻采轻放，及时剔除病果、虫果、过熟过生果、畸形果，并将草莓放入特制的浅果盘中，果盘大小一般为 90 cm×60 cm×15 cm，也可放入 20 cm×15 cm×10 cm 带孔的小箱内。

3. 产品处理 主要包括预冷和包装。草莓宜采用子母箱，子箱用聚乙烯塑料盒或纸盒，果实整齐排列，封盖后将其装入内衬保鲜袋的母箱，母箱装量为 5～10 kg。装箱时切忌翻动，避免碰破果皮。盛满草莓后，应及时预冷，最好采用真空预冷，也可用强制通风冷却，但不能用水冷却。也可盛在高度不超过 10 cm 的有孔箱内，预冷后用聚乙烯或聚氯乙烯薄膜袋包装密封，及时送冷库贮藏。

4. 贮藏管理 对于草莓的贮藏保鲜，重点在于控制适宜的温度和湿度，此外，还可采取一些辅助措施以提高保鲜效果。例如，对草莓用保鲜液膜、SO_2、脱水硫酸及植酸处理，均可抑制病菌侵染危害。

思 考 题

1. 苹果、梨、柑橘、葡萄、香蕉等常见果品的贮藏特性各有哪些？
2. 常见果品贮藏保鲜的综合技术有哪些？
3. 常见果品的贮藏方式及其技术要点有哪些？
4. 核果类果实长期贮藏的关键技术有哪些？
5. 如何做好浆果类果实的贮藏？
6. 葡萄贮藏保鲜的主要问题是什么？如何解决？
7. 柑橘通常采用的贮藏方式是什么？
8. 如何做好香蕉的贮藏运输？

第九章 CHAPTER NINE

蔬 菜 贮 藏

【学习目标】掌握主要蔬菜的贮藏特性、商业贮藏的主要方式及采后处理与贮藏技术要点；能够制订出蔬菜贮藏与流通的技术方案。

第一节 叶菜类贮藏

叶菜类主要包括大白菜、甘蓝、芹菜、菠菜等，它们以叶片、叶球或叶柄作为食用器官，是晚秋或初冬收获、冬季或早春上市的主要蔬菜。

一、大白菜贮藏

（一）贮藏特性

大白菜是以叶球供食用的蔬菜。其叶球是在冷凉湿润的条件下发育形成的，故大白菜性喜冷凉和湿润的贮藏环境，适宜的贮藏温度为 0 ℃±1 ℃。贮温过高使其新陈代谢旺盛，衰老加快而品质劣变甚至腐烂；温度过低容易发生冻害。大白菜的含水量高达 90％～95％，贮藏中极易失水萎蔫，因此贮藏环境相对湿度应控制在 85％～90％。

大白菜贮藏期间的损耗主要是由脱帮、失水和腐烂引起的。在入贮初期，由于大白菜的含水量高、组织脆嫩、呼吸作用强、水分极易蒸腾，加之容易损伤而极易受微生物的侵染。如果温度过高，不仅会促进大白菜的衰老与失水萎蔫，同时还会加速大白菜叶柄离层的形成，促使其脱帮与腐烂。所以，低温、高湿是减少大白菜贮藏损耗的重要因素。此外，晒菜过度、组织萎蔫等也会引起脱帮。一般，脱帮、失水主要发生在贮藏前期，腐烂主要发生在贮藏后期。

（二）品种选择与收获

我国大白菜品种很多，不同品种的贮藏性不同，一般，晚熟品种比早、中熟品种耐贮藏。晚熟品种的特点是植株高大粗壮，叶的中肋肥厚，菜体呈绿色，抗寒性和贮藏性都很强。青帮类比白帮类耐贮藏，青白帮类介于二者之间，如城阳青、天津青麻叶、青帮河头、大青帮等都属青帮类的耐贮藏品种。北京地区贮藏的大白菜以青白帮类为主，其贮藏性虽稍次于青帮类，但品质好。此外直筒型较圆球型耐贮藏，秋冬白菜比春白菜、夏白菜耐贮藏。

大白菜适宜的收获期对其贮藏很重要。收获过早，叶球发育不充实，且气温较高，菜柄易因受热而脱帮，对贮藏不利，同时也影响产量；但收获过晚，气温低，易使叶球在田间受冻，北京、河北保定等地就有"立冬不砍菜，必定要受害"的说法。所以，应根据不同地区的气温变化情况，掌握适宜的收获期。主要白菜产区适宜的收获期为：山东等白菜产区约在 11 月下旬小雪前后，北京、天津及河北中部约在 11 月初立冬前后，东北、西北等寒冷地区在 10 月下旬霜降前后。大白菜适宜的收获期以叶球为"八成心"最好，能延长贮藏期，减少损耗；如果叶球生长过实，在贮藏中容易裂球而降低其商品性状。大白菜收获前一周要停止浇水，否则组织脆嫩、含水量高、新陈代谢旺盛，易造成机械损伤，贮藏性下降。

（三）贮藏前处理

大白菜收获后应进行适当的晾晒、整理与预贮，再进行贮藏。

1. 晾晒　晾晒是我国民间贮藏大白菜的传统技术。大白菜收获后，要在田间进行适度的自然晾晒，达到菜体直立、外叶垂而不折的程度，一般晒菜失重为毛菜的 5%～10%。晾晒使外叶失去一部分水分，组织变柔软，可减少机械损伤，缩小菜体的体积，提高库容量；同时，由于失水使细胞液浓度提高，冰点下降，增强了大白菜的抗寒能力。但如果晾晒过度，大白菜失水超过 15% 时，会破坏正常的代谢机能，加强水解作用，促进乙烯合成，加速离层形成而导致脱帮，从而降低大白菜的耐藏性和抗病性。

2. 整理与预贮　大白菜入贮之前，要适当加以整理，剔除黄帮烂叶，但不黄不烂的外叶要尽量保留以保护叶球。在整理的同时，可进行分级挑选，剔除有病虫伤害的个体，以便管理。

如果整理后气温尚高，可在库（窖）外背阴处进行预贮，以散去田间热。预贮期间要注意气温变化，既要防热又要防冻，一旦受冻，可在库（窖）外缓慢解冻，然后才能入贮。受冻的菜切忌剧烈搬动，否则会使腐烂加重。入库（窖）的原则是在不受冻害前提下，越晚越好。

3. 药剂处理　针对大白菜的脱帮问题，可辅以药剂处理。收菜前 2～7 d 用 10～15 mg/L 的 2,4-D 对叶球喷洒，或者用 25～50 mg/L 的 2,4-D 进行收后浸根，都有明显抑制脱帮的效果。采用低浓度的 2,4-D 处理，既可使药效保持到脱帮严重期，又有利于后期上市时修菜。

50～100 mg/L 萘乙酸处理也有类似 2,4-D 处理的效果，但处理后使细胞保水力增强，抗寒力减弱，烂叶也不易脱落，不便于修菜。

（四）贮藏方式

基于大白菜对温度的要求，采用机械冷藏无疑可获得良好的效果。但大白菜主栽于北方，上市期主要集中在 12 月至次年 3 月，此时外界的温度基本上可满足贮藏的要求，因而很少用冷库贮藏，在我国北方地区主要利用自然低温贮藏大白菜。

大白菜贮藏的方式通常有埋藏、窖藏和通风库贮藏。埋藏是在阴冷地段挖沟，将菜体直立于沟内，根据气温的变化分次在上面覆土防冻。在贮藏窖和通风库内，可采用垛贮、架贮和筐贮等方式。

1. 埋藏　埋藏又称为沟藏。北京市农林科学院蔬菜研究中心 2013 年研发出大白菜节能省工贮藏技术，即在传统沟藏的基础上，与棚窖结合，将沟加深加长加宽，沟深 1.5～2.0 m，沟宽 5.0～6.0 m，长度在 20.0～30.0 m，并在沟底铺设 8～10 条通风道，沟的一端加装风机与匀风口，在另一端设有出风口，组成强制通风系统。白菜修整后堆码于通风道上，同层或不同层相邻大白菜采用"井"字形码放，头尾交叉，菜与菜之间留出 5 cm 左右缝隙，堆码高度 13～15 层，在白菜堆内多处不同位置设有测温探头。沟顶部用固定的拱形塑料大帐做成屋顶，外观又像棚窖，每条沟可贮藏白菜 100 t。通过强制通风调控大白菜贮藏期内适宜的温湿度环境，实现整个贮藏期不倒菜，节省用工。该技术在北京、天津、河北、河南、山东及东北产区均有推广，贮藏损耗仅 5.0% 左右，效果很好。

2. 垛贮　将大白菜在窖内码成高近 2 m、宽 1～2 棵菜的长条形垛，垛与垛之间的距离为0.5 m 左右，以便通风散热和贮藏管理。码垛的方式有实心垛和花心垛两种，实心垛堆码简便、稳固、贮量大，但通风效果较差；花心垛垛内留有较大空隙，有利于通风散热，但贮量较小。

码垛的方式虽不同，但应注意两点：一是堆码方便稳固而不易倒塌；二是必须留有适当的空隙，以利于通风散热。

3. 架贮和筐贮　架贮是将大白菜摆放在菜架上，菜架之间间隔 20～30 cm，每层放菜 2～3层，贮藏效果很好。筐贮是将大白菜装筐后堆码，筐间和垛间、垛与墙壁之间、垛与窖底和窖顶之间都留有一定距离，每筐装菜 15～20 kg。

4. 冷藏　冷藏白菜不需要预贮，白菜稍晾晒后，立即入库，贮藏期间不需要倒菜。大白菜在整个贮藏期间温度控制在 0 ℃±1 ℃，相对湿度 85%～90%，可以贮存数月。

（五）贮藏技术要点

大白菜在非冷库贮藏时，贮藏管理以通风和倒菜为主。通风是引入外界冷凉的空气，借以保持窖内适宜的温度。倒菜是翻动菜垛，改变菜体放置的位置，从而使垛内得以充分通风散热，并清理菜体，摘除烂叶。冷库贮藏大白菜，无须倒菜。

由于贮期不同，气候条件和大白菜的生理状况也不同，因此在不同时期应采取不同的管理方法。下面以北方窖贮为例，说明各贮期的管理技术要点。

1. 前期管理　从入窖到冬至为贮藏前期。此期的特点是气温较高，窖温常常超过 0 ℃，大白菜新陈代谢旺盛，产生的呼吸热多，极易热伤。因此要求通风量大、时间长，使窖温尽快下降并维持在 0 ℃左右。一般入窖初期可在夜间开放通风口，必要时辅以机械鼓风。但要随时观察窖温变化情况以灵活掌握，当外界气温下降时，可逐渐减少通风量和通风时间。此期倒菜要勤，目的是通风散热，降低窖温，避免大白菜热伤脱帮。

2. 中期管理　从冬至到立春为贮藏中期。此期是一年中最冷的季节，这时菜温和窖温都已降低，由于外温很低，管理中应以防冻为主。需要通风时最好在中午，通风时间长短根据窖温来定。此期倒菜次数可减少，倒菜时剔除黄帮烂叶。

3. 后期管理　立春以后进入贮藏后期。此期外界气温逐渐回升，而且昼夜温度变化很大，窖温在外界气温的影响下，虽然总的趋势是逐渐回升，但也会出现明显的高低波动，这时菜体的耐藏性和抗病性已明显降低，易受病菌侵染而腐烂。所以，此期管理以尽量维持窖内的低温，防止窖温回升过快为原则，注意外界气温的变化情况，在夜间适当进行通风，增加倒菜次数，剔除黄帮烂叶，防止腐烂。由于此期贮量已减少，应降低垛高。

二、甘蓝贮藏

（一）贮藏特性

甘蓝又称为卷心菜、圆白菜、包心菜、莲花白等，在我国各地都有栽培，产量较大，是较耐贮藏的叶菜之一。甘蓝的品种按照叶球的形状可分为尖头、圆头和平头类型。尖头和圆头类型多为早熟和中熟品种，一般于 5～6 月上市，如南方的小鸡心，北方的大牛心、金早生、北京早熟等。平头类型多为中熟和晚熟品种，一般在 9～10 月成熟，如黄苗、黑叶小平头、大平顶、青种大平头等。用于贮藏的甘蓝要选择晚熟、结球紧实、叶球外层叶片粗厚坚韧并有一层蜡质、品质优良的品种。

甘蓝虽属于叶菜类蔬菜，但它有强制休眠特性。为此，只要掌握好贮藏条件，可使其呼吸代谢降至最低程度。甘蓝的抗寒力比大白菜强，短期可忍耐 -5～-3 ℃ 的低温，故收获和入库期可稍晚。收获时摘除外层松散的叶子，保留 1～2 层外叶，以保护叶球免受机械损伤和病虫侵入。收获后可适当晾晒，使菜体失水 10%～15%，至外叶失去脆性，可减轻机械损伤和病虫害，保护叶球，同时也可使收获时造成的根部伤口愈合，减轻贮藏期的腐烂。

甘蓝适宜的贮藏条件：温度 0～1 ℃，相对湿度 90%～95%，O_2 3%～5%，CO_2 5%～6%，可贮藏 4～5 个月。

（二）贮藏方式及技术要点

1. 假植贮藏　包心不够坚实的晚熟品种可采用假植贮藏。收获前，挖一长方形沟，长宽视贮藏量而定。收获时将甘蓝连根拔起，保留外叶，适当晾晒，使外叶稍微萎蔫，然后使菜根朝下紧密排列在沟内，再向沟底浇少量水，菜体上面覆一些甘蓝叶片，以后随气温下降分次覆土。覆土时力求均匀，太薄甘蓝易受冻，太厚则易热伤，至气温最低时，总覆土厚度 20～30 cm。这样，外层叶的营养可继续转移到叶球中，使叶球坚实。为了防止贮藏期叶片的脱落，可在收获前 1 周喷施 25～50 mg/L 的 2,4 - D。也有把甘蓝连根带土囤在阳畦或秧棚内假植。

2. 沟藏 选择地势高、排水通畅的地方，挖深 0.8~1.0 m、宽 1.5~2.0 m 的沟，长度视贮藏量而定。甘蓝一般在沟内堆放 2~3 层，第一层菜根朝下，第二层菜根朝上，往上以此类推。堆放时，为避免沟内甘蓝热伤和便于随时检测沟内温度，可每隔 2~3 m 埋一通风筒和测温筒。堆放完毕，先盖干草，以后随气温下降再在草上覆土，沟面覆盖物的厚度以保持沟内温度在 0~2 ℃为宜。覆土应高于地面，并在沟两边挖排水沟，以防沟内积水而造成腐烂。

3. 冷藏 选择包心坚实的叶球，把根削平，适当留一些外叶，将其装入塑料或木制周转箱内，每箱放 2~3 层，可在冷库中直接堆码，或者将箱摆放在冷库的菜架上。贮藏期间控制库温在 0~1 ℃，相对湿度 90％左右。用该法贮藏的甘蓝质量新鲜，重量损耗较少。在冷库中，也可采用 MA 贮藏，控制 O_2 3％~5％，CO_2 5％~6％，对延缓甘蓝衰老、防止失水、失绿、脱帮、抽薹、根部长须都有一定的效果。用此法贮藏 100 d 后，甘蓝外叶略黄，球心发白，但很少出现抽薹、腐烂等劣变现象。

三、芹菜贮藏

(一) 贮藏特性

芹菜生长喜冷凉湿润环境，比较耐寒，收获后可以在 −2~−1 ℃条件下微冻贮藏；低于 −2 ℃易遭受冻害，难以复鲜。芹菜是散叶型蔬菜，比表面积大，蒸腾失水快，蒸腾萎蔫是引起芹菜变质的主要原因之一。所以，芹菜贮藏要求低温和高湿环境，即温度 0~1 ℃，相对湿度 90％~95％比较适宜。气调贮藏可以有效降低芹菜腐烂和延缓褪绿。一般认为适宜的气调条件：温度 0~1 ℃，相对湿度 90％~95％，O_2 2％~3％，CO_2 4％~5％。

(二) 品种及栽培要求

芹菜分为实心种和空心种两大类，每一类中又有深绿色和浅绿色的不同品种。叶柄长而粗壮、实心色绿、晚熟的芹菜品种耐寒力较强，较耐贮藏，经过贮藏后仍能较好地保持脆嫩品质。空心类品种贮藏后叶柄变糠，纤维增多，质地粗糙，故不适宜贮藏。

用于贮藏的芹菜，在栽培管理中要间苗，单株或双株定植，并勤灌水，防治蚜虫，控制杂草，保证肥水充足，使芹菜生长健壮。贮藏用的芹菜最忌霜冻，遭霜冻后芹菜叶子变黑，贮藏性降低。所以要在霜冻之前收获，收获时要连根铲下，剔除伤、病、残植株，摘掉黄枯烂叶，剪根（留约 5 cm），捆把待贮。

(三) 贮藏方式及技术要点

1. 假植贮藏 在我国北方各地，民间贮藏芹菜多用假植贮藏。一般假植沟宽约 1.5 m，长度不限，沟深 1~1.2 m，2/3 在地下，1/3 在地上，地上部用土打成围墙。将芹菜带土连根铲下，以单株或成簇假植于沟内，然后灌水淹没根部，以后视土壤干湿状况可再灌水一两次。为便于沟内通风散热，每隔 1 m 左右，在芹菜间竖插一束秸把，或在沟帮两侧按一定距离挖直立通风道。芹菜入沟后用草帘覆盖，或在沟顶做成棚盖然后覆土，酌留通风口，以后随气温下降增厚覆盖物，堵塞通风道。整个贮藏期维持沟温在 0 ℃左右，勿使受热或受冻。此法可贮藏芹菜至翌年 2 月底到 3 月初。

2. 冷库贮藏 冷库贮藏芹菜的温度为 0 ℃左右，相对湿度为 95％~98％，此条件下芹菜可保鲜 30 d 左右。

3. 简易气调贮藏 在冷库内将芹菜装入塑料袋贮藏，收到了较好的效果。方法是用 0.05 mm 厚的聚乙烯薄膜制成 100 cm×75 cm 的袋子，每袋装 10~15 kg 经挑选带短根的芹菜，敞口预冷 24~48 h，再扎紧袋口，分层摆在冷库的菜架上，库温控制在 0~2 ℃。当袋内 O_2 降到 5％左右时，打开袋口通风换气 24 h，再扎紧。也可以松扎袋口，贮藏中不需人工调气。这种方法可以将芹菜从 10 月下旬贮藏到次年 1 月下旬，商品率达 85％以上。

4. 硅窗袋气调贮藏 将挑选后的芹菜入库预冷 24 h，然后放入硅窗袋内，扎紧袋口，保持库温 0~1 ℃。硅窗袋的规格为：用聚乙烯塑料薄膜制成 100 cm×70 cm 的包装袋，硅窗面积 96~110 cm²，每袋装 15~20 kg，贮藏期可达到 3 个月以上。该方法操作简便，效果良好。

第二节 果菜类贮藏

果菜类主要包括番茄、辣椒、茄子、菜豆等。它们以果实为食用器官，是人们生活中非常重要的一类蔬菜。

一、番茄贮藏

（一）贮藏特性

番茄原产于南美洲热带地区，性喜温暖，不耐 0 ℃以下的低温。但不同成熟度的番茄对贮藏温度要求也不一样。番茄属于跃变型果实，用于长期贮藏的番茄一般选用绿熟果，适宜的贮藏温度为 10~13 ℃，温度过低，易发生冷害，果面出现水浸状凹陷褐色圆斑，不能正常完熟而易感病腐烂，不仅影响质量，而且也缩短了贮藏期限；用于鲜销或短期贮藏的红熟果，其适宜的贮藏温度为 0~2 ℃，相对湿度为 85%~90%，O_2 和 CO_2 浓度均为 2%~5%。

（二）品种选择与采收

不同品种的贮藏性差异很大，用于贮藏的番茄首先要选择耐贮藏的品种。凡干物质含量高、果皮厚、果肉致密、种腔小、晚熟的品种较耐贮藏，如大田栽培的满丝、日本大粉、苹果青、台湾红等品种均较耐贮藏。秋季温室大棚栽培的樱桃番茄、大粉、苏抗 5 号等也较耐贮藏。另外，植株下层和植株顶部的果实不耐贮藏，前者接近地面易带病菌，后者固形物少，种腔不充实。

番茄的采收成熟度与贮藏性有着十分密切的关系。采收的果实成熟度过低，积累的营养物质不足，贮后品质不良；果实过熟，则很快变软，而且容易腐烂，不能久藏。

采收番茄时，应根据采后不同的用途选择不同的成熟度。用于长期贮藏或远距离运输的番茄，应在果实已充分长大、内部果肉已经变黄、外部果皮泛白、果实坚硬的绿熟期采收。因为这种成熟度的果实抗病和抗机械伤的能力较强，而且需要较长一段时间才能完成后熟达到上市标准，而这段时间正好是贮藏或运输的时间。当贮藏或运输结束时果实达到红熟，也就是食用的最佳时期。短期贮藏或近距离运输可选用果实表面开始转色、顶部微红期的果实。立即上市出售的果实则以果实表面全部转红时为好，因为这种果实的品质最好，适合鲜食或烹调加工之用，但不耐贮藏。

作为贮藏用的番茄，在采收前 1 周内不能浇水，以增加果实的干重而减少水分含量，也可防止果实吸水产生裂果而导致微生物侵染引起腐烂。采收番茄应在露水干后进行，不要在雨天采收。采收时果实不要带萼片和果柄，要轻拿轻放，避免机械伤。果实经过严格挑选，除去病果、裂果及伤果，装入筐内或箱内，装 3~4 层果实，果实下面最好用柔软材料衬垫，防止损伤果实，所用包装材料最好用前进行消毒处理。果实采收后，应先放在冷凉处短时间预贮，散发部分田间热后，再进行贮藏。

（三）贮藏方式及技术要点

1. 冷藏 夏季高温季节采用机械冷库贮藏番茄，贮藏效果更好。将番茄挑选后，装于塑料筐或纸箱中，在预冷间预冷 24~48 h，再转入冷库中贮藏。绿熟果的适宜贮温为 10~13 ℃，红熟果为 0~2 ℃，贮藏期控制库内相对湿度 85%~90%。冷藏绿熟番茄的贮藏期通常为 45~60 d，红熟番茄贮藏期为 30~45 d。

2. 简易气调贮藏 在冷藏库中，用塑料大帐封闭贮藏，或者用塑料薄膜袋包装贮藏，可使帐（袋）内的 O_2 和 CO_2 浓度发生改变，故贮藏效果比冷藏更好。

番茄包装

番茄冷藏
包装

为了防止微生物的生长繁殖，可用氯气每 $3\sim4$ d 熏蒸一次，用药量为塑料大帐容积的 0.2%；或者用漂白粉消毒，用量为每 1 000 kg 番茄 0.5 kg，有效期为 10 d。此外，还可在帐内加入一定量的乙烯吸收剂如高锰酸钾，来延缓番茄在贮藏过程中的后熟。

在贮藏过程中，应定期测定帐内的 O_2 和 CO_2 含量，当 O_2 低于 2% 时，应通风补氧；当 CO_2 高于 6% 时，则要更换一部分消石灰，以避免因缺氧和高 CO_2 造成的番茄伤害。

用 $0.03\sim0.05$ mm 厚的聚乙烯或无毒聚氯乙烯薄膜袋包装贮藏番茄，每袋装 $5\sim10$ kg，只要袋子的厚度适当，管理规范，也会取得很好的贮藏效果。

二、辣椒贮藏

（一）贮藏特性

辣椒的种类和品种很多，甜椒是辣椒的一个变种，其中包括许多品种。长期以来，人们对甜椒采后生理及贮藏技术的研究较多，故本部分内容都是针对甜椒而言，其他种类辣椒贮藏时可参考。

辣椒多以嫩绿果实供食用，贮藏中除防止失水萎蔫和腐烂外，还要抑制后熟变红。因为辣椒转红时，有明显的呼吸上升趋势，并伴有微量乙烯生成，生理上已进入完熟和衰老阶段。

辣椒原产南美洲热带地区，性喜温暖多湿，故对低温敏感。辣椒贮藏适温因产地、品种及采收季节不同而异。国外报道辣椒贮温低于 6 ℃ 易遭受冷害，而国内报道认为辣椒的冷害临界温度为 9 ℃，冷害诱导乙烯释放量增加，致使果面出现水渍状软烂或透明圆形水烂斑点，进而被病菌侵染而腐烂。生产实践证明，不同季节采收的辣椒对低温的忍受时间不同，夏季采收的辣椒在 28 h 内乙烯无异常变化，秋季采收的辣椒在 48 h 内乙烯无异常变化；夏椒比秋椒对低温更敏感，冷害发生时间早。

甜椒灰霉病

近年来，国内对辣椒贮藏技术及采后生理的研究较多，推荐最佳贮藏条件为：温度 $9\sim11$ ℃，空气相对湿度 $90\%\sim95\%$，O_2 $3\%\sim5\%$ 和 CO_2 $1\%\sim2\%$。国内外研究资料显示，改变气体成分对辣椒保鲜，尤其在抑制后熟变红方面有明显效果。关于适宜的 O_2 和 CO_2 浓度报道不一，一般认为辣椒气调贮藏时，O_2 含量可稍高些，CO_2 含量应低些。

（二）品种选择与采收

辣椒品种间贮藏性差异较大，多以甜椒耐贮，尖椒不耐贮。一般颜色深绿、肉厚、皮坚光亮、种腔小的晚熟品种较耐贮藏，如麻辣三道筋、世界冠军、茄门、牟农 1 号（MN-1）、巴彦、二猪嘴、冀椒 1 号等。

采前因素对辣椒耐藏性、抗病性有很大影响。在贮藏中应注意田间病害的影响，病害多发地块、重茬地块的辣椒不耐贮，肥力不足、干旱或湿涝地块的辣椒也不耐贮。采前 $10\sim15$ d 可喷施适当的杀菌剂，如甲基硫菌灵、克菌丹、代森锰锌等，以尽可能消除从田间带来的病菌。

辣椒果实的成熟度与耐藏性密切相关。长期贮藏的辣椒，采收时应选择果实充分膨大、营养物质积累多、果肉厚而坚硬、皮色光亮、萼片及果柄呈鲜绿色、果面尚未转红、无病虫害和机械伤的完好绿熟果。色浅绿、手按较软的未熟果、开始转色或完熟变红的果实，均不宜长期贮藏。

以晚秋且在霜前采收的辣椒最耐贮藏，经霜的果实不能用于贮藏或长途运输。采前 $3\sim5$ d 不能灌水，以保证果实有丰富的干物质含量。采摘时捏住果柄摘下，防止果肉和胎座受伤；也可使用剪刀剪下，使果柄剪口光滑，减少贮藏期果柄的腐烂。避免摔、砸、压、碰撞以及因扭摘用力造成的损伤。

采收气温较高时，采收后要放在阴凉处散热预贮。预贮过程中要防止辣椒脱水皱缩，而且要覆盖防霜。入贮前，剔除开始转红果和伤病果，选择合格果实贮藏。

（三）贮藏方式及技术要点

1. 冷藏　把采收挑选后的辣椒放入 0.03～0.04 mm 厚的聚乙烯保鲜袋内，每袋装 10 kg，单层或双层按顺序放入库内的菜架上，袋口朝外，敞口，也可将保鲜袋装入果箱，折口向上。入库完毕后先预冷 12～24 h，使辣椒温度降至 9 ℃，再将袋口扎紧贮藏。一般夏季辣椒贮藏适温控制为 10～12 ℃，库温低于 9 ℃即会发生冷害；秋季贮藏的适温控制为 9～11 ℃，库温低于 8 ℃易发生冷害。贮藏期间库内相对湿度宜控制在 90%～95%，以防止辣椒失水萎蔫。贮藏期间定期开袋、开库通风，排除不良气体，保持库内空气新鲜，当袋内 CO_2 浓度超过 3%时，应开袋放风 1～2 h。

辣椒贮藏中易发生灰霉病、果腐病、根霉腐烂病等真菌病害和细菌性软腐病，造成果实严重腐烂。采前喷施杀菌剂消除或减少田间病原菌，及采后使用国家农产品保鲜工程技术研究中心的 CT-6 辣椒专用保鲜剂，有较理想的防腐保鲜效果。防止低温冷害、失水萎蔫、CO_2 伤害和侵染性病害引起的腐烂，是辣椒冷藏保鲜的关键。若管理得当，辣椒冷藏期可达 2.5～3 个月。

2. 简易气调贮藏　低温条件下用塑料薄膜封闭贮藏辣椒，效果显著好于普通冷藏，尤其在抑制后熟转红方面效果明显。因而，在冷凉和高寒地区，尤其是在机械冷库中，利用气调贮藏辣椒，可以取得更好的效果。

辣椒薄膜封闭贮藏方法及管理同番茄。气体调节可采用快速充氮降 O_2、自然降 O_2 和透帐法，O_2 浓度控制在 5%左右，CO_2 浓度控制在 3%以内。

三、茄子贮藏

（一）贮藏特性

不同种类茄子的耐藏性不同。一般果皮较厚、种子少、肉质致密的深紫色或深绿色晚熟品种较耐贮藏。圆茄类多为中晚熟品种，耐贮性好。长茄类品质佳，但皮薄、肉质疏松，一般不耐贮藏。茄子性喜温暖，不耐寒，为冷敏型蔬菜，在 7～8 ℃以下易发生冷害，表现为表皮出现凹陷斑点或呈大块烫伤状，但温度过高易衰老。茄子适宜的贮藏温度为 10 ℃左右，相对湿度 85%～90%，气体条件为 O_2 2%～5%，CO_2 3%～5%。在最佳贮藏条件下，耐藏品种的贮藏期为 30～40 d。

茄子在贮藏中的问题主要是：果柄连同萼片产生湿腐或干腐，而后蔓延到果实，或与果实脱落；果面出现各种病斑，不断扩大，甚至导致全果腐烂，主要有褐纹病和绵疫病等；在 7～8 ℃以下会出现冷害，病部出现水渍或脱色的凹陷斑块，内部种子和胎座薄壁组织变褐。

（二）品种选择与采收

茄子贮藏一般选用晚熟、深紫色、圆形、含水量低的品种，在下霜前采收，以免在田间遭受冷害。茄子采前 3～5 d 应停止浇水，防止果实水分过高、干物质含量低而降低耐藏性，且采前 5～7 d 应停止喷药，以减少农药残留。茄子适宜采收期的标志：在萼片与果实连接处有一白绿色的带状环，环带宽表示茄子正在快速生长，如果环带不明显，则表示果实生长缓慢，即为采收适期。采收过早，茄子含水量高，产量低；采收过晚，果肉粗糙，种子变褐，种皮坚硬，果皮变厚，表明衰老不宜久存。贮藏用的茄子切不可采用来自晚疫病地块的，否则入库后会造成大量腐烂。

茄子采收宜在晴天气温较低时进行，下雨时或雨后不宜立即采收。采收时用剪刀连果柄剪下，不要损伤萼片，轻拿轻放，避免机械伤。采后放在阴凉通风处预贮，以散去田间热，或在冷库预冷间预冷处理，效果更佳。

（三）贮藏方式及技术要点

1. 冷藏　冷藏是生产中茄子贮藏的主要方式。采前用 100～150 mg/L 的 2,4-D 或防落素处理果柄，可有效防止贮藏中茄果脱柄；用 1.5～2.0 mg/L 的臭氧水溶液或 0.3～0.5 g/L 的苯甲酸溶液洗果后风干，可显著减轻贮藏中的果实腐烂。处理后的茄子装入内衬 0.03 mm 厚的聚乙烯袋或无毒聚氯乙烯袋的纸箱或塑料筐中，果柄与果柄相向，防止果柄刺伤其他茄果，每箱装 5～7.5 kg，单层放于货架上。充分预冷至 10 ℃ 后扎口，于 10～12 ℃、相对湿度 85%～90% 下贮藏。也可直接将茄子装于塑料筐或有孔纸箱，码垛或置于货架上贮藏。直接装筐或箱贮藏的，应严格保证库内有适宜湿度，否则茄子易失水萎蔫。

2. 简易气调贮藏 简易气调贮藏对茄子是一种比较实用的贮藏方式，效果也比较好。茄子采收后装筐，入冷库码垛，用塑料大帐密封（操作方法参照番茄），将 O_2 浓度调至 2%～5%，CO_2 调至 5% 左右，温度控制在 10 ℃ 左右，可以较好地保持茄子的质量。

茄子脱柄是成熟衰老的一种表现，气调贮藏能够减少和防止脱柄，是由于低 O_2 和高 CO_2 有降低茄子组织产生乙烯、延缓其衰老的作用。

四、菜豆贮藏

（一）贮藏特性

菜豆又叫四季豆、豆角等，通常以嫩荚上市。菜豆在贮藏中易失水萎蔫、出现锈斑、老化、冷害、腐烂等问题，因而比较难贮藏。豆荚表面的锈斑严重影响其商品价值，与低温伤害或 CO_2 伤害有关。老化时豆荚外皮变黄，纤维化程度增高，种子膨大硬化，豆荚脱水。

菜豆适宜的贮藏温度为 8～10 ℃。温度过低易发生冷害，出现凹陷斑，有的呈现水渍状病斑，甚至腐烂。8 ℃ 是抑制锈斑发生的临界温度，低于此温度，锈斑发生严重；高于 10 ℃ 时容易老化，腐烂也严重。菜豆适宜的贮藏相对湿度为 90%～95%，湿度低会加速老化与锈斑出现，并出现蔫尖膨粒现象。

菜豆对 CO_2 较为敏感，1%～2% 的 CO_2 对锈斑产生有一定的抑制作用，但超过临界浓度 2% 时，会使菜豆锈斑急剧增多，甚至发生 CO_2 中毒。菜豆对乙烯不敏感。

（二）品种选择和采收

菜豆品种间的耐藏性有较大差异。用于贮藏的菜豆，应选择色泽深绿、荚肉厚、纤维少、种子小、豆荚粗壮顺直、秋茬栽培的品种。例如，架豆王、青岛架豆、矮生棍豆、法国芸豆、丰收 1 号等品种较适宜贮藏，青岛架豆锈斑发生较轻。

菜豆采收一般在早霜到来之前进行，成熟度以八成熟为宜，此时豆荚、豆粒均已成型，且豆粒较为饱满。收获后将老荚及带有病虫害和机械伤、畸形的挑出，选鲜嫩完整、顺直、饱满、长短基本一致的豆荚进行贮藏。

（三）贮藏方式及技术要点

用塑料薄膜保鲜袋贮藏菜豆，是一种简便易行、实用有效的方式。在 8～10 ℃ 的冷库中先将菜豆预冷，待品温与库温基本一致时，用 0.015 mm 厚的聚氯乙烯塑料袋包装，每袋 5 kg 左右，将袋子单层摆放在菜架上，贮藏期可达到 30～40 d，商品率为 80%～90%。也可将预冷的菜豆装入衬有塑料袋的筐或箱内，折口存放。容器堆码时应留间隙，以利通风散热。

需要注意的是，保鲜袋包装量不宜过大，以防止袋内中心部位 CO_2 浓度偏高而导致锈斑出现。每 10～14 d 开袋通风换气一次，或在 5 kg 装规格的袋内放置 400～500 g 消石灰，或直接采用有孔塑料袋包装，可在贮藏期内确保 CO_2 浓度不超过 2%。

五、黄瓜贮藏

（一）贮藏特性

1. 含水量高 黄瓜又称青瓜、胡瓜。供食用的是其脆嫩果实，含水量很高（95% 左右），俗称"皮包水的产品"。采收后在常温下存放一两天即开始衰老，表皮由绿逐渐变黄，瓜的头部因种子继续发育而逐渐膨大，尾部组织萎缩变糠，瓜形变成棒槌状；果肉绵软，酸度增高，食用品质显著下降。黄瓜质地脆嫩，易受机械损伤，瓜刺（刺瓜类型）易被碰损形成伤口流出汁液，从而感染病菌引起腐烂。

2. 对低温敏感　黄瓜是一种冷敏性较强的果实，适宜的贮藏温度为 $10\sim13$ ℃。低于 10 ℃易出现冷害，冷害初期症状为瓜面上出现凹陷斑和水渍斑，黄瓜的头部尖端最为敏感；随后整个瓜条上凹陷斑变大，瓜条失水萎缩、变软；易受微生物侵染而腐烂。黄瓜的冷害症状在低温下一般不表现出来，在升温后特别是常温销售过程中，瓜条迅速长霉腐烂。黄瓜的低温冷害与贮藏温度、湿度有密切关系，相对湿度愈低，凹陷斑发生愈严重。秋黄瓜的贮藏温度可低于10 ℃，有的可耐 8 ℃低温，黄瓜在高于 15 ℃的环境下，迅速变黄衰老。黄瓜的含水量高，保护组织差，采后极易失水萎蔫，故要求 95％或更高的相对湿度。

3. 对乙烯敏感　黄瓜对乙烯极为敏感，贮藏和运输时须注意避免与容易产生乙烯的果蔬（如番茄、香蕉等）混放。贮藏中用乙烯吸收剂脱除乙烯，对延缓黄瓜后熟衰老有明显效果。黄瓜可用气调贮藏，适宜的气体组成是 O_2 和 CO_2 均为 $2％\sim5％$。

4. 易感染细菌性病害　黄瓜贮藏中的病害主要有炭疽病、细菌性软腐病、霉腐病和根霉病等。贮存期 1 个月以上的，可在入贮前用杀菌剂（如噻菌灵）加涂膜剂（如虫胶、可溶性蜡剂）混合浸果处理，以延长保鲜期。

（二）品种选择与采收

不同品种的黄瓜耐贮性有明显的差异。瓜皮较厚、颜色深绿、果肉厚、表皮刺少的黄瓜较耐贮藏。表皮刺多的黄瓜，瓜刺易被碰掉而造成伤害，机械伤口造成病菌感染而导致腐烂。较耐贮藏的黄瓜品种有津研 1 号、2 号、4 号和 7 号，白涛冬黄瓜，漳州早黄瓜等。

贮藏用的黄瓜最好是采收植株中部生长的瓜，俗称"腰瓜"；切勿采收接触地面的瓜，因为连地瓜与土壤接触，瓜身带有许多病菌，容易腐烂；也不要采收植株顶部的结头瓜，因为这种瓜是植株衰老枯竭时的后期瓜，瓜的内含物不足，在外形上也不大规则，贮藏寿命短。黄瓜采收应做到适时早收，要求在瓜身呈碧绿、顶芽带刺、种子尚未膨大时进行，即选直条、充实、中等成熟度的绿色瓜条供贮藏用。过嫩的瓜含水多、固形物少，不耐贮藏；黄色衰老的瓜商品价值低，也不宜贮藏。需要贮运时间长的商品瓜应在清晨采收，带柄剪下，以确保瓜的质量。

（三）贮藏方式及技术要点

黄瓜适宜的贮藏方式为机械冷库贮藏或气调贮藏。贮藏温度为 $10\sim13$ ℃，低于 10 ℃易发生冷害，15 ℃以上瓜条易老化，贮藏的适宜湿度为 $90％\sim95％$，气调贮藏的 O_2 和 CO_2 组成均为 $2％\sim5％$。

黄瓜采后要进行严格挑选，去除有机械伤、病斑、虫害、畸形等的不合格瓜，将合格瓜整齐地放在消毒过的干燥箱中，装箱容量不宜超过总容量的 3/4，如果贮藏带刺多的瓜要用软纸包好放在箱中，以免瓜刺相互扎伤而易感病腐烂。为了防止黄瓜脱水，贮藏时可采用聚乙烯薄膜袋折口作为内包装，袋内放入占瓜重约 1/30 的乙烯吸收剂。在适宜的贮藏条件下，黄瓜可贮藏 30～50 d。

六、苦瓜贮藏

（一）贮藏特性

苦瓜，又名凉瓜、锦荔枝、癞瓜、君子菜，果实为浆果。苦瓜属于呼吸跃变型果菜，青色的瓜皮一旦颜色变浅绿，就意味着跃变已经到来；如果瓜顶开始露出黄色，说明苦瓜已经老熟。苦瓜对乙烯十分敏感，即使有极微量的乙烯存在，也可以激发苦瓜迅速老熟、黄化。苦瓜皮薄，周身是瘤状突起，一旦碰伤，立刻产生乙烯，不但促使自身老熟，也促使周围的苦瓜加快老熟。苦瓜怕冷，即使在 10 ℃时也有可能会遭受冷害。

黄瓜包装

苦瓜适宜的贮藏温度为 10～13 ℃，低于 10 ℃会发生冷害，高于 13 ℃则迅速衰老变黄，进一步变红、腐烂。贮藏环境适宜的相对湿度为 85％～90％。

（二）品种选择与采收

苦瓜有大苦瓜和小苦瓜两个类型。按色泽分，有白皮苦瓜和青皮苦瓜。贮藏用的苦瓜应选择肉厚、晚熟的品种，如大顶、翠绿 1 号、槟城、穗新 2 号、英引、琼 1 号等。

贮藏用的苦瓜宜采收嫩瓜，以保证品质。一般当苦瓜果皮瘤状突起膨大，果实顶端开始发亮，果实六七成熟时采收，采收时间以早晨露水干后为宜。采收过晚，苦瓜内腔壁硬化，种子变红，肉质变软发绵，风味变差，食用品质下降，贮藏期缩短，并容易在贮藏中开裂。贮藏的苦瓜采收时应保留果柄。

（三）贮藏方式及技术要点

冷藏是苦瓜贮藏的常用方式。将苦瓜经 5～10 ℃的冷空气预冷，可在 48 h 左右将果实品温降到 13～15 ℃；预冷后用软纸或发泡网对苦瓜进行单果包装，防止苦瓜相互摩擦、挤压而损伤肉瘤；然后整齐地装入有孔聚乙烯袋中，每袋重量 5～10 kg，控制温度为 10～13 ℃，相对湿度为 85％～90％。不同产地、不同品种、不同采收成熟度都对苦瓜的贮藏温度及冷害敏感性有显著影响。10～13 ℃能贮藏 10～15 d，低于 10 ℃有严重冷害发生，如槟城苦瓜在 10 ℃下贮藏 9 d，果实即表现出明显的冷害症状；高于 13 ℃，苦瓜的后熟衰老迅速。苦瓜在 7.5 ℃贮藏 4 d，升温后有轻微的凹陷斑；贮藏 12 d，升温后发生严重冷害、高度腐烂和褐变。

气调贮藏是苦瓜保鲜的另一有效方式。适宜的气体组成为 2％～3％ O_2、3％～5％ CO_2，温度控制在 10～13 ℃，相对湿度 85％～90％。气调环境中的苦瓜与非气调相比，前两周差别不明显，在第三周气调苦瓜的腐烂、裂果和失重均比非气调的低。因苦瓜易发生冷害，且冷害后的升温会引起苦瓜呼吸强度的显著升高，故气调温度不能过低。

七、冬瓜和南瓜贮藏

冬瓜和南瓜是人们日常生活中的重要瓜类蔬菜。主产于我国南方，现在几乎全国各地都有栽培，在蔬菜周年供应中占有重要地位。冬瓜富含维生素 A、维生素 C 和钙，含有的胨化酶能将不溶性蛋白质转变成可溶性蛋白质，便于人体吸收。青熟期的南瓜含有较为丰富的维生素 C 和葡萄糖，老熟期的南瓜含胡萝卜素、可溶性糖和淀粉的量比较多。

（一）贮藏特性

1. 品种特性　冬瓜有青皮冬瓜、白皮冬瓜和粉皮冬瓜之分。青皮冬瓜的茸毛及白粉均较少，皮厚肉厚，质地较致密，不仅品质好，抗病力也较强，果实较耐贮藏。粉皮冬瓜是青皮冬瓜和白皮冬瓜的杂交种，早熟质佳，也较耐贮藏。白皮冬瓜耐藏性相对较差。

南瓜包装

南瓜的品种很多，多为地方品种。晚熟、皮厚且表面光滑、果面蜡质厚、肉质致密、种腔小等是耐藏品种具有的特征。

2. 贮藏条件　冬瓜和南瓜贮藏的适宜温度为 10～13 ℃，低于 10 ℃则会发生冷害。适宜的相对湿度为 70％～75％，湿度过高易发生腐烂病害。由于这些贮藏条件在自然条件下容易实现，因此，冬瓜、南瓜在民间主要采取窖窖或室内贮藏。

（二）贮藏方式

1. 室内堆藏　选择阴凉、通风的房间，把选好的瓜直接堆放在房间里。贮前用高锰酸钾或福尔马林溶液对房间进行消毒处理，然后在堆放的地面铺一层麦秸，再在上面摆放瓜。摆放时一般要求和田间生长时的状态相同，原来是卧地生长的要平放，原来是搭棚直立生长的要瓜蒂向上直立摆放。冬瓜可采取"品"字形堆放，这样压力小、通风好、瓜垛稳固。直立生长的瓜柄向上只放一层。

南瓜可将瓜蒂朝里、瓜顶朝外，按次序堆码成圆形或方形，每堆放 15～25 个即可，高度以 5～6 个瓜为宜，也可装筐堆藏。在堆放时应留出通道，以便检查。

2. 架藏 架藏的库房选择、质量挑选、消毒措施、降温防寒及通风等要求与堆藏基本相同。所不同的是仓库内用木、竹或角铁搭成分层贮藏架，铺上草帘，将瓜堆放在架上。此法通风散热效果比堆藏法好，检查也比较方便，管理同堆藏法。

3. 冷库贮藏 商业化大量贮藏冬瓜、南瓜时，最好采用冷库贮藏。在机械冷库内，可人为地控制贮藏所要求的温度（10～13 ℃）和相对湿度（70％～75％）条件，管理也方便，贮藏效果会更好，贮藏期一般可达到半年左右。

（三）贮藏技术要点

1. 选择品种 冬瓜应选择个大、形正、瓜毛稀疏、皮色墨绿、无病虫害的中晚熟品种。南瓜应晚熟，皮厚且硬、肉质致密、种腔小等性状明显的品种。

2. 适时采收 冬瓜和南瓜均应充分成熟时带一段果柄剪下。采收标准为果皮坚硬、显现固有色泽、果面布有蜡粉。冬瓜和南瓜的根瓜均不做贮藏用，应提前摘除。在田间遭受霜打的瓜易腐烂，因此贮藏的瓜应适当早采，避免田间遭受冷害。采收时应尽可能避免外部机械损伤和振动、滚动引起内部损伤。

采收宜在晴天进行，采前一周不能灌水，雨后不能立即采摘。摘下的瓜要严格挑选，剔除幼嫩、机械损伤和病虫瓜，然后置 24～27 ℃通风室内或荫棚下预贮约 15 d，使瓜皮硬化、伤口愈合，以利贮藏。

3. 贮藏管理 冬瓜和南瓜是耐贮藏的蔬菜，只要选好品种、成熟采收、没有伤病，即可安全贮藏。如果能控制适宜的贮藏温度和湿度条件，贮藏效果更好。

八、佛手瓜贮藏

佛手瓜为葫芦科多年生宿根性攀缘植物，因其果实形状似佛手而得名。佛手瓜原产于墨西哥和西印度群岛一带，在热带和亚热带地区栽培较为广泛。佛手瓜在我国主要产于南方，多系零星种植，少数农户作自给性庭院栽培。近年，我国南北方许多地区集约化种植面积不断扩大。佛手瓜营养丰富，生食熟食兼备，美国、日本等国家称之为"超级蔬菜"，具有很大的利用价值和开发前景。因其供应时间短，难以满足市场周年供应的需要，贮藏保鲜显得尤为重要。

（一）贮藏特性

1. 品种特性 我国佛手瓜大致可分为绿皮无刺、绿皮有刺、白皮无刺和白皮有刺 4 种类型，其中以绿皮无刺类型的外形美观、商品性状好而被广大消费者接受。而白皮无刺类型的长势弱、产量低、维生素含量低，虽有较好的风味，但难与绿皮无刺类型相比。两个有刺类型因表面刚刺的存在，其商品性大为降低。就贮藏性而言，佛手瓜是瓜类蔬菜中耐贮藏的种类。

2. 生理特性 刘兴华和朱瑛（2007）对绿皮无刺类型佛手瓜采后生理特性的研究表明，佛手瓜属于呼吸跃变型果实；其种子无生理休眠期，易发生萌芽而影响其品质；种子的发芽率与 IAA 和 GA_3 含量呈正相关，与 ABA 含量呈负相关；佛手瓜贮藏的适宜温度为 8～10 ℃，低于此温度易发生冷害。有研究表明，佛手瓜在 5 ℃下的呼吸强度为 2.3 mg/(kg·h)，低于马铃薯、胡萝卜、洋葱等耐贮藏蔬菜的呼吸强度，在蔬菜中为低呼吸强度的产品，说明其在贮藏期间内部生理生化反应弱，养分消耗少。这可能与佛手瓜的果皮组织致密，气体交换困难，使氧化系统活性降低有关。现有的研究结果表明，气调贮藏、臭氧处理、1－MCP 处理、水杨酸处理等，均可抑制佛手瓜的呼吸作用，延迟呼吸高峰的出现，延缓果实衰老。

3. 贮藏条件 佛手瓜贮藏的适宜温度为 8～10 ℃，相对湿度为 85％～95％。另外，5％～8％ O_2 和 3％～5％ CO_2 对其成熟衰老有明显的抑制作用。

（二）贮藏方式

长期以来，人们总认为佛手瓜耐贮藏，所以多在常温条件下采用缸藏、沟藏和窖藏等方式。而实际上，佛手瓜中虽然腐烂病害发生较少，但萌芽（胎萌）是制约其贮藏的主要因素。所以，对商业化贮藏而言，最好采用冷库贮藏。入贮前必须剔除伤病瓜和过嫩的瓜，将瓜放在冷凉通风的场所 2～3 d，使瓜散失部分田间热；在冷库采用塑料袋包装贮藏时，必须在冷库中将瓜体温度降到 10 ℃左右时，才能将瓜装入厚约 0.03 mm 的聚乙烯袋；为减少腐烂病害，入贮前可用 800 倍多菌灵浸泡大约 1 min，捞出后沥水、晾干即可贮藏；为提高贮藏效果，减少碰撞、挤压造成的腐烂，可用软纸或发泡网先将佛手瓜单果包装后，再装入聚乙烯袋中低温贮藏。

（三）贮藏技术要点

1. 选择品种 选择商品性状好的绿皮无刺类型进行贮藏。它除具有果肉脆甜、富含多种营养物质、有很好的保健作用外，还具有富含维生素和表面光滑无刺的良好商品性状，有着更大的市场潜力。

2. 适时采收 佛手瓜是一年生陆续开花连续结果的草本植物。供贮藏的瓜应在雌花开放 20～25 d 后，当瓜生长到一定大小，表皮具有光泽，肉瘤上的刚刺不很明显时采收。若采收过晚，瓜皮绿色褪为黄绿色，肉瘤上的刚刺开始脱落，甚至种子出现胎萌，这种瓜因成熟度过高而不能长期贮藏。

佛手瓜的瓜皮薄，肉质脆嫩，易遭受损伤。因此，采收时应做到轻拿轻放，尽量避免损伤。

3. 贮藏管理 虽然佛手瓜具有良好的贮藏性，但在实际贮藏中应注意其种子存在"胎萌"现象，即果实在植株上成熟后或贮藏过程中，其种子在瓜内因无生理休眠期而立即发芽生根。佛手瓜出现胎萌后，瓜内营养物质转化与消耗加速，导致品质变劣，这对瓜的质量与贮藏性都有较大的消极影响。所以，贮藏中控制适宜的温度（8～10 ℃）和相对湿度（85%～95%）条件，对于佛手瓜贮藏保鲜非常重要。

第三节　花菜类贮藏

花菜类主要包括花椰菜、青花菜、蒜薹等，它们分别以花蕾、变态的花茎作为食用器官。此类蔬菜营养丰富，经济价值高。

一、花椰菜贮藏

（一）贮藏特性

花椰菜又名菜花，与甘蓝同属十字花科蔬菜，但食用器官为花球。花椰菜对贮藏环境条件的要求与甘蓝相似，适温 0 ℃±0.5 ℃，相对湿度 90%～95%，O_2 2%～3%和 CO_2 2%～4%。

花椰菜贮藏中易松球、花球褐变（变黄、变暗、出现褐色斑点）及腐烂，使质量降低。花椰菜松球是发育不完全的小花继续生长、花茎伸长的结果，松球是衰老的象征。采收期延迟或采后不适当的贮藏环境条件如高温、低湿等，都可能引起松球。引起花球褐变的原因很多，如花球在采收前或采收后较长时间暴露在阳光下、遭受冻害、失水和受病菌感染等，都能使花椰菜变褐，严重时花球表面还能出现灰黑色的污点，甚至腐烂失去食用价值。

选择耐藏抗病品种是提高贮藏效果的主要环节。生产上春季多栽培瑞士雪球，秋季以荷兰雪球为主，这两个品种的品质好、耐贮藏。贮藏用花椰菜宜适当早采，七八成熟最好，采收晚时花球易变得松散而不耐贮藏。采收时宜保留 2～3 轮叶片，以保护花球。

（二）贮藏方式及技术要点

1. 冷库贮藏 机械冷库是目前贮藏花椰菜较好的场所，它能调控适宜的贮藏温度，可贮藏2个月左右。生产上常采用以下贮藏方法：

（1）筐或箱贮法。将挑选好的花椰菜根部朝下码在筐或箱中，最上层花椰菜低于筐或箱边沿。将筐或箱堆码于库中，要求稳定而适宜的温度和湿度，并每隔20～30 d倒筐或箱一次，将脱落及腐败的叶片摘除，并将不宜久放的花球挑出上市。

（2）单花球套袋贮藏。用0.015～0.020 mm厚的聚乙烯塑料薄膜制成30 cm×35 cm大小的袋（规格可视花球大小而定），将预冷后的花球装入袋内，折口后装入筐或箱，将容器码垛或直接放菜架上，贮藏期可达2～3个月。

2. 大帐气调贮藏 在冷库内将花椰菜装箱或筐码垛，用塑料薄膜封闭，控制帐中O_2 2%～3%，CO_2<3%，则有良好的保鲜效果。入贮时在花球上喷洒3 000 mg/kg的苯菌灵或硫菌灵有减轻腐烂的作用。花椰菜贮藏中释放乙烯较多，在封闭的帐内放置适量乙烯吸收剂对外叶有较好的保绿作用，花球也比较洁白。要特别注意防止帐壁的凝结水滴落到花球上从而造成霉烂。

二、青花菜贮藏

（一）贮藏特性

青花菜又称绿菜花、嫩茎花椰菜，属十字花科。其食用部分是脆嫩的花茎、花梗和绿色的花蕾。其贮藏性较差，保鲜期短，采收后花蕾在室温下极易开放和黄化而失去商品价值。青花菜贮藏中花球的花蕾极易黄化，当温度高于4.5℃时，小花即开始黄化，中心最嫩的小花对低温较敏感，受冷后褐变。青花菜在贮藏中释放乙烯较多。因此，对贮藏环境要求较严格，最好冷藏。适宜贮温为0℃±0.5℃，相对湿度为90%～95%，O_2 1%～2%，CO_2<10%。在低温下气调贮藏，配合乙烯吸收剂，对青花菜保鲜有明显效果。

青花菜单
花球包装

（二）品种选择与采收

贮藏的青花菜应选用花球整齐、花形好、色泽绿、花蕾较小的品种。根据品种特性，适时采收。当主花球已充分长大、花蕾尚未开散、花球紧实、色绿时采收，采收过早影响产量，采收过迟花球松散、花蕾容易变黄。

采收应在晴朗的早晨进行，严禁在中午或下午采收。采收工具应使用不锈钢刀具，采收时从花蕾顶部往下约16 cm处切断，除去叶柄及小叶，装入塑料周转箱中。码放时应注意保护花球，装筐不可过满，以免挤压损伤花球，筐面要覆盖一层叶片，以减少水分损失。

采收后的花球由于机械伤口的出现，呼吸强度会急剧升高，造成体内物质消耗速度加快。因此，应立即运往贮藏场所进行预冷，有条件的应使用冷藏车或保温车运输，做到随收随运，尽量减少在田间停留的时间。

（三）贮前处理

1. 预冷 青花菜采后经挑选、修整及保鲜剂处理后应立即放入冷库预冷，这是防止青花菜变色、老化和延长贮藏期的关键措施。在20～25℃下放置1～2 d，花蕾花茎就会失绿转黄，故最好能在采后3～6 h内将青花菜的温度降至1～2℃。在−18℃的低温冷冻库内进行快速预冷，可在4～5 h内使菜温降至所要求的低温。

2. 包装 青花菜在包装时，将茎部朝下码在筐中，最上层产品低于筐沿。为防止蒸腾凝聚的水滴落在花球上引起霉烂，也可将花球朝下放。严禁使用竹筐或柳条筐装运，有条件的可直接用聚苯乙烯泡沫箱盛装，装箱后立即加盖入库。为延长贮藏期，可使用0.015～0.03 mm厚的聚乙烯袋单花球包装，必要时在袋上打2个小孔，能起到良好的自发气调作用。

（四）贮藏方式及技术要点

青花菜适宜的贮藏方式为机械冷藏库贮藏，贮藏适温为 0 ℃±0.5 ℃，温度过低易发生冷害，温度偏高花蕾迅速黄化。相对湿度为 90%～95%，湿度偏低，花蕾易失水萎蔫而变得松散。对没有内包装入库的产品，应在堆垛四周罩上塑料膜，塑料膜边缘留有自然开缝，不全封闭，以保持湿度要求。青花菜在贮藏期间有一定量的乙烯释放，贮藏管理中应注意适时通风换气，或在顶层留出空间放置乙烯吸收剂。

青花菜气调贮藏的气体组分是 O_2 1%～2%、CO_2 10%，温度 0～1 ℃，相对湿度 90%～95%。在贮藏过程中，使用乙烯吸收剂高锰酸钾，可以提高青花菜的保鲜效果，延长贮藏时间。

三、蒜薹贮藏

蒜薹是大蒜在生长过程中抽生出来的花茎，含有丰富的营养物质。随着蒜薹产量不断增加，其贮藏量也在日益扩大。因此，搞好蒜薹的贮藏不仅具有可观的经济效益，而且可产生良好的社会效益。

（一）贮藏特性

蒜薹的品种很多，品种间的贮藏性差异也较大。根据蒜薹薹苞的颜色不同，主要分为白薹和杂交薹（俗称红薹）。白薹以收获蒜薹为主，薹苞通常比杂交薹大，薹条粗长，品质好，耐贮藏，可周年贮藏。杂交薹以收获蒜头为主，薹条短细，皮厚，不及白薹脆嫩，耐贮性较差。蒜薹不同于一般蔬菜，生产季节性很强，采收期相当集中。

蒜薹属呼吸跃变型蔬菜，呼吸高峰一般出现在采后两周内，一旦出现呼吸高峰，薹苞开始膨大，薹茎变黄，基部老化并上翘等。蒜薹贮藏过程中，应抑制呼吸高峰，延缓衰老，降低采后流通过程中的损失。另外，蒜薹对低 O_2 和高 CO_2 也有较强的忍耐力。短期条件下，可忍耐 1% O_2 和 13% CO_2；对于长期贮藏的蒜薹来说，适宜的贮藏条件：温度 -0.8～0 ℃，相对湿度 85%～95%，O_2 2%～3%，CO_2 8～10%。在上述条件下，蒜薹可贮藏 8～10 个月。

蒜薹冷藏
预冷

蒜薹冷藏

蒜薹薹稍霉烂

（二）采收和质量要求

适时采收是确保贮藏蒜薹质量的重要环节。蒜薹的产地不同，采收期也不尽相同，我国南方蒜薹采收期一般在 4～5 月，北方一般在 5～6 月，但在每个产区的最佳采收期往往只有 3～5 d。一般来说，在适合采收的 3 d 内采收的蒜薹质量好，稍晚 1～2 d 采收的蒜薹薹苞偏大，质地偏老，入贮后效果不好。

采收时应选择病虫害发生少的产地，在晴天采收。采收前 7～10 d 停止灌水，雨天和雨后采收的蒜薹不宜贮藏。采收时应手工抽薹采收，尽量避免划薹，减少机械伤。采收后应及时迅速地运到阴凉通风的场所，散去田间热，降低品温。

贮藏用的蒜薹应质地脆嫩、色泽鲜绿、成熟适度、无损伤、无病斑点，薹条粗细均匀、长短差异小，薹苞绿色且不膨大，花茎末端断面整齐。

（三）贮前处理

1. 挑选和预冷 从产地到贮藏库经过高温长途运输后的蒜薹温度较高，老化速度快。因此，到达目的地后，要及时卸车，在阴凉通风的场所加工整理，有条件的最好放在 0～5 ℃ 预冷间，在预冷过程中进行挑选、整理。在挑选时要剔除过细、过嫩、过老、带病和有机械伤的薹条，剪去薹条基部老化部分（约 1 cm 长），然后将薹苞对齐或将薹茎基部对齐后，用塑料绳（带）捆成 0.5～1.0 kg 的小把，放入冷库，上架预冷。上架的蒜薹要整齐摊开，摆放厚度 20～25 cm，薹梢朝外，薹根向里，以利散热。当蒜薹充分预冷后，品温维持在 -0.5～0 ℃，方可装袋。

2. 保鲜剂处理 保鲜剂可选用符合相关要求的保鲜液剂或保鲜烟剂，也可两种配合使用。

液体保鲜剂可在分拣整理后入库前施用，也可将蒜薹放置在预冷货架上后尽早施用。保鲜烟剂宜在蒜薹入满库，品温下降到 0 ℃后施用，关闭库内风机，点燃烟剂，密闭熏蒸 4 h 后开机制冷。

3. 包装 蒜薹贮藏主要采用聚氯乙烯薄膜保鲜袋，分为硅窗袋和不带硅窗的保鲜袋两种。规格为：长度 1 000～1 200 mm，宽度 650～800 mm，厚度 0.045～0.050 mm，每袋存放蒜薹 15～25 kg。

蒜薹充分预冷后，品温维持在－0.5～0 ℃，方可装袋。将蒜薹梢向外，将小把蒜薹整齐排列装入保鲜袋内，将装好蒜薹的袋单层摆放在菜架上。硅窗保鲜袋的硅窗面应朝上且不能遮挡，不得叠放，暂不扎口。整库全部装完，蒜薹温度稳定在－0.5～0 ℃后统一扎紧袋口。扎袋时袋口处应留出空隙，防止薹梢紧贴袋口。

（四）贮藏方式

生产上蒜薹贮藏普遍采用简易气调贮藏。蒜薹品温控制在－0.5～0 ℃；库房温度控制在－1 ℃～0 ℃，温度波动范围以不超过±0.5 ℃为宜，相对湿度控制在 85%～95%。不带硅窗的保鲜袋，气体控制在 O_2 1%～3%、CO_2 10%～13%；硅窗保鲜袋气体控制在 O_2 为 2%～5%，CO_2 为 8%～10%。贮藏期间定期检测袋内气体指标，根据检测结果和气体指标要求，及时开袋放气。

在冷库中，简易气调贮藏的蒜薹，贮藏期可达 8～10 个月，总损耗＜10%；而不用薄膜包装的蒜薹，贮藏期仅有 3～4 个月，总损耗（主要是失水）通常＞10%。

第四节　根茎类蔬菜贮藏

一、萝卜和胡萝卜贮藏

萝卜原产于我国，是我国栽培的根菜类蔬菜中最主要的一种，也是我国北方除大白菜以外栽培最普遍的冬菜之一。萝卜一般自 10～11 月开始大量上市，以后可以一直供应到次年的 3～4 月，贮藏期限可长达半年左右。胡萝卜原产中亚细亚，元代传入我国，其栽培远不如萝卜普遍。但由于胡萝卜优良的品质和商品性状，愈来愈为人们所关注，在我国许多地区已经成为栽培的重要蔬菜，在冬春季主要依靠贮藏而陆续供应。

（一）贮藏特性

萝卜和胡萝卜的可食部分都是肥大的肉质根，贮藏特性基本相同。它们没有生理休眠期，在贮藏中遇到适宜的条件便会萌芽抽薹，使薄壁组织中的水分和养分向生长点（顶芽）转移，造成内部组织结构和风味劣变，由原来的肉质致密、清脆多汁变成疏松粗韧、干淡无味，即通常所谓的糠心。糠心是从根的下部向上部、心部向外部逐渐发展的。防止萌芽和糠心是贮藏好萝卜和胡萝卜的关键。

萝卜和胡萝卜的品种很多，以晚熟、皮厚、质地脆硬、表皮光滑、茎盘小、心柱细的品种品质好、耐贮藏。此外，萝卜青皮种比红皮种及白皮种耐贮藏，肉质根紧密的小型品种不易糠心。如北京的心里美，吉林的磨盘、秋丰 2 号，沈阳的翘头青，内蒙古的金红四号，山东的春萝一号，陕西的孟德尔、农春 90 等品种，品质好，抗病性强，耐贮藏。

实践表明，贮藏期高温和低湿是加剧萝卜和胡萝卜糠心的主要原因。过高的贮藏温度、干燥的贮藏环境以及机械损伤都会使呼吸作用和蒸腾作用加强，加剧萝卜和胡萝卜的薄壁组织脱水与养分消耗，从而促使其糠心。同时，由于萝卜和胡萝卜的肉质根主要由薄壁组织构成，缺乏角质、蜡质等表面保护层，保水能力差，所以萝卜和胡萝卜应在低温、高湿环境中贮藏。萝卜和胡萝卜的贮藏温度通常为 0～3 ℃，相对湿度为 90%～95%。

萝卜和胡萝卜收获前 1 周用 400～500 mg/kg 青鲜素（MH）或 α-萘乙酸喷洒处理，可显著降低其在贮藏期间的发芽率和糠心率，其中以 MH 的效果更好。

萝卜和胡萝卜组织的细胞间隙很大，具有高度的通气性，并能忍受较高浓度的 CO_2（8% 左右），这同肉质根长期生活在土壤中形成的适应性有关。适合气调贮藏的气体组分为 O_2 2%~3% 和 CO_2 5%~6%。

（二）贮藏方式及技术要点

沟藏和窖藏至今仍是萝卜和胡萝卜传统的主要贮藏方式，其中沟藏以其简便易行、经济实用而在产地应用最为普遍。近年来，商业化机械冷库贮藏胡萝卜逐渐增多，贮藏效果优于沟藏和窖藏，故主要介绍萝卜和胡萝卜的冷库贮藏。

1. 收获　萝卜和胡萝卜收获的适宜时期以整个地块八成以上植株达到成熟标准（肉质根充分膨大）为宜。收获过早，肉质根未充分长大，产量低，且外界气温较高，若不能及时入库，则易萌芽和腐烂；收获过晚，肉质根生长期过长，贮藏中容易糠心，还可能使肉质根在田间受冻。收获前 7~10 d 不得浇水。收获应在晴天的早、晚进行，可人工或机械收获，收获时应尽量减少机械伤害，且收获后应避免在阳光下曝晒。

2. 削顶　收获后的萝卜和胡萝卜，应在田间选取生长健壮、成熟一致的产品，削去叶缨（即时运销的产品可留 1~2 cm 叶缨），并立即装箱或装袋运至贮藏地。

3. 修整、预冷　入贮前削去肉质根残留叶缨，以不伤及肉质根为准，清除肉质根上附带的泥块，减少病原菌，整齐装入塑料筐或塑料网袋并扎紧袋口。将修整后的产品放入 0 ℃库预冷 24 h，使其温度降至 0~2 ℃。

4. 贮藏管理　将预冷后的肉质根按等级和规格及时转入贮藏冷库。塑料筐装的可直接码放，堆码不宜太高，一般不超过 3 m，且应稳固；网袋装的应放在货架上，每层货架放一层或两层网袋。贮藏中期应控制库温 0~2 ℃，相对湿度 90%~95%。若用塑料薄膜袋包装，应定期检查避免结露，且袋内 CO_2 浓度不宜超过 7%，否则易发生气体伤害而使肉质变黑、发苦。贮藏中若发现有腐烂情况，应及时挑拣出。在良好的贮藏条件下，萝卜和胡萝卜的贮藏期可达到 3~5 个月。

二、马铃薯贮藏

马铃薯又名土豆、洋芋等，是茄科一年生作物，原产于南美洲高山地区。随着我国马铃薯主食化战略的推进，2017 年我国马铃薯种植面积已超过 566 万 hm^2，总产量超过 1 亿 t，居全球之首；其中以黑龙江、吉林、内蒙古、河北、甘肃、宁夏、陕西 7 大产区产量较大。马铃薯是一种菜粮兼用的产品，同时它还是制造乙醇、淀粉、糖浆等的重要原料，具有很高的经济价值。

（一）贮藏特性

马铃薯具有不易失水和愈伤能力强的特性，而且在收获后还要经过一段生理休眠期，一般为 2~3 个月。在休眠期，马铃薯的新陈代谢水平减弱，抗性增强，即使处于适宜的条件下，也不萌芽生长。所以，马铃薯是较耐贮藏和运输的一种蔬菜。选择休眠期长的品种并在贮藏期创造适宜的环境条件，以延长马铃薯的休眠期，是贮藏成功的关键。

就品种而言，我国生产中栽培的马铃薯有春播夏收的夏熟品种、夏播秋收的秋熟品种，贮藏多以后者为主。

贮藏温度是延长马铃薯休眠期的关键因素。在适宜的低温下，马铃薯的休眠期长，特别是初期低温对延长休眠期有利。马铃薯富含淀粉和可溶性糖，而且在贮藏中淀粉与可溶性糖能相互转化。试验证明，当温度降至 0 ℃时，由于淀粉水解酶活性增强，薯块内淀粉含量下降，可溶性糖含量增加，食用品质劣变。所以，菜用马铃薯贮藏的适宜温度为 3~5 ℃，1 ℃左右易出现冷害；加工用马铃薯的贮藏适温为 10~12 ℃，这样可减少淀粉的水解。

贮藏环境的湿度对贮藏效果也有直接影响，过高容易造成致腐菌大量生长而引起腐烂；过低则又会导致马铃薯失水量增大，新鲜度下降，失重增加。实践表明，马铃薯适宜贮藏的相对湿度为 80%～85%。

另外，马铃薯对光很敏感，光线能诱导马铃薯缩短休眠期而萌芽、薯皮变绿，并使芽眼周围组织中对人畜有毒害作用的茄碱苷含量急剧增加，很容易超过中毒阈值 20 mg/kg。因此，马铃薯应在黑暗环境中贮藏，尽量避免光照。

（二）贮藏方式及技术要点

马铃薯在贮藏前一般应进行预贮处理，其作用主要是促使愈伤。愈伤的适宜条件为：温度 10～15 ℃，相对湿度 90%～95%。将薯块放在阴凉通风的室内、窖内或荫棚下，薯堆一般不高于 0.5 m，宽不超过 2 m，时间一般不超过 10 d。

为了防止马铃薯在贮藏期间发芽，可用药物处理。常用的药物是 α-萘乙酸甲酯或 α-萘乙酸乙酯，每吨马铃薯用药 40～50 g，用 100 mL 乙醇或丙酮溶解后，加 1.5～3 kg 细土制成粉剂，撒在块茎堆中即可。施药应在生理休眠即将结束之前进行。此外，商业化大量贮藏马铃薯时，用剂量 0.1～0.2 kGy 的 γ 射线或电子束辐照处理，具有很好的抑制发芽效应，且具有一定的抑菌作用，可减少贮藏中的腐烂。在法国、俄罗斯等欧洲国家及加拿大，马铃薯辐照贮藏规模较大。

马铃薯冷藏

马铃薯的贮藏方式很多，从各地秋收冬贮的实践效果看，以堆藏、沟藏、窖藏最为普遍，而且经济实用，冷库贮藏也有一定的发展。许多研究表明，调节气体对马铃薯贮藏的效果不大，故生产中不采用气调贮藏。

1. 堆藏　选择通风良好的库房，用福尔马林和高锰酸钾混合液对库房进行喷雾消毒，约 2～4 h 后，即可将预贮过的马铃薯进库堆藏。一般每 10 m² 堆放 7 500 kg，四周用板条箱、箩筐或木板围好，中间可放一定数量的竹制通气筒，以利通风散热。这种堆藏法只适于短期贮藏和秋冬季马铃薯的贮藏。生产中应用较多的堆藏法是以板条箱或箩筐盛放马铃薯，采用"品"字形堆码在库内。板条箱的大小以 20 kg/箱为好，装至离箱口 5 cm 处即可，以防压伤，且有利于通风。马铃薯堆藏时一定要先充分晾晒、愈伤，散堆高度不宜超过 2 m，平均每 2 m² 应有一个通气筒通风散热，否则易造成贮藏中的大量腐烂。

2. 沟藏　马铃薯收获后，经过预贮处理，然后放入深 1～1.2 m、宽 1～1.5 m、长度不限的沟内。薯块堆至距地面 0.2 m 处，上面覆盖挖出来的新土，此后随气温的下降分次覆土，覆土厚度以沟内温度不低于 5 ℃ 为限。温暖地区也可以用秸秆等物覆盖。

3. 窖藏　西北地区土质黏重坚实，适合建窖贮藏。通常用来贮藏马铃薯的是井窖和窑窖，每窖的贮藏量可达 3 000～5 000 kg。由于只利用窖口通风调节温度，所以保温效果好。缺点是不易降温，使薯块入窖的初温较高，呼吸消耗大。因此，在这类窖中，薯块不能装得太满，并注意初期应敞开窖口降温。窖藏过程中，由于窖内湿度较大，容易在马铃薯表面出现"发汗"现象。为此，可在薯堆表面铺放草毡，以转移出汗层，防止萌芽和腐烂。

4. 冷库贮藏　冷藏马铃薯因温度易控制、效果好而在生产中受到重视，贮量逐年扩大。薯块入库前，必须经过严格挑选、愈伤处理和适当预冷。装箱入库后，库温应维持在 3～5 ℃，相对湿度 80%～85%，若湿度过高，则易发病。在贮藏过程中，通常每隔 1 个月左右检查一次，若发现变质者应及时拣出，防止感染。堆垛时垛与垛之间应留过道，箱与箱之间应留间隙，以便通风散热和工作人员检查。

三、洋葱和大蒜贮藏

洋葱的种类很多，分布很广，我国从南到北，一年四季均有栽培。洋葱含有一种油脂状的挥发成分——大蒜素，能够杀灭病菌，可用来预防和治疗多种疾病，还可以增进食欲。因此，洋葱是一种深受消费者喜爱的蔬菜。大蒜是一种调味蔬菜，蒜瓣中也含有丰富的大蒜素，人们对大蒜的需求一年四季都很旺盛，尤其在我国北方地区，大蒜是餐桌上必不可少的调味料。

洋葱和大蒜同属百合科二年生蔬菜，食用部分为肉质鳞茎，它们的生物学性状、生理特性及贮藏技术要求等基本相似或相同。所以，将二者的贮藏放在一起介绍。

（一）贮藏特性

洋葱原产于伊朗、阿富汗等西亚地区，属于二年生蔬菜，具有明显的生理休眠期。它在收获后便开始进入深度休眠状态，具有忍耐炎热和干燥的生理学特性，使它能够比较安全地度过炎热的夏季。洋葱的休眠期一般为 50～80 d，休眠期过后，遇到适宜的温度条件便会萌芽生长。一般洋葱品种贮藏至 9～10 月大都会从外部看到发芽，但实际上在此前的 30 d 左右已经结束了生理休眠，芽在鳞茎内部已经旺盛地生长发育。发芽导致养分转移到生长点，鳞茎发软中空，品质下降，乃至不堪食用。所以，延长洋葱的休眠期，阻止其萌芽，是洋葱贮藏的首要问题。

普通洋葱按皮色可分为黄皮、红（紫）皮及白皮三类；按形状又分扁圆形和凸圆形两类。从贮藏特性上看，黄皮类型和扁圆形洋葱的休眠期长，贮藏性好于其他类型。另外，含水多、辣味淡的品种贮藏性较差，不适于长期贮藏。

出口大蒜

大蒜与洋葱一样，收获后有一段比较长的休眠期，一般为 60～90 d。大蒜的食用部分是其肥大的鳞片，成熟时外部鳞片逐渐干枯成膜，能防止内部水分蒸腾，十分有利于休眠。大蒜萌芽后，蒜瓣很快收缩变黄，失去蒜味，口感变粗糙，食用品质下降极快。因此，大蒜贮藏的关键也是延长其休眠期，阻止萌芽。

对洋葱和大蒜来讲，低温和干燥是保持休眠的有利条件。二者贮藏的适宜温度为 $-1～0 ℃$，空气相对湿度 65%～70%。近年商业化生产中多用冷库贮藏，可有效延长休眠期，抑制萌芽，贮藏期长且效果好。

（二）贮藏方式及技术要点

民间贮藏洋葱和大蒜较常用的方式是在常温下挂藏、垛藏、筐藏等简易方式。无论采取哪种贮藏方式，其核心的问题都是如何防止发芽。

1. 常温贮藏 挂藏法是在洋葱、大蒜收获后，先将洋葱、大蒜在田间晾晒 2～3 d，晒至茎叶萎蔫发软，再把洋葱、大蒜叶编成辫，每辫 40～60 头，长约 1 m，选择阴凉、干燥、通风的房屋或荫棚，将葱蒜辫挂在木架上，不接触地面，四周用席子围上，防止淋雨和水浸。挂藏由于通风良好，在贮藏前对洋葱、大蒜进行了晾晒处理，因此可有效减少贮藏期的腐烂损失。需要强调指出的是，洋葱、大蒜晾晒后千万不能遭受雨淋或水浸，否则，易腐烂和发芽。

垛藏、筐藏洋葱和大蒜的方法与挂藏基本相同，只是不用编辫，而是要把茎叶剪掉，保留 2～3 cm 长即可。然后将葱头、蒜头装入尼龙编织袋或筐中进行贮藏。

如果不采取有效的抑芽措施，简易贮藏的洋葱、大蒜一般只能贮存到国庆节前后，此时生理休眠期已过，它们大都会萌芽生长，在短期内失去食用品质。所以，洋葱、大蒜在常温下贮藏时，必须进行抑芽处理。

（1）化学抑芽法。通常采用的化学抑芽剂是青鲜素（MH），具体做法：在洋葱、大蒜收获前 7 d，用 0.25% 的 MH 溶液均匀喷洒于叶片上，每 50 kg 溶液约喷 667 m^2 地，喷药前 3～4 d 不可浇水。应该注意的是，MH 对生长的抑制没有选择性，因此喷药的时间应严格控制在收获前 7 d，不可提前，过早将影响葱头、蒜头的长大，但也不要太晚，过晚则 MH 还来不及输送到幼芽就收获晾晒而影响抑芽效果。

（2）辐射法。利用放射性元素 ^{60}Co 所放出的 γ 射线对洋葱、大蒜进行一定剂量的辐射处理，是目前洋葱、大蒜抑芽中最为经济、方便、有效的方法。具体做法：将收获后的洋葱、大蒜晾晒至叶片全黄，葱头、蒜头外层鳞片充分干燥，剪去叶子，在 1 周内将葱头、蒜头放

在 ^{60}Co 的 γ 场中进行辐射处理，辐射剂量为 $0.05\sim0.15$ kGy。被辐照处理过的洋葱、大蒜生长点组织被破坏，不能再生长，所以具有极好的抑芽效果。但种用洋葱、大蒜不能采取此法处理。

经过辐射处理的洋葱、大蒜一般不再发芽，完全可以贮藏到新鲜产品上市。对贮藏环境的要求也不高，此时贮藏中应注意的问题是保持环境的通风干燥，以防止其发生霉变。贮藏期间应定期进行检查，挑出长霉的洋葱、大蒜，防止病菌传染。

2. 冷库贮藏 近年来，由于洋葱、大蒜的市场需求量逐年增大，其经济价值明显提高，所以冷库贮藏洋葱和大蒜的规模发展很快。把经过晾晒处理、符合质量要求的葱头、蒜头装入尼龙编织网袋中，每袋 $20\sim30$ kg，堆放在 $-1\sim0$ ℃（$\leqslant3$ ℃）、空气干燥的冷库中，就能长期、安全地贮藏，无萌芽之虑。贮藏期一般为 $6\sim8$ 个月。

四、生姜贮藏

姜又名生姜，是姜科姜属的多年生草本植物的新鲜根茎，在全国栽培很普遍。生姜除含有一般营养成分外，还含有一些特殊的成分如姜酮、姜烯、姜酚等，具有辛辣和芳香味道。因此，生姜不仅是一般的蔬菜，还是重要的调味品和中药材。所以，生姜的贮藏保鲜很有实际意义。

（一）贮藏特性

生姜的冷库贮藏

生姜原产于东南亚和我国热带地区，性喜温暖潮湿的环境。收获后的生姜不耐低温，10 ℃以下便容易发生冷害，受冷害的姜在温度回升时极易腐烂，而贮藏温度过高时腐烂也会加剧，适宜的贮温为 $13\sim14$ ℃。生姜含水量高，但其表皮保水性差，在干燥的环境中易失水枯萎，造成耐藏性和抗病性下降，但湿度过高又会促进发芽和加速腐烂，故生姜的适宜贮藏相对湿度为 $85\%\sim90\%$。贮藏用的生姜应适当晚收，当地上部茎叶开始枯黄、根茎充分膨大时收获，此时的姜品质好，耐贮藏。收获时间一般应在霜降至冬至期间。而通常在立夏以前下种，到夏至就收获的嫩姜贮藏性很差，不适于长期贮藏。

生姜没有生理休眠，贮藏环境温度适宜时（16 ℃开始发芽，$20\sim25$ ℃为幼芽生长适温）即发芽生长，使品质严重下降。生姜的愈伤能力比较强，贮前应在 $25\sim30$ ℃、相对湿度 $85\%\sim90\%$ 条件下愈伤 $20\sim30$ d，待姜块外皮老化不再脱皮、剥除的茎叶疤痕长平、顶芽长圆后再贮藏。

（二）贮藏方式及技术要点

1. 常温贮藏 生姜常见的常温贮藏方式有坑藏和井窖贮藏。两种方式的原理和管理技术基本相同。井窖贮藏适合在土质黏重、冬季气温较低的地区应用，而地下水位较高、不适合挖井窖的地方则多采用挖坑埋藏。

生姜在收获后贮藏前，应防止冷害的发生，不能在地里受到霜冻。一般是收获后稍微晾晒，随后立即下窖贮藏。不要在雨天收获，日晒过度和浸水的生姜都不耐贮藏。

贮藏期管理的技术要点是既要防热又要防寒。入窖初期的生姜呼吸旺盛，窖内积聚的呼吸热多，温度较高，此时应将窖顶打开，保证充足的通风量。贮藏 1 个月后，姜块逐渐老化，此时应将窖顶部分盖严，在保证足够通风量的同时，使窖温升高至 15 ℃左右，这样做可有效提高生姜的耐藏性。以后姜堆会逐渐下沉，此时应及时用覆土将窖顶出现的裂缝填实，防止冷空气进入使姜块出现冷害。这样贮藏的生姜一般可到第二年春末出窖。

2. 冷库贮藏 生姜如同其他根茎类蔬菜一样，只要给予适宜的温度（$13\sim14$ ℃）和相对湿度（$90\%\sim95\%$）条件，就能够安全有效地贮藏，贮藏期可达到 6 个月以上。用于冷库长期贮藏的生姜宜选用沙质土壤中生长的姜，其表面光洁且较干燥，带泥且较湿的生姜则需适当晾晒。收获初期的生姜脆嫩、易脱皮，可在入库前先于 17 ℃左右的预冷间进行预冷，以利姜块逐渐老化而不易脱皮，剥除茎叶处的伤痕逐渐长平，顶芽长圆，姜块的耐藏性提高。然后再贮藏于 13～14 ℃冷库中，可长期贮藏。

五、山药贮藏

山药，又名薯蓣、薯药、怀山药、山薯等，属薯蓣科植物，是我国原产的菜药兼用植物，其食用部分是肥大的块根。山药产量高，耐贮运，营养极为丰富，除供烹调和用作滋补品外，还可代替粮食或制取淀粉。

（一）贮藏特性

山药属耐贮蔬菜，但因栽培技术、品种、土质的不同，产品的贮藏性也有所不同，一般紫皮山药和白皮山药较耐贮藏。山药具有生理休眠期，较耐低温、低湿贮藏。但当山药的休眠期结束后，生理代谢变得旺盛，块根表皮长出须根，在此情况下，贮藏不当易引起块根腐烂变质。因此，延长山药的休眠期，是提高贮藏效果的关键。山药对贮藏温度要求不高，适应性比较广，温度在 10～25 ℃也能贮藏，适宜的贮藏温度为 0～2 ℃。对湿度的要求较高，空气相对湿度在 80%～85%之间较为适宜。

（二）品种选择与采收

山药依其肉质根的形状而分为扁块种、圆筒种和长柱种三个类型。在贮藏中一般以长柱种山药为主。山药主要品种有紫皮山药、白皮山药和麻山药等。紫皮山药和白皮山药属长柱种，耐寒力较强，是较为理想的贮藏品种。

山药应在茎叶全部枯萎时收获，过早收获不仅产量低，而且含水量高而易折断。收获山药应从沟的一端开始，按山药的长度挖深沟，待全部块根暴露出来后，手握中上部，用铲铲断其余的细根，小心提出，避免伤口和折断。气生块茎可在地下块根收获前 1 个月收获，也可在霜前自行脱落前收获。

（三）贮藏方式及技术要点

用于贮藏的山药应粗壮、完整、带头带尾，表皮不带泥，不带须根，无伤口、疤痕、虫害，未受霜冻。入贮前要经过摊晾、阴干，并进行愈伤处理。收获后的山药放在 29～32 ℃、相对湿度 90%～95%下愈伤 4～8 d，愈伤可以使表皮的损伤木栓化，减少贮藏中的失重和腐烂。愈伤可在控制室内进行，热带地区可在室外进行。经愈伤的山药在 0～2 ℃、相对湿度 80%～85%下可贮藏 150～200 d。

山药是冷敏型蔬菜，在 12 ℃及以下时会受冷害。在 5 ℃或 7 ℃下 5 周、在 3 ℃下 3 周和 2 ℃下 5 d，就可以观察到低温伤害。冷害症状为组织变色、似水渍状软化，并逐渐腐烂。美国农业部推荐，山药的适宜贮藏温度为 16 ℃，相对湿度为 70%～80%。

1. 埋藏（堆藏） 采用细泥或黄沙就地围堆埋藏。在通风较好、湿度不高的室、窖、库地面上，用砖砌起高 1 m 左右的埋藏坑，先在坑底铺上厚约 10 cm 经过日晒消毒的干细土或干黄沙，然后将经挑选、摊晾透的山药平放在土（沙）上，一层山药一层土（沙），堆至离坑口 10 cm 左右，再用干细土或黄沙覆盖。埋藏后一般隔 1 个月左右抽样检查一次。注意倒动检查时要轻拿轻放，不要擦伤块根的表皮，发现病变的块根应及时拣出，以防病菌蔓延。如果发现泥（沙）含水量过大，可提前倒动。

2. 筐藏 用经过日晒消毒的稻草或麦秆，铺垫在消毒的筐（箱）底和四周，将选好的山药逐层堆至八分满，上面用麦秸覆盖至筐（箱）口，再采用骑马式堆放在通风贮藏库内，高度一般以 3 只柳条筐或 4 只板条箱高为宜。为防止地面潮气对块根的影响，堆放时，可在底层筐（箱）底下垫上砖头或木板，使之与地面之间留有 10 cm 左右的距离。库内要保持冷凉、较干燥的环境条件。

3. 沟藏 选择适合的地段，挖深 1～2 m、宽 1 m 左右、长随贮量而定的沟。挖出的山药立即摆放入沟内，一层山药一层土，厚度不超过 80 cm。顶部盖一层湿细土，随气温下降，逐渐加盖土层，以冻土层距山药顶部 50 mm 为宜。此法可贮藏至次年 3～4 月。

4. 冷藏　将块根完整、无伤疤、无病虫害、表面干燥的山药放入周围垫有四五层纸的板条箱或塑料筐内，防止表皮擦伤；箱（筐）口再用纸封住，于 2～4 ℃的预冷间预冷 24～48 h，然后在冷库中码垛或上架摆放；调控库温为 0～2 ℃、相对湿度为 80%～85%。贮藏期间应注意通风，相对湿度不可超过 85%，以防止霉菌滋生。如此可贮半年以上。

（四）注意事项及病害预防

山药含淀粉较多，在贮藏过程中最容易发生湿腐病。一个原因是贮藏环境条件不适宜，相对湿度超过 85%，病菌大量繁殖并侵染块根；另一原因是原料挑选不严，混进有刀伤、裂痕、断损、虫蛀、带病的山药，贮藏中被霉菌侵染。发病时，山药的两端开始发红，流出胶状黏液，继而长出白色细毛，这是霉菌的菌落。以后白色又变黄，最终引起块根的败坏变质，引起腐烂。

防治方法主要是加强进库前的挑选和对贮藏场所、容器的消毒，以及控制贮藏环境的湿度不能太高。此外，用消石灰封在块根伤口处，对抑制伤口的扩大和防止病菌侵入有一定的效果。

六、莲藕贮藏

莲藕为睡莲科水生蔬菜，其食用器官为莲的肥大根茎，又名湖藕、荷藕、果藕、菜藕等。莲藕原产于印度，在中国栽培历史悠久。莲藕有七孔藕和九孔藕之分，七孔藕外皮褐黄色，体形短粗，淀粉含量高，水分低，糯而不脆；九孔藕外皮白色，体形细长，水分含量高，脆嫩多汁。两种藕在营养价值上没有太大差别，都是营养丰富且具有一定食疗价值的优质蔬菜。

（一）贮藏特性

莲藕品种可分为两类，一类是白花藕，外皮白色，根茎肥大，入土较浅，肉质脆嫩而味甜，主要作为蔬菜食用，贮藏性较好；另一类是红花藕，藕较小，肉质稍带灰色，入土深，品质差，贮藏性亦差。同类品种的莲藕晚熟品种比中早熟品种耐贮藏，老藕比嫩藕耐贮藏。莲藕皮较薄，保护层较差，果胶类物质分解快，在空气中暴露时间过长，表皮容易变为淡紫色，进而转化成褐色而使品质显著下降。

温度是影响莲藕后熟衰老最重要的环境因素。低温对莲藕的贮藏效果十分明显，冷库贮藏的莲藕在失重率和腐烂率方面均极显著低于常温下贮藏的莲藕。低温不仅可降低莲藕的呼吸强度，有效抑制呼吸消耗，减少水分蒸腾，同时在抑制病原菌侵害及褐变方面也有明显效果。莲藕的保鲜效果随贮藏温度升高而逐渐变差，普通聚乙烯袋包装的莲藕，在 0～4 ℃可贮藏 20 d，4～6 ℃可贮藏 10 d，6～15 ℃可贮藏 7 d，15～25 ℃仅能贮藏 3 d。

莲藕含水量高，组织脆嫩，在贮藏过程中易失去水分，同时淀粉容易分解，导致莲藕组织变软，耐藏性及抗病性降低。因此，控制贮藏环境的湿度可避免由于失水而产生的不良生理效应，保持莲藕的贮藏性。莲藕贮藏的相对湿度控制在 85%～95%，湿度过大易导致莲藕"发汗"，容易滋生微生物而加速腐烂。

莲藕具有休眠期，不属于典型的呼吸跃变型蔬菜。贮藏期间其呼吸强度的变化规律：在刚开始的几天有明显的高峰，此后几天内也有较高的呼吸强度，但呈现下降趋势，到最后恢复到初期的水平。因此，气调贮藏可有效延长莲藕的贮藏期，其适宜的气体组成为 5% O_2 ＋ 5% CO_2。

（二）品种选择与采收

较耐贮藏的莲藕有青毛节、泡子、半边莲、武植 2 号、鄂莲 4 号等品种。贮藏的莲藕宜在荷叶枯黄时收获，此时莲藕已停止生长，淀粉含量高，利于贮藏。莲藕可人工或机械采挖，采挖时应细心操作，尽量不损伤藕体及表皮，保持藕体的完整性。采用高压水枪采挖莲藕，藕体完整度高，损伤小，且冲洗较为干净。从泥里采挖出的莲藕须用软布将藕体上的污泥洗去，特别是藕节周围的淤泥。将清洗后的莲藕运回贮藏场所进行进一步处理。装卸及运输过程中应轻装轻卸，防止过度颠簸，因莲藕在此过程中表皮易破损而导致藕体褐变发黑。

（三）收获后处理

贮藏用的莲藕要选择藕体健壮、藕肉肥厚、质地坚实、根茎完整、品质好、含水量少的品种。入贮前需经过严格挑选，剔除有机械伤、病害、断损漏气藕。按照藕体长度及粗细度进行分级，便于贮藏时的包装处理，藕体完好但特别细瘦、商品价值较低的莲藕亦应挑出。

挑选后的莲藕应及时进行预冷处理，应在 24 h 内将藕体温度降至 0～4 ℃。

（四）贮藏方式及技术要点

1. 埋藏 莲藕喜阴凉，对湿度适应范围较广，加之采后具有较长时间的休眠期，因此适用于泥土埋藏。先在室内用砖砌成埋藏坑，然后一层莲藕一层泥土堆积，堆积 5～6 层，再覆盖 10 cm 左右的细湿土。操作过程中，莲藕要按顺序一排排放齐，轻拿轻放，以免碰伤。贮藏用土应细软带潮，以手捏不成团为宜。泥土较干，莲藕易失水，但腐败发病较慢；泥土较湿，藕不易失水，质地鲜嫩，但稍有创伤、病害或折断漏气，则易腐烂霉变。贮藏期间，一般每隔 20 d 左右翻堆检查一次，检查时要小心谨慎，不要折断莲藕。莲藕冬季埋藏，特别是在北方，贮藏室内温度可以控制在 2～5 ℃，相对湿度维持在 80%～85%，管理好可以贮藏 2 个月左右。

2. 冷藏 为降低贮藏过程中莲藕的褐变及腐烂程度，延长保鲜期，低温冷藏法在莲藕贮藏保鲜中的研究和应用得到了大力发展。将洗净的莲藕经严格挑选后，用 300 mg/kg 杀菌剂 ClO_2 处理，可有效抑制和杀灭引起莲藕腐烂的镰刀菌及引起褐斑病的莲褐斑尾孢霉。杀菌剂处理后用 0.5%氯化钙＋0.5%焦磷酸钠＋0.3%柠檬酸＋0.2%植酸的保鲜护色剂处理，可有效抑制莲藕的褐变，保持藕体的感官性状。在包装材料的选择上，低密度聚乙烯袋因透气性较强而不适合莲藕的贮藏保鲜，而真空尼龙聚乙烯（PA/PE）复合袋可以极好地保持莲藕色泽洁白和风味正常。在上述条件下，将莲藕包装于真空复合袋，并控制气体组分为 5% O_2＋5% CO_2，在 0～4 ℃下可贮藏 60 d，莲藕感官品质、主要营养成分基本无变化，卫生指标满足食品要求，细菌总数低于 10^{-3} cfu/g，大肠杆菌低于 3 MPN/100 g，莲藕的保鲜效果显著优于传统的埋藏法。

第五节　西甜瓜贮藏

一、西瓜贮藏

西瓜在我国种植面积大，产量高，成熟期比较一致，多集中在夏季上市，使得市场供大于求，而造成严重损失和浪费。因此，搞好西瓜的贮藏保鲜，不仅可调剂市场供应、延长供应期，而且对提高生产者、经营者的经济效益有重要意义。

（一）贮藏特性

西瓜原产于非洲，性喜炎热而不耐寒，虽瓜大皮厚，却不耐贮藏。西瓜对低温敏感，在较低温度下即出现冷害。冷害的症状表现为瓜面出现小而浅的凹陷斑，初期约为 2 mm 的小圆坑，使果面呈现"麻子脸"，严重时逐渐扩展成大而不规则的凹陷斑。凹陷斑底部较平，边缘明显，而且果肉颜色变浅，纤维增多，风味变劣。冷害症状常常在出库升温后变得更加明显，凹陷部密生杂菌，严重时产生异味。产生冷害的温度阈值因品种、产地不同而异。因此，各地贮藏西瓜时应对温度进行慎重选择。短期贮藏，可采用冷害阈值附近温度（13 ℃左右）；贮藏 20 d 以上时，应高于阈值温度；贮 1 个月左右时，14～16 ℃较为安全。

贮藏环境的湿度对西瓜发病率影响较大，湿度过大时促使西瓜发病腐烂。由于西瓜表皮有一层较厚的蜡质层，对失水有一定的控制能力，通常在相对湿度80%～85%下贮藏，这种较干爽条件有利于控制病害。

赵晓梅等研究表明，西瓜在适温（15 ℃）和低温（0 ℃±0.5 ℃）下贮藏均具有典型的呼吸高峰，且低温贮藏比适温贮藏的呼吸高峰延迟了28 d，证明西瓜是呼吸跃变型水果。西瓜对高浓度乙烯很敏感，在18 ℃于浓度为30～60 mg/kg乙烯的环境中贮藏7 d，即变得不可食用，甚至5 mg/kg的乙烯也会降低西瓜的硬度和品质。故不宜将西瓜与释放乙烯量大的甜瓜等一同贮运。

西瓜个大皮厚，易被人们视为耐运和耐压水果，其实不然。据日本学者测定，西瓜比甜椒、番茄等对振动的抵抗力都小，很多情况下挤压碰撞伤害在瓜表面看不出痕迹，但瓜瓤却已严重受损，故入贮后极易腐烂变质。西瓜贮运应采取一切可能的措施，避免和减少挤、压、摔和强烈振动，最好在产地贮藏，避免过多搬动和长途运输。

（二）品种与采收

不同品种的西瓜贮藏性差异很大，这主要与品种的抗病力、对冷害的敏感性和本身营养物质的含量有关。中肯10号、丰收2号、新澄、蜜桂、浙蜜等品种贮藏性好；早花、石红1号、湘蜜、苏蜜、中育1号、琼露等品种贮藏性较差；新红宝对冷害敏感，贮藏条件要求较高。

适期采收对西瓜的贮藏性有重要影响。采收过早，西瓜品质差，也影响产量；过熟采收，组织易受损伤，果实空心倒瓤，瓜肉易变姜，食用时绵软无味。早采或晚采的西瓜均不耐贮藏。一般晚熟品种开花后40 d左右，果实附近几节卷须枯萎，果柄茸毛脱落，果皮光滑发亮，用手弹瓜面发出浊音，表明瓜已十分成熟，宜于即食。用于贮藏的瓜应适当提前，宜在八九成熟时采收。若用可溶性固形物含量判断西瓜的采收期，宜在8%～9%时采收。采前1周停止灌水。采收应在晴天的早晨进行，有利于降低品温。采收时，选瓜型端正、无病虫害的优质瓜，在瓜柄上端留5 cm枝蔓，可减少水分蒸腾及伤口感染。

（三）采后处理

1. 预冷 西瓜在运输或入库前，应将瓜体温度尽快冷却到适宜的贮藏温度范围，才能较好地保持其原有的品质。预冷所耗的时间越长，西瓜品质下降越明显。如果西瓜在贮运前不经预冷，瓜体温度较高，则在运输车中或库房中呼吸旺盛，引起环境温度持续升高，很快就会进入恶性循环，极易造成贮藏失败。预冷最简单的方法是在田间进行，即将采摘后的西瓜堆放在田间，利用夜间较低气温预冷一夜，在清晨气温回升之前装车或入库。有条件的地方，还可用机械风冷法预冷。采用风机循环冷空气，借助热传导与蒸发潜热来冷却西瓜，一般是将西瓜用传送带通过冷风吹过的隧道。风冷的冷却速度取决于西瓜的品温、空气的流速、西瓜的表面积等。西瓜一般预冷至8～12 ℃。

2. 防腐 待贮的西瓜可用美帕曲星、多菌灵、甲基硫菌灵等药剂处理，能防止贮藏期发生炭疽病、疫病、褐腐病等。方法是将美帕曲星药液按每千克西瓜0.1～0.2 mL吸附在棉球或吸水纸上，分散放置于瓜的四周，再用塑料薄膜密闭熏蒸24 h。

（四）贮藏方式及技术要点

1. 堆藏 选择阴凉通风的空闲房屋作贮藏库，清扫干净，用40%甲醛溶液150～200倍液，或70%甲基硫菌灵1 000倍液，或0.5%～1%的次氯酸钙溶液，对库房均匀喷洒消毒，对包装箱、筐、用具等也要严格消毒。库房内先铺放一层麦秸、高粱或玉米秸，然后摆放西瓜。西瓜按其在田间生长的阴阳面进行摆放，高度以2～3层为宜。库房中留出1 m左右的人行道，以便管理检查。白天气温高时封闭门窗，减少人员进入；夜晚气温低时开窗通风，温度最好控制在15 ℃左右，相对湿度保持在80%左右。贮藏期间勤检查，及时清理不宜继续存放的病烂瓜。此法可保鲜西瓜2个月左右。

2. 冷藏 西瓜贮藏的适宜温度应根据栽培地区和贮藏期长短选择。在不产生冷害的前提下，贮藏温度愈低，西瓜肉质风味愈好，保鲜时间愈长。冷藏法可保鲜西瓜3个月以上。

西瓜冷库贮藏的适温因品种而异，一般为8～12℃，尤其是贮藏初期，应逐步降温至正常贮藏温度，以减少西瓜的生理病害，提高贮藏质量。夏季或秋季从冷库中取出西瓜时，瓜面上容易凝结水珠，出库后货架期很短。所以，出库前须在库内逐渐升温，使西瓜品温逐渐升高至接近库外空气温度时再出库，有利于保证质量和延长货架期。

西瓜冷藏适宜的相对湿度为80％～85％，可在地面喷洒洁净水或铺湿草帘来维持湿度要求。

冷库内西瓜通过呼吸作用放出CO_2和乙烯等气体，当积累到一定浓度后，便促进西瓜的后熟衰老而无法长期贮藏。因此，贮藏期间必须定期通风换气，可选择气温较低的早晨，打开排气窗。在通风换气的同时，开启自动喷雾器，随冷风将细微水雾送入库内，效果更加理想。

二、甜瓜贮藏

甜瓜又称甘瓜或香瓜。按植物学分类方法，把甜瓜分为网纹甜瓜、硬皮甜瓜、冬甜瓜、观赏甜瓜（看瓜）、柠檬瓜、蛇形甜瓜（菜瓜）、香瓜和越瓜8个变种。按生态学特性，我国通常又把甜瓜分为厚皮甜瓜与薄皮甜瓜两种。

哈密瓜是厚皮甜瓜中的一个品种群，是我国新疆的特产，以上乘的品质在国内外市场享有盛誉。哈密瓜的早、中、晚熟品种搭配栽培，在市场的供应期仅2～3个月，加之哈密瓜生产的地域性极强，因而其贮藏和运输的意义很大。故甜瓜的贮藏以哈密瓜为代表进行介绍。

（一）贮藏特性

1. 品种特性 哈密瓜的品种很多，一般晚熟品种生育期长（>120 d），瓜皮厚而坚韧，肉质致密而有弹性，含糖量高，种腔小，较耐贮藏。例如，黑眉毛蜜极甘、炮台红、红心脆、青麻皮和老铁皮等是用于贮藏或长途运输的主要品种。早熟品种不耐贮藏，采后立即上市销售。中熟品种只能进行短期（1～2个月）贮藏。

2. 生理特性 哈密瓜为呼吸跃变型果实，采后贮藏中有较为典型的呼吸跃变和乙烯高峰，贮运中有明显的后熟变化。哈密瓜对CO_2比较敏感，一般贮藏中以CO_2浓度不超过2％为宜。

3. 贮藏条件 哈密瓜晚熟品种贮藏的适宜温度为3～5℃，早中熟品种为5～8℃，相对湿度为80％～90％，适宜气体指标为O_2 3％～5％和CO_2 1％～2％。

（二）贮藏方式

1. 常温贮藏 在冷凉通风的地窖或者其他贮藏场所，哈密瓜可进行短期贮藏。在地面上铺设约10 cm厚的麦秸或干草，将瓜按"品"字形码放4～5层，最多不超过7层。也有在瓜窖将瓜采用吊藏或搁板架藏的，这些方式可降低瓜的损伤和腐烂。

贮藏初期夜间多进行通风降温，后期气温低时应注意防寒保温，尽可能使温度降至10℃以下，保持在3～5℃，相对湿度80％～85％，这样可贮藏2～3个月。

2. 冷库贮藏 在冷库中控制适宜的温度和湿度条件，可使哈密瓜腐烂病害减少，糖分消耗降低，贮藏期延长。一般晚熟品种可贮藏3～4个月，有的品种可贮藏5个月以上。

在冷库中贮藏时，可将瓜直接摆放在货架上，或者用发泡网单果包装后放于纸箱、塑料筐中堆码成垛，或者装入大木箱用叉车堆码，量少时也可将瓜直接堆放在地面上。

3. 气调库贮藏 虽然哈密瓜适用于气调贮藏，但因其瓜皮在高湿度下易滋生炭疽病而导致腐烂，所以不适宜用塑料薄膜帐、袋以及塑料薄膜单瓜包装。故气调贮藏最好在气调库中进行，控制温度3～5℃，相对湿度80％～85％，O_2 3％～5％和CO_2 1％～2％。这种方法贮藏期可比冷库延长1个月以上。

（三）贮藏技术要点

1. 选择品种 选择品质优、耐贮运的黑眉毛蜜极甘、炮台红、红心脆、青麻皮、老铁皮等晚熟品种用于贮藏。

2. 适时采收 哈密瓜具有后熟变化，用于贮藏或长途运输的瓜，应在八成熟时采收。判断其成熟度最科学的方法是测定果实可溶性固形物含量（SSC），并结合果实硬度进行判定，如晚熟品种一般在 SSC>15.0％、果实硬度>7.0 kg/cm² 时采收。有的也根据雌花开放至采收时的天数计算采收期，如晚熟品种一般为 50 d 以上，但这受当年气候的影响较大。此外，可根据瓜的形态特征，如皮色有 1/2～2/3 转黄，网纹清晰，有芳香气味；用手指轻压脐部有弹性，瓜蒂产生离层等都是成熟的特征。

采前 5～7 d 严禁灌水，这有利于提高瓜肉的可溶性固形物含量和瓜皮韧性，增强贮藏性。

3. 贮藏前处理

（1）晾晒。将瓜就地集中摆放，加覆盖物晾晒 3～5 d，以散失少量水分，增进皮的韧性。如果不加覆盖物，只需晾晒 1～2 d。晾晒期间，要注意防止瓜被雨水淋湿，受雨淋的瓜不宜长期贮藏。

（2）药剂灭菌。用 0.2％次氯酸钙，或 0.1％噻菌灵、苯菌灵、多菌灵、硫菌灵，或 0.05％抑霉唑等浸瓜 0.5～1 min，捞出沥水、晾干后贮藏。也可几种药剂混合使用，有一定的防腐效果。

（3）严格选瓜。哈密瓜的个体比较大，不管采用哪种贮藏方式，入贮前都应对瓜逐个进行严格挑选，剔除伤瓜、病瓜、过生或过熟的瓜、畸形瓜、体积过大或过小的瓜，为成功贮藏奠定良好的基础。

第六节 食用菌类贮藏

食用菌是对可以食用的大型真菌的通称，是指真菌中能形成大型子实体或菌核并能食用的种类，常称之为菌、菇、耳、蕈等。

食用菌是药食兼用的食品，自古被誉为"山珍"。食用菌营养丰富，风味独特，既是餐桌上的美味佳肴，又具有提高机体免疫功能、预防或治疗某些疾病的功效，因而深受广大消费者的喜爱。我国食用菌主要品种有双孢蘑菇、香菇、木耳、金针菇、草菇、平菇和猴头菌等。目前，我国食用菌的总产量已居世界首位。对食用菌进行贮藏保鲜具有重要的社会效益和良好的经济效益。

一、贮藏特性

食用菌以其商品性状分为鲜品、干品及其他加工品，本节内容仅针对新鲜食用菌而言。新鲜食用菌自培养物上采摘后，有着和果蔬类似的生理代谢和品质变化。食用菌含水量高（85％～95％），组织细嫩，子实体极易受损伤和破裂；生命活动非常旺盛，呼吸强度大，营养物质消耗快；子实体继续生长发育，表现为菇柄伸长、开伞、弹射孢子、纤维化等；极易腐烂和老化变质，贮藏性很差，不适于长期贮藏，一般只能存放 1～2 d。即使在最佳环境条件下，食用菌的贮藏寿命也远远低于其他种类的果蔬，贮藏期多在 30 d 以内。

二、贮藏方式

（一）冷库贮藏

大多数新鲜食用菌在冷藏条件下有 20 d 以上的贮藏期，贮藏效果显著好于常温贮藏。因此，生产中新鲜食用菌的贮藏普遍采用冷库贮藏，贮藏温度以 0～1 ℃为宜，相对湿度控制在 90％左右。经过冷藏的食用菌出库后，在常温下会很快衰老腐烂，造成常温销售的货架期很短，故新鲜食用菌的贮藏和销售最好在冷链中进行。

（二）气调贮藏

食用菌在低 O_2 和高 CO_2 下，生理活动受到抑制，有利于延长保鲜期。许多试验证实，高浓度的 CO_2 对新鲜食用菌的生长具有明显的抑制作用。目前商业上采用气调库贮藏新鲜食用菌时，CO_2 浓度达到 25%，效果很好。也可采用简易气调法，通常是将新鲜食用菌用塑料薄膜袋包装贮藏。例如，用 0.08 mm 厚的聚乙烯薄膜做成 40 cm×50 cm 的袋子，每袋装 1 kg 双孢蘑菇，封口后利用自发气调，48 h 后袋内的 O_2 为 0.5%，CO_2 达到 10%～15%，在 16 ℃下可保鲜 4 d，在 0～3 ℃可保鲜 20 d；利用打孔的纸塑复合袋在 15～20 ℃下贮藏草菇，可保鲜 3 d；用孔径为 4～5 mm 的多孔聚乙烯或聚丙烯袋包装香菇，在 10 ℃下可保鲜 8 d，在 1 ℃下可保鲜 20 d 左右。

三、贮藏技术要点

食用菌成功贮藏的技术要点有三：一是适时无伤采收，二是采后及时处理，三是合理的贮藏方式及管理。

（一）采收

采收期直接关系到食用菌的保鲜效果，采收过早或过迟，均会造成品质和贮藏性下降。采收过早，子实体未充分发育，品质欠佳，也影响产量；采收太迟，子实体易老化，直接影响其贮藏与保鲜。采收前 3 d 停止给菇棚加湿，最好给菇棚通风 1～2 h，让菇体保持正常的含水量，使菇表面略显干燥，增加菇体柔韧性，以利于采收和贮藏。食用菌的种类很多，采收标准及方法不尽相同，几种主要食用菌的采收技术如下：

1. 双孢蘑菇的采收 双孢蘑菇的最适采收期是在菌盖充分长大但未开伞之前。采收时应用手掐住菇柄轻轻旋转，连根拔出。

2. 香菇的采收 香菇应在菌盖充分长大、菌褶伸直、边缘稍内卷时采收。采收时注意收大留小，留下的香菇可以继续生长发育。

蘑菇包装

3. 草菇的采收 草菇在菌蕾变为卵形、包被未被突破之前或刚破时采收最好。采收时一手按住菇体生长部位的培养基，一手抓住菇体基部，轻轻成簇取出。单生草菇采大留小，不要伤及未熟幼蕾。

4. 银耳的采收 银耳采收时耳片应全部展开、颜色由透明转白、周围耳片开始变软下垂，无小耳蕊，形如菊花或鸡冠，子实体有一定弹性，直径 8～12 cm，散出有大量白色孢子。采收时用小刀从耳基部割下。

5. 平菇的采收 平菇在菌盖基本展开、颜色由深灰色变为淡灰色或灰白色，菌盖边缘变薄，孢子即将散出时采收。此时菇体肥厚，味道鲜美。若采收稍迟，孢子散出，落到菌丝表面形成黏液而腐烂，会影响下茬菇的生长。采收时无论大小菇均应一次收获完，用刀成簇割取。

6. 金针菇的采收 金针菇在菌盖内卷未平展、柄长 13～15 cm、柄色呈白色或奶黄色时采收较适宜。采收时一手压住培养瓶或袋，一手握住菇丛，成丛拔下后再轻轻清除根部的培养基。

（二）采后处理

要延长食用菌的保鲜时间，关键是抑制其呼吸、成熟衰老、褐变等生理反应，防止腐败变质。为此，对拟进行长期贮藏运输的食用菌进行贮前处理很有必要。主要处理措施包括挑选分级、预冷、包装、辐射处理等。

1. 挑选分级 剔除有破损、畸形、带病虫的食用菌，以免在贮藏中腐烂并感染其他个体。用于贮藏的食用菌应菌体完整，色泽鲜亮，无病虫害，无杂质异物，无畸形破损，菌盖光滑，菌体无斑点锈渍，菌表无机械损伤，菌柄无空心，具有食用菌特殊香味。按照不同品种的标准进行分级、包装与贮藏。通常按照菌盖直径大小、形态完整与否、菌肉厚薄程度、是否卷边，菌柄质地、粗细、长短、颜色、新鲜度等多项指标分级。

2. 预冷　食用菌采收后应尽快入库预冷，使菌体温度降至适宜的贮藏温度。一般情况下，延迟入库冷却，会显著缩短保鲜期。在运输和贮藏中，鲜度和品质一旦下降，就不可能再恢复。因此，食用菌采收后就要及时进行预冷，抑制呼吸强度，以延长保鲜期。

预冷方式可采用冷库预冷、真空预冷或压差预冷，不能使用冷水冷却和碎冰预冷。将经过分级修整后的食用菌放入塑料筐中，在规定时间（5 h）内使其中心温度降至适宜温度。预冷后食用菌中心参考温度为：金针菇、杏鲍菇、香菇、茶树菇为 1～4 ℃，双孢蘑菇为 1～3 ℃，平菇 3～5 ℃，草菇 16～18 ℃。

预冷后将包装箱采取"品"字形码垛，确保各个箱体之间有良好的通气风道，以防形成积温，造成局部保鲜温度升高，食用菌变褐甚至是腐烂。

3. 包装　由于食用菌对 O_2、CO_2 敏感，在生产中内包装主要采用塑料薄袋，也有一些食用菌采用单菇包纸后再装入塑料袋或者泡沫箱。常用的保鲜袋主要有 0.02～0.06 mm 厚的聚乙烯保鲜膜，也有采用真空袋抽真空后进行包装的。包装袋的尺寸根据包装量和包装方式决定，可以是多个小包装或者一个大包装。包装膜的厚度要和包装量相结合，包装量大时，包装膜要薄。另外，高温时包装量不宜过大，而且贮藏时间不可过长，防止造成低 O_2、高 CO_2 伤害。

4. 辐射处理　近年来国内外生产中为了抑制蘑菇开伞，采用放射性元素 ^{60}Co 产生的 γ 射线对采后的新鲜蘑菇进行辐射，起到了明显延长贮藏期的作用。一般辐射剂量为 0.2～0.5 kGy，在 0～10 ℃下可将新鲜蘑菇的保鲜期延长至 40 d 左右。

（三）贮藏方式及管理

食用菌的贮藏方式如前所述，主要是冷藏和气调贮藏。生产中多用冷藏，也可冷藏结合简易气调贮藏。在产品入库贮藏前，应采用符合国家相关安全要求的消毒剂对库房、贮藏用具进行清洁消毒，以减少库房中病害微生物的数量，降低食用菌在贮藏期间的被侵染率，防止病菌蔓延。食用菌在库房内最好搭架堆放，防止挤压造成损伤。食用菌装袋前必须进行预冷，贮藏期间应保持库房温度的稳定，以免出现"结露"而引起腐烂。

思考题

1. 分别说明叶菜类、果菜类、花菜类、根茎类、瓜类及食用菌类蔬菜的贮藏特性。
2. 从每一类蔬菜中各选择 1～2 个具有代表性的蔬菜种类，叙述其贮藏保鲜的技术要点。

第十章 CHAPTER TEN

鲜切果品蔬菜加工及保鲜

【学习目标】了解鲜切果蔬的概念与生理特性、鲜切果蔬的品质变化及影响因素；掌握鲜切果蔬加工及保鲜的基本理论与技术。

第一节 概述

一、鲜切果品蔬菜的概念

鲜切果蔬（fresh-cut fruits and vegetables）是指新鲜水果蔬菜原料经整理、清洗、切分、保鲜和包装等处理，制成不影响其鲜活状态的一种制品，是一种新型果蔬加工产品。在国外鲜切果蔬又被称为微加工或最少（小）加工果蔬（minimally processed fruits and vegetables）、轻（浅）度加工果蔬（lightly processed fruits and vegetables）、部分加工果蔬（partially processed fruits and vegetables）、切割果蔬（shredded or sliced fruits and vegetables）等，中文名称还有切分果蔬、截切果蔬、调理果蔬、半加工果蔬等。目前国外以鲜切（fresh-cut）和微加工（minimally processed）名称应用最多。

国际鲜切产品协会（International Fresh-cut Produce Association，IFPA）对鲜切产品的定义为："任何品种的水果和/或蔬菜，加工工艺过程改变了其物理的原始形态，但仍然保持其新鲜状态的果蔬产品。"不同学者对鲜切果蔬的定义不尽相同，但其意义都是一致的，即果蔬采后经挑选、清洗、整理、去皮、切分和包装等工序而加工成具有新鲜果蔬品质的产品。鲜切果蔬满足消费者对水果及蔬菜新鲜、安全、营养的要求，最大程度上方便消费者购买和食用，其可食率接近100%。

超市的鲜切果蔬包装

鲜切果蔬相对于未加工的果蔬而言更易变质，因此在生产过程中各环节都必须严格控制质量。随着人们生活水平的提高，生活节奏的加快，消费者选购果蔬时越来越强调新鲜、营养、方便等特性。鲜切果蔬正是由于具有这些特性而日益受到消费者的青睐和农产品加工企业的重视。

各种鲜切产品

二、国内外鲜切果品蔬菜产业发展现状

鲜切果蔬的研究开始于20世纪50年代的美国，并以马铃薯为主要研究原料。当时美国经济发展迅速，行业分工越来越细，餐饮业和食品服务业需要一种既新鲜又使用方便的马铃薯，于是出现了所谓的去皮马铃薯工业。开始只供应去皮的整马铃薯，随后各种切分产品如小方块、薄片、薯条等都可供应。20世纪60年代初即出现商品化生产的鲜切果蔬产品，刚开始鲜切产品主要供应速食业和集体单位，后来不断扩展进入了零售业。20世纪80年代后，鲜切果蔬在美国、欧盟、日本等发达国家和地区得到了迅速发展，产量不断增加，品种不断增多，已成为果蔬产业化新的发展领域和方向之一。

目前，鲜切果蔬在这些发达国家的生产已形成了完备的体系，表现为技术规范化、产品标准化、设备专业化、市场网络化和管理现代化。美国鲜切果蔬产品已由传统的供应团体和速食

业迅速扩展并进入超级市场、连锁店等零售市场，形成了年产值数百亿美元的巨大市场和新兴产业，近年来仍以年 10％～15％的速度增加。新鲜、方便的鲜切果蔬制品在日本也已深入人们的日常饮食生活中，20 世纪末，日本市场的鲜切蔬菜占有率几乎达到了 100％。从 1990 年起，西欧的鲜切蔬菜占蔬菜总市场销售量的份额以每年 10％～25％的速度增长。在比利时，水果和蔬菜总营业额的 50％是以鲜切果蔬的方式通过零售实现的。英国的鲜切蔬菜加工率约占蔬菜总销售量的 85％。荷兰鲜切果蔬的品种多达 200 种，且还在不断增加。在生产流通和管理体系上，日本、美国和欧洲的许多工业化国家普遍建立了现代化鲜切蔬菜商品化处理体系，形成了以危害分析与关键控制点（HACCP）为中心的产品质量管理和保障体系。

我国鲜切果蔬起步较晚，其发展可分为两个阶段。第一阶段是 20 世纪 80 年代的"免摘菜"，即农民把田间收获的蔬菜的不可食部分摘去，就近在池塘、河沟等中冲洗干净后，不经切分就上市出售的蔬菜；第二阶段是 20 世纪 90 年代的"免淘（切）菜"，即成立专门的部门和工厂，把蔬菜从产地集中起来，经挑选、去皮、清洗、切分、简单包装等处理后上市出售的蔬菜，这种粗加工产品就是鲜切果蔬的雏形。随着我国人民生活水平的日益提高，生活节奏的加快，现代化的鲜切果蔬流通体系必将逐步取代传统的果蔬流通方式。目前鲜切果蔬研究和生产总体上缺乏系统性，生产规范化和标准化程度较低，也没有专用的生产设备，产品缺乏统一的标准，与发达国家相比差距较大。

鲜切果蔬加工及流通技术已引起科技部和各级地方政府的重视，特别是科技部将鲜切蔬菜列为"十五"国家科技攻关计划项目，上海、江苏、浙江、北京、福建和四川等省（市）也将鲜切蔬菜列入科技发展计划和当地政府"农改超"的重要目标，从而有力地促进了我国鲜切果蔬的发展。经过近十年来多方面的研究、探索和实践，我国鲜切果蔬理论和生产取得了一定成果并积累了宝贵经验。具体表现为：全国各地开展鲜切果蔬研究的科研院所有数十家之多；研究中获得了具有自主知识产权的鲜切果蔬生产技术，并制定了相关标准；生产中涉及鲜切果蔬产品开发和实践的企业众多，建立了一些具有国际先进水平、专业化从事鲜切果蔬生产的企业，并投入运行；鲜切果蔬产品有了一定的产量，在一些大中城市及经济发达地区具有冷藏设施的商店，尤其是连锁店、食品超市有了鲜切果蔬产品的销售。作为鲜切果蔬的原料有苹果、梨、菠萝、葡萄、香蕉、桃、洋葱、胡萝卜、马铃薯、莴苣、甘蓝等，目前工业化生产的鲜切果蔬产品主要有甘蓝、胡萝卜、莴苣、韭葱、芹菜、马铃薯、苹果、梨、桃、草莓、菠萝等。

鲜切果蔬是食品工业发展的新趋势，但鲜切果蔬在贮藏保鲜以及运输过程中的一些关键技术问题仍制约着鲜切果蔬产业的发展：①鲜切果蔬产业所涉及的产业链较长，运输期长，对鲜切果蔬的贮藏保鲜技术提出了更高的要求；②鲜切果蔬在加工和保鲜过程中易出现褐变、果实软化、腐烂等问题，影响了其物流效率；③贮藏保鲜过程中的生理变化、营养成分变化及微生物等因素均会影响鲜切果蔬的货架期。由于上述这些问题，决定了鲜切果蔬产品区域性强的特点。因此，影响鲜切果蔬品质的内在机理的研究，以及冷杀菌、控温贮藏、MAP 贮藏、褐变抑制剂、保鲜剂处理、涂膜与包装技术和切割技术的研究与应用，将改善鲜切果蔬在贮藏保鲜和运输过程中的品质；另外，全程冷链运输的普及和应用也将会提高鲜切果蔬产品物流的效率，对提高鲜切果蔬的商品价值具有重要意义。贮藏保鲜技术和现代物流技术的应用与创新，将从根本上解决鲜切果蔬贮运中遇到的问题，促进鲜切果蔬产业长足发展，进一步方便人们的生活。

三、鲜切果品蔬菜加工保鲜的意义

长期以来，我国大部分蔬菜采后不经任何处理，以原始状态直接进入流通领域。虽然蔬菜产量不断增加，但流通中损失十分严重，有 1/3 的蔬菜在消费前就损失了。落后的蔬菜消费模式既给人民生活带来不便，又造成严重的浪费与污染。随着我国经济持续稳定发展，人们生活质量不断改善，科技水平迅速提高，鲜切产品有关理论和技术的突破及关键问题的解决，相关设备的开发和引进，成本的降低，加上鲜切果蔬新鲜、洁净、方便等优势，其在我国大中城市将得到快速发展，成为果蔬采后新的发展方向和增值的新领域。因此，在我国积极提倡并推行鲜切果蔬上市流通具有非常重大的意义。

第一，减少果蔬采后损失，推动果蔬产业的健康持续发展。前面讲到，我国果蔬产业的现状是产量大，但产后加工流通领域处理技术与设备水平依然比较落后，果蔬商品性状不能适应国际市场的要求，市场竞争力差，采后损失严重。积极提倡并推行鲜切果蔬上市流通，将大幅度提高果蔬产品的档次和附加值，推动果蔬加工业朝着规范化、现代化的方向发展。

第二，减少城市生活垃圾，缓解生活垃圾对城市环境污染的压力。据报道，目前我国城市生活垃圾中果蔬残余物占1/3。因此，提倡鲜切果蔬上市流通，既可有效减少城市生活垃圾，又利于果蔬废弃物的综合利用，大大降低城市垃圾处理费用。同时，还可有效节约淡水资源，这对严重缺水的我国来说，意义和作用是非同寻常的。

第三，减少卫生条件不合格的果蔬产品流入市场，改善果蔬产品市场的安全状况。目前，我国的国情决定了目前果蔬生产不可能完全按照有机食品或绿色食品的标准进行，在果蔬生产中大量使用化肥、农药的现状在短期内是难以完全避免的。因此，推行鲜切果蔬上市，是保障果蔬产品卫生质量安全、维护消费者利益的有效途径之一。

第四，创造就业机会，减轻失业压力。鲜切果蔬生产企业属劳动密集型行业，从生产到配送的每道工序，大部分需要手工操作，适于安排大量劳动者就业，这对减轻就业压力、维护社会稳定起到一定的作用。

第二节 鲜切果品蔬菜的品质变化及影响因素

一、鲜切果品蔬菜的生理特性

鲜切果蔬因其需保持鲜活状态，既不同于新鲜果蔬，又不同于传统意义上的加工产品，具有特殊的市场流通特点。首先，鲜切果蔬是在保持果蔬原有新鲜质量状态下经挑选、清洗、切分和包装等处理，使产品清洁卫生，达到即食或即用、方便快捷、适应快节奏生活的需要。其次，鲜切果蔬由于去除了果蔬不能食用部分，经过切分等处理，其品质与原料相比更易发生变化，因而这类产品的贮藏和货架寿命通常仅为1周左右，即使在如此短的时间内，为防止鲜切产品的生理衰老、组织变色（特别是褐变）、质地软化、风味下降、微生物生长并确保产品的安全性等，鲜切果蔬在生产、流通中需要专门的设备和技术，特别是必须具备冷链条件。再次，鲜切果蔬产品重量减轻、体积缩小，降低了产品的运输费用。此外，鲜切果蔬在原料产地集中生产，减少了城市生活垃圾的来源。最后，鲜切果蔬因达到了即食或烹饪状态，方便了副食品市场的果蔬配送，也便于果蔬品种和营养的搭配。

根据鲜切果蔬的产品状态，其生理特性是以植物组织损伤后或胁迫环境下的生命活动为主要特征。表现为乙烯释放量的增加，呼吸强度的增强和呼吸途径的改变，膜分解代谢的活化，组织愈合反应的发生，以及酚类、黄酮类、萜类、生物碱等次生代谢物质的生成，加快水分流失，诱导出新的RNA和蛋白质种类等，导致鲜切果蔬组织衰老加快，组织褐变，营养物质迅速下降，腐烂增加，贮藏期缩短。研究果蔬对机械伤害的生理生化反应，有助于人们根据果蔬对损伤的反应选择适宜处理条件，促进受伤部位愈伤组织的形成，减缓伤口的劣变，从而获得鲜切果蔬最佳的商品品质和市场货架期。

(一) 乙烯与呼吸

果蔬切分后，乙烯释放速率迅速上升，促进组织成熟、软化和衰老。切分造成的伤乙烯合成在一些品种的组织材料中只需要几分钟，但在多数果蔬品种组织材料中通常需要一到几小时，且在 6～12 h 内达到乙烯释放高峰。虽然伤诱导的乙烯合成途径与正常成熟相关的乙烯合成途径相同，但伤诱导乙烯和成熟跃变时产生的乙烯是相对独立的，在时间上也不一致。

果蔬原料由于外表皮的保护作用，使得果蔬个体在内部细胞间隙形成一个密闭的环境，在细胞间隙中 CO_2 的浓度一般在 3%～6%，很多情况下可以达到 20%～30%；O_2 浓度则很低。在这样的条件下，呼吸作用（尤其是在那些个体较大果蔬的组织中）在一定程度上是被抑制的。在鲜切果蔬加工过程中，果蔬的外表皮被破坏，大量的 O_2 通过维管组织进入组织内部，而 CO_2 则从组织中逸散出来。这使得一直处于低 O_2、高 CO_2 气体环境下的组织细胞暴露在高 O_2、低 CO_2 的气体环境中，呼吸作用显著增强。

呼吸增强使鲜切果蔬的物质消耗增多，营养物质的损失加快，产品的感官性状降低，鲜切果蔬的保质期和货架期缩短。呼吸增加的量与果蔬种类、品种、发育阶段、切分的大小、伤口的光滑程度等密切相关。有研究表明，花椰菜切分 30 min 后，呼吸强度从切分前的 165 mg/(kg·h)增加到 202 mg/(kg·h)（15 ℃），且随时间延长，呼吸还不断增强；胡萝卜切分后呼吸强度增加 6～7 倍。伤呼吸的增强加速了复杂物质的降解，活化了三羧酸循环和电子传递链，加速了 O_2 的消耗，增加了 CO_2 的释放和热量产生。值得一提的是，鲜切果蔬消耗的 O_2 远远超过呼吸所需要的 O_2，其中很大一部分被各种还原性物质如酚类氧化所消耗。

值得注意的是，由于鲜切果蔬贮藏后期表面附着的水分或组织中的汁液可能阻塞气体的通道，使组织细胞内气体扩散速率下降，可能造成内部组织的无氧呼吸，导致乙醇和乙醛等的积累。这会与其他的挥发性物质共同造成鲜切果蔬异味的产生，影响产品的感官品质。此外，切分使果蔬表面积比显著增大，与相同条件下未切分果蔬相比水分损失更快，这不仅直接导致鲜切果蔬重量的减少（失重），而且失水过度还会导致产品萎蔫（失鲜），加速衰老变质。

(二) 愈伤与次生代谢

果蔬愈伤是指部分果蔬采后通过一段时间的高温高湿处理，使其在收获或运输过程中造成的伤口迅速形成木栓层，以防止病菌侵入和腐败的过程。果蔬组织切分后，在伤害部位细胞的胞壁中产生和沉积木栓质及木质素，不同果蔬的愈伤反应有所不同。番茄果皮受伤后表层细胞均发生栓质化反应，而柑橘果皮受伤部位发生木质化反应，甘薯、胡萝卜、马铃薯等果蔬表面受伤部分栓质化反应表现尤为突出。细胞栓质化和愈伤周皮的形成受组织自身状况和周围环境条件（温度、湿度、气体组分）的影响。对于以整个器官为销售目的的果蔬，愈伤有利于产品的贮运和品质保存；对于鲜切果蔬产品，组织的愈伤可能改变产品的外观，影响商品性状和降低食用价值。

果蔬组织受到切分等伤害后能诱导苯丙烷类、聚酮化合物类、黄酮类、萜类、生物碱、单宁、芥子油、长链脂肪酸和醇类等一系列次生代谢产物的合成。这些物质主要集中在伤口及其附近组织，参与伤愈合反应和抵抗病菌的侵染。梨、荔枝等在伤害部位形成的许多黑色斑点即为酚类物质累积所致。木质素、酚类、黄酮类等主要次生代谢物质均通过苯丙烷类代谢途径合成，苯丙氨酸解氨酶（PAL）是苯丙烷代谢途径的第一个关键酶。大量研究表明，果蔬遭受切分等损伤后 PAL 活力迅速上升，促进酚类物质的合成，增加了褐变的潜在可能，因而 PAL 与鲜切果蔬的褐变密切相关。

综上所述，鲜切果蔬生产中损伤产生的伤信号会对呼吸、乙烯、酚类物质等代谢产生显著影响，而这些代谢在果蔬生物体内既相对独立又相互联系。切分使果蔬体内酶与底物的区域化分隔被打破，酶与底物直接接触发生多种生理生化反应，如多酚氧化酶催化的酚类物质氧化反应、抗坏血酸氧化酶催化的抗坏血酸降解反应、脂肪加氧酶催化的膜脂氧化反应、细胞壁裂解酶催化的细胞壁分解反应等。已经证实，切分造成的机械伤促进伤乙烯的形成，伤乙烯又能促进呼吸强度的上升，而呼吸增强能促使 PAL 活力提高，从而导致组织褐变、细胞膜破坏和细胞壁的分解，使产品外观受到影响。切分对鲜切果蔬生理生化的影响见图 10-1。

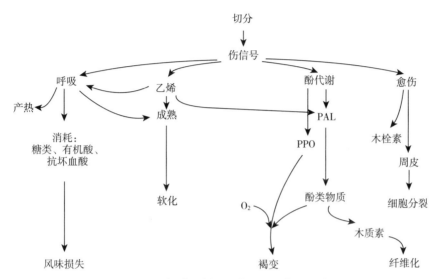

图 10-1 切分对鲜切果蔬生理生化的影响

二、鲜切果品蔬菜的品质变化

（一）外观品质变化

鲜切果蔬经过加工后货架期一般为 7～10 d，产品贮藏过程中质量下降主要有组织的失水、褐变、软化崩溃、出现异味和微生物繁殖导致腐败等。不同果蔬感官表现各不相同。一般来说，根菜类如胡萝卜，由于表皮薄、质地坚硬，较耐贮藏和加工，主要的变化有失水皱皮、糠心、组织纤维化等，另外还易受交链孢等微生物的侵染。甘薯、莲藕、马铃薯等易褐变且发生黑斑病、软腐病、干腐病而造成腐烂。果菜类如番茄、青椒等，表皮较薄，易失水、软化，感官表现主要有表皮皱缩、组织软化、果蒂处感染霉菌等。绿叶菜食用部分是嫩叶和嫩茎，叶是植物新陈代谢最旺盛的营养器官，其生理代谢活跃，表面积大，水分蒸腾快，贮藏中极易失水；其旺盛的呼吸作用，使得体内的养分被迅速消耗，产生大量呼吸热，又会促进黄化和腐烂。所以，绿叶菜最难贮藏，极易发生萎蔫、黄化。

（二）食用品质的变化

鲜切果蔬在加工及贮藏过程中，会损失一些营养成分。果蔬中含有大量的水分，它是保证和维持果蔬品质的重要成分，含水量是衡量果蔬新鲜程度的重要指标。一般新鲜果蔬含水量为 $65\%\sim96\%$，失水 5% 就会引起萎蔫和皱缩。鲜切果蔬的比表面积增大数十倍甚至上百倍，其蒸腾失水极大地增加。加之切分过程中汁液的渗出和流失，鲜切果蔬失水非常严重。而当果蔬组织水分减少，细胞膨压降低，组织萎蔫、疲软、皱缩，光泽消退，果蔬就会失去新鲜状态。鲜切果蔬旺盛的呼吸作用会造成组织中的碳水化合物、有机酸、蛋白质等过量消耗，营养成分损失与改变，极大地降低其食用品质。果蔬中含有有机酸、高级醇、醛类、酯类等物质以及一些硫化物，使果蔬含有特殊芳香气味，这些物质大多不稳定，特别是组织切伤后很容易分解与挥发，造成气味改变。鲜切果蔬中的维生素也极易氧化损失。失水及伤乙烯均会促进果蔬木质化及纤维化而降低品质，影响口感及风味。

三、影响鲜切果品蔬菜品质的因素

（一）生理衰老

果蔬一般都是生长发育到一定成熟度采收，一部分蔬菜是在幼嫩时采收。不管果蔬处于何种成熟状态采收，采收后即脱离了母体，不能从外界吸取养分，只能依靠消耗自身贮藏的营养物质来维持生命活动，这样就加速了果蔬本身的分解代谢和衰老的进程，果蔬的食用品质将会随着贮藏时间的推移逐渐降低。如前所述，鲜切加工过程加速其生理衰老，促使机体的免疫力下降，营养物质被大量消耗，组织开始水解，成为影响鲜切产品品质的内在因素。

（二）损伤

损伤

鲜切果蔬在加工中需要经过一系列的处理，如修整、去皮、切分等。这些处理不可避免地给机体造成了机械损伤，机械损伤使组织细胞的表皮保护层遭到破坏，不仅会诱导或加速机体内的各种生理生化变化，导致失水、代谢失调，而且还为病原微生物和化学污染物打开了方便之门。首先，去皮、切分等处理使得果蔬表皮组织去除，细胞破裂，使细胞丧失水分的速率急剧上升，造成果蔬失重失鲜。其次，机体受到损伤后，自身会发生一系列生理生化反应进行损伤调节、修复，这些反应包括呼吸速率的提高、伤乙烯的产生以及多酚类物质的积累等。呼吸速率的提高和乙烯的大量生成会消耗体内的碳水化合物，诱导果胶酶、纤维素酶、脂酶、过氧化物酶等降解酶的活性上升，促使组织软化，细胞崩溃，诱导叶绿素降解。机械损伤诱导果蔬产生次生代谢产物，其中包括酚类物质积累，引起组织褐变。另外，切割处理导致细胞破裂，汁液流出，胞内酶释放，使得本来在细胞内不同区域的酶与底物接触，引起酶促褐变等。切割表面溶出的汁液中含有丰富的营养物质，这给微生物提供了良好的生长环境，微生物的生长繁殖会消耗机体贮存的养分，一部分微生物还能分泌纤维素酶、果胶酶等，进一步破坏组织。

（三）微生物

切割使果蔬组织结构受到损害，失去了表皮层的保护作用，果蔬汁液外渗，较大的表面及丰富的营养为微生物提供了有利的生长条件，微生物污染导致鲜切果蔬质量下降。鲜切果蔬在贮运过程中，产品表面的微生物数量会显著增加。鲜切果蔬表面微生物数量的多少，会直接影响产品的货架期，早期微生物数量越多，货架期越短。微生物对鲜切果蔬品质的影响主要表现在两个方面：一方面是微生物的生长繁殖会消耗果蔬体内的营养物质，导致其品质下降，有些微生物还分泌纤维素酶、果胶酶等，加速组织软化、水解、腐败，产生不良气味，改变原有的颜色和形态；另一方面是病原微生物的生长繁殖，直接影响鲜切果蔬的安全性，如果在生产加工环节中不进行杀菌处理，不但会使其品质大大降低，而且还会危害人体健康。

（四）温度

影响鲜切果蔬品质的另一个重要因素是温度。适宜的温度环境可有效减缓果蔬组织代谢速率，降低酶的活性，减缓呼吸速率，延缓果蔬衰老，同时低温也能延缓微生物的生长，延长鲜切果蔬的贮藏期。因此，要建立冷链系统，使鲜切果蔬在加工、贮藏、运输和销售的整个环节中都始终维持在适宜的低温环境下。

（五）包装

鲜切果蔬与完整果蔬一样，是具有生命活动的有机体，进行着旺盛的生命代谢活动。切割会导致新陈代谢活动加快，使鲜切果蔬更易发生劣变，保鲜期更短。因此，鲜切果蔬的包装材料及包装技术，对鲜切果蔬产品的保质期具有十分重要的意义。包装材料应满足鲜切果蔬感官品质和理化方面的指标要求，同时又能减少果蔬中水分的蒸腾，有一定阻气、阻湿的功能。适宜的包装可有效减少外界空气污染产品之后产生的微生物，有效缓解果蔬中水分的流失，减少乙烯生成，降低呼吸速率，延缓鲜切果蔬品质劣变，减少腐烂，延长产品货架期，保障产品安全。

第三节 鲜切果品蔬菜加工技术

鲜切果蔬的加工和保鲜是一个综合配套的处理过程，要想获得高品质的鲜切果蔬制品，必须对原料选择、处理、包装、贮藏、运输、销售等每一个环节进行严格控制。优质的原料、正确的处理和加工方法、合理的包装和冷链运输系统，都能延长鲜切果蔬的货架期。为了保证鲜切果蔬的新鲜品质，加工过程中一般不采用高强度的杀菌工艺。由于加工过程产生严重机械损伤，故与未加工的果蔬原料相比，鲜切果蔬更容易变质腐败。因此，采用严格的质量管理体系（如 GMP 和 HACCP），是鲜切果蔬商业化经营的重要保证。

鲜切果蔬加工方法与其市场流通途径有关。对于当天加工、隔日食用的鲜切果蔬，可以采取相对简单的净化处理，以节省投资，降低加工成本；如果产品的货架期要求在 3～5 d，则需要进行适当的消毒、清洗及薄膜包装。这两种产品比较适合餐馆、旅馆、学校和机关等大型的统一消费单位，而不适于零售。用于零售的鲜切果蔬货架期一般要维持 5～7 d，甚至时间更长，因而需要进行更为复杂的处理，包括消毒、氯液或酸液清洗、透气保鲜膜包装及栅栏技术的使用等。

鲜切加工厂

冷藏鲜切果蔬产品一般加工工艺流程为：新鲜果蔬→整理→挑选→去皮、切分→清洗、沥干→杀菌液处理→沥干→护色保鲜液处理→沥干→包装→冷藏→冷链运输→销售。

一、果品蔬菜原料选择

目前还没有对鲜切果蔬加工的原料进行特别的规定。但是，果蔬原料的质量将直接决定产品的最终品质，只有优质的原料才能加工出高质量的鲜切果蔬，必须对原料进行严加选择。就某一特定的果蔬而言，并不是所有的品种都可用于鲜切果蔬的加工，须选择适合于鲜切果蔬加工的最适品种，并在适宜的成熟期内采摘。原料个体必须新鲜、饱满、健壮、无异味、无腐烂、成熟度适中、大小均匀，不得使用有腐烂、病虫害、斑疤的不合格原料。在原料采收后未加工之前，进行正确的贮藏和必要的修整，可以提高产品的货架期。特别需要指出的是，鲜切果蔬最基本的特点是食用方便，最重要的品质是营养和安全。因此，遵循相应的食品安全管理制度，采用无公害栽培的水果和蔬菜作为鲜切果蔬加工原料，应该是原料品质的基本要求。

二、清洗、杀菌

清洗是鲜切果蔬加工流程中至关重要的环节。良好的清洗操作能有效减少病原菌和微生物等的污染，同时增加鲜切果蔬的贮藏时间。通常清洗分两次，第一次清洗把果蔬表面中部分微生物、泥沙、农药以及灰尘清除；第二次清洗是对果蔬进行杀菌，减少果蔬中的微生物以及农药残留。果蔬的杀菌剂一般有次氯酸钠、氯水和臭氧等，水温以小于 5 ℃为宜。

鲜切果蔬
清洗杀菌

三、去皮和切分

鲜切果蔬的加工大多数需要去皮，甚至切分成一定的大小和形状规格，如马铃薯、芋头、胡萝卜、甘薯、甘蔗、菠萝、苹果、西瓜等。去皮方法很多，工业化生产多选用机械去皮（如旋转金刚砂轮）、化学和酶解去皮、高压蒸汽去皮等，但最为理想的去皮方法是用锋利的刀片进行手工操作。金刚砂轮摩擦、蒸汽或腐蚀性酸液都会在很大程度上破坏果蔬的细胞壁，使细胞液外流，提高微生物繁殖和酶促反应发生的可能性。手工操作可以最大限度地降低对果蔬细胞的伤害，手工去皮胡萝卜的呼吸速率比未去皮的胡萝卜高 15%，而采用机械去皮的比手工去皮的要高 2 倍。此外，从感官品质角度比较，手工去皮的产品要比机械去皮的好。手工去皮的不足之处是工作效率低和去皮标准差别较大。所有的去皮方式，都应遵循尽量降低果蔬组织细

蔬菜切分机

胞损坏这一原则。

切分的大小对产品的品质有较大影响。切分大小既要有利于保存，又要符合现代饮食需求。一般来说，切分得越小越不利于保存。切分太小，就有较多的细胞被破坏，表面积增大，与 O_2 接触的机会增多，微生物繁殖更快，失水更多，生理活动更旺盛。切分一般宜采用薄而锋利的不锈钢刀片，使用钝刀片，除了破坏切口部位的细胞之外，还会伤及临近的细胞层。切分用的垫子、刀片要用1%的次氯酸溶液消毒。切分机应该充分固定，否则设备的振荡会降低切分质量，影响产品品质。在保证产品质量的前提下，尽可能减少不必要的损伤，这也是果蔬净化加工的基本要求。

果蔬在去皮、切分过程中，产品暴露在空气中的表面积增大了，细菌、霉菌、酵母菌等微生物污染的可能性加大。因此，去皮、切分过程要严格遵守食品卫生安全操作规程，以确保产品的卫生质量。

四、褐变及其控制

褐变

褐变是果蔬贮藏加工中引起品质下降的一个重要原因，除可引起果蔬产品色泽、风味等感官性状下降外，还会造成营养损失，甚至影响产品的安全性。褐变控制是鲜切果蔬加工中仅次于安全性的一个最重要因素。消费者往往以产品的外观尤其是色泽的好坏作为品质优劣的标准，不良色泽不仅影响到产品的销售，而且会降低食用时的愉悦感。

果蔬中的褐变可分为两类。一类是由抗坏血酸氧化分解，或多元酚氧化缩合反应，或蛋白质、氨基酸的氨基与还原糖等的羰基相互作用并发生缩合、聚合反应（美拉德反应）等，这些反应最终形成暗褐色物质，引起非酶褐变。另一类是由氧化酶类引起果蔬中的酚类等成分氧化而产生的褐色变化，称为酶促褐变。其中酶促褐变是果蔬褐变的主要类型，对鲜切果蔬产品尤其如此。一般认为酶促褐变是果蔬组织中的酚类物质在酶的作用下氧化成醌，醌再经聚合形成褐色物质的过程。酚类底物、酶和 O_2 的存在是酶促褐变发生的三个必要条件。正常情况下，由于酶和底物在细胞中的区域化分隔限制了酶促反应，酶促褐变速度很慢，甚至不会进行。任何导致果蔬组织发生破坏的内外因素都会引起酶促褐变的发生，鲜切果蔬切分后由于多种胁迫因素同时存在，导致酶促褐变发生，与未切分的组织相比，其褐变速度快、程度重、褐变机理更复杂是鲜切果蔬酶促褐变的特点。

控制酶促褐变可以从除去底物、限制 O_2 的供应和抑制酶活等几个方面去考虑。生产实践中除去原料中底物的可能性极小，但可通过原料的选择达到减少褐变底物的目标。有人通过对苹果、梨和甜瓜等不同种类进行的鲜切研究发现，果蔬种类是褐变速度差异的重要原因，采收成熟度对鲜切果蔬产品褐变发生的速度也有重要影响。因此，只能选用褐变潜力小的果蔬种类、品种并采用适宜的成熟度，降低褐变发生的速度和程度。生产中控制酶促褐变主要是从调控酶的活力和 O_2 的供应两方面入手，共有三条途径：①改变酶作用的条件（如热烫、低温、添加抑制剂、改变 pH、降低水分活度等），以降低酶的活力或使其失活；②隔绝 O_2 或限制 O_2 的供应（如真空包装、气调包装、涂膜等）；③使用抗氧化剂（如抗坏血酸、异抗坏血酸、半胱氨酸、亚硫酸盐等）处理。生产中控制酶促褐变主要采取以低温、气调等为主的物理方法，并辅以酸、盐等化学物质单一或复合应用的化学方法。

低温是抑制鲜切果蔬酶促褐变的有效方法。低温可直接抑制酶的活力，减慢褐变反应的速度和强度；适宜的低温还可间接抑制与褐变有关酚类物质的合成和释放，保持细胞膜的稳定性和酚与底物的区域化分隔，从而减慢褐变的速度。鲜切果蔬适合在 <8 ℃ 下生产，0～4 ℃ 下贮运和销售，因而冷链是保证鲜切果蔬品质的关键。

气调包装作为无公害方法，也是抑制褐变发生的有效手段，备受发达国家鲜切果蔬生产企业的青睐。气调包装创造了一个低 O_2 和高 CO_2 的环境，可限制 O_2 的供应，因此可降低呼吸、抑制乙烯的产生和作用、延迟切分果蔬的衰老、降低叶绿素降解速度、延缓细胞膜损伤及组织衰老、抑制组织酚类物质的合成、延长品质保持的时间。

有些鲜切果蔬可采用可食性膜、真空包装、活性包装等方法防止褐变、保持新鲜状态、延长产品贮藏和货架寿命。可食性膜具有阻止 O_2 进入、减少水分损失、抑制呼吸和乙烯产生、防止芳香成分挥发等作用。如果在卡拉胶、黄原胶、改性淀粉等成膜剂中加入抗坏血酸、柠檬酸、EDTA（乙二胺四乙酸）等抗褐变剂，效果更为明显。

具有抑制褐变效应的化学物质有硫化物（亚硫酸盐）、苯甲酸及其衍生物类、半胱氨酸、间苯二酚、4-己基间苯二酚、EDTA、柠檬酸、异抗坏血酸及其盐等。这些化学物质抑制褐变的作用机理各不相同，它们在鲜切果蔬生产上应用的效果与果蔬种类、环境条件等诸多因素有关。这些化学物质可单一使用也可通过筛选形成多元复合褐变抑制剂使用。多元复合使用不仅可以增强抑制褐变的效果，而且能降低每一种物质使用的剂量，减少化学物质的残留量，提高产品的安全性。需要特别说明的是，亚硫酸盐是传统的褐变抑制剂，对抑制褐变有很好的效果，但亚硫酸盐可引起某些人的过敏反应，美国等发达国家已开始限制其在鲜切产品中应用。4-己基间苯二酚是近年来发现抑制褐变最有效的芳香族化合物，能抑制易褐变鲜切产品如苹果、食用菌、莲藕等的褐变，由于其作用专一（只对 PPO 作用）、作用浓度低、不具有漂白作用，已作为亚硫酸盐替代产品在商业上用于鲜切产品的褐变控制。

五、质地变化控制

鲜切果蔬的质地也是一个重要的品质指标。目前用在鲜切果蔬加工上防止质地变化的措施主要有钙处理、可食性膜及热激处理等。外源钙处理可有效降低果实的膜透性，增加组织硬度，减少细胞中物质外渗，限制酚类物质从液泡到原生质的转移，抑制酚与多酚氧化酶的有效接触，抑制褐变的发生。$CaCl_2$ 溶液是最好的钙源，但如果其浓度太低，则起不到应有的效果，通常采用的浓度为 $0.5\%\sim2\%$。采用浸泡或真空渗入 $CaCl_2$ 的办法，可以提高猕猴桃、芒果、苹果等的组织硬度。$CaCl_2$ 虽然是最常用的防软化剂，但是它会给产品带来不良的苦味。可以采用其他钙盐来代替，或者与其他保鲜剂或保鲜方法联合使用，如气调包装、低温等。

六、微生物控制

鲜切果蔬加工中对微生物的控制方法可以分为化学法和物理法。化学法是指运用一些化学药物直接杀灭微生物或抑制它们的生长繁殖；物理法主要是指通过辐照技术、臭氧等方法以及采用合理的包装、适宜的低温来达到杀灭或抑制微生物的目的。

（一）化学法

在鲜切果蔬生产中用于微生物控制的化学方法包括化学清洗和化学抑菌。

1. 化学清洗 果蔬经切分后进行适当的化学清洗，能降低表面微生物数量并去除细胞汁液残留，减少贮藏过程中微生物侵染的机会。通常在清洗水中添加的化学物质有柠檬酸、次氯酸钠及氯水等。氯水在一定程度上可提高清洗效果，但也有一定缺陷，如对莴苣中李斯特菌及番茄中沙门菌作用不明显。目前，研究人员考虑用 ClO_2、H_2O_2 等来取代氯水，尤以 H_2O_2 的抑菌效果明显。

化学清洗应选用适宜的清洗时间及化学物质浓度，防止化学物质在鲜切果蔬中的残留超过FDA 的限量标准，一般经化学清洗后的果蔬应该用清水冲洗其表面。另外，化学清洗还应注意一些不良反应，如变色及组织萎蔫等胁迫反应的发生。

2. 化学抑菌 抑菌剂的作用机理主要是通过调节微生物生长条件如 pH、气体成分及水分活度等来达到控制微生物生长的目的。常用的抑菌剂多为有机酸，包括柠檬酸、苯甲酸、山梨酸、醋酸、乳酸和中链脂肪酸等。这些有机酸可降低 pH，形成微生物不适应的环境而抑制其生长。醋酸及乳酸等未解离的分子具有较强的抑菌作用。一些间接抑菌剂如糖、盐、香草醛、多元醇、脂肪酸、酯类及抗生素等也具有一定的抑菌效果。但化学抑菌剂易对鲜切果蔬风味造成影响，应选用适合鲜切果蔬特性要求的抑菌剂。

（二）物理法

抑制微生物生长的物理方法包括辐照、臭氧、高强度脉冲电场、微波、红外线、紫外线、超声波、高静水压等技术。这些处理可以有效地杀灭病原菌，减少果蔬的腐败变质，可作为冷藏和其他采后处理的辅助手段。大量试验证明，辐照技术对病原菌的抑制效果明显，而且安全无害，紫外线照射对产品表面的霉菌等有较强的抑制作用。臭氧具有强烈的广谱杀菌能力，杀菌谱比其他消毒杀菌剂广，杀菌彻底，可杀灭细菌繁殖体和芽孢、病毒、真菌等，它的氧化效力比氯高 1.5 倍，而且臭氧易分解，不存在残留。用臭氧处理果蔬，不仅可防止腐烂变质，同时还能使果蔬表皮气孔缩小，调节呼吸，消除乙烯、乙醇、乙醛等有害气体，减少损耗。

七、包装

鲜切产品的包装

鲜切果蔬包装的功能在于防止微生物二次污染和产品失水，获得良好的气调效果，方便产品的贮运和销售。合理的包装材料和包装方法，更是直接阻止微生物和化学污染物侵染的物理屏障。目前应用最为广泛的是气调包装，基本原理是通过包装袋内外气体交换和袋内产品的呼吸作用形成一个袋内的气调环境，或用某一特殊的混合气体充入特定的包装袋，其最终目标是在包装袋内形成一个理想的气体条件，尽可能地降低产品的呼吸强度，同时不对产品产生不良影响。

鲜切加工厂仓库成品贮藏库

采用塑料薄膜包装鲜切果蔬，应选择气体渗透性好的薄膜，并对 O_2 和 CO_2 具有不同的选择透性，对 CO_2 的渗透能力要大于对 O_2 的渗透能力，以便包装内 CO_2 浓度过高时可以及时透出，包装内 O_2 浓度低于无氧呼吸消失点时可以从外界环境及时补充。同时，薄膜的透湿性不能过高，应依鲜切果蔬自身的特点而异。另外，薄膜还应有一定的强度，耐低温、热封性和透明度好。这类材料主要有聚乙烯（PE）、聚丙烯（PP）、乙烯-乙酸乙烯共聚物（EVA）、丁基橡胶等。

八、冷链贮藏销售

鲜切芹菜包装

鲜切果蔬贮藏销售需在冷链中进行。低温可抑制鲜切果蔬的呼吸作用和酶的活性，降低各种生理生化反应速度，延缓衰老并抑制褐变，同时也抑制了微生物的活动。鲜切果蔬包装后，应立即放入冷库中贮存，冷藏温度必须≤5 ℃，以获得足够长的货架期及确保产品食用安全。贮存时，包装小袋要摆放成平板状，否则产品中心部不易冷却，特别是放入纸箱贮存时更要注意。运输时，应注意避免品温波动。一方面，配送时可使用冷冻冷藏车或保温车，注意车门不要频繁开闭，以免引起品温波动，不利于产品品质保持；另一方面，可采用易回收的隔热容器和蓄冷剂（如冰）来解决车门频繁开闭造成的品温波动，如车内空隙全部用冰填充。零售时为保持产品品质，应配备冷藏设施如冷藏柜等，贮存温度应≤5 ℃。

第四节　鲜切果品蔬菜保鲜技术

目前国内外用于鲜切果蔬的保鲜技术主要有低温冷藏技术、冷杀菌技术、MAP 贮藏技术以及涂膜保鲜技术等。

一、低温冷藏技术

低温冷藏是一种可有效地控制鲜切果蔬表面微生物生长繁殖、抑制酶活的保鲜方法，有利于保持果蔬品质，是一种常用的保鲜方法，其他保鲜方法也只有在低温的基础上才能发挥作用。虽然低温有利于保鲜，但部分冷敏感型鲜切果蔬在过低温度时会发生冷害现象。因此，要根据鲜切果蔬不同的种类和品种，选用适当的贮藏温度。另外，即使在低温条件下，有些微生物仍能迅速生长繁殖，因此，除采用低温贮藏外，还需要配合其他防腐处理，如杀菌、涂膜处理及气调包装等。

二、冷杀菌技术

冷杀菌技术包括紫外线、超声波、臭氧、辐射等杀菌技术。

（一）紫外线杀菌

紫外线可用于减少一些食品的表面污染，是一种较为有效地杀菌消毒方法，它能够抑制微生物 DNA 复制，导致微生物突变或死亡。主要用于空气、水及水溶液、物体表面杀菌。紫外线的抑菌作用可以诱导鲜切果蔬产生一些次级代谢物质，这些次级代谢物质均具有抑菌作用。但紫外线穿透能力差，只能对表面进行消毒杀菌，灭菌效果受障碍物、温度、湿度、照射强度等因素影响较大，且对芽孢和孢子作用不大。因此，紫外线杀菌技术具有一定的局限性。

（二）超声波杀菌

超声波多用于鲜切果蔬加工前期的清洗过程。超声波处理主要是利用低频高能量的超声波的空穴效应在液体中产生瞬间高温、高压造成温度和压力变化，使某些细菌致死、病毒失活的过程。超声波能破坏一些体积较小的微生物细胞壁，导致微生物死亡。此外，超声波还能够通过抑制微生物体内代谢过程中一些酶的活性来减少有害微生物的数量，从而延长鲜切果蔬的货架期。

（三）臭氧杀菌

臭氧是一种强氧化杀菌剂，对各类鲜切果蔬均有较好的杀菌作用。利用臭氧的特性不仅能有效地去除果蔬表面的致病菌和腐败菌，而且能够除去残留的其他有害物质。臭氧分解放出的新生态氧使菌体蛋白质变性、酶系统破坏、生理代谢失调或中止，导致菌体休克死亡而被杀灭，从而达到消毒、灭菌、防腐的效果。臭氧还能氧化鲜切果蔬所产生的乙烯，防止后熟作用发生，从而延长货架期。臭氧杀菌范围广、效率高、速度快、无残留，是一种理想的冷杀菌技术。但臭氧对真菌的去除效果不明显，杀菌效果也受温度和湿度影响。另外，臭氧浓度过大，会引起果蔬细胞质膜损害，使其细胞膜透性增大、胞内物质外渗，导致品质下降。

（四）辐射杀菌

辐射杀菌是利用电离辐射（γ 射线、电子束或 X 射线）与物质的相互作用所产生的物理、化学和生物效应，对食品进行加工处理，以达到抑芽、杀虫、消毒、灭菌、防霉等目的的一种技术。辐射杀菌的优点是营养损失较少，并有利于保持品质，延长货架期。由于辐射杀菌具有杀菌能力强，杀虫灭菌彻底和节省能源、无污染等优点，已被广泛应用于鲜切果蔬的贮藏保鲜整个过程。

辐射杀菌

三、MAP 贮藏技术

MAP 贮藏技术又称限制性气调贮藏，基本原理是通过调整包装贮藏环境中的气体成分，或用某一特殊的混合气体充入特定的包装袋，在包装袋内形成一个理想的气体条件，尽可能地降低产品的呼吸强度。要得到理想的鲜切果蔬贮藏保鲜效果，不仅要调节 MAP 贮藏过程的气体成分，还要在低温条件下贮藏。

四、涂膜保鲜技术

涂膜保鲜技术是在鲜切果蔬表面涂上一层特制的薄膜，该薄膜能阻碍气体交换，调节呼吸作用，降低代谢速率，延缓乙烯生成，从而达到保鲜的作用。同时还能减少水分及营养物质的流失，从而延长货架期。涂膜材料往往具有抑菌、抗氧化等功能，不同鲜切果蔬可根据需要进行选择，而制备可食性膜是首选和发展趋势。在实际中，还可以在膜里添加抗菌剂、抗氧化剂做成复合膜达到更佳效果。比如，在壳聚糖中添加抗菌剂作为涂膜材料，目前研究较多而且效果较好，一方面壳聚糖膜可以溶解，使用环保；另一方面其本身就有抗菌作用且成膜性较好。

第五节　鲜切果品蔬菜加工实例

鲜切果蔬的种类很多，本节仅选择几种有代表性的产品，对它们加工的工艺流程及操作要点进行简要介绍，作为其他种类鲜切果蔬加工的技术参考。

一、鲜切马铃薯

(一) 工艺流程

原料选择→清洗→去皮→切割→护色→包装→预冷→冷藏或运销。

(二) 操作要点

1. 原料选择　选择大小一致、芽眼小、淀粉含量适中、含糖少、无病虫害、未发芽的马铃薯为原料。收获后马铃薯宜在 3～5 ℃冷库贮存。

2. 去皮　化学去皮、机械去皮和手工去皮均可以，去皮后立即浸渍于清水或 0.1%～0.2%焦亚硫酸钠溶液中护色。

3. 切割、护色　用切割机切分成所需的形状，如片、块、丁、条等。切割后的马铃薯随即投入 0.2%异抗坏血酸、0.3%植酸、0.1%柠檬酸、0.2%$CaCl_2$ 混合溶液中，浸泡 15～20 min。

4. 包装、预冷　捞起护色后的原料，沥去溶液，随即用复合包装袋抽真空包装，真空度为 0.07 MPa。接着送预冷装置预冷至 3～5 ℃。

5. 冷藏、运销　预冷后的产品用塑料箱包装，送冷库冷藏或配送，温度控制在 3～5 ℃。

二、鲜切竹笋

(一) 工艺流程

原料选择→清洗→剥壳→整理→0.015% NaClO 溶液浸泡→淋洗→冷风吹干→切割→护色→包装→预冷→冷藏或运销。

(二) 操作要点

1. 原料选择　选择大小一致、无病虫害的幼嫩新鲜竹笋为原料。竹笋采收后宜在 0～3 ℃冷库贮存。

2. 剥壳、整理　用手工剥壳、整理，随后立即浸渍于 0.015% NaClO 溶液中 5 min。

3. 切割、护色　用切割机切分成所需的形状，如片、条状等。切割后的竹笋随即投入 0.2%异抗坏血酸、0.3%植酸、0.1%柠檬酸混合溶液浸泡 8～15 min。

4. 包装、预冷　捞起护色后的原料，沥去溶液，随即用 0.013 mm 厚的聚氯乙烯保鲜膜和聚丙烯保鲜托盘包装。接着送预冷装置预冷至 0～3 ℃。

5. 冷藏、运销　预冷后的产品用塑料箱包装，送冷库冷藏或配送，温度控制在 0～3 ℃。

三、鲜切苹果

(一) 工艺流程

原料选择→清洗→分级→去皮、去核→修整→切块→护色→包装→预冷→冷藏或运销。

（二）操作要点

1. 原料选择　选择新鲜、大小均匀、无病虫害和机械损伤、质地较硬的苹果品种为原料，要求成熟度为八九成。

2. 清洗、分级　用清水洗去附着在果皮上的泥沙和污物等，按果实大小分级。

3. 去皮、去核　采用机械去皮、手工去核。

4. 切分　根据需要切分，如横切成片状或长条状等。

5. 护色　把切分后的果块浸入含有 0.2% 异抗坏血酸、0.5% 柠檬酸、0.1% $CaCl_2$ 的溶液中进行护色。

6. 包装、预冷　将护色后的果块捞起沥干，用聚乙烯保鲜膜和塑料托盘（13.2 cm$\times$ 13.2 cm）包装。然后送预冷装置，预冷至 $0\sim4$ ℃。

7. 冷藏、运销　预冷后的产品用塑料箱包装，送冷库冷藏或配送，控制温度 $0\sim4$ ℃。

四、鲜切菠萝

（一）工艺流程

原料选择→清洗→分级→去皮、去心→修整→切片→浸渍糖液→包装→预冷→冷藏或运销。

（二）操作要点

1. 原料选择　选择新鲜、无病虫害、无机械伤的菠萝为原料，要求成熟度为八九成。

2. 清洗、分级　用清水洗去附着在果皮上的泥沙和污物等，按果实大小分级。

3. 去皮、去心　用机械去皮、捅心，刀筒和捅心筒口径要与菠萝大小相适应。

4. 修整　用不锈钢刀去净残皮及果上斑点，然后用水冲洗干净。

5. 切分　根据所需产品的形状切分，如横切成厚度为 1.2 cm 的圆片、半圆片、扇片等，也可切成长条状和粒状等。

6. 浸渍糖液　把切分后的菠萝用 $40\%\sim50\%$ 糖液浸渍 $15\sim20$ min，糖液中加入 0.5% 柠檬酸、0.1% 山梨酸钾、0.1% $CaCl_2$。

7. 包装、预冷　将浸渍糖液后的果块捞起沥干，用聚乙烯袋包装，并加入部分糖液，果肉与糖液比例为 $4:1$。然后送预冷装置，预冷至 $3\sim5$ ℃。

8. 冷藏、运销　预冷后的产品用塑料箱包装，送冷库冷藏或配送，控制温度为 $3\sim5$ ℃。

思 考 题

1. 鲜切果蔬的生理特性有哪些？
2. 影响鲜切果蔬品质的因素有哪些？
3. 如何控制鲜切果蔬的褐变？
4. 鲜切果蔬微生物控制的方法有哪些？
5. 鲜切果蔬的保鲜技术有哪些？

第十一章 CHAPTER ELEVEN

果品蔬菜的营销策略

【学习目标】了解商品营销学理念；从产品、价格、促销、渠道四方面掌握果蔬市场营销的策略。

第一节 果品蔬菜营销市场现状及市场营销概念的确立

一、国内外果品蔬菜营销市场现状

（一）国内果蔬营销市场现状

现代营销理论认为营销是一种沟通行为，是贯穿生产、加工、销售、服务系列环节的统一行为，使供需双方达成一致。它首先是一种理念的传播，其次是一种策略的执行。我国是世界上的果蔬生产和消费大国，经营好果蔬，对于促进我国经济发展有巨大作用。

随着人民生活水平的提高及对营养健康食品的追求，人们对果蔬产品的需求也越来越多，然而果蔬营销的市场现状却不容乐观。在果蔬生产的丰年，果蔬价格暴跌，使得广大果农菜农的辛勤劳作血本无归，严重挫伤了他们的生产积极性；在果蔬收成较差的年份，因成本、中间商利益分配等原因，市场上的高价未能给果农菜农带来经济上的实惠。这些现状暴露了我国果蔬营销不适应市场经济要求的劣势。近年来，政府和企业在探索果蔬的营销方面取得了一定的成效，但仍存在着许多问题。

（二）国外果蔬营销市场现状

世界各国都有各自的国情和果蔬营销模式。现以日本、美国和荷兰三个经济发达国家的果蔬市场现状为例，予以简单介绍。

1. 收敛型生产营销（以日本为例）　日本土地资源稀缺，但交通和物流配送发达。其绿色蔬菜产业主体包括菜农、工厂化的绿菜生产企业、流通企业、行业中介以及政府和消费者，经历了从"就地生产，就地供应"到"分散生产，集中供应"的发展过程。日本的绿色蔬菜生产属于劳动密集型产业，主要通过标准化生产、专业化技术和商业化流通运作保证国内居民消费需求，规模效应显著。

2. 发散型生产营销（以美国为例）　美国蔬菜走的是一条从"就地生产，就地供应"到"集中生产，分散供应"的道路。这归因于美国绿色蔬菜产业属于资金密集型产业，主要通过标准化生产、大量资金投入、市场化运作与政府配套保护政策相结合的方式提高产品竞争力，同时满足国内外的消费需求。非常突出的是农场主市场经验丰富，行业分工协作，有效降低成本和风险。

3. 专业化生产营销（以荷兰为例）　荷兰设施农业发展很快，蔬菜出口量占农产品出口量的1/3，被誉为"欧洲菜园"。其蔬菜自给率超过210%，得益于建设社会化的需求、生产、销售系统，实现生产专业化。如海牙地区的温室面积占耕地面积的50%以上，其中蔬菜育苗工厂一年生产菜苗2亿株，平均每人生产300余万株，属于劳动密集型产业。

二、果品蔬菜市场营销概念的确立

果蔬市场营销概念是市场营销概念的一个分支。市场营销是指个人或群体通过创造并同他人交换产品和价值，以满足需求和欲望的一种社会和管理过程。其要点有三：①市场营销的最终目标是满足需求和欲望；②交换是市场的核心，交换过程是一个主动、积极寻找机会，满足双方需求和欲望的社会过程和管理过程；③交换过程能否顺利进行，取决于营销创造的产品和价值满足顾客需求的程度和交换过程管理的水平。市场营销的实质就是以消费者为中心，其特征是顾客需要什么，就生产供应什么。

果蔬的市场营销概念也是如此。以消费者需求为中心是果蔬由卖方市场转向买方市场的必然要求，从此消费者取代生产者具有了"市场主权"；同时，企业的生产经营活动也开始以消费者的需求为转移，使得市场研究、产品开发、定价、广告宣传等都包括其中。市场营销活动的始点与中心都围绕消费者的需求，手段是集中企业一切资源与力量来协调企业的整体活动，目的是创造顾客与经营者双赢价值的同时获取利润。按照这种观念来指导果蔬的市场营销，也就是致力于将数量型的农业增长方式转变为效益型的农业增长方式，从而促进农业产业结构的调整，创造出更多的经济效益。

由美国麦卡锡提出的市场营销组合理论是市场营销中的经典理论，它指的是产品、价格、促销和渠道。在本章第二、三、四节中将就果蔬本身的特点结合此理论做进一步的阐述。

第二节　果品蔬菜的市场信息

果蔬是一类特殊的商品，其特殊之处决定了果蔬市场营销的特点。其特殊之处在于：①果蔬生产经营活动的不确定性导致了果蔬市场营销活动风险性特别高；②果蔬需求价格弹性低且对市场反应明显滞后；③果蔬生产的分散性、地区性、季节性与消费的广泛性、集中性、常年性同时并存。

根据以上特点，果蔬的市场营销目的可划分为两个层次：一是将收获后的果蔬及时卖出并在广大市场内寻求最高价位；二是将经过贮藏保鲜的果蔬或反季节果蔬售出，即将果蔬的成熟期与市场销售的高峰期错开，卖出高价。这两个层次的营销目的拥有共同的先决条件，即充分收集市场信息，进行市场预测。

一、市场信息的概念

市场信息是指在一定的时间和条件下，同商品交换以及与之相联系的生产与服务有关的各种消息、情报、数据、资料的总称，是商品流通运行中物流、商流运动变化状态及其相互联系的表征。狭义的市场信息是指有关市场商品销售的信息，如商品销售状况、消费者状况、销售渠道、销售技术、产品评价等。广义的市场信息包括多方面反映市场活动的相关信息，如社会环境状况、社会需求状况、流通渠道状况、产品状况、竞争者状况、原材料和能源供应状况、科技研究和应用状况及动向等。总之，市场是市场信息的发源地，而市场信息是反映市场活动的消息、数据，是对市场上各种经济关系和经营活动的客观描述和真实反映。

二、市场信息的收集

企业在市场信息收集、处理以及在整个信息管理过程中，都应贯彻及时、准确、适用、经济、合理的原则。企业信息的管理必须有较强的时间观念，有一种紧迫感，以最迅速、最灵敏、最简捷的方式和方法进行收集、加工、传送和反馈。企业的经营管理活动所依赖的信息必须能正确、如实地反映客观实际，否则，企业的经营管理活动就会在错误的前提和依据下展开，给企业带来损失。所谓准确，一方面是质的要求，即真实地揭示客观实际，排除错误的、含糊的杂质；另一方面是量的要求，即提高信息的精确度，明确数量界限，使信息明确、详细、具体。企业对信息进行收集、加工、处理、传递等活动，不是目的而是手段。信息管理是为了向企业输送正确的信息，协助企业的经营管理活动。因此，信息管理活动必须面向企业的经营管理活动，将适合经营管理需要的信息输送出去，要注重有用性和针对性。

现今果品蔬菜的市场信息收集方式，主要有以下几方面：

（一）关注科技信息

可从果品蔬菜相关的网站、微信公众号及农业期刊、报纸、电视、广播中及时了解市场供需的变化。例如，中国（国际）水果大会（international fruit conference，IFC）的微信公众号"IFC世果荟"，发布世界鲜果权威数据、水果前沿新闻、IFC国际水果大会最新进展以及我国水果进出口咨询。中国果品流通协会的公众号，专门有价格监测、市场行情、国家政策文件解读、专家视点、果业资讯等版块，多方面为果品产业服务。《中国蔬菜》杂志的"产业广角"栏目，对各地蔬菜市场的现状、发展进行集中反馈，并为读者提供最新最前沿的蔬菜市场信息。

（二）通过各种农业高新技术成果交流交易会收集信息

农业科技博览会全国每年都会举办多次，有不少达到国际水平。这样的博览会是介绍自己、了解别人的好机会。在博览会上不仅可以看到各式各样的名优新品种，而且容易达成交易意向。另外，通过博览会还可多了解高新技术，为产品的技术革新提供信息。

（三）到农业类大学及院所寻求技术帮助并获取信息

农业类大学和农业研究院所（站）在高科技开发的最前沿，他们掌握技术并了解市场，他们的研究成果急需转化为生产力。通过联合开发，各取所需，走科技兴农的道路，一定可以取得良好的经济效益。

（四）通过网络收集信息

随着计算机和手机的普及，网络已进入了人们的生活，通过网络来收集信息充分体现了网络的快捷、覆盖面广、信息更新快、资源共享等优势。通过电子商务，可将少量、单独的农产品交易转变为规模化、组织化交易。在网上交易的一方是农民群体，另一方是企业，双方的地位是平等的，从而解决了小生产与大市场的矛盾。通过网络营销，可以解决广告宣传力度不足的问题，可最大限度地利用信息为农业生产和销售服务。利用电子商务的实时性和交互性，主动选择最有利的市场去销售，使得广大果农菜农不再被动地等待市场。全国闻名的山东寿光蔬菜批发市场就通过互联网实施了网上卖菜，在网上发布、捕捉市场信息，再通过陆上绿色通道、海上蓝色通道、空中走廊、网上通道等将蔬菜运往全国各地乃至海外市场。

全国的"菜篮子"工程已实施多年，它以优化农业结构、提高"菜篮子"产品质量和增加农民收入为中心，以深化改革、扩大开放和加快推进农业现代化为动力，以实现"菜篮子"与生态环境的协调发展、努力提高居民的生活质量为目标。"菜篮子"工程也能和网络相结合，进而收集市场信息。通过网络的"菜篮子"工程，使人民生活更加便捷，也能更好地收集市场信息，及时反馈消费者的需求。

通过网络进行的"健康配菜"，也是一种收集市场信息的好途径。这种"远程医疗、远程会诊"的延伸，可按照不同蔬菜所含营养成分进行配菜，通过市场服务网络完成送菜过程。通过配菜调整饮食结构，能够提高消费者的健康水平，也使蔬菜销售更具有特色。

农业网站也是帮助收集市场信息的好帮手。农业网站随着农业产业化的迈进，呈现出多元、细分的特点，满足广大农民的信息需求便是农业网站努力的方向。如农业网（http://www.agronet.com.cn/）、中国农业网（http://www.zgny.com.cn/）、农博网（www.aweb.com.cn）、中国果品网（http://www.china-fruit.com.cn/）等，能较好地沟通国家农业主管部门、科技人员、农户与市场，提供及时的市场信息。

收集市场信息的途径是多种多样的，无论是传统方式还是非传统方式，都要求果农菜农掌握一定的知识水平，不能只是整天埋头种地，而要学会抬头问路找市场。

三、市场信息的使用

市场信息的价值是要通过使用来实现。市场信息的使用过程就是利用所获信息对资源进行优化组合的过程，直接体现在对市场的细分上。

市场细分分为地理细分、人口统计细分、心理细分、购买行为细分等。有效细分的条件包括四性：①可衡量性，指的是细分市场的变量可衡量，细分后市场的大小能够加以测定；②可进入性，即能够进入这个细分市场并为之服务；③盈利性，即细分市场的规模要大到足够获利的程度；④稳定性，指在一定时间内，细分市场能保持相对不变。

根据果蔬市场的特点，营销可进行地理细分（海内外、城乡）、人口统计细分（大中城市中的居民消费、宾馆食堂配餐业务等），从而确定营销原则。具体来说：①大中城市人口众多，人均收入和消费水平都较高，所以对果蔬产品需求量大，对品种、质量、等级和规模具有严格的选择性；②大中城市的旅游业、饮食业非常发达，相当部分的果蔬可通过宾馆、酒店、茶楼、饭馆进行销售；③大中城市普遍生活节奏快，要求果蔬分级整理，包装精致，便于零售和食用；④大中城市的医院有大量病患者，可通过健康配菜，按照不同蔬菜所含营养成分进行配菜，满足病患者需求，开辟另一细分市场。

由于细分市场是不断变化的，所以可分程度、定期反复进行。我们把市场划分程序分为调查、分析和细分三个阶段。①调查阶段。了解消费者的动机、态度和行为。可以采用各种调查工具向消费者搜集以下资料：消费者对该产品的使用方式，对该产品所属类别的态度，对于人口变动、心理变动及宣传媒体的态度等。②分析阶段。用因子分析去分析资料，剔除相关性很大的变数，然后再用集群分析法划分出一些差异性较大的细分市场，使得每个集群内部都同质，但集群之间差异明显。③细分阶段。根据消费者的不同态度、行为、心理状况和一般消费习惯划分出每个集群，然后根据几个主要的特征给每个细分市场命名。

细分完市场便存在着一个如何进入的问题，进入的模式有：①密集单一市场，即选择一个细分市场营销；②有选择地专门化，即选择若干个细分市场，其中每个市场都具有吸引力，并且符合企业的经营目标和资源状况，这种策略可以分散企业的经营风险；③市场专门化，即企业专门为满足某个顾客群体的各种需要服务。

在完成市场预测、细分好市场后，便要开始考虑如何做好产品、创立品牌的问题。

所以，商品信息是对商品情况的描述，市场信息是对商品交换过程的信息表达，商品信息是直观地向消费者介绍其产品，市场信息是对交换过程产生的信息进行分析。根据具体情况采取相应措施，两者分别以不同方式达到营销目的。

四、果品蔬菜市场的预测

随着绿色消费、绿色饮食的提出，人们越来越注重养生之道，果蔬以其丰富的营养受到人们的欢迎。虽然目前在果蔬贮藏保鲜方面存在着许多亟待解决的问题，但是这并不影响人们的消费热情。一方面，我们可以努力寻求解决的办法，另一方面，应使产品多样化，包括品种多样化和推销方式多样化，引领消费者走上健康的消费之路。这既符合社会发展的潮流，又适应消费者的心理，发展空间巨大。所以必须对果蔬市场做出预测，以适应果蔬市场的发展。

所谓的市场预测就是在市场调查的基础上，运用科学的方法对市场需求以及影响市场需求变化的诸因素进行分析研究，对未来的发展趋势做出判断和推测。

（一）市场预测的内容

果蔬市场预测的内容按照预测的层次可以分成以下三个方面：

1. 环境预测　环境预测也称为宏观预测或经济预测。它是通过对各种环境因素如国家财政开支、进出口贸易、通货膨胀、失业状况、企业投资及消费者支出等因素的分析，对国民生产总值和有关总量指标的预测。环境预测是市场潜量预测与市场预测的基础。

2. 市场潜量　市场潜量预测是市场需求预测的重要内容。市场潜量是从行业的角度考虑某一产品市场需求量的极限值。市场潜量预测是制定营销决策的前提，也是进行市场预测的基础。

3. 市场预测　市场预测是在一定营销环境和一定营销力量下，对某产品的市场需求水平的估计。市场预测不是制定营销决策的基础或前提，相反它是受营销方案影响的指标。

（二）市场预测的步骤

市场预测要遵循一定的程序，一般有以下几个步骤：

1. 确定预测目标　市场预测首先要确定预测目标，明确目标之后，才能根据预测目标去选择预测方法、决定收集资料的范围与内容，做到有的放矢。

2. 选择预测方法　预测的方法很多，各种方法都有其优缺点，有各自的适用场合。因此，必须在预测开始，根据预测的目标和目的，企业的人力、财力以及可以获得的资料，确定预测的方法。

3. 收集市场资料　按照预测方法的不同确定要收集的资料，这是市场预测的一个重要阶段。

4. 进行预测　此阶段就是按照选定的预测方法，利用已经获得的资料进行预测，计算预测结果。

5. 预测结果评价　得到预测结果以后，还要对预测数字与实际数字的差距进行分析比较，对预测模型进行理论分析，对预测结果的准确和可靠程度给出评价。

6. 预测结果报告　预测结果报告从结果的表述形式上看，可以分成点值预测和区间预测。点值预测的结果形式就是一个数值。例如，某行业市场潜量预计 5 亿元，就属于点值预测。区间预测不是给出预测对象的一个具体的数值，而是给出预测值的一个可能的区间范围和预测结果的可靠程度，例如，95％的置信度下，某企业产品销售额的预测值为 5 500 万元～6 500 万元。

（三）市场预测的方法

市场预测的方法很多，一些复杂的方法涉及许多专门的技术。对于企业营销管理人员来说，应该了解和掌握的企业预测方法主要有以下两类：

1. 定性预测法　定性预测法也称为直观判断法，是市场预测中经常使用的方法。定性预测主要依靠预测人员所掌握的信息、经验和综合判断能力，预测市场未来的状况和发展趋势。这类预测方法简单易行，特别适用于那些难以获取全面资料进行统计分析的问题，因此在市场预测中得到广泛的应用。定性预测法又包括专家会议法、德尔菲法、销售人员意见汇集法、顾客需求意向调查法等。

2. 定量预测法　定量预测法是利用比较完备的历史资料，运用数学模型和计量方法，来预测未来的市场需求。定量预测法大体分为两类，一类是时间序列模式，另一类是因果关系模式。

第三节　果品蔬菜品牌的创立

品牌定位和产品定位同样是基于鲜明的竞争导向。品牌包含产品但又不等同于产品，品牌在产品之上附加了联想和价值。果蔬和普通商品一样，要创造出价值必然要求高质量的产品，这其中包括对选种、栽培、植保等方面的要求，在此不再赘述。实际上，品牌的定位与细分市场、选择市场和具体定位也是息息相关的，在此以图 11-1 说明细分市场与品牌定位的关系。

图 11-1 细分市场与品牌定位的关系

在现代商业化气息浓郁的社会里，品牌与商标随处可见，品牌是企业为自己的产品和服务规定的商业名称和标志。从这个定义可以看出，品牌是一个集合的概念，它包括品牌名称和品牌标志两部分，但人们常将品牌和商标混为一谈。商标是一个法律术语，当品牌或品牌的一部分在政府有关部门依法注册后才可称为商标。简单言之，品牌的法律化即为商标。

一、品牌的意义

著名产品的品牌数不胜数，但著名的果蔬品牌却少之又少。我们能够想到可口可乐、微软等品牌，却难以想出几个果蔬品牌。

缺乏品牌观念和名牌意识是中国农产品的致命伤。没有品牌的果蔬不仅在国内市场受到冷落，而且也难以打入国际市场参与竞争。

品牌是充分显示自身产品特点的一个标志，好比人的姓名，是他人了解、认识、称呼的代码，个性鲜明的品牌也便于消费者记忆。品牌是一种承诺，是一种自身商业价值的体现。有了品牌也能更好地配合各种营销活动，使得消费者能充分认同该产品，并能在今后的购买行为中继续选购该产品。

有品牌就容易打开市场。广州市白云区雅瑶镇的农民便在广州各大农产品市场建起了云雅牌蔬菜专卖店，这些"品牌菜"尽管价格比普通菜稍贵一些，但上市以来供不应求。

我国市场上果蔬欠缺品牌的现象非常普遍，相比之下，果品的品牌情况稍微好于蔬菜。即便有了品牌，仍存在着两大问题。首先是品牌的自我保护意识差。没有行之有效的自我保护手段，没有防伪标记，这个品牌便起不到应有的作用。因此，怎样做好品牌保护是创立品牌后需要注意的问题。其次是有品牌没有知名度。有些果蔬的确有了自己的品牌，但知名度却很低，没有主动积极地自我宣传。企业要创出品牌，更要创出名牌，只有让消费者充分了解产品，消费者才愿意付出高于一般产品的差价，真正充分地体现出品牌的价值。

二、创立品牌的策略

有人说，没有适当的方法，门是一堵墙；有了适当的方法，墙是一扇门。一个品牌究竟能创造多少价值呢？在 2001 年中国（寿光）国际蔬菜科技博览会上，寿光田马镇的"王婆"牌洋香瓜经上海新世纪投资评估有限责任公司严格评估后，认定其无形资产达 3.32 亿元。这个惊人的价值距其 1999 年注册商标仅两年多，这其中除了得益于洋香瓜本身达到了绿色食品的指标要求并按标准分级销售外，品牌的作用功不可没。注册商标后，田马镇在电视、报纸上推出了"王婆卖瓜不用夸，田马甜瓜甜万家"的广告词，引起了巨大的反响，消费者由此认同了这个品牌。从此例可以认识到，对于品牌的创立，如何定位至关重要。

　　品牌定位是一种勾画品牌形象和所有提供价值的行为，以此使该细分市场的消费者理解和正确认识该品牌有别于其他竞争品牌的特征，在消费者心里确定独一无二的位置。品牌定位的最终目的是获取竞争优势。为实现这一目的，品牌定位要经历三个阶段：①明确潜在竞争优势。竞争优势有两种基本类型，即成本优势和产品差别化。企业可对竞争者的成本和经营状况做出估计，并将此作为本企业品牌的水准基点，只要该品牌胜过竞争品牌，也就获得了竞争优势。②选择竞争优势。一家企业可通过集中若干竞争优势将自己的品牌与竞争者的品牌区分开来。并不是所有品牌差别都是有价值的，如果产品经理通过价值链分析，发现有些优势过于微小，开发成本太高，或者与品牌的形象极不一致，则需要放弃。③表现竞争优势。企业必须采取具体步骤来确立自己品牌的竞争优势，并进行广告定位。

　　以美国的新奇士橙为例，看看品牌定位的三步骤该如何体现：①明确潜在竞争优势。新奇士橙通过技术推广，形成了一年四季的收获期，并且规定了全球统一价或东南亚统一价，避开了内部竞争优势，确立了其潜在的成本优势与长供应期的购买优势。②选择竞争优势。新奇士橙根据其供应期划分，4～10月为夏橙，10月至次年4月为脐橙，可以在国内同类果品未上市时抢占市场。③表现竞争优势。大量推出优惠并辅以广告，确立其优势。通过这样的品牌定位，新奇士橙便在国际市场上占有了一席之地。

　　品牌的定位是通过积极宣传而形成的。企业可以选择不同的定位策略，明确定位目标，并结合品牌的包装、销售渠道、促销、公关等向市场传达定位概念。以下介绍7种常见商品品牌的定位策略，供创立果蔬品牌时借鉴。

　　1. 属性定位策略　即根据产品的某项特色定位。如雷达表宣传它"永不磨损"的品质特色。

　　2. 利益定位策略　根据消费者的某项特殊利益定位。如高露洁突出"没有蛀牙"的功效。

　　3. 使用定位策略　根据产品的某项使用定位。如"汽车要加油，我要喝红牛"的红牛饮料，把自己定位于增加体力、消除疲劳的功能性饮料。

　　4. 使用者定位策略　是把产品和特定用户群联系起来的定位策略。它试图让消费者对产品产生一种量身定制的感觉，如"太太口服液"定位于太太阶层。

　　5. 竞争者定位策略　以某知名度较高的竞争品牌为参考点来定位，在消费者心目中占据明确的位置。如美国汽车租赁公司阿准斯公司强调"我们是老二，我们要进一步努力"，七喜饮料的广告语"七喜非可乐"，都在不同程度上加强了产品在消费者心目中的形象。

　　6. 质量价格组合定位　如海尔家电产品定位于高价格、高品质，华宝空调定位于"高贵不贵"。

　　7. 生活方式定位　这是将品牌人格化，把品牌当作一个人，赋予其与目标消费群十分相似的个性。例如，百事可乐以"年轻、活泼、刺激"的个性形象在一代一代年轻人中产生共鸣。

　　这7种品牌定位策略，对于果蔬而言同样适用。例如，无籽西瓜可根据属性定位策略，突出其特点，吃西瓜可以不吐西瓜籽等。

　　创立品牌和进行品牌化营销，质量是保证，但包装的作用也不可低估。在通往市场的道路中，包装设计是非常重要的一环，包装对产品整体形象的促进作用并不亚于广告。在一次香港美食博览会上，内地的美食充分显示了自身的优势，但同时也暴露了很大的不足，被概括为"一流的原料，二流的产品，三流的包装，四流的卖价"。包装是提高产品竞争力和树立品牌的重要手段之一。目前果蔬包装的多样化、透明化、组合化已成为包装的新特点。

　　多样化。一方面为满足不同需求，箱装的水果出现大、小两种型号，大箱在 10 kg 以上，小箱在 3～5 kg，甚至更少。另一方面，木箱、塑料箱、金属箱等替代传统纸箱，圆形、筒形、连体形替代方形，竹篮、聚宝盒等工艺包装替代了机制包装。此外，自用廉价型、馈赠祝福型、旅游方便型、产地纪念型等包装，从用途上满足了消费者的不同需求。

透明化。据抽样调查，95％以上的消费者在购买水果时要开箱查看。水果包装出现了采用部分透明甚至全部透明的包装形式，既美观又提高了购买欲和信任度，可谓两全其美。

组合化。有些经销商别出心裁，按某种规律组合包装。比如把不同形状的圆苹果、长香蕉、几串葡萄组合包装，还有按不同颜色、不同性质、不同产地等组合包装。另外，还有一种多品种水果的组合包装，如一箱苹果内装富士、秦冠、国光等几个品种，让消费者一品多味。近年时令新鲜蔬菜的组合包装在市场上更为多见。

总的来说，我国农业生产经营规模小且分散，名牌资产的经营能力低，与工业创立品牌仅为单一企业行为不同，果蔬产品创品牌是农户、企业、政府三方共同努力的结果。因此，果蔬的品牌营销应实行从易到难、从静态到动态、从树立产品形象到树立企业形象的发展过程。其路径模式为自然资源型→加工企业型→产业文化型。

创立品牌的途径还有许多，如水果可与旅游观光相结合，让消费者自己充当采果者，采摘后当场过秤，感受采收的喜悦。这样消费者必然能记住果园的名字，以果园名字命名品牌，自然达到了创立品牌的目的。

三、创新品牌应该注意的问题

1. 质量的稳定性　假冒伪劣产品向来为人们所厌恶，质量没有保障的商品是不会被消费者所接受的。人们在挑选商品时，往往最先考虑的也是质量问题。所以，质量的稳定性是创新品牌要考虑的首要问题。

2. 价格的合理性　商品的价格取决于消费者的消费水平和商品的成本，可以直接影响消费者的购买欲望。合理的价格，既可以保证生产者的利益，又可以满足消费者的心理，让他们接受商品，从而保证营业额，这是一个双赢的过程。

3. 市场的占有率　商品的市场占有率与创新品牌是相辅相成的，市场占有率高了，则可正面反映出商品的品牌。而一个创新品牌做得好的话，也会直接影响其在市场中的占有率。所以，商品的市场占有率与创新品牌二者是互相反映、互相体现的。

4. 市场的诚信度　商品的市场诚信度不仅表现在商品的质量上，还体现在商品的售后服务、许诺保证的实现等方面。现在网络交易、电子商务迅速发展，在虚拟世界里，诚信更要经得起考验才能够为商品打开一个广阔的销售市场。

第四节　果品蔬菜的定价

当前我国果蔬市场普遍存在着优质果蔬难以优价的现象。究其原因，首先是果蔬的商标保护不普及；其次是果蔬的经营秩序混乱，一旦果蔬离开产地，就失去了其优质性的判别依据。对比国外果蔬，我国缺少统一定价，常常以低价而非高质来占领市场，内部的恶性竞争使得果农菜农的利益严重受损。

许多企业都有自己一套行之有效的商品标准，果蔬产品也不例外。实行商品的标准化是国家的一项重要技术政策和经济政策，标准文件具有法律上的效力。通过标准的制定与推行，保证果蔬质量普遍达到当前的应有水平，促进了生产技术的不断提高及原料资源的充分利用。可以这么说，商品标准作为商业竞争的武器，使整个社会的经济效益和社会效益都得到了充分体现。对于果蔬生产而言，应力争达到国家有机农产品标准或绿色食品标准。这些标准不仅可以使企业对自身产品质量加以约束，也可以将各种指标及相应的标志印刷在包装上，让消费者充分了解其优良的品质，增加购买意愿，真正达到优质优价。

一、价格的作用与特点

根据果蔬本身的特点，果蔬价格与果蔬本身的优质率和新鲜程度紧密相关。市场营销中有一个计算需求大小的概念即需求价格弹性函数 E，当价格变动 1 个百分点，新产生的需求量变动的百分点 $E<1$ 者，为缺乏价格弹性。而通常果蔬的 $E<1$，所以在无明显品质区别的情况下，消费者对于价格还是有些敏感的。当然，这并不意味着果蔬不能定高价，因为价格本身除了体现商品的使用价值与价值外，还起到一个定位作用，即可将产品与其他产品区别开来。可以说，价格是商业运作中的利剑，但它的作用也有限。降价是降低单价，唯有销售量因此而提高，才能在"利润＝销售额－成本，销售额＝单价×销售量"的公式中取得当期利润的最大化。

二、果品蔬菜的定价策略

市场营销有其一套定价程序与方法。其程序如下：①选择定价标准；②测定需求弹性；③估算成本；④分析竞争对手的价格和提供的产品；⑤选择适当的定价方法；⑥确定最后的价格。

现在，按照果蔬产品进入市场后所经历的四个阶段，即导入期、成长期、成熟期、衰退期来具体分析，着重阐述导入期的定价策略。

（一）导入期的定价策略

在导入期有以下 5 种定价策略：

1. 撇脂定价法 这是指新产品以特别高的价格销售，在短期内赚取更多利润。这种定价策略的优点：①可以以高价形式提高产品和企业的声誉；②可以在较短时间内赚取较多利润；③可以为产品降价留有足够空间，调价的主动性和幅度较大。可以说，撇脂定价法对果蔬来说是较适用于那些市场期待已久且消费者对价格不敏感的产品，在消费者图个新鲜时尽量挣得较多的利润，早期上市的草莓、樱桃与火龙果等水果便是如此。

2. 渗透定价法 这种策略与撇脂定价策略正好相反，是将新产品的价格定得尽量低一些，以利于长期占领市场。这样做的好处是价格低，有利于市场接受，保持市场份额；有利于排斥竞争对手，保持市场份额。这种定价策略就是我们常说的随行就市定价法。以市场上的大众价格为参照，可使自己的产品价格处于消费者能够接受的价格范围。但也因此容易丧失本应占有的价格差价，体现不出自身产品因高科技或别的因素而具有的优势。现今我国的果蔬定价多半沿用此法。

3. 成本导向定价法 就是以产品的成本为中心来制定价格，主要有成本加价法和目标利润定价法。

4. 需求导向定价法 就是依据买方对产品价值的理解和需求强度来定价，而不是依据卖方的成本来定价。这种定价方法需要进行一定的市场预测与市场细分，而不能盲目投资。众所周知，麦当劳与肯德基的薯条销量是巨大的，对马铃薯的需求量也非常大。肯德基采用的是专用的马铃薯，要求长条形、表面光滑、芽眼少，油炸后不脆、成型快，而且蛋白质与淀粉的含量必须达到一定比例。而中国的马铃薯多为农家品种，形状为圆形，芽眼多而深，淀粉含量也达不到要求。每年诸如肯德基、麦当劳的马铃薯泥、马铃薯条的销售额就有好几亿元，面对如此巨大的市场，我们应奋起直追，充分细致的市场调查是抓住商机的先决条件。

5. 竞争导向定价法 就是依据竞争者的价格来定价，或者与竞争者的价格相同，或者高于、低于竞争者的价格。其特点是只要竞争者价格不变，即使成本和需求发生变动，价格也不变。

在价格的选定上，还涉及一个促销成本问题。在导入期，有高价高促销、高价低促销、低

价低促销、低价高促销四种方式。能以高价出售的商品必须是市场盼望已久且消费者对价格不敏感的。高促销一方面是为了让消费者了解商品，另一方面是因为潜在竞争风险大，必须赶紧促销。对于果蔬产品而言，一个新的优质品种对消费者而言并非非买不可，除非技术含量非常高。故用高价并不合适，而是需要让消费者多了解、多认识产品。但用低价又易让消费者形成一种心理定位，认同这个低价且认为理所应当，使得产品在成熟期的提价遇到障碍。因此，究竟如何定价，还要视情况具体分析。

（二）成长期的定价策略

在成长期要求企业采取全方位的出击战略，用上所有的营销手段。对处于成长期的果蔬产品而言，消费者已逐渐了解了果蔬特性，价格合适的话，便易形成对这一产品的信赖，进而形成购买习惯，从而巩固其购买意愿。另外，应当对消费者的需求进行进一步细分。消费者对果蔬的需求基本上可分为基本需求、期望需求、附加需求和潜在需求几个层次。以蔬菜为例，消费者的基本需求是解决营养所需，保持健康；期望需求就是符合卫生标准，较高的品牌保证，品质稳定可靠，包装方便适用和价格适中；附加需求是多种多样的品种选择，深加工产品及连带产品多，详尽细致的食用说明，热情周到的售后服务；潜在需求是烹调技能和健康功能。

（三）成熟期的定价策略

在成熟期销售额增长缓慢，市场竞争加剧，利润仍在增加，企业在该阶段应围绕一个目标，即实现利润最大化。对于果蔬产品，只要前期工作到位，产品的成熟期是较长的。但果蔬又是特殊的商品，受季节影响较大，这就形成了有季节性的生命周期。只要导入期与成长期工作做得好，便能在果蔬上市的每一季节迎来它的产品成熟期。这种扇形的生命周期，正是许多商品梦寐以求的。同时，还可以通过市场调研，改善品质与风味，开发新的细分市场，对产品进行新的定位。新的定位涉及营销战略问题，果蔬可以进行差异化营销、绿色营销、组合化营销等。

差异化营销是以细分市场为前提。比如一种蔬菜有补血功能，不仅可以在食堂、餐厅推广，还可以走"健康配菜"的道路，做到程度上比竞争产品更让消费者满意，方式上比竞争产品更多样，速度上比竞争产品更快捷。

绿色营销是当今较热门的营销战略。绿色体现在"无污染、营养、安全、卫生"上，果蔬的绿色营销针对的是当前果蔬产品农药残留严重超标这一现象而提出的。要打好绿色营销牌，就必须真正地解决农药残留问题，牢固树立环保意识，积极采用国内外先进的环保技术，"绿化"产品价值链，并尽可能地争取国际标准化组织 ISO 9000 和 ISO 14000 的质量认证。同时，打好了绿色营销牌，也能就此跨越国际上的"绿色壁垒"。我国许多果蔬产品出口都遇到了这一障碍。进口国家以保护人民健康和环境为名，通过颁布、实施严格的环保法规和苛刻的环保技术标准，限制国外产品的进口。发达国家常借此加强对世界农产品贸易的控制，提高农产品国际贸易的门槛，加大农产品国际市场开拓的难度。要跨越这一壁垒，除了加强出口企业联合，建立出口创汇农业体系，以农产品加工企业为骨干，采取"公司＋基地＋农户"的方式外，还要开展绿色营销。

组合化营销主要体现为产品、价格、渠道、促销等手段的结合应用。如前所述，产品除了要注意本身质量外，还要做好包装工作。分销渠道应把重点放在直接、短、窄渠道上，尽量减少果蔬在流通过程中的损失。运输所产生的利润是非常可观的，搞好运输是做好销售的重要环节之一，别让蔬菜种植业的大部分利润在流通中丢失。上海市宝山区曾采用"直供直销直送直批"的形式，形成"蔬菜配销链"，从拓宽流通渠道入手，解决农民卖菜难的问题。同样成功的还有山东苍山农民的运销队伍，不仅如此，这支队伍还建起了一个在全国排名第 17 位的鲁南蔬菜批发市场，使得苍山的菜价近两年一直保持在全国蔬菜产区最高价。由此可见，运输渠道在营销过程中的重要地位。

(四) 衰退期的定价策略

由于果蔬的种类、品种很多，生长期有早晚相间的特点，其衰退期并不明显，多半是随其自身的季节性生长及供应周期而退出市场。此间定价可顺应市场的形势而确定。

综上所述，根据果蔬价格的作用与特点，具体情况具体分析，依据定价策略，选定营销战略，以制定符合市场经济规律的合理价格。

第五节　果品蔬菜的促销

一、促销的概念

促销是指营销者将有关企业及其产品信息通过各种方式传递给消费者或用户，促进其了解、信赖并购买本企业的产品，以达到扩大销售的目的。

应该说人们对于促销并不陌生，我们每天都主动或被动地接受各种促销，吸收各种信息。促销的方式有广告、人员推销、营业推广和公共关系四种。对于广告和人员推销，人们都很熟悉，而营业推广和公共关系可能相对生疏一些。营业推广又称销售促进，指企业运用各种短期诱因鼓励消费者和中间商购买、经销、代理企业产品或服务的促销活动。公共关系则是企业在市场营销活动中正确处理企业与社会公众的关系，以便树立良好的企业形象，从而促进产品销售的一种活动。

二、促销的作用与原则

促销的作用正如促销定义所言，是促进消费者了解、信赖并购买本企业的产品。这是一个渐进的过程，并不是一个立竿见影的方式，唯有消费者了解并信赖了这个产品，才有可能购买，也许不是这一次，但下一次的促销便可能获得成功。

果蔬的促销是很重要的，前期一系列的精心准备都是为了最终创造利润，促销的原则是尽可能多地让消费者了解产品。因为促销并不是单谈理论就能得以实现的，下面的内容将结合具体的促销方式来看看果蔬该如何促销。

三、果品蔬菜的促销方式

(一) 广告推销

美国柑橘在进入我国市场时，除了电视广告外还制作了大量路牌、灯箱、车身广告等。华盛顿苹果进入中国时，美国果商"从娃娃抓起"，在上海举办"美丽的果园——美国华盛顿儿童绘画大赛"，提供的各类彩照都是果色迷人的华盛顿果园，可谓用心良苦。相比之下，我国对果蔬的促销就显得很薄弱了，除了极个别的企业，在电视上很难看到促销果蔬的广告。

(二) 人员推销

人员推销的方式在国内遇到了一定的障碍，对于上门推销的人员，消费者因为缺乏对产品的了解和信任，且商家无法有效地进行售后服务，而将大多数推销人员拒之门外。况且根据果蔬鲜活易腐的特点，人员推销的方式并不适用。

(三) 营业推广

营业推广方式多半以礼品、代金券、有奖销售、展销会等方式出现。这种方式对于果蔬产品较适用，可以推出诸如买一箱水果送一份礼物，或者多买多优惠的方式进行。但要注意推广的地点，据全国十大城市消费者消费心态调查，北京的消费者喜欢去大型超市，沈阳和石家庄的消费者乐于去批发市场，上海的消费者则更趋向于去百货商店。根据各地消费者的不同特点进行营业推广，效果会比盲目设点好。如何调动消费者的购买积极性，以果蔬为例可有以下几种构想。

在超市及净菜市场，可以贴出人体每日膳食中维生素的需求量表，对照贴上部分鲜果的维生素含量，再用醒目的字体指出"您补充够一天所需的维生素了吗?"相信消费者必定对此有所感悟。

对于热衷美容的女士，可指出水果对皮肤的功效。如葡萄含有葡萄多酚，可保护皮肤的胶原蛋白与弹性纤维，防止紫外线对皮肤的伤害，保护并提高皮肤的抵抗力，可使保湿、美白、抗皱、抗老化同步完成。看到这里，相信爱美的女士一定会对葡萄情有独钟，自然激发了她们的购买欲。

对于家庭而言，孩子的喜好常常决定了主妇对果蔬的购买方向。现在的幼儿园多有配餐制度，新品种水果可以采用先赠送后购买的促销方式，让孩子们认识并喜爱上这种水果，这样父母购买这种水果的可能性便大大增加了。同时，蔬菜也可搭配在营养膳食中，更易让孩子及其家长接受。

（四）公共关系推销

公共关系的活动方式很多，如赞助和支持各项公益活动、新闻宣传、提供特种服务等。然而，对于中国的一些果蔬企业而言，公共关系比较难开展，通常进行一些新闻宣传获得知名度。

除了上述几种促销方式，果蔬促销还有以下可行建议：①建设基地，先建后销。营销的基础是基地，没有大基地的优质果蔬，在销售时就没有优质可言。②规模经营，集中作战。果蔬销售市场的竞争是品种、技术、经济条件的大比拼，势单力薄，难经风浪。③八仙过海，各显神通。鼓励多方面力量参与果蔬营销，变单一渠道为多种渠道，有利于扭转销售不畅的局面。④应产销联手，互惠互利。产、销两个环节互相制约，一方获利过重，另一方必然受损。因此，应产销联手，构造长期、稳定的营销链。⑤顺应形势，适价出售。如产量呈上涨趋势，价格呈下跌之势基本已成定局，在果蔬营销中要顺应形势，适价出售，不要错失商机。

总之，各种促销方式的运用，需要在实践中不断总结与完善，更好地寻找理论与实践的切合点。

四、开拓果品蔬菜国际市场策略

改革开放以来，农民种植果蔬的积极性极大地提高，果蔬市场格局经历了从卖方市场向买方市场的转移并逐步成形。我国加入WTO之后，果蔬市场进一步国际化，各国经销商纷至沓来，使竞争日趋激烈，而价格是决定市场占有率的关键因素。虽然WTO的基本原则是贸易自由化，但是一些发达国家利用自身经济、技术优势，制定出极为苛刻的环境指标，树立"绿色壁垒"，以保护本国利益。所以在经营思路上必须根据国内外市场变化采取相应的决策。除了必须有优良的品质、响亮的品牌、精美的包装、强有力的促销攻势等作为基础外，绿色营销是新世纪开拓果蔬市场的一种可行选择。

实施绿色营销是一个复杂的工程，它不仅涉及生态环境和社会公众的利益，而且还涉及生产（农户）、消费（居民）、流通（商业）各个环节的利益。对企业而言，它是一种长期的经营行为，必须集信息、资金、生产、销售、服务等功能为一体，制订总体绿色营销计划，规划统一营销方案，并应用现代营销管理技术，融科技与文化、物质与精神为一体，开展整体营销活动，才能获得经营效果。在此，结合果蔬产销特点提出以下措施。

（一）实现科技与文化的结合

绿色营销是科技与文化的结合体。首先，要用高新科技武装农业，如应用生命科学和信息科学造就良好的生态环境，保持优良的水质与土壤，建立科学合理的耕作制度，以及建设大规模的、立体式的、多品种的绿色基地，为发展绿色果蔬产业提供良好的环境条件；应用高新技术培育良种，生产高产优质水果与蔬菜；应用生物技术研制生物农药与生物有机肥料，保证果蔬产品达到绿色标准。其次，绿色营销本身就是一种文化营销，是一种价值观念，实施绿色营销就要增加文化含量。农业产业蕴涵着丰富的文化资源，特别是果蔬产品种类繁多、千姿百态。如沉甸甸的葡萄、黄澄澄的橘子、红艳艳的荔枝、金灿灿的香蕉、绿油油的蔬菜等，这些产品本身就是劳动成果与产业文化的结合体。当然，绿色营销的文化含量多少是由诸多因素构成的，实质上它是企业经营理念与消费者价值观的统一，不是由简单的产品命名所决定的。企业管理者把科技与文化结合起来，进而与消费者沟通，传递现代消费信息，促进消费，得到享受。

（二）发挥龙头企业的作用

龙头企业上连市场、下连基地（或生产者），实行产供销一体化经营，具有较大的辐射和带动作用。实践证明，龙头企业能够把分散的小农户生产带入现代市场，如福建省的某集团就是集科技、资金、生产与销售为一体的新科技农业综合开发集团，其研制与开发的新型生物有机肥、农药生物降解剂、生物农药和植物生长调节剂以及超级良种，已广泛应用在省内外的果蔬绿色产品的生产与市场开发上；在销售策略方面，绿色产品已在新华都等连锁超市上设立绿色专柜，并在福州市人口集中的居民区开辟超大绿色果蔬产品的专卖店，取得良好的社会效益与经济效益。应该说明的是，流通体制改革以来，传统的封闭式的农产品流通渠道已被打破，但是新型的农产品流通主渠道还没有建立，目前一些新型的龙头企业就可充当流通主渠道的职能与作用。同时，无论是农业、工业、商业或乡镇企业，只要是实力雄厚、具有开拓国内外市场能力的企业，都可以选择作为绿色产品的龙头企业，承担流通渠道的功能。关键问题是完善合理的利益分配，形成利益共同体，共同开拓绿色果蔬产品市场。

第六节　果品蔬菜的互联网营销

一、互联网营销的特点

网络营销是以现代营销理论为基础，借助网络、通信和数字媒体技术实现营销目标的商务活动，由科技进步、顾客价值变革、市场竞争等综合因素促成，是信息化社会的必然产物。网络营销根据其实现方式有广义和狭义之分，广义的网络营销指企业利用一切计算机网络进行营销活动，而狭义的网络营销专指国际互联网营销。

在信息网络时代，网络技术的发展和应用改变了信息的分配和接收方式，改变了人们生活、工作、学习、合作和交流的环境，企业也必须积极利用新技术变革企业经营理念、经营组织、经营方式和经营方法，果蔬互联网营销的开发更是成为果蔬销售发展的必然趋势。

随着入网用户数量呈指数倍增加，互联网营销的效益也随之以更大的指数倍数增加。果蔬互联网营销的开发充分实现了在线购买和实时配送，不仅给消费者带来极大的便利，提供更优质的服务，同时还给予消费者更加多元化的购买选择。此外，随着淘宝、京东等一系列网络销售平台的发展壮大，越来越多寻求便利的人选择利用网络来购买各种商品，这也给果蔬互联网营销的发展提供了有利条件。

二、互联网营销存在的问题

在互联网时代下，果品蔬菜互联网营销也具有劣势，主要体现在以下几个方面。

（一）初期开发阶段

果品蔬菜互联网营销平台的知名度会偏低，若未能投入足够的资金在广告上，销售量极可能无法达到预计的要求。平台建成初期还将面临消费者的信任度问题，这一劣势将在互联网时代被无限放大，且容易引起商品堆积和资金流转的恶性循环，这也将在很大程度上对其发展造成影响。

（二）中期发展阶段

远距离配送果品蔬菜的保鲜问题及商品安全问题仍未完全解决，且如果未能决定好果品蔬菜商品合理的起送价格，那么会造成配送成本高于商品带来的利润而无法实现盈利，或是在过高的起送价格面前客户数量不断减少，同时也难以吸引到新的客户。

（三）后期成熟阶段

果品蔬菜互联网营销发展到一定程度将吸引同类型平台的出现而使自己处于市场竞争当中，如不能采取有效的应对手段那么平台极易在激烈的市场竞争中被淘汰。

此外，尽管传统实体果品蔬菜商店未开发远距离的配送服务，但具有一定程度上的地理优势和价格优势，这也会给果品蔬菜互联网营销的发展带来一定的竞争压力。

三、互联网营销的发展策略

要切实有效地在互联网背景下促进果蔬电子商务营销的发展，就必须确保其产品与消费者的实际需求之间相适应。

首先，要确保产品的种类数量和品质能与消费者的实际需求相符合，以保证能满足消费者对果蔬种类和品质更高的要求，从而吸引更多的消费者群体。企业可以根据消费者的需求和期望在网络营销平台提供相应的信息内容，这样便捷有效的服务可以增加消费群体，并与顾客建立长期有效的联系。即便当时企业的相应服务满足不了消费者的需求，消费者也可以通过网络平台向商家反应，让商家接收到产品信息的反馈，从而对产品进行改进，使得消费者再次产生深入了解产品的欲望。移动互联网消除了产品和消费者之间时间、空间的限制，电子商务是"互联网＋市场营销"的产物，它实现了企业与消费者的直接多渠道沟通交流。例如，时下最热的淘宝、京东、苏宁易购等都是成熟的电子商务平台，他们承载的消费群体更是遍及全球。

其次，要针对电子商务的发展情况不断完善产品，包括对于消费者、市场、品牌等方面的定位，在发展的前期合理地控制成本并做好宣传，可将消费者群体定位在远离大型果蔬实体市场的区域中，明确对果蔬商品有需求的目标市场，也可基于消费者对食品健康的需求对其进行天然无公害的品牌定位，并且随着自身的发展，不断扩大客户的范围。对于已经消费的群体，企业应该在产品的生命周期内服务好消费者的需求和期望，当产品发生内涵式的改变时更应寻求消费者的意见。对于待消费的群体，商家应做好市场调研，在熟知消费市场中群体需求后再进行产品的改进，这样才能拥有更加庞大的消费群体。电子商务的商家应该利用信息技术的手段对大数据进行管控和整理，并对可能发生的异动做出防范。例如，企业将新产品投放到市场中去，在未对消费者心理做充足调研的基础上，消费人群的心理和体验与预期可能会出现偏差，但要考虑到消费者对新鲜产品的接受能力，这时企业可以不对产品结构做出较大的调整，而通过在网络营销平台上增加对产品详细的介绍，使消费者对产品的认知度提高，从而对自己购买的产品产生认同感；如果企业在长时间跟踪调查产品发现问题一直存在，则要对产品做出相应的调整。

最后，在产品营销的环节也要对相关的服务进行完善。例如，包装服务可根据消费者的需求采用精包装和普通包装等不同的形式。针对产品配送也应设计一套科学的配送方法并针对果蔬商品变质损坏等问题进行退补。同时，企业在网路营销的发展过程中不能固步自封，而是应该通过自己的电子商务平台不断发现问题、总结问题并开发具有自身特色的网络营销模式。

总的来说，即使互联网信息技术的广泛应用为果蔬电子商务的发展提供了有利的条件，但要切实有效地使果蔬电子商务有所发展，就必须时刻对市场的实际情况进行充分分析以深刻了解果蔬电子商务在市场中的优势和机会，在这个高度信息化的互联网时代，信息脱节或落后必将导致失败。只有不断发掘出新型的网络营销手段，企业才能永葆活力，而消费者的消费需求是企业发掘新型网络营销手段的参考依据，因此，网络营销的主体是消费者的满意度，企业要及时根据顾客满意度来更新网络营销模式。

思 考 题

1. 如何收集和使用果蔬的商品信息？
2. 联系实际，谈谈对创立果蔬品牌意义的认识。
3. 通过实例，谈谈果蔬的定价策略和营销策略。

参考文献

北京农业大学，1990. 果品贮藏加工学 ［M］. 2 版. 北京：农业出版社.

曹若彬，1997. 果树病理学 ［M］. 3 版. 北京：中国农业出版社.

陈功，余文华，徐德琼，等，2005. 净菜加工技术 ［M］. 北京：中国轻工业出版社.

陈自强，祝树德，1992. 蔬菜害虫测试与防治新技术 ［M］. 南京：江苏科学技术出版社.

邓桂森，李志澄，1993. 蔬菜贮藏加工学 ［M］. 北京：农业出版社.

杜玉宽，杨德兴，2000. 水果蔬菜花卉气调贮藏及采后技术 ［M］. 北京：中国农业大学出版社.

冯晓元，田世平，秦国政，等，2004. 贮藏环境对甜樱桃拮抗酵母菌生长和链格孢菌生物防治的影响 ［J］. 果
　　树学报，21 (2)：113 - 115.

高福成，1998. 现代食品高新技术 ［M］. 北京：中国轻工业出版社.

关文强，2008. 果蔬物流保鲜技术 ［M］. 北京：中国轻工业出版社.

胡安生，王少峰，1998. 水果保鲜及商品化处理 ［M］. 北京：中国农业出版社.

华中农业大学，1991. 蔬菜贮藏加工学 ［M］. 2 版. 北京：农业出版社.

李怀方，刘凤权，郭小密，2009. 园艺植物病理学 ［M］. 2 版. 北京：中国农业大学出版社.

李嘉瑞，1993. 果品商品学 ［M］. 北京：中国农业出版社.

李明启，1989. 果实生理 ［M］. 北京：科学出版社.

李喜宏，陈丽，2000. 实用果蔬保鲜技术 ［M］. 北京：科学技术文献出版社.

林亲录，邓放明，2003. 园艺产品加工学 ［M］. 北京：中国农业出版社.

刘道宏，1995. 果蔬采后生理 ［M］. 北京：中国农业出版社.

刘海波，田世平，2001. 水果采后生物防治拮抗机理的研究进展 ［J］. 植物学通报，18 (6)：657 - 664.

刘升，冯双庆，2001. 果蔬预冷贮藏保鲜技术 ［M］. 北京：科学技术文献出版社.

刘小勇，2005. 苹果水心病发病机理及防治研究 ［D］. 兰州：甘肃农业大学.

刘兴华，2008. 食品安全保藏学 ［M］. 北京：中国轻工业出版社.

刘兴华，饶景萍，1998. 果品蔬菜贮运学 ［M］. 西安：陕西科学技术出版社.

鲁素云，1993. 植物病害生物防治学 ［M］. 北京：北京农业大学出版社.

陆定志，傅家瑞，宋松泉，1997. 植物衰老及其调控 ［M］. 北京：中国农业出版社.

罗云波，1995. 果蔬采后生物技术研究进展 ［M］. 北京：科学出版社.

罗云波，蔡同一，2001. 园艺产品贮藏加工学 ［M］. 北京：中国农业大学出版社.

罗云波，生吉萍，2010. 园艺产品贮藏加工学（贮藏篇）［M］. 北京：中国农业大学出版社.

马文，任运宏，程建军，2000. 水果贮藏保鲜技术问答 ［M］. 北京：中国农业出版社.

农业部种植业管理司，全国农业技术推广服务中心，国家荔枝产业技术体系组，2011. 荔枝标准园生产技术
　　［M］. 北京：中国农业出版社.

欧良喜，邱燕萍，向旭，等，2008. 荔枝生产实用技术 ［M］. 广州：广东科技出版社.

潘大钧，1987. 商品信息学 ［M］. 北京：科学出版社.

蒲彪，秦文，2012. 农产品贮藏与物流学 ［M］. 北京：科学出版社.

戚佩坤，1994. 果蔬贮运病害 ［M］. 北京：中国农业出版社.

饶景萍，2009. 园艺产品贮运学 ［M］. 北京：科学出版社.

沈小平，卢少平，聂伟主，2010. 物流学导论 ［M］. 武汉：华中科技大学出版社.

汤正如，1987. 市场经营学 ［M］. 北京：经济科学出版社.

田世平，范青，徐勇，等，2001. 丝孢酵母 *Trichosporon* sp. 与钙和杀菌剂配合对苹果采后病害的抑制效果
　　［J］. 植物学报，43 (5)：516 - 523.

田世平，罗云波，王贵禧，2011. 园艺产品采后生物学基础［M］. 北京：科学出版社.

屠康，2006. 食品物流学［M］. 北京：中国计量出版社.

王颖达，2018. 钙对'岳冠'苹果果实水心病发生及山梨醇消长影响的研究［D］. 沈阳：沈阳农业大学.

王忠主，2000. 植物生理学［M］. 北京：中国农业出版社.

谢雪梅，2010. 现代物流基础［M］. 北京：北京理工大学出版社.

徐金海，2001. 我国农产品市场营销问题探析［J］. 经济问题（2）：50-53.

应铁进，2001. 果蔬贮运学［M］. 杭州：浙江大学出版社.

张继澍，1999. 植物生理学［M］. 西安：世界图书出版公司.

张金霞，2004. 食用菌安全优质生产技术［M］. 北京：中国农业出版社.

张荣意，2009. 热带园艺植物病理学［M］. 北京：中国农业科学技术出版社.

张维一，1993. 果蔬采后生理学［M］. 北京：农业出版社.

张维一，毕阳，1996. 果蔬采后病害与控制［M］. 北京：中国农业出版社.

张秀玲，2011. 果蔬采后生理与贮运学［M］. 北京：化学工业出版社.

赵丽芹，2001. 园艺产品贮藏加工学［M］. 北京：中国轻工业出版社.

周山涛，2001. 果蔬贮运学［M］. 北京：化学工业出版社.

Aguayo E，Victor E，Francisco A，2004. Quality of fresh-cut tomato as affected by type of cut, packaging, temperature and storage time［J］. European food research and technology，219（5）：492-499.

Burdon J，Lallu N，Yearsley C，et al.，2007. Postharvest conditioning of Satsuma mandarins for reduction of acidity and skin puffiness［J］. Postharvest biology and technology，43（1）：102-114.

Eskin N A M，Shahidi F，2013. Biochemistry of foods［M］. 3rd ed. Pittsburgh：Academic Press.

Fan Q，Tian S P，2000. Postharvest biological control of rhizopus rot on nectarine fruits by Pichia membrane faciens Hansen［J］. Plant disease，84（11）：1212-1216.

Florkowski W J，2009. Postharvest handling：a systems approach［M］. 2nd ed. Pittsburgh：Academic Press.

Hardenburg R E，Watada A E，Wang C Y，1990. The commercial storage of fruits, vegetables, and florist and nursery stocks：agriculture handbook number 66［M］. Washington：U. S. Government Printing Office.

Hui Y H，Ghazala S，Graham D M，et al.，2004. Handbook of vegetable preservation and processing［M］. New York：Marcel Dekker.

Janisiewicz W J，1992. Nutritional enhancement of biocontrol of blue mold on apples［J］. Phytopathology，82（11）：1364-1370.

Kader A A，1992. Postharvest technology［M］. Oakland：University of California，Publication 3311.

Kays S J，1997. Postharvest physiology of perishable plant products［M］. Brisbane：Exon Press.

Liesbeth J，Frank D，Johan D，2004. Quality of equilibrium modified atmosphere packaged（EMAP）fresh-cut vegetables，production practices and quality assessment of food crops［M］. Berlin：Springer Netherlands.

Mirtra S K，1997. Postharvest physiology and storage of tropical and subtropical fruits［M］. Wallingford：CAB International.

Paliyath G，Murr D P，Handa A K，et al.，2008. Postharvest biology and technology of fruits, vegetable and flowers［M］. New Jersey：Wiley Blackwell.

Pareek S，2016. Postharvest ripening physiology of crops［M］. Florida：CRC Press.

Thompson A K，1996. Postharvest technology of fruit and vegetables［M］. Oxford：Blackwell Science.

Ryall A L，Pentzer W T，1974. Handling, transportation and storage of fruits and vegetables：volume 2 fruits and tree nuts［M］. Westport Connecticut：AVI publishing company.

Varoquuax P，Zoallier J M，2002. Overview of the European fresh-cut produce industry［M］// Lamikanra O. Fresh-cut fruit and vegetables. Florida：CRC Press.

Wen C K，2015. Ethylene in plants［M］. Berlin：Springer Netherlands.

Wills R，McGlasson W B，Graham D，et al.，2008. Postharvest, an introduction to the physiology & handling of fruit, vegetables & ornamentals［M］. 5th ed. Wallingford：CAB International.

Wills R B H，Golding J B，2015. Advances in postharvest fruit & vegetable technology［M］. Florida：CRC Press.